MITTEILUNGEN

der

Geographischen Gesellschaft in Hamburg

Bd. XL.

Im Auftrage des Vorstandes herausgegeben

von

Prof. Dr. Bruno Schulz

Mitglied des Vorstandes.

Mit 2 Bildnissen, 71 Textfiguren und 25 Tafeln.

HAMBURG

Friederichsen, de Gruyter & Co. m. b. H.

1929

Druck von J. J. Augustin in Glückstadt und Hamburg.

Inhalt.

Verzeichnis der Abbildungen.

E. Bieber, Hamburg

Bürgermeister Dr. Max Schramm †.

Nachruf von Geheimrat Prof. Dr. Stuhlmann in der allgemeinen Sitzung der Geographischen Gesellschaft am 20. September 1928.

Bevor wir in die Tagesordnung unserer heutigen Versammlung eintreten, habe ich eine traurige Pflicht zu erfüllen. Bald nach unserer letzten Zusammenkunft ist unser verehrter erster Vorsitzender, Herr Bürgermeister Dr. Max Schramm, am 21. Mai ds. Jahres aus diesem Leben abberufen worden.

Herr Bürgermeister Schramm entstammte einer Kaufmannsfamilie, die Ende des 17. Jahrhunderts in Hamburg eingewandert ist. Sein Vater war Jahrzehnte lang in Brasilien tätig, dort wurde auch Max Schramm am 9. Oktober 1861 geboren. Seine Mutter, eine geborene Jencquel aus Hamburg, verlor er schon, als er noch nicht das zweite Jahr erreicht hatte. Ihrem letzten Wunsche entsprechend siedelte der Vater wieder nach Hamburg über. Max Schramm besuchte zunächst die Bülausche Vorschule in Hamburg, dann die Fürstenschule in Ballenstedt und schließlich das Plöner Gymnasium. Im Jahre 1881 wechselte er zur Universität über, um sich dem Studium der Rechte zu widmen. Er ging nach Heidelberg, wo er in der „Hamburger Gesellschaft" einen Kreis ihm bis zu seinem Tode wert gebliebener Freunde fand. Hier erwarb er auch, nachdem er einige Semester in Berlin verbracht hatte, im Jahre 1884 den juristischen Doktorgrad. Bevor er sich in Hamburg niederließ, erfüllte er noch eine testamentarische Verfügung des Vaters, der auf weiten Reisen erfahren hatte, was Kenntnis der Welt bedeutete. Seinem Wunsche folgend, unternahm der Sohn zusammen mit einem Freunde eine einjährige Reise nach Ägypten und Indien, deren Heimweg über das damals noch eisenbahnlose Persien, über den Kaukasus und den Balkan nach Hause führte. In Hamburg trat er 1889 in die Rechtsanwaltsfirma „Wolffson, Dehn und Schramm" ein, in der er bis zu seiner Wahl in den Senat gewirkt hat. Diese Jahrzehnte waren eine Zeit stetiger Entwicklung. Ohne selbst aktiv hervorzutreten, nahm er regen Anteil an dem geistigen Leben seiner Vaterstadt. In ihre politischen Geschäfte trat er erst gegen die Jahrhundertwende ein; 1904 wurde er in die Bürgerschaft gewählt, die ihn zu ihrem Schriftführer machte. Seine Wahl in den Senat erfolgte, nachdem er schon zweimal als Kandidat aufgestellt war, im Jahre 1912. Unter den verschiedenen Ämtern, die ihm in dieser neuen Stellung zufielen, war die Behörde für das Versicherungswesen diejenige, die ihn damals am stärksten in Anspruch nahm. Aus diesem durch den Krieg noch sehr vermehrten Aufgabenkreis riß ihn 1916 der Auftrag, als Präsident der Zivilverwaltung der Provinz Antwerpen in den Dienst der okkupierten Gebiete zu treten. Über zwei Jahre hat Max Schramm in Antwerpen gewirkt — eine lastenreiche Zeit, die aber so viele neue Eindrücke hat, daß sich der Verstorbene ihrer immer gern erinnert hat. Nur ihr Ausgang war düster, da der Zusammenbruch der Front zu überstürzter Auflösung der Zivilverwaltung zwang. Nach mühseliger Rückkehr fand Max Schramm in der Heimatstadt noch schlimmere Verhältnisse vor. Seine Erwartung, nun aus seiner Stellung ausgeschieden zu sein, bestätigte sich nicht. Der Senat war schon wieder eingesetzt, und auch bei der Neuwahl im März 1919 verblieb Max Schramm in dieser Körperschaft, die ihm unter anderen Ämtern die Kommissariate für die Demobilmachung und das Wohnungswesen übertrug. Neben diesen Aufgaben — undankbaren Aufgaben, da die schwierigen Übergangszeiten ihren Abschluß immer wieder hinausschoben und zwischen unvereinbaren Interessen vermittelt werden mußte — beschäftigte den Senator vor allem die Leitung der Baubehörde. — Auch bei den Neuwahlen des Senats von 1921 und 1925 war Max Schramm in seinem Amte bestätigt worden, 1925 fiel ihm außerdem die Würde des zweiten Bürgermeisters zu, die ihm viele repräsentative, nicht immer anlockende, aber immer mit gleicher Liebenswürdigkeit vollzogene Verpflichtungen auferlegte. Das neue Kräfteverhältnis, das sich aus den Wahlen des Jahres 1928 ergab, veranlaßte schließlich seinen Rücktritt. Mit Max Schramm schied aus dem Senate das letzte, noch vor dem Kriege gewählte Mitglied. In seinem Rücktrittsgesuch sprach er die Hoffnung aus, daß sein Wirken zu der Überführung des alten in ein neues Hamburg mit beigetragen hätte. In den Wochen der nun beginnenden ungewohnten Muße beschäftigten den Verstorbenen Pläne, die auf eine neue Verwendung im Dienste seiner Vaterstadt zielten, darunter die lang gehegte Absicht, einmal Nordamerika aufzusuchen — da überraschte ihn am 21. Mai, völlig unerwartet, nur sieben Wochen nach seinem Rücktritt, der Tod. Völlig schmerzlos setzte er seinem Leben durch einen Herzschlag ein Ende. Es war offenbar geworden, daß die Aufregungen der Kriegs- und Nachkriegsjahre an dem noch immer Rüstigen stärker gezehrt hatten, als sich von außen wahrnehmen ließ.

Zum ersten Vorsitzenden unserer Gesellschaft war Herr Dr. Max Schramm nach dem Tode unseres Präsidenten Senator Westphal im Jahre 1919 auf Vorschlag von Senator Strandes gewählt worden. Dieses Amt hat er mit einer zweijährigen Unterbrechung in den Jahren 1921—1923 bis zu seinem Ableben verwaltet.

In der Zeit seiner Amtsführung hat sich das Leben der Gesellschaft erfreulich gehoben. Öfter als früher war es uns möglich, für die Vortragsabende bedeutende Redner zu gewinnen. Die Beziehungen zu den geographischen Gesellschaften des In- und Auslandes konnten wieder aufgenommen und ausgebaut werden. Der Schriftenaustausch ist jetzt umfangreicher als in früheren Jahren. Auch unsere alten Bestrebungen, eigene Expeditionen zu entsenden oder fremde zu unterstützen, konnten wieder mit Erfolg aufgenommen werden. Auch die Veröffentlichungen der Geographischen Gesellschaft, unsere „Mitteilungen", können wieder jährlich, also in noch rascherer Folge als vor dem Kriege, herausgegeben werden. Gelegentlich der am 27. Februar 1928 stattgefundenen Gedenkfeier der vor 55 Jahren erfolgten Gründung unserer Gesellschaft konnte Herr Bürgermeister Schramm mit Genugtuung feststellen, daß die schwere Krisis der Nachkriegszeit für uns überwunden war.

Aus einem reichen Leben, dem noch so manche Aufgabe bevorstand, ist Herr Bürgermeister Schramm plötzlich und unerwartet von uns geschieden. Schwer ist der Verlust, den die Allgemeinheit zu tragen hat. Schwerer aber noch ist der Verlust für unsere Geographische Gesellschaft, denn wir haben besonders viel an ihm verloren, einen ersten Vorsitzenden, der mehr als 7 Jahre die Geschicke der Gesellschaft mit Zielsicherheit und einem auf die Ferne gerichteten Blick geleitet und ihre wissenschaftlichen Bestrebungen mit fester Hand gefördert hat, einen Freund, der stets sein warmes Interesse den Aufgaben und Zielen unserer Gesellschaft zu widmen bereit war. Die vornehme Ruhe und die repräsentative Art seiner Geschäftsführung sowohl in den Vorstandssitzungen wie auch bei den allgemeinen Zusammenkünften unserer Gesellschaft waren ein Ausfluß der Persönlichkeit des Verstorbenen selbst. Durch seine stets gleichbleibende Liebenswürdigkeit hat sich Herr Bürgermeister Schramm auch bei den Mitgliedern der Geographischen Gesellschaft nur Freunde erworben, und wenn er auch nicht mehr unter uns weilt, so wird sein Andenken stets in hohen Ehren in uns fortleben.

Geh. Regierungsrat Prof. Dr. Franz Stuhlmann †.

Nachruf von Senator Dr. de Chapeaurouge in der allgemeinen Sitzung der Geographischen Gesellschaft am 6. Dezember 1928.

Das Jahr 1928 ist für die Geographische Gesellschaft ein Jahr der Trauer; ihre beiden ersten Führer sind ihr in diesem Jahre genommen. Noch in der September-Sitzung hat Geheimrat Stuhlmann in diesem Kreise Bürgermeister Schramms in ehrenden Worten gedacht, er selbst scheinbar in voller körperlicher und geistiger Frische, nicht wissend, daß auch er noch in diesem Jahre von uns gehen sollte.

Franz Stuhlmann war ein seltener edler Mensch, ein bedeutender Wissenschaftler, der auch auf dem besonderen Arbeitsgebiete unserer Gesellschaft, der Geographie, sich große Verdienste erworben hat.

Äußerlich namentlich in den letzten Jahren seines Lebens stiller geworden, war er innerlich erfüllt von heiliger Begeisterung für deutsches Wesen und deutsche Arbeit, einer der letzten großen Pioniere deutscher kolonialer Betätigung aus der Zeit des ersten Werdens deutschen Kolonialbesitzes.

Am 29. Oktober 1863 war Stuhlmann in Hamburg geboren. Im damals jungen Realgymnasium des Johanneums legte er die Grundlage seiner späteren umfangreichen gediegenen wissenschaftlichen Bildung. Früh zeigten sich bei ihm naturwissenschaftliche Neigungen; die Naturwissenschaften erwählte er auch zu seinem Studium und seinem Lebensberufe. Nach kurzer Assistententätigkeit am Zoologischen Institut in Würzburg führte den kaum 25jährigen im Jahre 1888 ein Schiff der bekannten Firma Hansing, mit der ihn verwandtschaftliche Beziehungen verbanden, erstmalig nach Deutsch-Ostafrika. Diese Reise wurde entscheidend für seinen Lebensweg. Afrika wurde fortan der Mittelpunkt aller seiner Gedanken. Aus dem naturwissenschaftlichen Fachgelehrten wuchs er in schnellem Aufstieg auf zu einem Führer kolonialer Arbeit. Es waren die Jahre, in denen im Vordergrunde der jungen Kolonialpolitik in Ostafrika Männer standen wie Carl Peters, Hermann von Wissmann und Emin Pascha. Für ruhige wissenschaftliche Forscherarbeit, die Stuhlmann bei seiner Ausreise sich vorgenommen hatte, war die Zeit noch nicht recht gekommen. Der junge Forscher wurde schnell ein Freiwilliger der deut-

Max Hirsch, Hamburg

schen Schutztruppe, die unter Hermann von Wissmanns Führung stand. Von einer Verwundung, die er in einem kleinen Gefecht sich zugezogen hatte, kaum genesen, trat er 1890 mit Emin Pascha seine erste große Reise in das Innere von Afrika an, die über zwei Jahre dauern sollte. Unsere Zeit macht sich von den Schwierigkeiten einer solchen Forschungsexpedition in das damals in weiten Strecken noch unbekannte Afrika mit im Verhältnis zu heutigen Anschauungen fast primitiv zu nennenden Ausrüstungen kaum noch eine richtige Vorstellung; nur die älteren unter uns werden an jene Zeiten noch eine lebendige Erinnerung haben. Emin Pascha war der Führer der Expedition. Auf Befehl des Führers mußte Stuhlmann im Jahre 1892 in mühseligem Marsch vom Albert-See zur Küste zurückkehren, während Emin Pascha selbst weiter zum Kongo zog und dort, nur unzureichend noch ausgerüstet, auf tragische Weise den Tod fand. Auf dieser langen Expedition betätigte sich Stuhlmann nicht nur auf seinem nächsten Fachgebiete der Zoologie, er wurde Botaniker, Linguist, Ethnologe. Vor allem aber legte er auf dieser Reise die Grundlage zu seinen späteren umfangreichen kartographischen Arbeiten, die ihn fortan mit der Geographie immer näher verbinden sollten. Die körperlichen und seelischen Anstrengungen der Reise überstiegen seine Kräfte. Kaum zurückgekehrt, überfiel ihn eine wochenlange schwere Krankheit, von der er nur durch eine Bluttransfusion seines treuen farbigen Dieners Kombo, dessen Bild er uns erhalten hat, gerettet werden konnte. In einem großangelegten Buche, das heute zu den klassischen der kolonialen Literatur zählt, „Mit Emin Pascha ins Herz von Afrika“, hat er die Ergebnisse der Expedition niedergelegt. Im Vorwort dieses Buches finden sich die charakteristischen, für den Wissenschaftler und Menschen Stuhlmann zeitlebens bestimmend gewesenen Worte, daß bei Abfassung des Berichtes strengstens auf nüchterne und sachliche Wahrhaftigkeit gehalten ist. Er war kein Freund phantastischer Ausschmückungen; schlicht und sachlich, aber doch voll reicher Anschaulichkeit, ist sein Stil. Mit wehmütigem Interesse habe ich in den letzten Tagen mich in dieses Buch vertieft und bin Stuhlmann auf den Pfaden seiner ersten Forschungsreise gefolgt, bewundernd vor allem die Vielseitigkeit seiner Interessen und seines Wissens und seine schnelle Beobachtungsgabe. Stuhlmann wurde das wissenschaftliche Rückgrat der deutschen Verwaltung. Landesaufnahme und Landesvermessung wurden ihm übertragen, die Landeskultur, der Wetterdienst, die Förderung der Eingeborenenkulturen und das Pflanzungswesen ihm unterstellt. Seiner wissenschaftlichen Anleitung, Belehrung und Anregung verdankt das Schutzgebiet besonders seine schnelle fortschreitende Erforschung. Dem Kartenwesen widmete er seine besondere Aufmerksamkeit. Die Vielseitigkeit seiner Begabung und seiner Verwendungsfähigkeit brachten es mit sich, daß der junge Gelehrte zum ersten Referenten, d. h. zum obersten Verwaltungsbeamten und damit Stellvertreter des deutschen Gouverneurs ernannt wurde, eine Stellung, die er bis zum Jahre 1903 inne hatte, um dann den Posten eines Direktors des auf seine Veranlassung entstandenen biologisch-landwirtschaftlichen Institutes in Amani zu übernehmen. Stuhlmann war von einer großen menschlichen Güte; durchgreifende Strenge lag ihm nicht. Nicht mit Unrecht ist von anderer Seite darauf hingewiesen, daß gerade die Ernennung eines Mannes von seinen Charakteranlagen und seiner in erster Linie wissenschaftlichen Veranlagung zu einem der obersten Verwaltungsbeamten der größten deutschen Kolonie dagegen spricht, daß der Deutsche zur kolonialen Betätigung und kulturellen Leistung in Kolonien nicht berufen sei.

Unter der Leitung Stuhlmanns entwickelte sich das ihm anvertraute Institut in Amani zu einer großartigen Lehr- und Forschungsanlage. In ausgedehnten Versuchsgärten wurden die Lebensbedingungen der tropischen Nutzpflanzen erforscht, ihre technische Verwendbarkeit geprüft. Laboratorien für Botanik, Zoologie und Chemie standen ihm zur Verfügung. Zahlreiche Arbeiten geographischer, botanischer und kolonial-wirtschaftlicher Art hat Stuhlmann in diesen Jahren geliefert. Schweren Herzens mußte er im Jahre 1908 seine Tätigkeit in Ostafrika aufgeben, da sein Gesundheitszustand ihn dazu zwang. Der Abschied von seiner Tätigkeit in Ostafrika ist dem damals 45jährigen nicht leicht geworden. Schon in jenen Jahren kolonialer Arbeit hat er wohl den Keim der Krankheit sich zugezogen, der er jetzt erlegen ist.

Hamburg berief Stuhlmann zum Generalsekretär der Zentralstelle des damals gerade gegründeten Kolonialinstitutes. Seine Aufgabe sollte die Beschaffung von Material für den kolonialen Unterricht sein. Sie unterschied sich wesentlich von den Arbeiten, denen er in Afrika obgelegen hatte. Sie entfernte ihn von der unmittelbaren wissenschaftlichen Beobachtung der ihm am Herzen liegenden kolonialen Fragen, und doch hat er sich sofort auch seinem neuen Arbeitskreis und seinen neuen Pflichten voll und mit Erfolg hingegeben. Er begann systematisch die deutsche und die ausländische Tagespresse kolonialwirtschaftlich auszuwerten und ließ, was er an Wertvollem fand, zusammenstellen. Er legte mit dieser Arbeit die Grundlage des Hamburgischen Welt-Wirtschafts-Archivs, dessen Direktor er später werden sollte. Aber auch in seinem neuen Amte blieb Afrika sein erstes Interesse zugewandt, und auch als Generalsekretär des Kolonialinstitutes und Direktor des Welt-Wirtschafts-Archivs hat er Arbeiten über Afrika, die im einzelnen zu nennen zu weit führen würde, veröffentlicht. Rastlos war er tätig. Dem Ausbau des Welt-Wirtschafts-Archivs, das aus seiner Stellung am Kolonialinstitute sich entwickelte, widmete er die letzten Jahre seines Lebens. Seine letzte wissenschaftliche Arbeit aber führte ihn in einem eigenartigen Kreislauf der Dinge zurück zu seinem ersten großen innerafrikanischen Erlebnis. Ein merkwürdiger Zufall nämlich hat die Tagebücher seines ermordeten Führers Emin Pascha erhalten und nach Hamburg geleitet. Nach langer Irrfahrt sind sie in den Besitz des hamburgischen Staates gelangt. Der junge Weggenosse des großen Afrikaforschers gab, selbst gereift, am Abend des Lebens als letzte große Arbeit die Tagebücher seines ersten Führers heraus.

Am 29. Oktober 1928 vollendete Stuhlmann sein 65. Lebensjahr. Er erreichte damit die Grenze, in der bekanntlich im allgemeinen heute der Beamte ausscheiden sollte. Für die Hochschulbehörde war es eine Selbstverständlichkeit, im Hinblick auf seine Arbeitsfrische und die Fülle der Aufgaben, die er sich noch gestellt hatte, beim Senate seine Belassung im Amte zu beantragen. Es war für die Behörde und für ihn eine Freude und Genugtuung, daß diesem Antrage ohne weiteres entsprochen wurde. Ich habe gerade in diesem Jahre mit ihm manche Gespräche gehabt über seine Wünsche wegen des Ausbaues seines Instituts, und er war wohl nicht immer ganz zufrieden, wenn die Behörde ihm unter dem Drucke der Zeit nicht entfernt alles das zugestehen konnte, was er wünschte. Wenige Tage vor seinem letzten Krankenlager besuchte er mich und teilte mir seine bevorstehende Operation mit, die er für eine leichte hielt, hatte aber doch den Wunsch, als ob eine Todesahnung ihn bereits umfing, mit mir sich noch einmal über die Zukunft seines Institutes für den Fall eines unglücklichen Ausganges der Operation auszusprechen. Für den Menschen Stuhlmann, der nicht an sich dachte und in der Sorge für andere vorbildlich war, ist aber noch bezeichnender, daß er am Tage seiner Operation wenige Minuten vor ihrem Beginn noch einmal den Fernsprecher verlangte, um bei einem maßgeblichen Herrn unserer Verwaltung sich für einen seiner Mitarbeiter, mit dem ihn lange Arbeitsgemeinschaft und Freundschaft verband, zu verwenden. An andere denkend, ist er am 19. November 1928 heimgegangen.

Der Tod von Franz Stuhlmann bedeutet für sein Institut und für die Freunde kolonialer Arbeit einen schweren Verlust. Das gleiche gilt aber auch für unsere Geographische Gesellschaft, in deren Vorstand er seit Jahren gearbeitet hat, und zu deren Leitung er durch seine wissenschaftliche Betätigung besonders berufen war. Auch die Geographische Gesellschaft wird den gütigen Menschen, den bedeutenden Wissenschaftler, ihr treues hochverdientes Mitglied, nicht vergessen und sein Andenken in Ehren halten.

Berichte über Reisen in Mittelamerika

von

Dr. Franz Termer, Würzburg

V. Der Atitlan-See.[1])

Das westliche Guatemala besitzt zwei größere Seen, die innerhalb der vulkanischen Küstenkette Senken ausfüllen. Der Atitlan-See ist an Fläche und landschaftlicher Schönheit der bedeutendere, der Amatitlan-See der bekanntere, da an seinem Südufer die Bahnlinie von der Stadt Guatemala zur pazifischen Küste sich hinzieht, und er dadurch zu einem beliebten, leicht erreichbaren Ausflugsziel geworden ist. Schon in früheren Zeiten, im Anfang des 19. Jahrhunderts diente er zu Erholungsreisen (temporadas) der begüterten Kreise der Hauptstadt. Beide Seen sind häufig von Reisenden beschrieben worden, die sich auch schon mit der Frage ihrer Entstehung beschäftigten. Daß diese auf vulkanische Vorgänge zurückzuführen ist, darüber besteht heute kein Zweifel mehr. Im Einzelnen aber sind wir über die geologischen, geographischen und speziell limnologischen Verhältnisse mangelhaft unterrichtet. Besonders letztere würden noch ein dankbares Arbeitsfeld für zukünftige Forschungen abgeben.

Der Atitlan-See, der von der pazifischen Küste auf Reitwegen über San Lucas Toliman oder Santiago Atitlan, vom Hochland her auf Automobilstraßen von Guatemala, Quezaltenango und Santa Cruz Quiché erreichbar ist, hat etwa 125 qkm Fläche[2]). Ost- und Westufer sind in der Längsachse 20 km, Nord- und Südufer in der Querachse 8 km entfernt. Im Süden erstrecken sich zwei Buchten gegen die Küste zu, von denen die westliche die größere ist. Beide entsprechen interkollinen Tälern zwischen den Vulkanen von San Lucas (in indianischer Sprache angeblich Likihuí) und Atitlan bzw. zwischen diesen und dem San Pedro. Über die Tiefenverhältnisse wissen wir nichts Genaues. Der

---

[1]) Berichtigung für Tafel 17 und 19 von Band XXXIX der vorliegenden Mitteilungen: der Text von Abb. 1 auf Tafel 17 gehört unter die Abb. 1 auf Tafel 19 und umgekehrt.

[2]) Die Messung der interkontinentalen Eisenbahn ergab 48,5 engl. Quadratmeilen (Intercontinental Railway Commission Report (1898). vol I. part II. S. 82).

Geschichtsschreiber Domingo Juarros gibt an, daß man bei 300 Faden (ca. 550 m) noch keinen Grund erreicht hätte; nach neueren Daten soll die größte gemessene Tiefe 1803′ (ca. 330 m) betragen[1]). Später sollen Amerikaner Wasserproben entnommen und Analysen angestellt haben. Aber die betreffenden Ergebnisse, die der Landesregierung übermittelt wurden, sind inzwischen verloren gegangen, so daß eine erneute sorgfältige Auslotung und limnologische Untersuchung geboten ist. Die geologischen Verhältnisse der Seeumgebung wurden in der Mitte des 19. Jahrhunderts von den französischen Geologen Dollfus und Montserrat kurz gestreift, und dem Vulkanismus widmeten Sapper und Anderson besondere Beachtung. Morphologische und kulturgeographische Beobachtungen fehlten dagegen bisher, so daß ich hauptsächlich aus diesem Grunde im November 1927 dem Seegebiet meine Aufmerksamkeit zuwandte. —

Die West-, Nord-, und Ostufer des Atitlan-Sees werden von steil geböschten Abfällen der südlichen Kordillere gebildet, auf der die kontinentale Wasserscheide in etwa 13—14 km Entfernung verläuft. Jäh neigen sich die Gehänge zum Seespiegel und setzen sich wahrscheinlich am Nord- und Ostrand auch unterseeisch mit gleicher Steilheit fort. Am Westufer treten bei San Juan in einiger Entfernung vom See sogar senkrechte Felswände hervor. Dieser selbst jedoch ist hier seichter, insofern sich ein flacher Sandstrand in den See vorstreckt. Er ist dem Auftreten weiter unten erwähnter besonderer geologischer Bildungen zuzuschreiben. Zwischen dem Südufer und den anderen Rändern besteht ein Gegensatz, da jenes von jungen, im Ruhezustand verharrenden Vulkanen, diese von jungeruptiven Massengebirgen eingenommen werden.

Die nördlichen Gebirgszüge setzen jungeruptive andesitische Gesteine zusammen, unter denen bei San Pablo östlich sowie zwischen diesem Dorf und San Juan am Westufer Granite hervortreten, die in kleinerer Ausdehnung noch weiter südlich am Abschluß der Bucht von Santiago, ferner am Wege von San Lucas nach Patulul unterhalb der Finca Pampujilá begegnen. Sie bilden demnach nicht nur das Liegende der jungeruptiven Massenergüsse — wie öfters im westlichen Guatemala zu beobachten —, sondern setzen auch den Sockel der rezenten Küstenvulkane zusammen. Wo sie unmittelbar an den See herantreten, bilden sie steile Felswände, die bei San Juan grusartig verwittert, an den übrigen Stellen frisch erhalten sind. Bei San Juan

---

[1]) Report der interkontinentalen Eisenbahn a. a. O.

setzen sie sich anscheinend noch weiter unter den Seespiegel fort und haben wegen ihrer leichteren Verwitterbarkeit dort zur Bildung des flachen, schelfartig vorspringenden Sandstrandes Anlaß gegeben. Am Ostufer finden sich nur Jungeruptiva, soweit ich die dortige Gegend besichtigen konnte. Auffällig und neue Fragestellungen über das Alter der granitischen Bildungen eröffnend ist das Auftreten marmorartiger Kalke, die als schmale Bänder mit ostsüdöstlichem Streichen in die Granite eingeschaltet sind. Von ihrem Vorhandensein war bisher nichts bekannt an dieser Stelle. Es zeigen sich hier die gleichen Vorkommnisse, wie sie früher von mir bei Cabrican im westlichen Guatemala beobachtet wurden.

Am Westufer erhebt sich ein markanter spitzer Gipfel, der Cerro Cristalino (2220 m), dessen Höhenunterschied zum Seespiegel rund 650 m beträgt. Eine Besteigung desselben ergab, daß er nicht, wie zu erwarten, aus herausgewittertem Granit, sondern aus andesitischem Felsmaterial und einer Tuffbrekzie besteht. Es dürfte sich demnach um einen Neck handeln. Die genauere Darlegung dieser Verhältnisse wird später in anderm Zusammenhang erfolgen.

Überblickt man von einem hochgelegenen Punkt, wie sie sich häufig am Nordostufer bieten, das Seegebiet oder sieht man dieses von der Kammhöhe der Kordillere ein, etwa im NW von Sololá, so treten im Osten und Westen des Sees Ebenheiten heraus, von denen die östliche sich bis an den Fuß des Acatenango-Fuegomassivs erstreckt, die westliche wesentlich schmälere ihre Westgrenze an dem tiefen Tal des Rio Nagualate findet, der ebenso wie der im Osten des Sees gegen den Ozean strömende Rio Madre Vieja auf der Kordillere entspringt. Die Seehöhe dieser Ebenheiten beträgt durchschnittlich 2000 m. Die Orte Godinez (2130 m), San Andres Semetabaj (1980 m), Santa Clara (2050 m) und Sololá (ca. 2000 m) liegen auf diesen Gebilden, in die die Flußtäler bis zu 250 m Tiefe erodiert sind. Es sind Aufschüttungsebenen, aufgebaut aus teils äolisch, teils fluviatil abgelagerten vulkanischen Lockermassen, die in den Tälern zur Ausbildung senkrechter Wände neigen. Selbst in den kleineren Talsenken, die sich von Norden gegen den See neigen, sind diese Ablagerungen anzutreffen. Im Tale des Rio Panajachel bilden sie an beiden Talflanken Terrassen, die als alte Talbodenreste heute 260 m über dem Fluß gelegen sind.

Wir haben es hier keineswegs mit Rumpfflächen zu tun, wozu ein flüchtiger Überblick verleiten könnte. Gerade im Panajachel-Tal sind die Aufschlüsse für die Entstehungsgeschichte besonders wertvoll, da sie den Wechsel von Wind- und Flußtransport deutlich erkennen lassen.

Außerdem zeigen an der gleichen Stelle zwei Niederterrassen und eine nur lokal ausgebildete dritte Terrasse eine junge Hebung des Gebietes an, und in dem westlich benachbarten Tal des Rio Quixkab bei San Jorge finden sich dieselben zwei Niederterrassen.

An den felsigen Seeufern sind Hebungserscheinungen nicht zu bemerken, wohl aber sind die Schuttdeltas der Flüsse Panajachel und Quixkab, die beiden bedeutendsten am Nordufer, terassenartig angeschnitten.

Ein wesentlich anderes Bild zeigt das Südufer. Es wird beherrscht von vulkanischen Bildungen jugendlichen Alters. Im SO erheben sich der Cerro San Lucas (2194 m), eine mit Wald bedeckte Vulkanruine, im Westen die Geschwistervulkane Atitlan (3525 m) und Toliman (3153 m), von denen ersterer bis in das 19. Jahrhundert tätig gewesen ist. Vom Toliman haben sich mächtige Lavaströme gegen den See ergossen, die terrassenartig übereinander lagern und von der Ferne gesehen dort Seeterrassen vermuten lassen, die aber in Wirklichkeit dort nicht vorhanden sind. Unmittelbar am Nordfuß des genannten Vulkans erhebt sich der Cerro de Oro 300 m über dem Seespiegel, eine Staukuppe, und oberhalb von ihm an der Vulkanflanke ist ein gleiches Gebilde kleineren Ausmaßes zu bemerken. Jenseits der Bucht von Santiago folgt der San Pedro mit regelmäßigem Kegel, von tiefen radialen Barrancos zerschnitten und bis zum Gipfel hinauf bewaldet. Auch er zeigt an seinem Nordwestfuß terrassenartig übereinandergeschichtete Lavaströme, die zum Teil von Lockermassen geringer Mächtigkeit bedeckt sind und sich gegen das Dorf San Pedro erstrecken. Küstenwärts vorgelagert erhebt sich eine vulkanische Kuppe, Cerro Chumil von den Indianern genannt, die entweder als Geschwistervulkan oder vielleicht besser als Parasit des San Pedro aufzufassen ist. Noch weiter gegen die pazifische Abdachung folgt ein jungeruptiver Rücken, der zu dem noch nicht untersuchten Cerro Santa Clara überleitet, wahrscheinlich auch eine Vulkanruine. Die Annahme, daß durch die erwähnten Vulkane das Seebecken abgedämmt wurde, ist berechtigt. Anhaltspunkte für die Behauptung Anderson's, nach der der Atitlan-See die Ausfüllung eines Riesenkraters wäre, liegen nirgends vor. Wahrscheinlich ist die Entstehung des Seebeckens auf tektonische Ursachen zurückzuführen.

Der Seespiegel, der nach den Messungen der intercontinentalen Eisenbahnkommission 1580 m über dem Meere liegt, hat Schwankungen aufzuweisen. Die Anwohner berichten übereinstimmend, daß er in gewissen Zeitperioden ab-, in andern aufsteigt. Da der See in einem

Klimagebiet mit ausgesprochenen Trockenzeiten liegt, hat diese Erscheinung nichts Auffälliges. Darüber hinaus aber zeigen sich an Ufermarken des Nordufers wie am Südufer untrügliche Merkmale eines früher höheren Wasserstandes und eines heute fortschreitenden Rückganges. Damit im Zusammenhang steht das versumpfte Ufergelände bei San Juan und am Abschluß der Bucht von Santiago, ferner das Auftauchen kleiner Felsklippen am Südufer in der Nähe des Cerro de Oro. Der Rückgang beträgt an den Ufermarken des Nordufers gemessen 8—10 m und hat noch in allerjüngster Zeit stattgefunden. Denn noch im Anfang dieses Jahrhunderts reichte der Seespiegel bis dicht an das Hotel von Tzanjuyú heran, während er heute dort 7—8 m tiefer liegt. Ebenso ist die kleine Felseninsel, Isla de Repentines, am Eingang der Bucht von Santiago erst seit etwa 10—15 Jahren aufgetaucht, und die noch zu Beginn des 20. Jahrhunderts bestehende Katzeninsel, Isla del Gato, ist seitdem zu einer Halbinsel geworden.

Die in den See mündenden Flüsse sind wenig bedeutend und finden sich fast nur auf dem Nordufer. Ihr Ursprung liegt am Südabhang der Kordillere. Ihr Lauf ist daher kurz, das Gefälle bedeutend, die Wassermenge erheblichen periodischen und unperiodischen Schwankungen unterworfen. Diese treten namentlich bei Dauerregen (temporales) auf. So soll der Seespiegel im Oktober 1923 aus einem solchen Anlaß um 2 Fuß innerhalb drei Tagen gestiegen sein. Am Ost- und Westufer münden nur unbedeutende Bäche, das Südufer hat keine Zuflüsse. Der Rio Panajachel und Rio Quixkab haben an ihrer Mündung Deltas aufgeschüttet, deren schnelles Wachstum gut zu beobachten ist.

Über unterirdische Quellen ist nichts bekannt. Dagegen fanden sich noch bis vor 25 Jahren bei Panajachel warme Quellen, ebenso bei Santa Catalina Palopó, über die schon J. L. Stephens berichtet hat. (Incidents of Travel in Central America, Chiapas and Yucatan, London 1854.) Mit dem Sinken des Seespiegels haben sie zu bestehen aufgehört.

Einen sichtbaren Abfluß besitzt der See nicht. Bei den Anwohnern bestehen unbewiesene Gerüchte, daß dieser unterirdisch bei San Lucas Toliman erfolge und darauf das Austreten starker Quellen an der pazifischen Abdachung bei der Finca Mocá und San Jerónimo Miramar zurückzuführen wäre. Zur Bestätigung dieser Ansichten würden Färbversuche bei San Lucas Toliman anzustellen sein.

Klimatisch gehört der See einer Zone mit streng gesonderten Regen- und Trockenzeiten an. Auf Grund der Vegetationsverhältnisse ist zu bemerken, wie eine Neigung zu höheren Wärmegraden und zunehmender Niederschlagsarmut nach der Tiefe des Seebeckens vorhanden ist.

Findet sich der Reisende auf den Höhen der Kordillere, denen der Weg von Totonicapan über Los Encuentros nach Tecpan in durchschnittlich 2800 bis über 3000 m Höhe folgt, inmitten duftiger Kiefern-, Tannen- und Zypressenwälder, so steigt er schnell durch Eichenbestände zum See ab und sieht auf den felsigen Uferhalden aus den Fluren harter, rauher Gräser Disteln und Agaven nebst Opuntien hervorsprießen. Trockenheit liebende Formationen bedecken auch die Südufer mit ihren durchlässigen, klüftigen Lava- und Lockermassenböden. Im Mündungsgebiet der Flüsse Panajachel und Quixkab, in denen der Mensch zu künstlicher Bewässerung seine Zuflucht genommen hat, ziehen sich, oasenhaft gegen ihre Umgebung sich abhebend, Kulturanlagen hin. Dort gedeiht vorzüglicher Kaffee, lohnt sich die Anlage wegen ihres Aromas bekannter und geschätzter Apfelsinen, ist man zur Anlage von Zuckerrohrfeldern geschritten, und die Indianer bei Panajachel üben im eigenen Betriebe oder für fremde Besitzer einen intensiven Gartenbau aus. Der landschaftliche Reiz von Panajachel und Tzanjuyú in den strengen Formen der großartigen Umgebung mit den hohen Vulkanen beruht auf der Lieblichkeit dieser schattigen Flußtäler.

Die Niederschlagsarmut des Seegebietes findet ihre Erklärung in der barrierenhaften Umgrenzung mit hohen Gebirgszügen in den Richtungen, aus denen die vorherrschenden Winde wehen. Sie verteilen sich auf den Nordost-, Südost- und Südwestquadranten. Von ihnen sind die beiden letzteren als unmittelbare Steigungswinde von der pazifischen Küste die mit bedeutend größeren Feuchtigkeitsmengen beladenen, wogegen die Nordostwinde schon einen erheblichen Teil ihrer Feuchtigkeit auf ihrem Wege über die Gebirgszüge des mittleren Guatemala abgegeben haben. Eine der eindruckvollsten Stimmungen in der erhabenen Seelandschaft wird hervorgerufen, wenn täglich um die Mittagszeit eine Mauer weißer Cumuluswolken sich küstenwärts an den Vulkanen zusammenballt. Über den Gebirgswall schiebt sie sich gegen die Buchten von Santiago und San Lucas vor, um sich zerfasernd schnell aufzulösen, noch ehe sie die Hälfte derselben erreicht hat. Ich konnte am Südende der Bucht von Santiago beobachten, wie dieses Spiel bereits mit leichten Nebelmassen gegen 9 Uhr vormittags seinen Anfang nahm. Um 11 Uhr 30 hatten sich bereits die Cumulusbildungen zu einer an Föhnmauern erinnernden Masse zusammengezogen.

Die Winde aus den nördlichen Richtungen stürzen häufig als Fallwinde zum See hinab, wobei sie Höhenunterschiede bis zu 1700 m zu überwinden haben. Als trockene, warme Winde kommen sie an den See. Stoßartig brechen sie aus den engen Tälern hervor und fegen weit über die Seefläche hin. Bei den Indianern und den Besitzern der wenigen Motorboote stehen diese Winde in bösem Ruf. Noch gefährlicher aber können allerdings weniger häufige Fallwinde auf der Südseite werden. Um die Atitlanvulkane beiderseits herumwehend, führen sie zu Wirbelbildungen, wenn sie sich auf dem See vereinigen oder rückläufig drehend in die beiden Südbuchten wehen. Bei der unten zu erwähnenden primitiven Schiffahrt der Indianer sind diese Naturerscheinungen dem Bootverkehr sehr gefährlich. Die Indianer bezeichnen diese Stürme in ihrer Sprache mit „xocomíl". —

In der vorspanischen Zeit spielte der Atitlan-See eine Rolle als Grenzgebiet zwischen den Stämmen der Quiché-, Kakchiquel- und Tzutuhil-Indianer, die in häufigen Fehden miteinander lebten. Die Tzutuhiles wohnten am Südufer und hatten auf einer Halbinsel am Fuße des San Pedro Vulkans eine Schutzburg und Kultstätte errichtet, deren Ruinen noch heute erhalten sind. Ferner sah ich alte Erdhügel östlich von San Pedro La Laguna in der Nähe des Sees, deren Erdreich Tonscherben, Obsidiansplitter und kleine Messer aus diesem Material aufwies. Reste alter Erdwerke sollen am Cerro de Oro vorhanden sein. Doch vermochte ich sie nicht zu finden. Möglicherweise haben aufeinander geschichtete Blockmassen eines dortigen Lavastromes bei der Bevölkerung Anlaß zu dieser Behauptung gegeben, zumal sich mit diesem durch seine Gestalt auffälligen Berge Lokalsagen verknüpfen.

Die Kakchiqueles hatten ihr Herrschaftsbereich an die Nordufer vorgeschoben. Dort liegen unmittelbar westlich des Dorfes San Andres Semetabaj, da wo der Weg nach Panajachel in das gleichnamige Tal hinabzuführen beginnt, umfangreichere Erdwerke, Las Tapias genannt. Sie bestehen aus neun Erdhügeln, die sich auf einer gegen das Panajacheltal steil abfallenden Fläche erheben. Ein Teil der rechteckigen Werke umgibt zwei Höfe, die übrigen Hügel liegen ohne besonders deutliche Anordnung im Umkreis darum verstreut. Unter ihnen zeichnen sich drei durch ihre Höhe aus, die 10 Meter beträgt. Die anderen erreichen nur 3—4 m Höhe. Diese Stätte lag vortrefflich zur Verteidigung geeignet und beherrschte gleichzeitig die Wege in das Quichégebiet, wie sie jene in das Zentrum des Kakchiquelreiches nach Iximché bei Tecpan schützte. Von einer einst dichteren Besiedlung bei Semetabaj zeugen die Mengen von Tonscherben, Obsidiansplittern und Idolen, die dort gefunden wurden, aber natürlich längst in alle Winde zerstreut sind. Einen aus Lavagestein gemeißelten, ca. 25 cm hohen menschlichen Kopf mit eigenartig vorspringender Stirn und Spuren roter und weißer Bemalung sah ich in einem Privathause in San Andres Semetabaj.

Weitere alte Anlagen der Kakchiqueles liegen in einiger Entfernung des Weilers Agua Escondida östlich des Weges von Godinez nach San Lucas Toliman, und Befestigungsanlagen finden sich am Wege von Tzanjuyú nach Sololá, in denen die heutigen Indianer einen Opferplatz angelegt haben.

Die Quichéindianer wohnen heute nur am nordwestlichen Teil des Sees, besonders in und um das Dorf San Pablo La Laguna herum.

Die Indianer haben sich in größerer Zahl rein erhalten und bevölkern die seit der spanischen Zeit errichteten 10 Dörfer, die an den Seeufern liegen oder, wie Santa Clara, auf einer Hochfläche angelegt wurden. Eine Ausnahme macht das Dorf San Pedro La Laguna insofern, als sich bei seinen Bewohnern ein deutlicher fremder und zwar europäischer Einschlag geltend macht. Es sind intelligente Leute, die aber Sprache, Tracht und Lebensgewohnheit ihrer Tzutuhilvorfahren übernommen haben. Es ist ein seltener Fall in Guatemala, daß wir bei Mischlingen das bewußte Festhalten an der indianischen Art bemerken.

Altertümliche Formen zeigt die Schiffahrt der Indianer, die noch die gleiche wie in der vorspanischen Zeit ist. Die plumpen, primitiven Einbäume hat Brigham beschrieben (Guatemala, the Land of the Quetzal) und auch dort abgebildet. Stoll erwähnt sie nur nebenbei und kannte sie nicht aus eigener Anschauung (Die Ethnologie der Indianerstämme Guatemalas, Leyden 1889). Ferner werden sie kurz gestreift in dem Report der Intercontinental Railway Commission (vol. I, Washington 1898, S. 80)[1]). Heutzutage sieht man solche Kanus an verschiedenen Orten des Sees noch im Gebrauch, namentlich in Santa Catalina Palopó, San Pedro La Laguna, San Pablo und Santiago Atitlan.

Die Einbäume werden aus den Stämmen des Aguacatebaums hergestellt, in verschiedenen Größenverhältnissen. Ihre Länge bewegt sich zwischen 3 bis 8 Metern, ihre Breite ist 1 bis 1,20 m, der innere Hohlraum 0,60 bis 0,70 m tief. Dabei ist zu beachten, daß eine niedrige Bordwand aus Planken zum Schutz gegen die Wellen dem Bootrand aufgesetzt ist. Selten finden sich heute noch Einbäume von 12—13 Varas (ca. 10—11 m), die früher mehr im Gebrauch gewesen sein sollen. Mit der fortschreitenden Entwaldung der Umgebung des Sees sind entsprechend große Stämme selten noch anzutreffen.

Der Bug dieser plumpen Fahrzeuge läuft spitz zu; das Heck ist breit

[1]) Vgl. auch A. P. Maudslay, A Glimpse at Guatemala (1899) S. 57.

abgestutzt und mit zwei aus dem Stamm herausgeschnitzten Handhaben versehen, mit deren Hilfe die Boote auf den Strand gezogen oder ins Wasser gestoßen werden. Der Boden ist flach. Die zum Bau benötigten Stämme werden in den heute vom Seeufer weit entfernten Wäldern geschlagen und gleich an Ort und Stelle mit der Axt zubehauen. Danach wird die Aushöhlung mittels Axt und Feuer vorgenommen. In diesem Zustand schleift man den Stamm mit Zugochsen oder menschlicher Kraft an das Ufer, läßt ihn ins Wasser gleiten und schleppt ihn an ein anderes Boot angebunden zum Dorf, wo die weitere Herrichtung vor sich geht und namentlich etwaige Fugen im Holz mit Werg gedichtet werden.

Die Fortbewegung der Einbäume geschieht mit Hilfe von Rudern, die an einem kurzen Stiel ein ovales Blatt tragen. Bei günstigem Wind tritt die Benutzung kleiner Stoffsegel hinzu, von rechteckiger Form, die an einem provisorischen Mast am vorderen Teil des Einbaums befestigt sind. Ich sah Segel nur bei den größeren Fahrzeugen. Dagegen benutzten die Fischer in den kleineren Booten, die nur ein bis zwei Personen fassen, grüne Büsche und Zweige als Segelersatz, eine völkerkundlich interessante Erscheinung, die sich vielfach im Altertum sowie in der Neuzeit bei verschiedenen Völkern findet. Das Rudern geschieht in der Form des „Pagajens“. Der Ruderer am Heck benutzt seinen Riemen zugleich als Steuer. Sind mehrere Ruderer vorhanden, so bewegen sich die Schläge in strengem Takt, so daß die Fortbewegung rasch vor sich geht. So benötigt man mit einem Einbaum mittlerer Größe mit 4 bis 6 Ruderern für die Strecke von San Pedro La Laguna nach Tzanjuyú (ca. 13 km) bei gutem Wetter 2 Stunden, bei ungünstigem 3 bis 4 Stunden. Für die in Nähe des Ufers erfolgende Fahrt von San Pedro nach Santiago (ca. 7 km) ist eine Stunde üblich.

Das Rudern wird anscheinend nur von Männern ausgeübt; wenigstens sah ich niemals Frauen diese Tätigkeit vollführen.

Mit dem Bootbau verknüpfen sich gewisse Bräuche, die auf alte Zeiten zurückgehen. In San Pedro muß der Alkalde des Dorfes (Bürgermeister) am Ende seiner einjährigen Amtsperiode jeweils einen Einbaum der Dorfgemeinde stiften. Das Einbringen des roh behauenen Stammes gestaltet sich dann zu einer Festlichkeit, der ich in San Pedro beiwohnen konnte. Am Ufer hatte sich eine Menge Volkes angesammelt, die mit lauten Rufen das langsam herangeschleppte Boot und seine Werkleute begrüßte. Unter Vorantritt einer Musikkapelle von drei Chirimiabläsern und der großen Trommel (tambor) zogen die sechs Zimmerleute, gefolgt von der übrigen Menge, mit der Dunkelheit ins Dorf ein, die Ruder auf der Schulter tragend. Auf dem Dorfplatz machte man vor dem Amtsgebäude des Bürgermeisters (juzgado) Halt, der dann die Männer zu einem Trinkgelage für die Nacht einlud. Bei den Klängen einer Marimba blieb man dort bis in die frühen Morgenstunden zusammen.

Altertümliche Gebräuche haben sich auch bei der Jagd erhalten. Freilich ist heute das Großwild selten geworden, und die von Fuentes y Guzman beschriebene Treibjagd der Pokomam-Indianer am Amatitlan-See ist längst vergessen, bei der die Tiere mit Feuern eingekreist und so in den See hineingetrieben wurden; dort erwarteten sie dann andere Indianer in Booten und erlegten sie von diesen aus. (Recordacion florida, ed. 1882, Bd. I, S. 357). Daß auch die Indianer am Atitlan-See solche Methoden geübt hätten, ist nicht überliefert. Gelegentlich aber kommt es heute noch vor, daß man Rehe (venados) von den Steilhängen des nördlichen Ufers in den See treibt, wo Indianer in Einbäumen ihnen nachsetzen und sie im Wasser erlegen. Vielleicht ist hier noch ein Überrest der von Fuentes y Guzman erwähnten Jagdsitte erhalten.

Interessant ist die Jagd auf Wasservögel, die zahlreich am See anzutreffen sind. In der Mehrzahl sind es Sumpfhühner (gallaretas), denen die Indianer mit Vorliebe nachstellen. Diese Vögel pflegen in größeren Schwärmen in der Nähe der Ufer im Schilf sich aufzuhalten. Zur Jagd vereinigen sich mehrere Indianer, jeder in einem kleinen, nur eine Person fassenden Einbaum. In großem Halbkreise schließen sie einen Schwarm von Vögeln ein, beim Vorwärtsrudern ihn ständig verengernd. In entsprechende Nähe gelangt, bringt man den Schwarm plötzlich zum Auffliegen und wirft dann mit Holzknüppeln in ihn hinein. Stets werden einige Tiere getroffen oder verletzt und fallen den Jägern anheim. Nach dem Einsammeln der Wurfknüppel beginnt das Einkreisen eines anderen Schwarmes.

Enten dagegen, die beim Aufscheuchen höher auffliegen als die Sumpfhühner, erlegt man mit der Büchse.

Was den Lebensunterhalt der Indianer anbetrifft, so wird er in der Hauptsache durch Maisbau im Umkreis der Dörfer und durch Saisonarbeit auf den Kaffeeplantagen an der pazifischen Küste gewonnen. Der Fischfang spielt nur eine untergeordnete Rolle, zumal größere Fische dem See fehlen. Man kennt nur drei Arten, die Pepesca, Culín und Mojén genannt werden. Außerdem fängt man eine Krabbenart, die von indianischen Händlern bis nach Quezaltenango auf den Markt gebracht wird. Eine Spezialität der Kakchiquelindianer bei Panajachel ist der schon oben erwähnte Gartenbau, der besonders Zwiebeln und

Knoblauch liefert. Der Ertrag aus einem der bei Indianern üblichen Kleinbesitze (Parzellen) beträgt im Jahre etwa 900.— Papierpesos (15.— Dollar Gold), eine Summe, die für die Lebensbedürfnisse dieser anspruchslosen Menschen genügt. Dazu kommen noch Einnahmen aus dem Verkauf von Schweinen und Hühnern. Als besondere Heimindustrie ist die Herstellung von Knüpfflechtereien zu nennen, die von Männern in San Pedro besonders kunstvoll ausgeführt werden. Als Flechtmaterial dient die Agavefaser, die mit Anilinfarben bunt gemustert wird. —

Nach Beendigung meines Aufenthaltes am Atitlan-See ritt ich von Godinez auf einem durch seine Panoramen wohl schönsten Wege dieser Gegend an San Lucas Toliman vorüber nach der pazifischen Küste und schlug von der Finca Santa Teresa den Weg östlich über Pochuta und San Pedro Yepocapa nach San Andres Osuna ein. Diese Küstengegend ist gekennzeichnet durch die tiefen Schluchten der größeren, reißenden Küstenflüsse, die bei ihrem starken Gefäll und dem meist aus vulkanischen Lockermassen bestehenden Gelände rasch ihre Betten vertieft haben. Die Hochterrasse (120 m) und zwei Niederterrassen sind in den Tälern fast durchweg ausgebildet. Die Hochterrasse ist bereits in schmale Riedel aufgelöst, die an einigen Stellen durch seitliche Abtragung gratartig zugeschärft sind. Nach Osten hören diese Terrassenbildungen am Fuego-Acatenangomassiv auf, und es beginnt dort eine vulkanische Zone von Brekzien und Lavaergüssen, die als besondere Gruppe vom Fuegomassiv zu sondern sind. Sie erstreckt sich bis in die Gegend von Escuintla, dort die Hügel von Mirandilla bildend, während ihr im Westen der markant in der flachen Landschaft sich abhebende Peñon de Siquinalá (auch P. de Obispo) angehört.

Nach Beendigung dieser Reise folgten einige kleinere Exkursionen im Westen Guatemalas (Besteigung des Vulkans Siete Orejas), ein Besuch der tiefen Küste bei Caballo Blanco und Rio Bravo und im Januar 1928 eine kurze gemeinsame Reise mit Karl Sapper nach Quiriguá und zum Rio Dulce mit einer Befahrung seiner südlichen Nebenflüsse Rio Tamehá und Rio Juan Vicente.

VI. Eine Reise durch Honduras.

(Mit 12 Abbildungen auf Tafel 1 bis 7).

Auffällig ist der Gegensatz in der Physiognomie Guatemalas zwischen den westlichen und östlichen Landesteilen. Natur, Landschaft und Mensch werden davon in gleicher Weise berührt. Im Westen, im „Occidente", fesseln den Reisenden die großartigen Panoramen der Hochgebirge mit tiefen Tälern, schroffen Kämmen, hochragenden flach gewölbten Rücken, eng begrenzten Plateaus, über deren kahle, Büschelgras bestandene Einöden kalte Winde fegen. Beckenlandschaften bergen fruchtbare, dicht besiedelte und bebaute Böden, große Dörfer, kleine Landstädte. Die Abhänge der Kettengebirge sind überstreut mit den Wohnstätten der Indianerbevölkerung. Ein ständiges Kommen und Gehen herrscht auf den Landstraßen, den Reit- und Fußwegen. Die Farben der Landschaft werden auf das Bunteste belebt von den farbenfreudigen Trachten der Eingeborenen. Küstenwärts streben mächtige Vulkane als ebenmäßige Kegel mit eleganten Profilkurven empor, andere mit Formen abgestumpfter Pyramiden, die meisten voneinander getrennt durch Talschluchten mit schäumenden Flüssen, weniger durch breite interkolline Talmulden, in denen die Gehängeschleppen benachbarter Essen ineinander überleiten. Vor dieser gewaltigen Kette breitet sich meerwärts als allmählich zum Ozean abfallende Ebene das pazifische Küstenland, dicht besiedelt, verkehrsreich, die Hauptwirtschaftszone Guatemalas, in der das fremde Bevölkerungselement neben dem einheimischen seit Jahrzehnten den wirtschaftlichen Aufschwung wesentlich gefördert hat. Üppige Fülle der tropischen Natur, Bevölkerungsreichtum in den mittleren Höhenlagen und günstige Arbeiterverhältnisse lassen heute wie in der kolonialen Zeit den „Occidente" als die bevorzugte Kulturzone erscheinen.

Anders der „Oriente", die östliche Landeshälfte. Wollen wir versuchen, eine Grenze zwischen Osten und Westen zu ziehen, so wird uns das in der Natur nicht schwer gemacht. Davon absehend, die Gebiete im Norden in diese Trennungslinie einbeziehen zu wollen, da diese als Ganzes in Gegensatz zu Osten und Westen stehen, legen wir sie hier von Cubulco in der Baja Verapaz über San Martin Jilotepeque nach Mixco und lassen sie südlich über Amatitlan und Escuintla am Gestade des stillen Ozeans münden. Alles, was östlich dieser Linie gelegen ist, trägt ein abweichendes Gesicht zur Schau im Gegensatz zum Westen. Niedriger sind im allgemeinen die Kordilleren; sie treten nicht mehr so deutlich als langgezogene Kettengebirge uns entgegen, weil sie durch Querketten mannigfaltiger, unübersichtlicher gegliedert werden. Nur die Gebirge zu beiden Seiten des Motagua-Tales bewahren noch deutlicher ihren Kettencharakter und erreichen zum Teil noch Höhen, wie wir sie im Westen treffen. Auch der Osten hat seine Vulkankette parallel der Küste; aber die prachtvollen Riesengestalten fehlen ihm. Die Vulkane sind hier nicht nur niedriger, sondern auch unregelmäßiger in ihren Umrißlinien mit wenigen Ausnahmen, von denen der Chingo am schönsten wirkt. Und der Vulkanismus überhaupt zeichnet sich dort gegenüber dem Westen dadurch aus, insofern sich die explosive und effusive Tätigkeit weiter nach Norden hin geltend machte. Bis in seine zentralen Teile hinein ist der „Oriente" von Vulkanen kleinerer Ausmaße durchschwärmt, und selbst im Motagua-Tal zeigen sich junge effusive Spuren in Form kleiner Lavaströme.

Hier, wo es sich um den rein äußerlichen Gegensatz handelt, wollen wir nicht von den Gegensätzlichkeiten, den Gemeinsamkeiten des inneren Gebirgsbaues sprechen, sondern nur die dingliche Erfüllung des Raumes uns vor Augen führen. Die Pflanzenwelt ist vielleicht das bedeutsamste Moment dabei. Denn entsprechend dem im Osten viel ausgesprocheneren Wechselklima herrschen in der Vegetation Formationen vor, die diesem angepaßt sind. Eine solche Fülle von Kakteen vermißt das Auge im Westen ebenso wie die niedrigen, stachligen Mimosazeen, die kleinwüchsigen Sukkulenten, die dort allenfalls nur lokale Verbreitung besitzen, während sie im Osten regional herrschen. Dieser ist vegetationsärmer als der Westen. Wald ist womöglich noch spärlicher vorhanden als in den Altos des Westens und tritt vorzugsweise in der Form von Kiefernwald hervor. Nur da, wo Gebirge ihre Luvseiten zu größeren Seehöhen erheben, mischen sich Bestände von Laubhölzern darunter, ohne zu dominieren. Die Formationen der Chaparales und Jicarales zusammen mit Buschsteppe und Nadelholzwald prägen dem Landschaftsbilde ihren Charakter auf und verleihen ihm dadurch monotone Züge, die an sich schon durch die dünne Besiedelung und daher durch den schwächeren Verkehr für denjenigen hervorgerufen würden, der mit den Verhältnissen des „Occidente" vertraut ist.

Auch der Oriente hat seine Beckenlandschaften. Aber sie sind weiträumiger, ebenenartiger und, weil in tieferem Meeresniveau gelegen, heißer, trockener, steppenhafter als die entsprechenden Bildungen im Westen. Die größeren Siedelungen sind stille Landstädte, die nur dort mehr Leben zeigen, wo sie an wichtigen Durchgangswegen liegen, auf denen Handel und Verkehr sich zu den Nachbarrepubliken Salvador und Honduras bewegen. Die Bevölkerung entbehrt des zahlreichen indianischen Elements, ohne daß dieses gänzlich fehlte. Die Mischlinge, Mestizen oder Ladinos, treten in den Vordergrund, die in Honduras und Salvador abgesehen von kleineren Enklaven indianischer Teile die absolut vorherrschende Schicht sind.

Der Osten Guatemalas leitet über zu den benachbarten Gebieten von Honduras und Salvador, die aber beide, jeder für sich, in ihrer wirtschaftlichen und kulturellen Entwicklung von ihm abweichen. Salvador, am weitesten fortgeschritten, am dichtesten bevölkert, steht dem östlichen Guatemala darin ebensoweit voraus, wie Honduras dahinter zurückbleibt. Viel hängt von der Ausgestaltung des Verkehrsnetzes ab, in dem Honduras noch weit zurückgeblieben ist, während im östlichen Guatemala gegenwärtig viel für die Anlage neuer Wege, den Ausbau älterer getan wird. Salvador dagegen besitzt das dichteste Netz und den stärksten Verkehr überhaupt in Mittelamerika.

Im Osten Guatemalas durchzieht schon eine Automobilstraße von der Stadt Guatemala über Cuilapa (die jetzt gebräuchliche Form für Cuajiniquilapa) und Jutiapa die küstennäheren Landesteile bis Santa Ana in Salvador, weitere gute Straßen verbinden die Hauptstadt mit San José Pinula und sollen nach Jalapa weiter sich fortsetzen. Mataquescuintla ist schon mit dem Automobil von Guatemala zu erreichen. Und dicht an der Ostgrenze der Republik ist die Eisenbahnlinie im Bau begriffen, die Zacapa und damit die atlantische Küste Guatemalas mit Santa Ana und dem pazifischen Küstenland Salvadors verbinden soll.

Im Gegensatz zum Westen fehlt dem östlichen Guatemala eine so dichte, reiche Plantagenzone, obwohl die Wirtschaft auch hier auf dem Landbau beruht. Die fremden Besitzungen sind kleiner, in den zentralen Teilen findet sich der Typ des landwirtschaftlichen Kleinbetriebes, der der Anspruchslosigkeit der Ladinos genügt. Nur in den Teilen des östlichen Küstenlandes, die der oben genannten Trennungslinie benachbart sind, finden sich größere Plantagen, von denen eine Anzahl fremden Eigentümern gehört. Die Schwierigkeit in der Anlage größerer Unternehmungen beruht in nicht unwesentlichem Maße auf den ungünstigeren Arbeiterverhältnissen. Denn im Hinterland fehlen die billigen Arbeiter der indianischen Bevölkerung. Der Ladino aber ist ein teurerer Arbeiter und anspruchsvoller, zudem noch nicht so zur Arbeit bei fremden Herren geneigt, wie in Salvador mit seinem Überangebot von Arbeitskräften bei der dichten Bevölkerung. —

Mit Rücksicht auf die mangelhafte Kenntnis über die geographischen Verhältnisse im westlichen Honduras und um Landesnatur und Bevölkerung des östlichen Guatemala kennen zu lernen, unternahm ich im Februar und März 1928 eine Reise in diese Gebiete. Sie berührte Teile des Oriente von Guatemala, verlief durch einen großen Teil des westlichen Honduras und endete in Salvador.

Als Begleiter wählte ich zwei Quiché-Indianer aus der Umgebung von Quezaltenango, die zu Fuß gingen. Das Gepäck wurde auf zwei Lastmaultieren transportiert, während ich selbst ein Reittier mitführte, obwohl ich wie auf früheren Reisen weite Strecken zu Fuß beging. Ich habe gefunden, daß die gewählte Art sich durchaus bewährt hat. Kommt es doch bei derartigen Unternehmungen nicht auf die Schnelligkeit der Fortbewegung an. Die Mitnahme eines Reittieres aber empfiehlt sich gerade in diesen Gebieten besonders, weil man im Notfalle kaum in die Lage versetzt ist, ein Tier zur Miete zu erhalten. Wird man selbst oder einer der Begleiter zum Marschieren untauglich, so wird man nicht gezwungen, Aufenthalt zu nehmen, kann außerdem von Standquartieren aus leicht Seitenexkursionen unternehmen. Als unterwegs einer meiner Indianer an Malaria schwer erkrankte, konnte ich auf diese Weise die Reise ohne allzu große Verzögerungen fortsetzen. Mehr Tiere mitzuführen wiederum empfiehlt sich deshalb nicht, weil in der Trockenzeit in allen jenen Gebieten Futterknappheit herrscht, und sich dann Schwierigkeiten und Unbequemlichkeiten mit der Landesbevölkerung ergeben. Man wird im allgemeinen von derselben in Honduras freundlich und entgegenkommend aufgenommen und erhält fast immer die Erlaubnis im offenen Korridor des Wohnhauses zu übernachten. Es ist praktisch für solche Fälle eine Hängematte mitzunehmen, da wegen der unten zu erwähnenden Ungezieferplage ein Feldbett zu unangenehmen Belästigungen Anlaß gibt. Auf alle Fälle aber ist es ratsam, genügende Mengen von Lebensmitteln bei sich zu haben, da in den armen, dünn besiedelten Gebieten von Honduras die Leute nicht in der Lage sind, dem Reisenden von ihren kärglichen Vorräten abzugeben. Oft pocht man deswegen an verschlossenen Türen an. In Salvador dagegen entfallen alle derartigen Sorgen. Dort wird das Reisen selbst in den abgelegeneren Gegenden des Nordens durch die Gastfreundschaft und Unterstützungsbereitschaft der Bevölkerung zu dem angenehmsten, das es in Mittelamerika wohl geben dürfte.

Es sei hier vorweg genommen, daß ich von den Bevölkerungen in Honduras und Salvador die besten Eindrücke gewonnen habe und überall in diesen Republiken eine so herzliche Aufnahme fand, wie sie mir in anderen Ländern Mittelamerikas bis dahin noch nicht zuteil geworden war. Von den Landespräsidenten und den Spitzen der Zivil- und Militärbehörden bis zu den einfachen kleinen Landeigentümern und den Arrieros (Maultiertreibern) ist mir als Deutschem das freundlichste Entgegenkommen erzeigt worden, das sich bisweilen zu Zeichen wahrer Sympathie steigerte. Es ist daher Dankespflicht, wenn ich an dieser Stelle besonders darauf hinweise und nicht versäumen möchte, den Herren Präsidenten Paz Barahona in Honduras und Dr. Pio Romero Bosque in Salvador aufrichtig für ihre hilfreiche Unterstützung und ihr Interesse an meinen Reisen sowie für die entgegenkommende Aufnahme in ihren schönen Ländern zu danken. —

Am 26. Februar 1928 war ich in Zacapa (225 m) mit der Eisenbahn von Guatemala-Stadt her eingetroffen. Im Lande wird die Stadt mit dem Beinamen „corazon del oriente“ bezeichnet. Und diesen verdient sie mit Recht. Denn sie ist dank ihrer Lage an der Einmündung des Copan-Flusses in das Motaguatal der Ausgangspunkt für die Wege in die zentralen Teile des östlichen Guatemala. Dort treffen sich der bedeutende Verkehrsweg von Puerto Barrios an der atlantischen Küste Guatemalas und der nicht weniger wichtige von Chiquimula und Asuncion Mita mit seiner Fortsetzung nach Santa Ana in Salvador, und von diesem wiederum zweigt ein begangener wichtiger Weg vor Chiquimula ostwärts nach Honduras ab. Die Bedeutung dieser beiden Wege erhellt schon daraus, daß beiden wichtige und strategisch bedeutsame Eisenbahnlinien folgen. Dementsprechend hat sich seit längerer Zeit schon in Zacapa ein reger Durchgangshandel entwickelt, in dem der aus Honduras stammende Tabak eine wichtige Rolle spielt. Außerdem geht aber ein Teil des sonstigen Warenhandels der grenznahen Gebiete von Westhonduras ebenfalls über Zacapa, da er hier schneller an eine bedeutende Verkehrsbasis gelangt als bei der Entfernung von den atlantischen Häfen von Honduras der Fall wäre.

Das Motaguatal, bei Zacapa rund 10—12 km breit, wird im Norden von den steil aufstrebenden Rücken und Kämmen der Sierra de las Minas begrenzt, die, völlig unbesiedelt, zu den unwegsamsten Gegenden Guatemalas zu zählen ist. Im Süden und Südosten aber begleiten niedrige, gerundete Gebirgsrücken aus Graniten die breite Senke, in die sie ihre kahlen, abgerundeten Sporne mit gut ausgebildeten Fazetten vorstrecken. Diese selbst ist von jungen Alluvionen erfüllt, aus denen stellenweise Kalke das Anstehende des Untergrundes zu erkennen geben. Zwei gut ausgebildete, mit Schotten bedeckte Terrassen begleiten das Tal auf beiden Seiten von El Rancho bis Zacapa, die obere 60, die untere 20 m über dem Fluß gelegen. Bei Zacapa verengert sich das Motaguatal dadurch, daß von den südlichen Gebirgen ein Querrücken gegen den Fluß vorspringt. Er begrenzt gleichzeitig nach Osten eine kleine Talbucht, La Fragua genannt, die sich in Richtung auf Chiquimula nach Süden in das Kordillerensystem einzwängt und von dem Unterlauf des Copanflusses durchströmt wird.

Die Gegend von Zacapa gehört zu den heißesten Landstrichen Guatemalas und ist trocken. Infolgedessen findet sich dort eine eigentümliche Vegetation, in der xerophile Gewächse vorherrschen. Man trifft dort die Chaparal-Formation an, bestehend aus dornigen schirmartigen, niedrigen Akazien, Kandelaberkaktussen, Kugelkakteen und trockener Buschvegetation innerhalb kurznarbiger Grasflächen. Wo das Gelände in Nähe von perennierenden Wasserläufen feuchter ist, liegen Maisfelder und ragen Fächerpalmen (palma schlechtweg von der Bevölkerung genannt) aus der Umgebung auf. Aus ihren Blättern werden Flechtarbeiten und Hüte hergestellt. —

Die Mittagsonne brannte wie in einem Glutofen sengend nieder, flimmernd tanzte in der trockenen Hitze die Luft, als ich zu der auf der Hochterasse gelegenen Stadt Zacapa mit ihren engen Straßen empor stieg. Ein heißer Wind wehte durch das Motaguatal, Staubtromben an verschiedenen Stellen aufwirbelnd, den Wanderer aber die austrocknende Wirkung der wasserdampfarmen Luft doppelt lästig empfinden lassend. Menschenleer waren die Straßen, die sich erst in den späteren Nachmittagsstunden belebten, als die tiefer stehende Sonne die Luft sich abkühlen ließ.

Immerhin zeigte am folgenden Morgen um 5 Uhr noch in der Dunkelheit das Thermometer 24° C, als wir uns mit unserm kleinen Trupp südwärts gegen Chiquimula zu in Bewegung setzten. Man bricht in diesen Gegenden schon in den frühen Morgenstunden auf, um ein möglichst weites Stück Weges zurückgelegt zu haben, ehe die Tageshitze zu lästig wird. Der Weg zog sich durch Chaparales in einiger Entfernung vom Copan-Fluß entlang. Über der Landschaft lag der eigenartige Geruch der frisch abgebrannten Grasflächen, durch den nächtlichen Taufall verstärkt gegenüber den Tagesstunden. Bald kamen wir an die Bahnlinie, die bereits bis Chiquimula im Betrieb ist und kreuzten sie, um an das Flußufer abzusteigen. An beiden Talflanken ist auch hier die Hoch- und Niederterrasse ausgebildet, beide aus Graniten und schmalen Streifen eingeschalteter Gneise aufgebaut und mit Schottern belegt. Der Schuttransport des Flusses muß früher große Ausmaße erreicht haben, wie er auch heute noch nicht unbedeutend ist.

Das Landschaftsbild blieb das gleiche wie im Motaguatal. Allenthalben ragten 5 bis 6 m hohe Säulen- und Kandelaberkaktusse auf, die man zur Einfriedigung der Viehweiden, auch als Zäune um die Gehöfte benutzt.

Bei dem Dorf Santa Lucia bogen wir ostwärts ab, Bahnlinie und Copan-Fluß verlassend, und stiegen in einem schmalen Seitental am Weiler Jumusná (320 m) vorüber in das kahle Gebirge hinauf. Auch in diesem Tal begleitete uns die Terrassenbildung bis an den Gebirgsabfall, in der der Rio Jumusná dicht bei dem gleichnamigen Weiler einen mächtigen Terrassendurchbruch geschaffen hat. Kleine Landgüter von Mischlingen, Coco und Lanchor genannt, mit Viehzucht und Maisbau stachen angenehm aus dem eintönigen Braun der verdorrten Hänge ab. Dann folgten kleinere Waldreste von Kiefernbeständen bis zu einer Einsattelung (600 m), von der sich ein guter Überblick über diesen Teil der Kordillere besonders nach Westen und Südwesten bot. Es tritt dort im Westen des Copan-Flußtales hoch über dem heutigen Fluß eine alte Abtragungsfläche hervor, die leicht gegen das Motaguatal geneigt ist, an der entgegengesetzten Seite gegen das Becken von Chiquimula grenzt. Östlich des Durchbruches des Copan-Flusses ist sie nur in Resten erhalten und in Granit angelegt.

Danach führte der Weg steil bergab in ein großartiges enges Felsental, wo wir wieder an den Copanfluß gelangten. Ihm mußten wir aufwärts folgen. Die beiden Terrassen fehlten hier in der Anordnung, wie sie oben beschrieben wurde. Aber oberhalb eines Weilers namens Los Mangos (350 m), nachdem der Fluß in tiefem Kerbtal einen Querriegel durchbrochen hatte, treten auf der südlichen Talflanke zwei Gehängeterrassen auf, 100 bzw. 250—300 m über dem Fluß gelegen, in die kleine Hängetäler eingenagt sind. In Wasserfällen stürzen über sie die kleinen Bäche zum Hauptfluß hinab.

Das Tal erweiterte sich nach Norden und Süden (Abb. 1 auf Taf. 1) und zugleich änderte sich die Formation. Denn anstelle von Graniten traten jetzt Mergel und Tonschiefer, auf denen sich im Norden vor dem Weiler La Laguna klotzartig mächtige rot gefärbte Felswände erhoben, die nach abgebrochenen Trümmern zu urteilen aus Konglomeraten bestehen mußten. Bald östlich des eben genannten Weilers La Laguna traten helle vulkanische Sande auf, die hier das Anstehende einer Senke des Gebirges verhüllen. Den Copan-Fluß erreichten wir nach kurzem schnellem Abstieg durch Gestrüppdickicht, wo eine Furt den Übergang nach dem südlichen Ufer vermittelt, während Fußgänger eine schwankende Hängebrücke benutzen müssen. Unmittelbar danach gelangten wir in das Dorf Jocotán (500 m) nach 11 stündigem Ritt von Zacapa aus.

Jocotán wird mit dem eine halbe Stunde östlich entfernten Dorf Camotán von Indianern bewohnt, die Chortí sprechen, eine dem Chol und Chontal verwandte Mayasprache. Sie sind in ihrer Lebensweise den Ladinos angepaßt, tragen auch nicht mehr besondere Trachten wie die Indianer im westlichen Guatemala. Dagegen findet sich auch bei ihnen die Vorliebe zur Streusiedlung. So ist das umgebende Gebirge allenthalben mit kleinen Maisfeldern und Einzelhütten bedeckt, und im Orte selbst, wie bei allen derartigen Siedelungen mit gemischter Bewohnerschaft, liegen die Anwesen der Eingeborenen in den Außenquartieren, wogegen die Ladinos die der Plaza benachbarten zentralen Teile bewohnen.

Jocotán und Camotán sind die beiden letzten dörflichen Gemeinden, die man vor Überschreiten der Landesgrenze trifft und haben daher eine kleine Garnison. Mit der Departements-Hauptstadt Chiquimula besteht eine Wegeverbindung das Flußtal abwärts, auf der in Bälde Automobilverkehr möglich sein wird. Nach Süden aber zweigt ein begangener Weg nach Esquipulas ab, einem der berühmtesten Wallfahrtsorte Mittelamerikas mit einem wundertätigen schwarzen Christusbild, zu dem alljährlich große Pilgerscharen selbst aus Mexiko und Südamerika zusammenströmen. Die öffentliche Sicherheit in diesen Grenzgebieten steht bei den Landesbewohnern nicht eben in gutem Rufe, doch hat der Fremde darunter nicht zu leiden. Immerhin empfiehlt sich das Tragen einer Waffe, was in Honduras für jeden Reisenden eine Regel ist.

Bei trübem Wetter mit leichtem Nieselregen brach ich am 28. Februar von Jocotán auf und folgte dem Wege nach Camotán auf der 50 m über dem Copan-Fluß gelegenen, von Bächen zerschnittenen Hochterrasse, die aus angewehten Bimsteinsanden mit eingeschalteten Flußgeröllen aufgebaut ist. Östlich des Dorfes steigt der Weg in Kalken und Tonschiefern durch Kiefernwälder zur Höhe eines Talspornes (700 m) auf, vor dem sich nach Osten ein breites, liebliches Sohlental öffnet. Niedrige Höhen mit einzelnen schroffen herausgewitterten Kalkgipfeln rahmen es mit dem Grün ihrer Nadelholzwälder ein, während die Talsohle mit Wiesen und Weideflächen bedeckt ist, aus denen Fächerpalmen aufragen. Nur vereinzelt sind Zuckerrohrfelder zu bemerken. Die Terrassen treten in der Kalkformation nicht mehr deutlich hervor. Nur die Niederterrasse läßt sich auf dem Nordufer noch weit verfolgen, auf der die kleinen Landgütchen liegen.

Drei Stunden östlich von Camotán überschritten wir den Copan-Fluß auf einer in der Regenzeit kaum zu passierenden Furt begleitet von einer Gruppe hondureñischer Viehtreiber. Diese hatten eine größere Rinderherde vom Departement Yoro in Honduras nach Guatemala gebracht, eine Reise von einigen Wochen, die aber häufig unternommen wird, da man aus Honduras viel Vieh nach Guatemala ausführt. Kurz nach der Furt sah ich in der Talebene eine Anzahl altindianischer Erdhügel inmitten eines Maisfeldes liegen, deren Untersuchung sich in Zukunft lohnen würde, um ihr Verhältnis zu den alten Ansiedelungen bei Copan festzustellen. An einem verwahrlosten Friedhof vorüber kamen wir durch den Weiler Capaljá (630 m) mit unfreundlicher Bevölkerung und traten danach in eine menschenleere Waldgegend ein, in der irgendwo die Grenze zwischen Guatemala und Honduras verlaufen mußte. Sie ist nirgends markiert; kein Grenzposten wacht über den Durchgangsverkehr, so daß dem Schmuggel alle Freiheiten gelassen sind. Als ich endlich einen Menschen traf, um ihn nach der Grenze zu fragen, hieß es, daß diese schon zwei Stunden hinter mir lag. Das Gebirge baut sich aus Kalken und bunten Mergeln auf und ist durch die Erosion in ein Durcheinander kleiner Wannen, Becken und Trockentäler aufgelöst, die von niedrigen Rücken getrennt sind. Die Gegend ist daher unübersichtlich und bietet dem Verkehr manche Schwierigkeiten.

Endlich folgte wieder eine Zuckerrohr-Hacienda, Hacienda Grande genannt (730 m), östlich von der sich der Weg zu einer Kammhöhe (840 m) emporwand. Von dieser aus eröffnete sich der erste schöne Blick auf Copan und das liebliche Tal des gleichnamigen Flusses.

Unmittelbar südlich des höchsten Punktes erhebt sich im Gebüsch versteckt ein Mayamonument, die „Piedra pintada“, wie ein Wahrzeichen der alten Vergangenheit das Tal überragend. Die auf den vier Seiten mit Hieroglyphen bedeckte Stele von 2,50 m Höhe, ist an der Vorderseite stark zerstört und trug vielleicht dort eine figürliche Darstellung. Die anderen Seiten prangen größtenteils noch im Schmuck ausgezeichnet gearbeiteter Hieroglyphen, aus der besten Zeit der Mayakultur. Als Sockel dient dem Bildwerk ein quadratischer, ebenfalls mit Hieroglyphen geschmückter Steinblock, der aber ursprünglich wohl als Altarstein vor der Stele stand. S. G. Morley beschreibt die Stele (Nr. 10 seiner Bezifferung) und zwei dort gefundene Altäre (I' und K') in seinem Werke, The Inscriptions of Copan (Washington 1920).

Nach kurzem Abstieg durch bunte Mergel zog sich der Weg durch das Copan-Tal entlang. Im Norden erhoben sich waldige Höhen aus liegenden Mergeln und hangenden Kalken, die aber nach Osten von jungeruptiven Gesteinen abgelöst wurden, teils als Basalte, teils als grünliche lockere tuffartige Gesteine auftretend. Auf der südlichen Talseite sind zwei Flußterrassen gut ausgebildet (Abb. 2 auf Taf. 1), von 20 bzw. 60 m Höhe über der Talsohle. Die obere ist in anstehendem jungeruptivem Material, die untere aus vulkanischen Lockermassen mit teilweiser Schichtung und eingeschalteten Flußgeröllen aufgebaut.

Die Talaue ist mit jungen Alluvionen bedeckt, die einen fruchtbaren Boden für die Anlage von Maisfeldern und Tabakpflanzungen hergeben. An den Flußufern finden sich Gartenanlagen mit künstlicher Bewässerung, in denen vorzugsweise Bohnen gezogen werden.

Das Dorf Copán (580 m) verdankt seine Berühmtheit in der Welt den Mayaruinen, die sich durch das Tal aufwärts bis Santa Rita erstrecken und zu den reichsten und eindrucksvollsten gehören, die wir aus der Blütezeit der Mayakultur kennen. Das heutige Dorf, im 16. Jahrhundert von den Spaniern angelegt, ist auf alten Ruinen selbst erbaut, die man daher öfters bei Hausfundamentierungen findet. Vergleicht man die moderne mit der alten Besiedlung, so ist man erstaunt über die Ausdehnung der alten Bauten und die daraus zu entnehmende hohe Bewohnerzahl des Tales und empfindet die heutige Stille des Dorfes und seiner Umgebung um so nachdrücklicher. Kaum daß ein paar Menschen in den Straßen des verträumten Ortes sichtbar werden. Man fragt sich, welches ihre Beschäftigung sein mag. Sie ist vorzugsweise landwirtschaftlicher Art und besonders dem Tabakbau gewidmet. Er hat dem Ort ebenfalls dazu verholfen, über die engere Umgebung hinaus bekannt zu werden. Denn der Copan-Tabak geht vornehmlich über die Grenze nach Guatemala, um dort zu Zigaretten und Zigarren verarbeitet zu werden.

Aubau-, Ernte- und Bearbeitungsmethoden sind noch recht ursprünglich und mögen daher hier näher beschrieben werden.

Im Monat August wird der Tabaksamen in besonderen Beeten ausgesät. Schnell sprießt er auf, so daß man schon im Oktober oder November die kleinen Pflänzchen in die Felder auspflanzen kann. Die Zeit dieser Arbeiten richtet sich nach dem Auftreten feinen, länger anhaltenden Nieselregens, „grano de oro“ genannt, der in jener Gegend für diese Jahreszeit charakteristisch ist. Ist er doch die Bedingung für das schnelle Anwachsen der jungen Pflanzen. Denn kräftige Platzregen (aguaceros) würden diese beschädigen oder aus dem Erdreich auswaschen. Dieselben Güsse an der atlantischen Küste sind dort daran schuld, daß man bei sonst günstigen Bodenverhältnissen den Tabakbau nicht ausüben kann.

In den Feldern überläßt man nun den Tabak sich selbst, ohne ihn zu beschatten, wie es z. B. auf Cuba der Fall ist. In den Februar und März fällt dann die Erntezeit. Die Ernte wird nach bestimmten Regeln vorgenommen. Von 3 Uhr nachmittags ab, nachdem die heißesten Tagesstunden vorüber sind, werden die einzelnen Tabakpflanzen etwa 2 bis 3 Handbreiten über dem Erdboden abgeschnitten, je nachdem an dem Stengel die brauchbaren Blätter verteilt sind. So läßt man sie die Nacht über an Ort und Stelle liegen, um sie am folgenden Morgen an einfachen aus Stangen errichteten rostartigen Gestellen auf den Feldern aufzuhängen, wobei die Spitzen der Blätter nach unten zu hängen kommen (Abb. 1 auf Taf. 2). In dieser Weise läßt man sie trocknen. Bisweilen sieht man über den Gerüsten weiße Stoffplane ausgespannt, die etwaige Regen abhalten sollen.

Sobald die Blätter eine bräunliche Färbung bekommen haben, werden sie unter dem Gestell von ihren Stielen abgepflückt und zu je zwanzig mit Baumfasern zu Bündeln (mazo) zusammengebunden. Diese Bündel wiederum werden zu runden Haufen zusammengeschichtet, die nach ihrer Ananas ähnlichen Gestalt „piñas" genannt werden. Mit Bananenblättern an der Oberseite zugedeckt, bleiben die „Piñas" auf den Feldern einige Tage liegen, was den Zweck hat, die Rippen der Tabakblätter nochmals gut nach zu trocknen. Um schädigende Einflüsse der Luftfeuchtigkeit auszuschalten, müssen dann die „Piñas" alle zwei bis drei Tage auseinander genommen und die Bündel (mazo) gut durchgeschüttelt werden.

Sobald man sich überzeugt hat, daß die Rippen trocken geworden sind, bringt man die gesamte Ernte in Netzen verpackt zu den Aufbereitungsanstalten. Dort legt man in einzelnen, nicht zu trocknen Zimmern Holzbohlen auf den Boden, breitet darüber starke Holzbretter aus und schichtet auf diese eine handbreite Lage minderwertiger Tabakblätter. Darüber wird eine Schicht von Bananenblättern gelegt, dann abermals minderwertiger Tabak und schließlich ein viereckiger Haufen besseren Tabaks, „prensa" genannt. In dieser Prensa geht nun die Fermentierung vor sich. Um zu vermeiden, daß sich dabei zu hohe Wärmegrade entwickeln, werden von Zeit zu Zeit die Bündel aus der Prensa heraus gezogen. Ist zu hohe Wärme eingetreten, so wird die ganze Prensa auseinander genommen und wieder neu aufgeschichtet, nachdem die einzelnen Bündel gut durcheinander geschüttelt sind. Bis zum Verkauf oder zur Verarbeitung bleibt der Tabak in den Prensas, in denen er sein Gewicht erhöht. Die Pflanzer sagen dann: „El tabaco recibe el peso".

In Copan selbst wird nur etwa ein Drittel der Tabakernte am Platze selbst verarbeitet. Die übrigen Mengen gehen nach Guatemala, El Salvador oder an die Nordküste von Honduras, um dort zu Zigaretten und Zigarren verwendet zu werden. Die größten Pflanzer in Honduras sind Bueso Hermanos in Santa Rosa de Copan. —

Den Ruinen widmete ich einige Besuche. Die zentrale Anlage, die bis jetzt am besten bekannt ist, liegt 20 Minuten südöstlich des Dorfes entfernt. Dank einer Verfügung des Landespräsidenten stand mir der Zutritt zu der Stelle jederzeit frei, während andernfalls die Gemeindeverwaltung zur Erhebung eines Eintrittsgeldes von 10.— Dollar ermächtigt ist. Schon auf dem Dorfplatz selbst erhält man den ersten Eindruck von der alten Zeit. Denn inmitten desselben liegt ein verschlepptes Monument, ein Altar, der an den Schmalseiten mit schönen Reliefs von Götter- und Dämonenfiguren geschmückt ist. Bis vor kurzem beschattete eine hohe Ceiba den Platz und beschützte das Monument vor der Einwirkung der Sonnenstrahlen und zu heftigen Regengüssen. Vor kurzem aber hat man den Baum, der dem Platze zur Zierde gereichte, abgeschlagen, so daß nunmehr der Stein der Verwitterung preisgegeben ist. Andere Altertümer finden sich in der Vorhalle des Verwaltungsgebäudes am Dorfplatz.

Auf dem durch Felder führenden Weg vom Dorf zur Hauptanlage der alten Stadt sieht man allenthalben in den die Felder einfriedigenden Steinmauern skulpierte und einfache zubehauene Steinquadern aus den alten Bauwerken, die von der durch die Zeiten immer fortgesetzten mutwilligen Zerstörung Kenntnis geben. Überall ist die Talaue mit alten Erdhügeln besät, die sich inmitten von Mais- und Tabakfeldern erheben. Der Urwald, der noch zu Zeiten von Maudslay in den 80er Jahren des vergangenen Jahrhunderts die Stätte in sein Dämmer hüllte, ist seitdem längst gerodet worden und an seine Stelle ist Kulturland und Gestrüppdickicht (monte) getreten. Nur auf den Pyramiden und der großen Terrassenanlage ist noch etwas gelichteter Sekundärwald erhalten, der einigermaßen diese vor allzu großem Verfall schützt.

Es ist hier nicht der Platz, um in Einzelheiten über die alten Anlagen einzugehen, zumal diese schon oft genau beschrieben worden sind. Man vergleiche darüber besonders die ausgezeichneten Photographien von A. P. Maudslay in dem großen Werke der „Biologia Centraliamericana“ und das neuere Werk von S. G. Morley, „The Inscriptions of Copan“ (Washington 1920), Eine Arbeit von Jahren ist in diesen Forschungen niedergelegt, und Jahrzehnte wird es noch dauern, bis die gesamte Erforschung der alten Metropole durchgeführt sein wird.

Für mich handelte es sich bei diesem Besuch um die Gewinnung eines Überblickes über die Gesamtanlage und eine Musterung der Monumente auf ihren heutigen Erhaltungszustand sowie ihre Konservierung von Seiten des Staates. Am bedenklichsten ist die Gefahr, die der zentralen Anlage vom Copan-Fluß droht. Diese, kurz Akropolis genannt, erhebt sich etwa 40 m auf künstlichem Unterbau über dem Fluß. Nachdem sie von den alten Bewohnern verlassen war, wurde sie durch den Fluß infolge einer Laufveränderung angeschnitten. Es kam dadurch zur Bildung eines hohen Prallhanges des mäandrierenden Flusses, der ständig das lockere Baumaterial unterspülte und größere Teile zum Abbrechen brachte. So ist heute dort ein lehrreicher Aufschluß entstanden, der von der zeitlichen Aufeinanderfolge einzelner Bauperioden Kunde gibt. Auch die am Rande gegen den Fluß gelegenen Pyramiden sind schon zur Hälfte auf diese Weise zerstört worden. Bei den häufigen Schwellwassern des Flusses geht die Vernichtung weiter fort. Aber außer den groben mechanischen Zerstörungen durch den Fluß erleidet das wenig widerständige Schuttmaterial aus lehmigem Erdreich und eingelagerten Flußgeröllen in den oberen Partien bei dem Wechsel von Regen- und Trockenzeiten Veränderungen in seinem Zusammenhalt, insofern in der trockenen Jahreszeit dauernd feine Staubteilchen bei der kräftigen Insolation der Tagesstunden abrieseln und damit die größeren Rollsteine allmählich frei gelegt werden. Tritt hernach die Regenzeit mit schweren Platzregen ein, so weicht nicht nur die Aufschlußfläche auf, sondern auch die schwereren Steine verlieren ihren Halt an der Unterlage und rutschen ab. Gegen diese Arbeit Gegenmaßregeln zu treffen, wird nur schwer möglich sein, da selbst bei einer künstlichen Regulierung des Flusses die andern genannten Agentien an der hohen freiliegenden Fläche unbehindert weiter wirken würden. Es müßte dann schon zu der kostspieligen Anlage einer künstlichen Steinmauer an dem Aufschluß geschritten werden.

Am bekanntesten sind die Stelen von Copan, hohe aufrecht stehende, mit mächtigen Figuren und Hieroglyphen geschmückte Monolithe, von denen heute innerhalb des Akropolis-Bezirkes noch acht aufrecht stehen. Soweit sie frei im Buschwerk zu finden sind, erkennt man die erhebliche Verwitterung, die durch Insolation und Regengüsse sowie durch Moose und Flechten hervorgerufen ist. Letztere Erscheinung ist besonders an den gegen Osten gekehrten Seiten zu beobachten, die den vorherrschenden Regenrichtungen entsprechen, wogegen die Seiten im Regenschatten fast von derartigen pflanzlichen Schädlingen frei sind (Taf. 3). Eine Beschattung durch Bäume würde hier viel bessern, da dadurch Insolation und Regenaufprall fast ganz aufgehoben würden. Leider wird in dieser Hinsicht nichts getan, und ebensowenig werden die Stelen einer beiläufigen leicht vorzunehmenden Säuberung von Moosen und Flechten unterzogen. Man beschränkt sich nur auf gelegentliches Abschlagen des Dickichts.

An Funden der Kleinkunst hat Copan im Laufe der letzten Jahrzehnte viele interessante Stücke geliefert, die jetzt in amerikanischen Museen aufbewahrt werden. Unter ihnen ist einer der seltsamsten Funde das Antreffen von Quecksilber in alten Gräbern, darunter auch in einem Falle unter dem Hause meines Gastfreundes R. H. Rogge an dem Dorfplatz. Bei Fundamentierungsarbeiten stieß man auf ein Grab, das mit einer Steinplatte verschlossen war. In dem Grabraum fanden sich Aschenreste, ein Halsschmuck aus Grünsteinperlen und zwei Tongefäße. Um den Raum aber lief ein schmaler gemauerter Kanal, in dem kleine Quecksilbertröpfchen lagen. Von ähnlichen Vorkommen haben früher Maudslay und Th. Gann gesprochen. —

Schnell gingen die Tage in dem gastlichen Hause von Herrn Rogge dahin, dessen Filialleiter Herr Seidel mir auf das Bereitwilligste behilflich war. Des Abends saßen wir bei einer Petroleumlampe plaudernd beisammen, während draußen im Dorf Totenstille herrschte. Der Ort erschien dann doppelt verlassen und einsam. Aber dann setzte mit einem Mal das nächtliche Grillenkonzert ein, und als hätte dieses einen Bann gebrochen, ließ sich auf dem Platz die übende Dorfkapelle vernehmen, was uns zu schleunigem Rückzug in die inneren Teile des Hauses veranlaßte.

Am 3. März nahm ich von den Gastfreunden Abschied, um die Sierra del Merendón nach Santa Rosa zu überqueren, die im Norden sich zur Ebene von San Pedro Sula erstreckt. Der Teil des Gebirges zwischen Copan und Santa Rosa wird gewöhnlich als Sierra de la Grita bezeichnet. In Gedanken an die Höhe der längst untergegangenen, einstmals blühenden Kulturen, ihren jahrhundertelangen Bestand, ihr rätselhaftes Verlöschen und dabei das Bild des heutigen stillen Tales mit seinen grünen Tabakfeldern und der spärlichen Besiedelung vor Augen, ritt ich an der Spitze unseres kleinen Trupps voraus. Hinter mir folgten meine beiden Quichéindianer zu Fuß mit den Packtieren. Sie besaßen ein für Indianer Guatemalas auffallendes Interesse am Kennenlernen fremder Gegenden und machten sich gegenseitig in ihrer Sprache auf die ihnen fremden Betriebe der Landwirtschaft, auf den Bestand der Maisfelder, den Tabakbau aufmerksam.

Das waldige Tal verengerte sich, in jungeruptiven Gesteinen mäandernd, und zeigte zwei Terrassen von 20 und 50 m über der Talsohle. Wie unterhalb von Copan war auch oberhalb dieses Ortes die Niederterrasse über dem zersetzten Felsgestein mit Flußschottern, über diesen aber hier mit deutlich geschichteten Sanden bedeckt, die Hochterrasse aber im Anstehenden angelegt. Einige kleinere Haciendas mit Viehweiden unterbrachen die eintönigen Kiefernwaldungen lichter Bestände. Nach zwei Stunden folgte das Dorf Santa Rita (620) m, eingebettet in das schattige Grün von Bananen- und Kaffeehainen, umrahmt von Tabak- und Zuckerrohrfeldern. Danach schlossen sich die Talhänge noch dichter aneinander. Zwischen ihnen rauschte in geröllreichem Bett der Copanfluß anmutig dahin. Eine halbe Stunde weiter war die Hacienda „El Jarral" (650 m) erreicht, von der aus der Hauptweg talaufwärts nach Florida und San Pedro Sula führt. Wir aber bogen nach Südosten ab, überschritten den Copanfluß (630 m), den dort eine Hängebrücke überspannt, stiegen, seinem Nebenfluß Mirasol folgend, langsam zu den Flanken der Sierra de la Grita empor. Anstelle der Jungeruptiva begleiteten nunmehr Sandsteine das Tal, während in den Geröllen der Nebenbäche vielfach Konglomerate auftreten. Sie gehören mit den beim weiteren Anstieg im Gebirge begegnenden Tonschiefern der sogenannten Metapan-Formation an, der ein präkretazisches Alter zuzuschreiben ist. In diesem Nebental begleiten die beiden oben erwähnten Terrassen die Talflanken bis zu den 1 ½ Stunden entfernten Weiler Mirasol, der auf der Hochterrasse liegt. Von diesem Platz an begann der Wald dichter zu werden, anfangs noch aus Nadelhölzern zusammengesetzt, dann aber auf den Tonschieferböden von Laubhölzern gebildet, um nach der Höhe der Kämme zu in jungfräulichen Urwald überzugehen. An einigen Stellen hatten die Bewohner bereits begonnen in dem letzteren Rodungen anzulegen, um dort Maisfelder auf den schweren Böden auszusäen. Wäre die Gegend nicht so entfernt von der atlantischen Küste und würden bessere Verkehrswege vorhanden sein, so würde sich bei den geeigneten Höhenlagen und günstigen klimatischen Voraussetzungen der Kaffeebau lohnen, der jetzt nur in bescheidenem Umfang in Nähe der Weiler zur Deckung des Eigenbedarfes der Bewohner besonders am Ostabfall des Gebirges ausgeübt wird.

Nach $3^1/_2$ stündigem Marsch kamen wir zum Flecken La Libertad (920 m), wo uns nach längerem Umherfragen im Hause des Ortskommandanten Unterkunft für die Nacht gewährt wurde. Wie in den abgelegeneren Gegenden in Honduras noch üblich, wurde uns auch hier keine Bezahlung für das Quartier abverlangt, eine alte Sitte, die in Guatemala heute kaum noch besteht. Schon in den Tagen vorher war ich mit den Plagen des Landreisens in Honduras vertraut geworden, mußte aber bemerken, daß diese ständig zunahmen, je weiter wir in das Innere vorankamen. Unter diesen Plagen ist das Ungeziefer am lästigsten, und unter diesem wieder stehen an der Spitze die Floh- und Sandflohplage (niguas) sowie die Zecken (garrapatas und aradores). In den Hütten und Adobehäusern, die Reinlichkeit vermissen lassen, entwickeln sich ungestört Scharen von erstgenanntem Ungeziefer, wogegen im Freien im Buschwerk die Zecken sich ganz außerordentlich vermehren, was damit im Zusammenhang steht, daß bei der dünnen Besiedelung der Gegend verhältnismäßig wenig Land alljährlich abgebrannt wird. Allabendlich und morgens saßen wir zu Dritt und operierten uns Sandflöhe und Zecken aus der Haut unserer Körper fort, eine Prozedur, die unbedingt notwendig ist, da bei Vernachlässigung Vereiterungen und unter Umständen Blutvergiftungen die Folgen sein können.

Auch die Rattenplage war groß, so daß ich in jener Nacht es bald vorzog, mein Feldbett mitten auf den Hof des Grundstücks unter freiem Himmel aufzustellen.

In der Umgebung von La Libertad waren keine Maisfelder zu sehen gewesen. Die Ursache hierfür waren Heuschreckenschwärme, die ein paar Monate vorher die gesamten Maiskulturen vernichteten. Danach hatten die Einwohner es aufgegeben, wieder Mais anzupflanzen und kauften eher das Produkt in Copan, für das sie dort pro Quintal (spanischer Zentner) 6.— Silberpesos (3.— Dollar Gold) bezahlen mußten. Ein Beispiel für die auch in anderen Fällen zu beobachtende Unternehmungsunlust der Landbevölkerung von Honduras.

Östlich des unsauberen Ortes wand sich der Weg zum Hauptkamm der Sierra de la Grita aufwärts, der sich aus tiefgründig verwitterten Sandsteinen, Tonschiefern und Konglomeraten aufbaut. In 1170 m Höhe lag am Wege der Weiler Sesemil, auf den nach $2^1/_2$ Stunden die Paßhöhe, Cumbre de San Agustin, folgte. Von ihr aus öffnete sich ein weiter schöner Blick in das westliche Honduras. Im Nordosten breitete sich ein welliges Bergland aus, zerfurcht von einer großen Zahl paralleler nach NNO und N streichender Täler, am Horizont überragt von kurzen, hohen Gebirgsrücken, die der Sierra de Atima in den Departamentos Gracias und Cortez angehören. Gegen Südosten über waldige Flächen und Hügelzüge hinweg erschloß sich die breite Senke des Valle de Sensenti, begrenzt von den steilen, hohen Rücken der Sierra de Selaque, dem höchsten Gebirge von Honduras mit etwa 2800 m Höhe, wogegen am östlichen Horizont die Züge der Sierra de Puca und Sierra de Opatoro sich erhoben.

Eindrucksvoll trat der Charakter der Gebirgssysteme und Landschaften von Westhonduras hervor, Das Kettengebirge ist dort in ein regelloses Gebirgsland aufgelöst, in dem die allgemeine Streichrichtung der mittelamerikanischen Kordilleren nur in den vereinzelten hohen, aber kurzen Rücken der oben genannten Gebirgszüge hervortritt.

Dabei jedoch ist das Streichen nicht so eindeutig ausgeprägt wie etwa in den entsprechenden Zügen Guatemalas. Im westlichen Honduras wechselt es zwischen einem südöstlich-nordwestlichen (Sierra Selaque) und einem von NNW nach SSO (Sierra de Opålaca); oder aber man beobachtet ein solches von Osten nach Westen (Sierra de Atima). Sogar eine Richtung von Norden nach Süden ist vorhanden (Los Montecillos). Zwischen diesen Gebirgen dehnen sich breite Senken aus, landesüblich „Valles“ (Täler) genannt. In ihrer Mehrzahl sind sie mit angewehten vulkanischen Lockermassen erfüllt, manchmal in solcher Ausdehnung, daß aufgesetzte Ebenen gebildet werden, in die die Flüsse die für ein solches Material charakteristischen tiefen Schluchten, Barrancos, eingenagt haben. Ihre Tiefe ist nicht so bedeutend wie in ähnlichen Gebieten Guatemalas, was durch ein jüngeres Alter dieser Ablagerungen noch eher als durch eine weitere Entfernung der Erosionsbasis zu erklären ist.

Daß der Bildungsprozeß dieser Ebenen sukzessiv erfolgte, lehren die in sie eingeschalteten geschichteten Lockermassen, die eine Ablagerung und Umlagerung durch fließendes Wasser erkennen lassen. Das morphologische Bild wird durch diese jungen Bildungen für weite Gebiete vereinheitlicht und vereinfacht; es läßt aber andererseits keine Rekonstruktionen der Oberflächenformen früherer Perioden zu, da die Hüllgebilde so mächtig sind, daß die Abtragung noch nicht den Untergrund der Senken frei gelegt hat.

Ferner haben jungeruptive Massenergüsse erheblicher Ausdehnung und Mächtigkeit stattgefunden, die ebenfalls vereinheitlichend gewirkt und das Bild älterer Zeiten verwischt haben. Nels A. Bengtson hat im mittleren Honduras zwei Fastebenen (Peneplains) und zwei Terrassen beschrieben (Geographical Review, XVI (1926) S. 403—413). Während letztere auch im westlichen Honduras zu beobachten sind, fällt es schwer, erstere zu erkennen. Das hügelige Bergland, das sich um San Agustin im Osten der Sierra de la Grita ausdehnt, würde der oberen Fastebene Bengtson's entsprechen. In der Tat lehnt sich dieses Gebiet als eine gewellte, von gerundeten Sandsteinrücken und Kuppen besetzte Fläche unmittelbar an die reich gegliederte Ostflanke dieses Gebirges an und senkt sich mit leichter Neigung gegen Osten. Es handelt sich um eine Abtragungsfläche, die aus Sandsteinen und Konglomeraten aufgebaut ist und gegen Osten und Südosten unter nachträglich abgelagerte vulkanische Lockermassen untertaucht. Ihre Begrenzung im Osten findet sie in jungeruptiven Höhenzügen, die mit nordöstlichem Streichen sich vor der breiten Senke des Valle de Gracias erheben. Die Seehöhe der Abtragungsfläche beträgt bei San Agustin rund 1200 m, dacht sich aber im Osten auf rund 1000 m ab. —

Schnell gelangten wir von dem Paß um 400 m abwärts an den Fuß des Rückengebirges, dessen Ostabfall stärker besiedelt ist als der westliche. Auch hier stand die Tabakkultur in Blüte, die gerade in jener Gegend ein geschätztes Erzeugnis liefert. Mit dem Betreten der Abtragungsfläche von San Agustin änderte sich das Bild. Nachdem wir das kleine Dorf (1180 m) hinter uns gelassen hatten, wurde die Gegend menschenarm und einsam. Kiefernwälder, von Waldwiesen unterbrochen, bedeckten das von flachen Bodenwellen durchzogene Terrain, die 40 bis 60 m Höhenunterschied zur Ebene aufwiesen, wogegen die größtenteils versiegten Wasserläufe 10 bis 30 m tief in diese eingenagt waren. Eine halbe Stunde von San Agustin entfernt folgte ein Weiler „Los Escombros“ (1120 m), danach in weiten Abständen einige Einzelgehöfte inmitten weiter Nadelholz- und Eichenwälder, die den mageren Boden über den Sandsteinen und Konglomeraten bedecken. Am Horizont gegen Südwesten tauchte der imposante, isolierte Gipfel des Cerro Erapuca auf (Abb. 2 auf Taf. 2), in seiner Gestalt an das Matterhorn erinnernd, dessen Höhe schätzungsweise über 2500 m betragen muß und der dem jungeruptiven Gebirge des südwestlichen Honduras als eine weithin erkennbare Landmarke aufgesetzt ist. Die Wälder wurden lichter, machten kurznarbigen Grasflächen Platz, und bald kündete weißer Bimsteinsand die veränderte Formation und zugleich ein neues Landschaftsbild an. Denn gegen den Rio Maipuca war die Fläche von steilwandigen Bachrissen zerschnitten, Schluchten gliederten die Talflanken; die seitliche Erosion hatte einzelne Riedel bereits zur Hälfte abgeschnürt. So wurde das Relief mannigfaltig und zwang den Weg zu vielen zeitraubenden Umwegen, zu Auf- und Abstiegen.

Im Dorfe Oromilaca (950 m) machten wir Halt und wurden wieder ohne Umschweife als Gäste bei einer Ladinofamilie aufgenommen. Am anderen Tage erreichten wir nach $1^1/_4$ Stunde den Rio Maipuca (660 m), der ein linker Zufluß des bedeutenden Rio Yiguite ist und damit zum Stromsystem des Rio Ulua gehört. In diesem Tal treten wieder zwei

Schotterterrassen auf von 70 und 30 m Höhe über dem Talboden. Die Schotter sind aus Sandsteinen und reichlichen Quarzen zusammengesetzt, die beide von der Abtragungsfläche von San Agustin stammen. Östlich ging es in der Erosionslandschaft wieder langsam bergan, bis ein jungeruptiver Höhenrücken in steilem Anstieg uns auf 1200 m Höhe brachte. Ebenso steil fiel er nach der Südseite ab gegen das breite, schöne und fruchtbare Tal des Rio Yiguite, auf dessen gegenüberliegender Seite sich schroff die Sierra Selaque fast bis zu 3000 m Höhe erhob. An den Weilern Las Crucitas und El Carrizal mit etwas Zuckerrohrbau vorüber, erreichten wir schließlich eine Paßeinsattelung (1240 m), von der wir den ersten Blick auf die Stadt Santa Rosa genossen. Um 100 m absteigend zogen wir nach $4^1/_2$ stündigem Marsch in diese ein, auf das Entgegenkommendste im Hause und in der Familie des Herrn Carlos Gauggel aufgenommen.

Santa Rosa de Copan dehnt sich auf einer freien Hochfläche aus vulkanischem Lockermassen aus, die in SW, W und N von niedrigen, waldigen Höhen jungeruptiver Rücken eingerahmt ist (Taf. 4). Der Boden ist arm, und daher findet sich die Kulturzone der Stadt erst in dem entfernteren Tale des Rio Yiguite, in dem Zuckerrohr, Tabak und Mais angebaut werden. Seit etwa 150 Jahren bestehend, hat Santa Rosa die Nachfolgeschaft des in der spanischen Kolonialzeit bedeutenden Gracias angetreten und ist heute der wichtigste Handelsplatz und Verkehrsknotenpunkt im westlichen Honduras. An erster Stelle unter einheimiscner Industrie steht die Verarbeitung des Tabaks zu Zigarren, die von zwei größeren Fabriken vorgenommen wird. Unter den Handelshäusern ist das bedeutendste das deutsche Haus R. H. Rogge, das mit seinem Hauptsitz in San Pedro Sula in Santa Rosa seine größte Filiale eröffnete. Kleinere Geschäfte sind im Besitz von Chinesen und Syrern. Nachteilig sind für den Handel die schlechten Verkehrswege, auf denen die Waren nur mit Maultieren transportiert werden können. Doch ist in letzter Zeit eine Besserung darin insofern eingetreten, als eine Automobilstraße von San Pedro Sula nach Santa Rosa angelegt worden ist, an der zur Zeit meiner Anwesenheit nur noch ein kurzes Stück fehlte.—

Nach zweitägigem Aufenthalt verließ ich die Stadt in südlicher Richtung, in der der Weg einen nach Ostnordosten streichenden Rücken überquert (1240 m). Er fällt steil nach Südwesten zum Tal des Rio Yiguite ab, dessen fruchtbare Talsohle „Planal del Yiguite" genannt wird (Abb. 1 auf Taf. 5). Auch dort ließen sich wieder zwei Terrassen erkennen. An den Abhängen hatten verschiedentlich größere und kleinere Erdrutsche stattgefunden, darunter der bedeutendste beim Weiler

Plancitos im Jahre 1922, wobei damals zahlreiches Vieh umgekommen war. Nach 4 stündigem Marsch am Weiler El Rodeo (1120 m) vorüber erreichte der Weg den Rio Yiguite, den man auf einer Furt queren muß. Das Anstehende zeigt überall jungeruptive, meist zersetzte Gesteine, in denen häufig Quarzgänge begegnen. Je weiter nach Süden, um so mehr und mächtiger treten diese auf und gehen in Chalcedon und Opal über. Sie wechseln dabei ab mit vulkanischen Gläsern, die manche Wegstücke schwer passierbar machen. Am nördlichen Gehänge des Yiguite Tales ist außer den beiden Flußterrassen noch eine dritte Gehängeterrasse ausgebildet, auf der das jungeruptive Felsmaterial Blockverwitterung zeigt. Nachdem wir die in der Regenzeit gefährliche Furt (530m) überschritten hatten, stiegen wir am Südgehänge zur oberen Schotterterrasse auf, die in eine gewellte, von flachen Fiumaren zertalte Hochfläche überging. Die Aufschlüsse in den Bachbetten zeigten den Aufbau dieser Hochfläche aus abwechselnden Lagen vulkanischer Lockermassen verschiedener Mächtigkeit und von Flußschottern, ohne daß aber die Erosion schon den Untergrund der Fläche erreicht hätte. Es kann sich bei ihr nicht um eine Fastebene handeln, sondern es ist eine aufgesetzte Ebene, die die breite Senke des Valle de Gracias anfüllt. Nach ihrer Hauptentwässerungsrinne, dem Rio Mejocote, fällt sie mit zwei Terrassen ab (Abb. 2 auf Taf. 5). Es ist das typische Bild der Oberflächenformen in den Senken von Westhonduras. An einzelnen Stellen durchragen niedrige Bodenwellen die Füllmassen. Sie werden von jungeruptiven Gesteinen gebildet, so daß anzunehmen ist, daß auch diese den Untergrund der Senke von Gracias zusammensetzen. Charakteristisch ist die Bestreuung der Hochfläche mit kantigen und gerollten Gesteinsfragmenten. Ich fand darunter solche von Porphyren, Kalken, Tonschiefern, Sandsteinen und Konglomeraten, die von den die Senke von Gracias flankierenden Gebirgen herstammen müssen, von der Sierra de Puca, Opalaca und Selaque. Die Meereshöhe der Fläche beträgt rund 600 m. Die Abtragungserscheinungen lassen auf ein stark ausgeprägtes Wechselklima schließen mit lange ausgedehnter Trockenzeit, welche auch schon die Vegetation andeutet.

Der breite Rio Mejocote, (der einer der Hauptquellflüsse des Rio Ulua ist) wurde von uns auf einer Furt (540 m) überschritten. Der erheblichen Schwellungen in der Regenzeit ausgesetzte Fluß hat mächtige Prallhänge in den lockeren Materialien geschaffen und an mehreren Stellen Talsporne in Umlaufberge aufgelöst (Taf. 6).

Eine arme Landschaft tat sich auf. Dürftiger Kiefern- und Eichenbestand wechselte ab mit braun verdorrten Grasflächen steppenhaften

Charakters; unter dem Strauch- und Buschwerk waren Mimosazeengewächse vornehmlich vertreten, die mit Opuntien, Säulenkaktussen und Kalebassenbäumen (Crescentia sp.) abwechselten. Arm wie das Land waren die Bewohner, die nur spärlich die Senke besiedeln. Das kleine Dorf Las Flores lehnte sich an die Ausläufer der Sierra de Puca an, auf deren Abhängen die Maisfelder angelegt waren. Der Boden der Senke ist zu arm und zu trocken für Kulturen. Von dort ging es den Rio Mejocote aufwärts in gleichbleibender, menschenarmer Landschaft nach Gracias (810 m), das nach $4^1/_4$ stündigem Marsch von Las Flores erreicht wurde. Im 16. Jahrhundert war diese Stadt bedeutend und bekannt als Sitz der zentralen Verwaltung und der Rechtspflege des Generalkapitanats Guatemala, in der manche wichtigen politischen Entscheidungen getroffen wurden. Heute ist sie zu einem kleinen stillen Landstädtchen herabgesunken, in dem etwa 3000 Einwohner leben. Ein Teil der Häuser liegt noch in Trümmern seit einem Erdbeben am 25. Dezember 1915. In den Ruinen hat man sich provisorische Wohnräume zurecht gemacht. Im Westen überragt die Stadt ein isolierter Hügel um 40 m, der Rest der Niederterrasse des Rio Mejocote. Er trägt das alte spanische Kastell, Castillo de San Cristobal, ein luftiger Bau aus Adobes mit Ziegeldach und schattigem, rings um das Gebäude laufenden Korridor (Abb. 1 auf Taf. 7). Zwei bronzene Kanonenrohre künden durch ihre Inschrift, daß sie aus der Zeit Karls IV. stammen.

Wir machten in der Stadt eine kurze Rast und ließen die Tiere, da es keine andere Gelegenheit gab, in dem Hofe eines in Ruinen liegenden Hauses friedlich grasen, ohne daß irgend jemand von den Bewohnern dagegen Einspruch erhoben hätte. Danach brachen wir in glühender Mittagshitze wieder auf und stiegen zu einem Gebirgszug auf, der die Senke im Süden zum Teil absperrt. Er ging südlich in eine Ergußtafel über, die sich im Osten an die Sierra de Opalaca anlehnt. Ihre Oberfläche ist mit Lockermassen bedeckt, die auf größere Strecken zu sogenanntem Talpetate (einer Art Tuff) verfestigt sind. Die Seehöhe der Tafel beträgt 1000 m. Nach einem kleinen Weiler möge sie die „Tafel von La Puerta“ genannt sein. Da ich die weiter östlich gelegenen Teile um Yuscaran, die Bengtson besuchte, nicht kennen lernte, so muß hier dahin gestellt bleiben, ob es sich bei dieser Tafel um gleiche oder ähnliche Gebilde handelt, die Bengtson als Peneplains beschrieben hat. Hier bei La Puerta ist jedenfalls nicht an eine Peneplain zu denken.

Nach Süden steigt das Gelände allmählich an, wird an einigen

Stellen von niedrigen Hügelrücken mit west-östlichem Streichen durchzogen, die, wie bei der Hacienda „La Arma" zu beobachten, aus eruptiven Gesteinen bestehen. Terrassen fehlen in den wenig eingetieften Tälern der Tafel.

Bei den Haciendas San José und Catulaca (1340 m bzw. 1320 m) begegneten Lichtungen in den Kiefern- und Eichenwäldern, auf denen Zuckerrohr- und Maisfelder angelegt waren. Mit 1520 m wurde der höchste Punkt des Weges erreicht, dann senkte sich dieser zu einer flachen Mulde mit dem Dorf Barrio Nuevo (früher La Concepcion genannt) in 1430 m Höhe. Südlich davon erhob sich ein weiterer Rücken zu 1500 m, auf dem die Hauptwasserscheide verläuft, und von da an wurde das Bodenrelief nach Süden bedeutend mannigfaltiger und zertalter. Ein steiler Abstieg führte bei 1180 m auf eine Ebene von Lockermassen mit liegenden Laven, die in dem Tale des Rio Gualmi sehr gut aufgeschlossen sind. Auch diese Tafel stieg nach Süden an, wo noch ein Hügelzug zu überschreiten ist, ehe man zu dem großen Dorf Erandique gelangt. In der Umgebung dieser Ansiedlung (1300 m) leben noch zahlreiche Indianer, die dem Lenca-Stamm angehören. Sie haben aber sämtlich schon die Lebensgewohnheiten und die Kleidung der Mischlinge angenommen und sprechen bis auf kleine zerstreute Reste spanisch.

Im Westen und Südwesten vom Ort erhebt sich steil die Sierra de Congolón, die in dem gleichnamigen Gipfel 2100 m Höhe erreicht. Soweit zu beobachten, wird sie aus Andesiten aufgebaut. Über dieses Gebirge hinweg führt der Weg zum Lempatal. In 1910 m Höhe erreicht man eine Hochfläche mit Büschelgras und spärlichem Baumbestand. Die Besiedelung ist im Gegensatz zu den Gebieten der Gracias-Senke und den anschließenden vulkanischen Tafeln dicht zu nennen und erinnert daher an die Altos von Guatemala. Unter den Ansiedlern fallen die zahlreichen Indianer auf, Nach Südosten zur Senke des Rio Lempa ist das Gebirge stark zertalt und fällt gegen dieselbe mit mächtigen Spornen ab. Dagegen ist die Erosion nach Nordwesten und Norden zur Senke des Valle de Sensenti schwächer entwickelt. Große Absätze sind dem Gebirge gegen den Lempa vorgelagert, wodurch ein stufenförmiger Abfall hervorgerufen wird. Von der Paßhöhe des Congolón eröffnet sich ein weiter Rundblick, der die ganze Republik Salvador umfaßt mit den Vulkanen vom San Miguel im Osten bis zum Santa Ana im Westen.

Nach 10 Stunden Marsches erreicht man das Dorf Cualtzintze (1350m), das auf dem ersten breiten Absatz des Congolón-Gebirges liegt. Danach ist anderntags nochmals ein Marsch von 9 Stunden notwendig, um zu dem nicht weit vom Lempa-Flusse entfernten Dorf Mapulaca (210 m) zu gelangen, in dessen Nähe die Grenze der beiden Republiken Honduras und Salvador verläuft. Als einziges Dorf unterwegs trifft man auf einem tieferen Absatz Candelaria (700 m), das in einer Mulde liegt. An dem Abfall des Gebirges ist die Besiedlung dichter und leitet damit schon über zu dem dicht bevölkerten Salvador. Überhaupt richtet sich der Handel und Verkehr dieser Gebirgsbevölkerung vorwiegend nach der letztgenannten Republik.

Der wasserreiche Lempa-Fluß strömt in einem engen in vulkanischen Gesteinen angelegten Felsental von Westen nach Osten. Auf dem hondureñischen Nordufer sind zwei Terrassen ausgebildet, die eine von 70, die andere von 20 m Höhe über dem Flußspiegel. Auf dem salvadoreñischen Nordufer dagegen ist nur die obere Terrasse zu sehen. Eine Fähre vermittelt den Verkehr von einem zum andern Ufer über den 60 m breiten, tiefen Fluß. Auf dem Südufer steigt man steil zur Hochterrasse und damit zum Grenzposten Salvadors empor, Puerto San Pedro genannt (190 m).

Auf das Entgegenkommendste wurde ich hier von dem Grenzkommandanten empfangen, so daß die Grenzformalitäten schnell erledigt waren. In heißer, steiniger Landschaft auf schlechtem Wege stiegen wir dann den südlichen Abhang des Tales aufwärts, auf dessen Höhe das große Dorf La Victoria (910 m) liegt. Auf neuer vortrefflicher Automobilstraße marschierten wir noch drei Stunden, bis wir zur Departamentshauptstadt Sensuntepeque kamen (830 m) (Abb. 2 auf Taf. 7). —

Es soll an dieser Stelle nicht näher auf die anschließende Reise durch die mittleren und westlichen Teile von Salvador eingegangen werden, da diese in anderem Zusammenhang später behandelt werden soll. Erwähnt möge nur sein, daß ich von Sensuntepeque nach San Vicente reiste, von dort den Vulkan von Cojutepeque und den Ilopango See besuchte und nach kurzem Aufenthalt in der Landeshauptstadt San Salvador mich nach Sonsonate begab. Von dort unternahm ich Exkursionen zum Vulkan Izalco, über die bereits an anderer Stelle berichtet worden ist (Zeitschrift für Vulkanologie, 1928), in das von Nachkommen der Pipiles bewohnte Dorf Nauizalco und an die pazifische Küste bei Acajutla. Danach reiste ich über Santa Ana und durch den Osten Guatemalas nach Guatemala-Stadt zurück, wo ich Anfang April 1928 eintraf. Anschließend begab ich mich Mitte April auf eine Reise an die atlantische Küste Guatemalas und in die Sierra de las Minas, worüber ein besonderer Bericht handeln wird.

Neuere Hilfsmittel für kartographische Aufnahmen.

Unter Auswertung der topographischen Messungen auf der Afrikareise Passarge-Meinardus 1914.

Von

Prof. G. Schewior, Münster i. W.

(Mit 67 Figuren im Text und 4 Abbildungen auf Tafel 23 bis 25).

A. Einleitung.

Die Dienstbereitschaft von Flugzeug und Luftschiff wird auch die Aufgaben erleichtern, die der Menschheit von der Natur gestellt sind: Oberfläche, Inneres und Umwelt des Erdkörpers unserer Kenntnis zu erschließen und dem Leben nutzbringend zu gestalten. Gewaltige Gebiete harren hier noch der wissenschaftlichen Durchforschung. Welcher Art aber auch diese Arbeiten sein mögen, ob geographischer, physikalischer, naturwissenschaftlicher oder wirtschaftlicher Art, immer werden gewisse kartographische Unterlagen bereitzustellen sein, die nicht nur in großen Zügen die noch vorhandenen weißen Flecken der Landkarten ausfüllen, sondern mit Rücksicht auf die jeweiligen speziellen Aufgaben auch mehr Einzelheiten zur Darstellung bringen, die bei derartigen intensiveren Forschungen von selbst hervortreten.

In jedem Falle liegt die Anwendung bestimmter topographischer Meßmethoden vor, die gewöhnlich auf die Ermittelung von „Polarkoordinaten" hinzielen, auch wenn noch weiter „Rechtwinklige ebene Koordinaten" durch Rechnung abgeleitet werden. Da erstere zumeist eine geringe lokale Ausdehnung zu ihrem „Polpunkt" oder „Pol" haben, bedarf es in der Regel einer „Geometrischen Bindung" der einzelnen Pole, die je nach Umfang des Arbeitsfeldes sowie je nach Art der Forschungsaufgabe und der gewählten Aufnahmemethode entweder nur durch „offene" oder „geschlossene Polygonzüge" erfolgt oder aber durch einzelne „Dreiecke" oder ganze „Dreiecksketten", im Sinne der sog. „Triangulation" mit angeschlossenen „Trigonometrischen Festpunkten", die in oft erheblichen Abständen auch den eben genannten Polygonzügen als Stütze dienen.[1])

Eine grundsätzliche Unterscheidung in der Durchführung der direkten topographischen Aufnahmeverfahren bringt die Tachymetrie und die Photogrammetrie, zwei Methoden, die, mit den neuesten Hilfsmitteln ausgestattet, einen bisher nicht erreichten Grad der Vollkommenheit aufweisen.

Ein einzelner Forschungsreisender mit eng begrenztem Aufgabenkreise und dementsprechend einfacher Ausrüstung[2]) wird sehr oft mit der tachymetrischen Methode allein auskommen oder auch in Verbindung mit der Photogrammetrie, die vielfach ebenfalls allein ausreicht und wie erstere auch von der festen Erdoberfläche aus gehandhabt wird, sei es daß Objekte des Geländes, Bauwerke, Ruinen, Ausgrabungen und sonstige archäologische Funde in Frage kommen, oder sei es daß Beobachtungen auf dem Gebiete der Morphologie, der Geophysik, des Erdmagnetismus, der Seismologie, Geologie, Hydrographie, Meteorologie, Klimatologie und dergl. mehr zu fixieren sind. Wie weit dabei in Einzelfällen auch die „Orthogonalmethode[3]), die „Routenaufnahme"[4]) und etwa auch einfache photographische Aufnahmen aus immerhin geringer Lufthöhe mittels kleiner Fesselballons oder Drachen[4]) heranzuziehen sind, wird jeweilig zu entscheiden sein. Auf sie wie auch auf die bekannten Methoden der trigonometrischen, geometrischen und barometrischen Höhenmessung soll und braucht hier nicht näher eingegangen zu werden[1 u. 4]).

Umfangreiche Expeditionen zur planmäßigen Durchforschung größerer Länderteile, mit Hilfsmitteln aller Art ausgerüstet, werden auch die Luftphotogrammetrie nicht entbehren können, besonders nicht in Gebirgslagen mit stark gegliederten Bodenformen, in waldreichen oder sumpfigen Gegenden wie auch bei reich verzweigten, unübersichtlichen Flußsystemen, in die einzudringen zu schwierig oder ganz ausgeschlossen ist.

---

[1]) Näheres über trigonometrische und polygonometrische Arbeiten siehe: Eggert. Einführung in die Geodäsie. Leipzig 1907. Hohenner. Geodäsie. Leipzig 1910.

[2]) Hugershoff. Die geodätischen und astronomischen Instrumente des Forschungsreisenden. Stuttgart 1913.

[3]) Hugershoff. Kartographische Aufnahmen und Geographische Ortsbestimmung auf Reisen. Göschen-Sammlung. Leipzig 1912. v. Neumayer. Anleitung zu wissenschaftlichen Beobachtungen auf Reisen. Hannover 1906.

[4]) v. Neumayer. Anm. [3]) Thiele. Photogrammetrische Aufnahmen in Rußland. Intern. Archiv für Photogrammetrie. Bd.I. Wien 1909.

[5]) Hugershoff, dann auch Eggert und Hohenner, Anm. [1]) bis [3]).

B. Trigonometrische und polygonometrische Grundlage.

Ein einzelnes Dreieck bildet den Ursprung des Aufbaues zu einer Dreieckskette, die dann selbst wie ersteres in den Ecken, den „Dreieckspunkten", das Fundament zu weiteren trigonometrischen Fest-

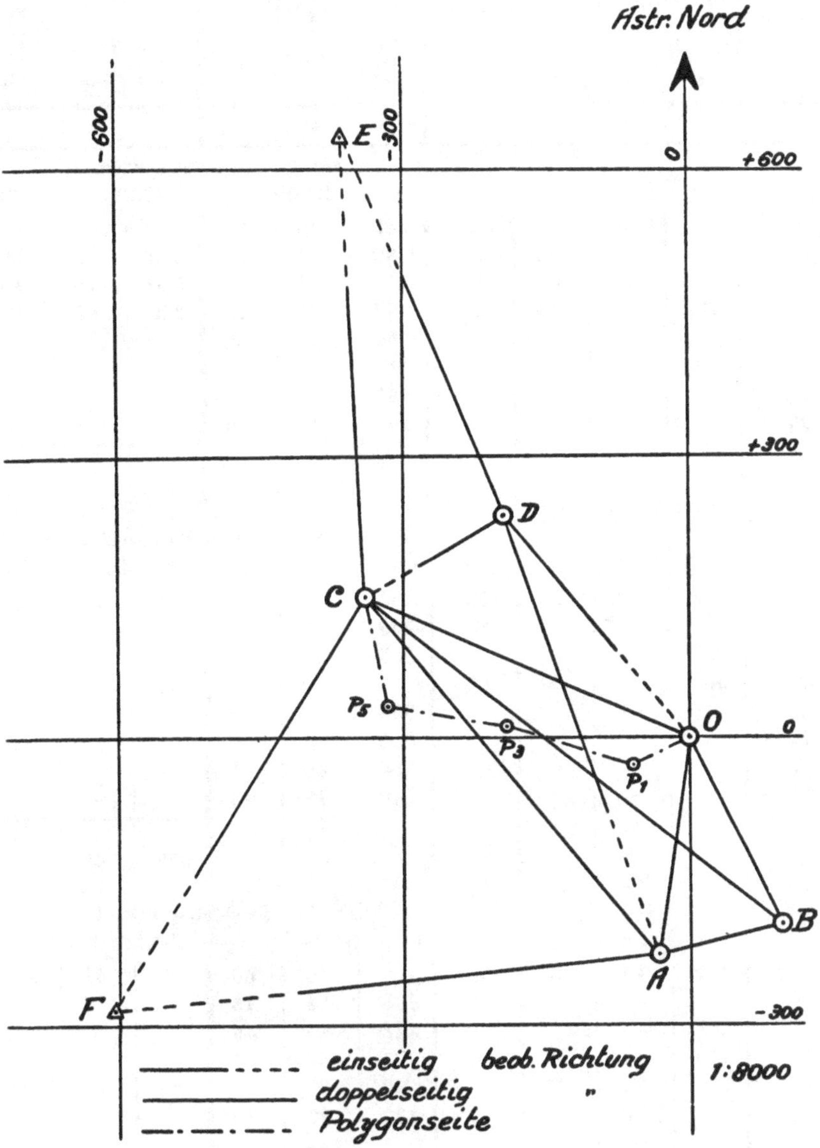

Fig. 1. Dreiecksnetz und Polygonzug am „Lager bei Schellal".

„Abriß" zu den Beobachtungen

Dazu Fig.

Zielpunkt	Endgültige Azimute ν			Die Azim. ν sind entnommen Seite:	Beobachtete Richtungen r			Unterschiede ν—r; Orientierungswinkel $o = \frac{[\nu - r]}{n}$		
	°	′	″		°	′	″	°	′	″
1	2			3	4			5		
					Nr. 1. Dreieckspunkt A					
					x = — 224,09; y = — 32,38; h = 120,5					
△F		—			23	35	30		—	
C	320	47	56	56	80	17	00	240	30	56
O	8	13	09	[1])	127	44	14	240	28	55
B	76	50	18	56	196	21	00	240	29	18
T_4		—			61	45	30		—	
T_3		—			119	43	30		—	
T_2		—			153	42	00		—	
T_1		—			166	22	00		—	
									89	09
							o =	240	29	43
					Nr. 2. Dreieckspunkt B					
					x = — 193,95; y = + 96,53; h = 121,3					
A	256	50	18	56	286	58	00	329	52	18
C	308	21	20	[1])	338	29	15	329	52	05
D		—			355	55	01		—	
O	333	32	19	56	3	40	50	329	52	29
T_4		—			305	01	00		—	
T_3		—			320	36	00		—	
T_2		—			354	48	45		—	
T_1		—			40	13	45		—	
										52
							o =	329	52	17
					Nr. 3. Dreieckspunkt C					
					x = + 148,56; y = — 336,30; h = 167,2					
A	140	47	56	56	102	56	00	37	51	56
△F		—			173	54	15		—	
△E		—			318	46	45		—	
O	113	49	59	56	75	56	37	37	53	22
B	128	21	20		90	29	45	37	51	35
P_5		—			132	32	30		—	
D		—				—			—	
									6	53
							o =	37	52	18

[1]) Aus Koordinaten nach S. 66 berechnet.

bei Assuan (Ägypten).
1 bis 3.

Orientierte Richtungen $\varphi = r + o$ °	′	″	Höhenwinkel δ °	′	″	Bemerkungen
6			7			8
						Instr. Höhe i = 1,34
264	05	13				
	—		+ 5	23	00	Basis A B = 132,44
	—					132,33
	—					Mittel = 132,385 m
302	15	13				
0	13	13				
34	11	43				
46	51	43				
						Instr. Höhe i = 1,37
	—					
	—					
325	47	18				
	—					
274	53	17				
290	28	17				
324	41	02				
10	06	02				
						Instr. Höhe i = 1,45
	—		— 5	43	00	
211	46	33	+ 0	04	00	
356	39	03	+ 1	03	30	
	—					
	—					
	—					
	—		+ 0	05	30	

Zielpunkt	Endgültige Azimute ν °	′	″	Die Azim. ν sind entnommen Seite	Beobachtete Richtungen r °	′	″	Unterschiede ν—r / Orientierungswinkel $o = \frac{[\nu - r]}{n}$ °	′	″
1	2			3	4			5		
Nr. 4. Dreieckspunkt O x = 0,00; y = 0,00; h = 120,4										
B	153	32	19	56	313	00	30	200	31	49
A	188	13	09	[1]	347	43	00	200	30	09
P_1		—			42	40	27		—	
C	293	49	59	56	93	18	00	200	31	59
									3	57
								200	31	19
Nr. 5. Trigon. Festpunkt D x = +231,74; y = —192,86; h = 168,9										
O	140	14	01	60	245	44	57	254	29	04
A	160	36	23	60	266	07	19	254	29	04
C	239	53	17	60	345	24	13	254	29	04
△ E		—			82	30	55	—	—	
										12
								254	29	04
Nr. 6. Trigon. Festpunkt △ E der englischen Landesaufnahme x = +637,00; y = —364,89; h = 177,7										
Nr. 7. Trigon. Festpunkt △ F der englischen Landesaufnahme x = —283,25; y = 603,78; h = 169,3										
Nr. 8. Polygonpunkt P_1 x = —29,53; y = —58,29; h = 121,0										
P_3					0	00	00			
O					135	53	13			
Nr. 9 Polygonpunkt P_3 x = +12,57; y = —193,78; h = 127,9										
P_5					0	00	00			
P_1					187	49	16			
Nr. 10. Polygonpunkt P_5 x = +32,90; y = —316,72; h = 158,0										
C					0	00	00			
P_3					109	02	07			

[1]) Aus Koordinaten nach S. 66 berechnet.

Orientierte Richtungen $\varphi = r + o$ °	′	″	Höhenwinkel δ °	′	″	Bemerkungen
6			7			8
						Instr. Höhe i = 1,35
	—					
	—					
	—					
	—					
						Instr. Höhe i = 1,40
	—		— 9	23	30	
	—					
	—					
336	59	59				
						Instr. Höhe i = 1,35
			+ 2	14		Abstand P_1—P_3 = 141,87 m
			— 1	42		„ P_1—O = 65,31 m
						Instr. Höhe i = 1,35
						Abstand P_3—P_5 = 124,62 m
						Instr. Höhe i = 1,40
			+ 3	48		Abstand P_5—C = 117,44 m
			— 14	11		

Zielpunkt	Endgültige Azimute ν °	′	″	Die Azim. ν sind entnommen Seite	Beobachtete Richtungen r °	′	″	Unterschiede ν—r / Orientierungswinkel $o = \frac{[\nu - r]}{n}$ °	′	″
1	2			3	4			5		
					Nr. 11. Polygonpunkt A x = 0,00; y = 0,00; h = 143,6					
Magn. Nord.					0	00	00			
△ N					15	07	00			
B					31	20	00			
D					67	49.	09			
△ E					187	10	20			
					Nr. 12. Polygonpunkt B x = 46,24; y = + 28,15; h = 143,7					
A					0	00	00			
C					218	46	00			
					Nr. 13. Polygonpunkt C x = + 55,45; y = + 53,59; h = 143,6					
B					0	00	00			
D					244	17	00			
					Nr. 14. Polygonpunkt D x = + 31,72; y = + 77,83; h = 142,2					
△ E					0	00	00			
A					57	42	09			
C					124	16	00			
△ N					178	09	00			

punkten bildet. Sind sämtliche Winkel in den Dreiecken bekannt und die Lage nur eines Dreieckspunktes durch seine Geographischen Koordinaten φ und λ[1]) gegeben, sind ferner das Astronomische Azimut[2]) einer Dreiecksseite und ihre Länge direkt oder mit Hilfe eines Basisnetzes[2]) bestimmt, so lassen sich Breite und Länge auch der

[1]) Marcuse. Handbuch der Geographischen Ortsbestimmung für Geographen und Forschungsreisende. Braunschweig 1905. Hugershoff. Anm. 3, S. 44. Hohenner: Anm. 1, S. 44.

[2]) Siehe Anmerkung 5, S. 44.

Orientierte Richtungen φ = r + o			Höhenwinkel δ			Bemerkungen
°	′	″	°	′	″	
6			7			8
						Zielhöhe überall lm = 0,00
						Instr. Höhe i = 1,41
			+ 2	28		Abstand A—B = 54,14 m
			— 1	23		„ A—E = 1383,16 m
						„ A—N = 607,53 m
			+ 1	21		
						Instr. Höhe i = 1,37
						Abstand B—C = 27,06 m
			— 3	07		
						Instr. Höhe i = 1,40
						Abstand C—D = 33,92 m
			— 5	23		
						Instr. Höhe i = 1,35

übrigen Dreieckspunkte, besonders einfach unter Verwendung einschlägiger Tabellen[1]) berechnen[2]).

Weitere Festpunkte können zunächst durch Einschaltung kleinerer Dreiecke, sodann durch Richtungsbeobachtungen im Sinne des sog. „Vorwärtseinschnitts“ und Rückwärtseinschnitts“[2]) gewonnen werden, wozu zweckmäßig, um die Rechnungen zu vereinfachen, eine

[1]) Ambronn-Domke-Böhler: Astronomisch-geodätische Hilfstafeln. Berlin 1909.

[2]) Eggert, dann Hohenner und Hugershoff. Anm. 1 bis 3, S. 44.

Umformung[1]) der Geographischen Koordinaten in die Gauß'schen konformen rechtwinkligen Koordinaten stattfindet, die ja auch für große Kartenmaßstäbe nicht zu entbehren sind.

Für kleinere Forschungsarbeiten wird vielfach ein Viereck mit den beiden Diagonalen, orientiert nur gegen Astronomisch Nord, als Grundlage ausreichen. Ein solches, A C O B in Fig. 1, diente den Spezial-Aufnahmen der Prof. Passarge-Hamburg und Meinardus-Göttingen in der Gegend von Schellal bei Assuan in Ägypten (Fig. 44). Der Zweck der von den beiden Forschern in den vier ersten Monaten des Jahres 1914 unternommenen Reise war in erster

Ausgleichung des

Dazu

Nr. des Dreiecks	Dreiecks- Punkt	Winkel	Gemessener Winkel °	′	″	Winkelverbesserung ±	″	Erstmalig verbesserter Winkel °	′	″	cpl log sin α und log sin γ bzw. log sin β
1	2		3			4		5			6
	C	α	12	26	15	—	35	12	25	40	0.66714
I	B	β	51	31	15	—	19	51	30	56	
	A	γ	116	04	00	—	36	116	03	24	9.95345
			180	01	30	—	90	180	00	00	
	O	α	140	17	30	—	49	140	16	41	0.19445
II	B	β	25	11	35	—	34	25	11	01	
	C	γ	14	33	08	—	50	14	32	18	9.39972
			180	02	13	—	133	180	00	00	
	A	α	68	36	46	—	47	68	35	59	0.03102
III	O	β	34	42	30	—	31	34	41	59	9.75533
	B	γ	76	42	50	—	48	76	42	02	
			180	02	06	—	126	180	00	00	
						—	223				0.00111
						+	126			1 =	— 111
	[f] = $f_I + f_{II} - f_{III}$ =					—	97				[d] =

[1]) Röhrs. Die Gauß'sche konforme Projektion in Anwendung bei deutschen Landesvermessungen. Leipzig 1927.

Linie, eingehende Studien über die Oberflächengestaltung einzelner ausgewählter Gebiete in den Wüsten östlich und westlich des Nils auszuführen. Die Beobachtungen unweit des Dorfes Schellal erstreckten sich vor allem auch auf die morphologisch wirksamen Faktoren, wozu Messungen der meteorologischen Elemente, der Boden- und Gesteinstemperaturen und dergl. mehr ausgeführt wurden[1]). Die topographischen Einzelerscheinungen des dortigen Reliefs wurden von Meinardus mit Hilfe von tachymetrischen und photogrammetrischen Messungen aufgenommen, außerdem noch an einer anderen Stelle der

Vierecks A C O B.

Fig. 2.

Logar. Differenz d für 1'		Seiten-verbesserung		Endgültiger Winkel			$\log \frac{a}{\sin \alpha}$ / log sin	log der Seiten nach $a = \frac{a}{\sin \alpha} \sin \alpha$, $b = \frac{a}{\sin \alpha} \sin \beta$, $c = \frac{a}{\sin \alpha} \sin \beta$
±	'	±	"	°	'	"		
7		8		9			10	11
							2.78839	
+	57	+	62	12	26	42	9.33345	log AB = 2.12184
				51	30	56	9.89363	log AC = 2·68202
—	7	—	62	116	02	22	9.95351	log CB = 2.74190
				180	00	00		
							2.93652	
—	15	+	62	140	17	43	9.80538	log CB = 2.74190
				25	11	01	9.62892	log CO = 2.56544
+	48	—	62	14	31	16	9.39922	log OB = 2.33574
				180	00	00		
							2.36671	
+	5	+	62	68	37	01	9.96903	log OB = 2.33574
+	19	—	62	34	40	57	9.75513	log AB = 2.12184
				76	42	02		
				180	00	00		
+	129							
—	22							
+	107							

[1]) Hierüber werden die beiden Forscher an anderer Stelle selbst berichten.

Beobachtung und Berechnung des Astronomischen Azimuts v

Beobachtet 1914, Januar 29, Donners-

Zielpunkt	Höhenwinkel		Vormittag					Nachmittag				
			Zeit der Beobachtung			Beobachtg. Av		Zeit der Beobachtung			Beobachtg. An	
	°	′	h	m	s	°	′	h	m	s	°	′
1	2		3					4				
Sonne ☉	24	38	8	35	43	44	49,0	3	23	32	153	46,5
,,	25	36	8	40	53	45	44,5	3	18	39	152	57,5
,,	26	05	8	43	45	46	08,0	3	15	37	152	27,5
,,	35	59	9	42	28	57	42,0	2	16	44	140	50,0
C												

Landschaft, wo die Ausgestaltung der Reliefs besonders charakteristische Formen zeigte. Die Ergebnisse dieser Messungen werden im Folgenden näher behandelt werden, um auch die Methoden der Bearbeitung solcher Aufnahmen zu zeigen.

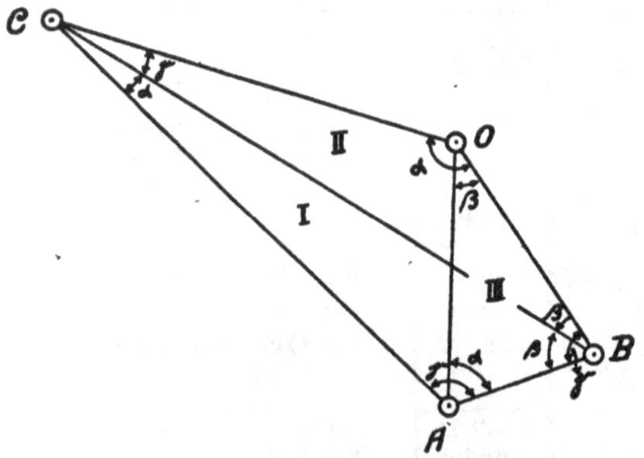

Fig. 2. Dreieckfolge für die Ausgleichung des Vierecks A B O C.

Der „Abriß“ auf Seite 46 gibt in den Spalten 4 und 7 die leicht zu verfolgenden Winkelbeobachtungen auf den Dreieckspunkten A, B, C und O, zu denen noch die Trigon. Festpunkte D sowie △ E und △ F, zwei Punkte der englischen Landesaufnahme, kommen. Als „Basis“ diente die Seite A B mit der unmittelbar doppelt gemessenen Länge von 132,385 m (S. 47, Sp. 8).

Vor der Berechnung von einfachen rechtwinkligen ebenen Koordinaten der Dreieckspunkte fand zunächst eine Ausgleichung des Vierecks statt, wie das Schema[1]) Seite 52 angibt. Die jeweiligen Winkel α,

[1]) Gauß. Die trigonometrischen und polygonometrischen Rechnungen. Halle a. S..1893.

auf Dreieckspunkt O in der Nähe des Lagers bei Schellal.

tag, unter $\varphi = 24^0\ 03'$ n. Br.

Rohe Meridianrichtung $Am = \frac{Av + An}{2}$ °	′	Verbesserung k ′	Verbesserte Meridianrichtung An bzw. Punktrichtung r °	′	Bemerkungen
5		6	7		8
99	17,8	— 3,2	99	14,6	Astron. Azimut*):
99	21,0	— 3,2	99	17,8	$\nu^c = r - A + 180^0$
99	17,8	— 3,2	99	14,6	$= 293^0 50' 02''$
99	16,0	— 3,0	99	13,0	
		Mittel A =	99	15,0	*) Gerechnet vom Nord-
		r =	213° 05′ 02″		zweige des Meridians

β, γ (Sp. 3) in den Dreiecken I, II, III, Fig. 2 sind dem Abriß (Sp. 4) entnommen. Die Abweichungen f_I, f_{II} bzw. f_{III} der Winkelsummen gegenüber 180° sind in Sp. 4. ermittelt und dort am Schluß zu $[f] = f_I + f_{II} + f_{III} = -97''$ zusammengefaßt. Wird $w = \frac{[f]}{2 \cdot 3} = \frac{+97''}{6} = +16{,}2''$ gebildet, so ergeben sich die erstmaligen Winkelverbesserungen gemäß Sp. 4:

für α und γ im Dreieck I zu:

$$(1) = \tfrac{1}{3}(f_I - w) = \tfrac{1}{3}(-90 - 16{,}2) = -35{,}4'',$$

für α und γ im Dreieck II zu:

$$(2) = \tfrac{1}{3}(f_{II} - w) = \tfrac{1}{3}(-133 - 16{,}2) = -49{,}7'',$$

für α und γ im Dreieck III zu:

$$(3) = \tfrac{1}{3}(f_{III} - w) = \tfrac{1}{3}(-126 - 16{,}2) = -47{,}4'';$$

für β im Dreieck I zu:

$$(1) + w = -35{,}4 + 16{,}2 = -19{,}2'',$$

für β im Dreieck II zu:

$$(2) + w = -49{,}7 + 16{,}2 = -33{,}5'',$$

für β im Dreieck III zu:

$$(3) + w = -47{,}4 + 16{,}2 = -31{,}2'',$$

worauf die so verbesserten Winkel, auf ″ abgerundet, in Sp. 5 zu setzen sind. Zur Berücksichtigung der sog. „Seitengleichung" werden in Sp. 6 die cpl log sin[1]) bzw. log sin der betr. Winkel, ferner in Sp. 7

[1]) $\text{cpl log sin} = \frac{\log 1}{\log \sin}$.

Koordinatenberechnung der

Dazu

Nr. des Punktes	Brechungswinkel β (s. S. 53)			Astronomische Azimute $\nu_n = \nu_{n-1} + \beta \pm 180^0$			log cos ν_n log s log sin ν_n	log $\triangle$x = log s + log cos ν_n log $\triangle$y = log s + log sin ν_n
	°	′	″	°	′	″		
1	2			3			4	5
Astr. Nord								
O	153	32	19					
				153	32	19	9,95194$_n$ 2,33574 9,64894	2,28768$_n$ 1,98468
			+1					
B	283	17	38					
				256	50	18	9,35736$_n$ 2,12184 9,98844$_n$	1,47920$_n$ 2,11028$_n$
			+2					
A	243	57	36					
				320	47	56	9,88926 2,68202 9,80075$_n$	2,57128 2,48277$_n$
			+1					
C	333	02	02					
				113	49	59	9,60646$_n$ 2,56544 9,96129	2,17190$_n$ 2,52673
			+1					
O	219	42	19					
				153	32	19		
B								
	1233	32	14					
Soll	1233	32	19					
		fβ =	+5					

die log. Differenzen d für 1′ eingetragen, deren Summe 0,00111 bezw. [d] = + 107, sodann l = 0,00000 — 0,00111 = — 111 gebildet und die Seitenverbesserung s $= \frac{l}{[d]} = \frac{-111}{+107}$ = — 62″ abgeleitet. Mit letzterer (Sp. 8) werden die endgültigen Winkel in Sp. 9 ermittelt. Trägt man für diese die log sin in Sp. 10 ein, dann in Sp. 11 für die Basis A B = 132,385 m den log A B = 2.12184, und berechnet zunächst für Dreieck I den $\log \frac{A\,B}{\sin \alpha} = \log \frac{a}{\sin \alpha}$ = 2.78839, so lassen sich auch die log der Strecken A C und C B nach dem Sinussatz ableiten (Sp. 11).

Dreieckspunkte O, B, A, C.

Fig. 1.

Abscissen-unterschied $\triangle x = s \cdot \cos \nu_a$ + m	− m	Ordinaten-unterschied $\triangle y = s \cdot \sin \nu$ + m	− m	Abscissen x ±	m	Ordinaten y ±	m	Nr. des Punktes
6		7		8		9		10
					0,00		0,00	O
—	193,95	96,53	—	—	193,95	+	96,53	
				—	193,95	+	96,53	B
—	30,14	—	128,91	—	30,14	—	128,91	
				—	224,09	—	32,38	A
+0,02 372,63	—	—	+0,01 303,93	+	372,65	—	303,92	
				+	148,56	—	336,30	C
—	148,56	336,30	—	—	148,56	+	336,30	
					0,00		0,00	O
372,63	372,65	432,83	432,84					
	0,02		0,01					
Soll	0,00		0,00					
fx =	+0,02	fy =	+0,01					

Der log C B wird dann weiter im gleichen Sinne für das Dreieck II und log O B für Dreieck III benutzt; log A B im letzteren muß mit dem Ausgangswerte in Dreieck I zu 2,12184 übereinstimmen.

Die Koordinaten x und y der Dreieckspunkte lassen sich nunmehr, ausgehend von O als Nullpunkt, in dem geschlossenen Polygonzuge O B A C O berechnen. Hierzu ist noch vorher das Astronomische Azimut ν im Punkte O zu ermitteln, wofür entsprechende Sonnenbeobachtungen[1]) von Prof. Meinardus gemacht wurden. Letztere,

[1]) Benutzt wurde ein kleines Universalinstrument, das in erweiterter Form jetzt von den Feinmechanischen Werkstätten Th. Rosenberg in Berlin SW 61, Blücherstr. 62/63 hergestellt wird. Eine größere Konstruktion zeigt Fig. 5.

Koordinatenberechnung der Trigon. Punkte △F und △E sowie des Punktes T_1 nach dem Verfahren des „Vorwärtseinschnittes".

Dazu Fig. 1.

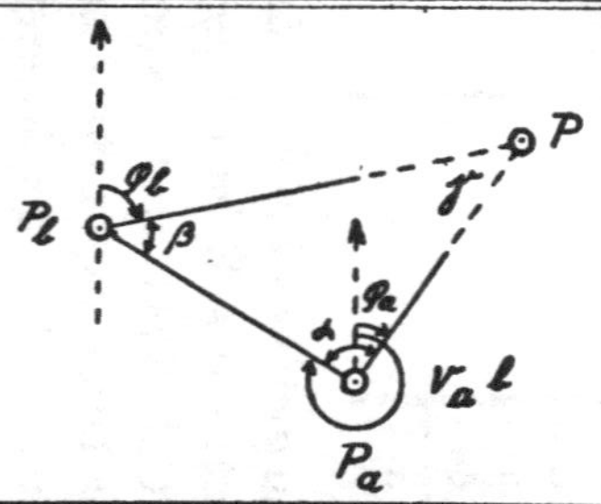

Rechenformeln: $\operatorname{tg} \nu_a{}^b = \frac{yb - ya}{xb - xa}$; $m = \frac{yb - ya}{\sin \gamma \cdot \sin \nu_a{}^b}$

$$y = ya + \Delta ya;\quad \Delta ya = m \sin \beta \sin \varphi a$$
$$x = xa + \Delta xa;\quad \Delta xa = m \sin \beta \cos \varphi a$$

P_a : C; P_b : A; P : F		P_a : B; P_b : A; P : T_1		P_a : D; P_b : C; P : E	
P_a :	ya = —336,30	P_a :	ya = + 96,53	P_a :	ya = —192,86
P_b :	yb = — 32,38	P_b :	yb = — 32,38	P_b :	yb = —336,30
	yb—ya = +303,92		yb—ya = —128,91		yb—ya = —143,44
	Δya = —267,48		Δya = + 19,38		Δya = —172,03
	y = —603,78		y = +115,91		y = —364,89
P_a :	xa = +148,56	P_a :	xa = —193,95	P_a :	xa = + 231,74
P_b :	xb = —224,09	P_b :	xb = —224,09	P_b :	xb = + 148,56
	xb—xa = —372,65		xb—xa = — 30,14		xb—xa = — 83,18
	Δxa = —431,81		Δxa = —108,81		Δxa = +405,26
	x = —283,25		x = — 85,14		x = +637,00

	°	′	″
φa	211	46	33
φb	264	05	13
$\nu_a{}^b$	140	47	56
$\alpha = \varphi a - \nu_a{}^b$	70	58	37
$\beta = \nu_a{}^b - \varphi b \pm 180^0$	56	42	43
$\gamma = \varphi b - \varphi a$	52	18	40
$\alpha + \beta + \gamma$	180	00	00

log (yb—ya) =	
log (xb—xa) =	
log tg $\nu_o{}^b$ =	
log (yb—ya) =	2,48276
cpl log sin $\nu_a{}^b$ =	0,19925
cpl log sin α =	0,10163
log m =	2,78364
log sin φa =	$9,72148_n$
log m =	2,78364
log sin β =	9,92217
log cos φa =	$9,92948_n$
log $\triangle$ ya =	$2,42729_n$
log $\triangle$ xa =	$2,63529_n$

	°	′	″
φa	10	06	02
φb	46	51	43
$\nu_a{}^b$	256	50	17
$\alpha = \varphi a - \nu_a{}^b$	113	15	45
$\beta = \nu_a{}^b - \varphi b \pm 180^0$	29	58	34
$\gamma = \varphi b - \varphi a$	36	45	41
$\alpha + \beta + \gamma$	180	00	00

log (yb—ya) =	
log (xb—xa) =	
log tg $\nu_a{}^b$ =	
log (yb—ya) =	$2,11029_n$
cpl log sin $\nu_a{}^b$ =	$0,01156_n$
cpl log sin α =	0,22294
log m =	2,34479
log sin φa =	9,24396
log m =	2,34479
log sin β =	9,69865
log cos φa =	9,99322
log $\triangle$ ya =	1,28740
log $\triangle$ xa =	2,03666

	°	′	″
φa	336	59	59
φb	356	39	03
$\nu_a{}^b$	239	53	17
$\alpha = \varphi a - \varphi b$	97	06	42
$\beta = \nu_a{}^b - \varphi b \pm 180^0$	63	14	14
$\gamma = \varphi b - \varphi a$	19	39	04
$\alpha + \beta + \gamma$	180	00	00

log (yb—ya) =	
log (xb—xa) =	
log tg$\nu_a{}^b$ =	
log (yb—ya) =	$2,15667_n$
cpl log sin $\nu_a{}^b$ =	$0,06296_n$
cpl log sin α =	0,47329
log m =	2,69292
log sin φa =	$9,59188_n$
log m =	2,69292
log sin β =	9,95079
log cos φa =	9,96403
log $\triangle$ ya =	$2,23559_n$
log $\triangle$ xa =	2,60774

Koordinatenberechnung des Trigon. Punktes D nach der Methode des „Rückwärtseinschnitts“. (Dazu Fig. 1.)

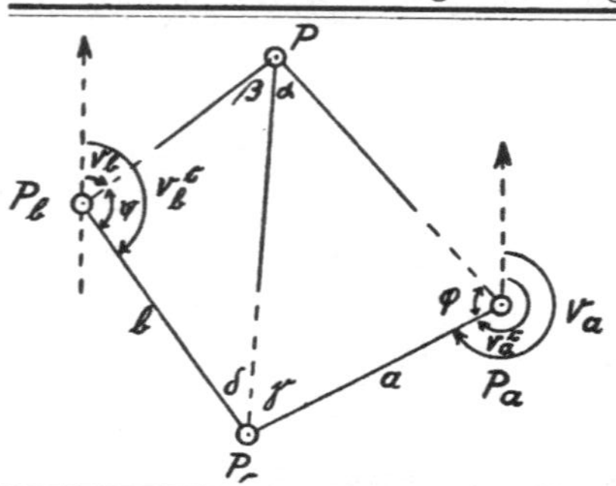

Rechenformeln:

$$\operatorname{tg} \nu_a^c = \frac{yc - ya}{xc - xa};\quad a = \frac{yc - ya}{\sin \nu_a^c} = \frac{xc - xa}{\cos \nu_a^c}$$

$$\operatorname{tg} \nu_b^c = \frac{yc - yb}{xc - xb};\quad b = \frac{yc - yb}{\sin \nu_b^c} = \frac{xc - xb}{\cos \nu_b^c}$$

$$\operatorname{tg} \mu = \frac{a \sin \beta}{b \sin \alpha};\quad \operatorname{tg} \tfrac{1}{2}(\varphi - \psi) = \operatorname{ctg}(45^0 + \mu) \operatorname{tg} \tfrac{1}{2}(\varphi + \psi)$$

$$\Delta\, ya = \frac{a \sin(\alpha + \varphi)}{\sin \alpha} \sin \nu_a$$

$$\Delta\, xa = \frac{a \sin(a + \varphi)}{\sin \alpha} \cos \nu_a$$

$$\Delta\, yb = \frac{b \sin(\beta + \psi)}{\sin \beta} \sin \nu_b$$

$$\Delta\, xb = \frac{b \sin(\beta + \psi)}{\sin \beta} \cos \nu_b$$

P_a : O	P_c : A	P_b : C	P : D
yc = — 32,38	xc = —224,09	log (yc—ya) = 1.51028$_n$	log (yc—yb) = 2,48276
ya = 0,00	xa = 0,00	log (xc—xa) = 2,35042$_n$	log (xc—yb) = 2,57130$_n$
yb = —336,30	xb = +148,56	log tg ν_a^c = 9,15986	log tg ν_b^c = 9,91146
yc—ya = — 32,38	xc—xa = —224,09	log sin ν_a^c = 9,15537$_n$	log sin ν_b^c = 9,80074
yc—yb = +303,92	xc—xb = —372,65	log cos ν_a^c = 9,99551$_n$	log cos ν_b^c = 9,88927$_n$
yb—ya = —336,30	xb—xa = +148,56	log a = 2,35491	log b = 2,68202

	°	′	″
ν_a^c	188	13	20
ν_b^c	140	48	02
$\gamma + \delta = \nu_a^c - \nu_b^c$	47	25	18
α	20	22	22
β	79	16	54
$2\sigma = \alpha + \beta + (\gamma + \delta)$	147	04	34
σ	73	32	17
$\tfrac{1}{2}(\varphi + \psi) = 180^0 - \sigma$	106	27	43
$\tfrac{1}{2}(\varphi - \psi)$	+25	32	58
$\varphi = \tfrac{1}{2}(\varphi + \psi) + \tfrac{1}{2}(\varphi - \psi)$	132	00	41
$\psi = \tfrac{1}{2}(\varphi + \psi) - \tfrac{1}{2}(\varphi - \psi)$	80	54	45
$\nu_a = \nu_a^c + \psi$	320	14	01
$\nu_b = \nu_b^c - \psi$	59	53	17

log a	= 2,35491
cpl log b	= 7,31798
cpl log sin α	= 0,45827
log sin β	= 9,99236
log tg μ	= 0,12352
μ	= 53°02′25″
45° + μ	= 98°02′25″
log ctg (45° + μ)	= 9,15001$_n$
log tg ½ (φ + ψ)	= 0,52945
log tg ½ (φ—ψ)	= 9,67946

Probe:

	°	′	″
α + φ	152	23	03
β + ψ	160	11	39
γ + δ	47	25	18
Soll	360	00	00

log sin νa	= 9,80595$_n$
log a	= 2,35491
cpl log sin α	= 0,45827
log sin (α + φ)	= 9,66604
log cos ν_a	= 9,88573
log △ ya	= 2,28522$_n$
log △ xa	= 2,36500
log sin νb	= 9,93704
log b	= 2,68202
cpl log sin β	= 0,00764
log sin (β + ψ)	= 9,52998
log cos νb	= 9,70044
log △ yb	= 2,15668
log △ xb	= 1,92008

ya = 0,00	xa = 0,00	yb = —336,30	xb = +148,56
△ ya = —192,85	△ xa = +231,74	△ yb = +143,44	△ xb = + 83,19
y = —192,85	x = +231,74	y = —192,86	x = +231,75

viermal wiederholt, sind nebst den zugehörigen Berechnungen auf Seite 54 nachgewiesen. Die in Sp. 5 angegebenen einzelnen „Rohen Meridianrichtungen" erhalten die Verbesserung (Sp. 6):

$$k = -\frac{t^h \cdot \delta^h}{\cos\varphi \sin t^w}$$ [1]

wobei t^h bezw. t^w die halbe Zeit zwischen beiden Beobachtungen (t^w im Winkelmaß) bedeutet und δ^h die stündliche Änderung der Deklination, hier $\delta^h = 40{,}0''$[2]) ist. Die so verbesserten Meridianrichtungen in Sp. 7 geben als arithmetisches Mittel A = 99° 51,0' mit einem leicht abzuleitenden mittleren Fehler[3])

$$m = \pm\sqrt{\frac{[v\,v]}{n\,(n-1)}} = \pm\sqrt{\frac{12{,}16}{4.3}} = \pm\,1{,}0'.$$

Die Genauigkeit der Azimutbestimmung genügt hier in Anbetracht des kleinen Festpunktnetzes vollauf.

Zur Orientierung des Vierecks war C an die vorstehende Meridianbeobachtung angeschlossen. Das Azimut der Dreiecksseite O C, gerechnet von Astronomisch-Nord über Osten, ist demnach

$$\nu_0^c = r - A + 180^0 = 213^0 05'02'' - 99^0 15' + 180^0 = 293^0\,50'02'',$$

wobei r und A der Aufstellung Seite 55 entnommen wird. Um von O aus als Nullpunkt in zweckmäßig üblicher Richtung, d. h. im Urzeigersinne die Berechnung des Zuges O B A C O durchzuführen, wird schließlich das Azimut für O B abgeleitet nach:

$$\nu_0^b = \nu_0^c - \sphericalangle\, B\ O\ C = 293^0\,50'02'' - 140^0\,17'43'' = 153^0\,32'19'',$$

wobei der $\sphericalangle$ B O C dem Dreiecke II Sp. 9 auf Seite 53 zu entnehmen ist, und in das Rechenschema Seite 56 eingeführt. Hier enthält zunächst Sp. 2 die Außenwinkel des Vierecks als Brechungswinkel β, die wieder von Seite 53 zu entnehmen sind, auf Punkt B z. B. aus dem Dreieck III zu 360° 00' 00'' — 76° 42'02'' = 283° 17'58''. Auf O am Anfange gilt als Brechungswinkel das eben berechnete Azimut ν_0^b = 153° 32'19'' selbst (s. a. Sp. 3), ebenso nach Umlauf des Polygons wieder in Spalte 3 unten. Addiert man Sp. 2 zu 1233° 32'14'', so beträgt das Soll allgemein: Anfangsazimut + (2 n + 4) 90°, wobei n die Anzahl der Brechpunkte bedeutet. Da hier n = 4 ist, beträgt das Soll: 153° 32'19'' + 12 · 90° = 153° 32' 19'' + 1080° = 1233° 32'19'',

---

[1]) Brünnow. Lehrbuch der sphärischen Astronomie. Berlin 1881.

[2]) Benutzt: Astronomisch-Nautische Ephemeriden für das Jahr 1914. Triest 1912.

[3]) Marcuse. Anm. 1, S. 50.

Berechnung und Ausgleich der trigonometrisch be-

Dazu

Nr. des Zuges	Stand-punkt	Ziel-punkt	Abstand s (s. S. 66) m	Höhenwinkel ± δ (s. Abriß S. 47 usw.) °	′	″	log s log tg δ log (s tg δ)
1	2	3	5	4			6
1.	C	E	489,26	+1	03	30	2,68954 8,26655 0,95609
	C	F	507,94	+0	04	00	2,70582 7,06579 9,77161
2.	C	D	165,82	+0	05	30	2,21962 7,20409 9,42371
	D	O	301,49	—9	23	30	2,47928 $9,21854_n$ $2,69782_n$
	B	O	216,64	—0	37	30	2,33574 $8,03777_n$ $0,37351_n$
	B	A		—		—	durch
	A	C	480,87	+5	23	00	2,68202 8,97421 1,65623
	C	A	480,87	—5	43	00	2,68202 $9,00046_n$ $9,68248_n$

stimmten Höhen h der Punkte C, D, O, B und A.

Fig. 3.

Höhenunterschiede					Endgült. Höhen-unter-schied	Punkt-	
$\triangle h = s\,tg\,\delta$	i (s. Abr.)	$\left(\frac{1-k}{2R}\right)s^2$	Im Ganzen $[\triangle h]$	Verb. v	$[\triangle h]$	Bez.	Höhe h
m	m	m	m	m	m		m
7					8	9	
						E	177,7
+9,04	+1,45	+0,02	+10,51	—0,02	+10,5		
						C	167,2
+0,59	+1,45	+0,02	+2,06	—0,03	+2,1		
						F	169,3
		$\triangle he - \triangle hf =$	+8,45				
	Soll =	he—hf =	+8,40				
		$f\ \triangle h =$	—0,05	—0,05			
						C	167,2
+0,27	+1,45	+0,00	+1,72	—0,02	+1,7		
						D	168,9
—49,87	+1,40	+0,01	—48,46	—0,03	—48,5		
						O	120,4
—2,36	+1,37	+0,01	(±)0,98	—0,04	+0,9		
						B	121,3
geometrische Höhenmessung bestimmt (s. S. 67)			—0,78		—0,8		
						A	120,5
+45,32	+1,34	+0,02					
		Mittel	+46,68	—0,05	+46,7		
—48,14	+1,45	+0,02				C	167,2
		$[\triangle h] =$	+0,14				
	Soll =	hc—hc =	0,00				
		$f\ \triangle h =$	—0,14	—0,14			

sodaß sich (Sp. 2 unten) ein Widerspruch von f $\beta = + 5''$ ergibt, der gleichmäßig auf die vier Brechungswinkel β zu verteilen ist. Die Berechnung der Azimute der weiteren Seiten findet sodann in Sp. 3 nach:

$\nu_n = \nu_{n-1} + \beta \pm 180^0$, z. B. für B A nach $153^0\ 32'19'' + 283^0\ 17'59'' - 180^0 = 256^0\ 50'18''$ statt, bis schließlich wieder $\nu_o^b = 153^0\ 32'\ 19''$ als Probe der richtigen Ableitung erhalten wird. Mit ν_n und den Dreiecksseiten s, deren log aus Sp. 11 Seite 53 entnommen werden, sind zunächst in den Sp. 5—7 die Koordinatenunterschiede $\triangle$ x und $\triangle$ y zu rechnen und gegen das Soll [$\triangle$ x] = 0,00 bzw. [$\triangle$ y] = 0,00 abzugleichen, indem man fx und fy allgemein proportional den Strecken s verteilt, worauf dann in den Sp. 8 und 9 die gesuchten Koordinaten sich ergeben. Überträgt man letztere in den „Abriß“ (S. 46) und ebendahin in die Sp. 2 die Azimute ν_n gemäß Sp. 3 der Koordinatenberechnung für alle Seiten, z. B. bei Nr. 1. Dreieckspunkt A für A C: $320^0\ 47'56''$, aber auch bei Nr. 3 Dreieckspunkt C für C A: $320^0\ 47'56'' - 180^0 = 140^0\ 47'56''$ so lassen sich auch die Azimute für weitere Richtungen r auf jedem Dreieckspunkte, wie folgt bestimmen.

Man bildet im „Abriß“ Sp. 5 die Unterschiede $\nu - r$, addiert sie und bildet das Mittel o, auf A z. B. $o = 240^0\ 29'43''$. Wird dieser Winkel den einzelnen Richtungen r der Sp. 4 zugefügt, so erhält man in Sp. 6 die „Orientierten Richtungen“, die man als Azimute für die Festlegung weiterer Festpunkte in dem angenommenen Koordinatensystem benutzen kann, wie noch gleich zu zeigen sein wird.

Die Aufnahmen bei Assuan verlangten noch die Einbeziehung der Punkte F, D und E, Abb. 1. Die Örtlichkeit gestattete für F nur die Messung der Richtungen von A und C, so daß hier ein einfacher „Vorwärtseinschnitt“ vorliegt. Von A und B wurden nach gleicher Methode aus bestimmten Gründen auch die Telegraphenstangen T_1—T_4 an der Eisenbahn nach Kairo festgelegt; die Messungsergebnisse sind für F bei A und C, für T_1—T_4 bei A und B, zugleich mit den „Orientierten Richtungen“ zu finden. Im Rechenschema Seite 58 sind zunächst die Koordinaten der Punkte F und T_1 nachgewiesen[1]). Der Trigon. Festpunkt E war nur von C und D als „Vorwärtseinschnitt“ erreichbar; es mußten deshalb die Koordinaten für D zuvor ermittelt werden.

Da für D eine größere Zahl von Bestimmungsstücken — vier statt drei — vorliegt, als hier zur einfachen, nicht versicherten Rechnung

---

[1]) Gauß. Anm. 1, S. 54.

notwendig ist, hätte eine Ausgleichung nach der „Methode der kleinsten Quadrate" stattfinden können[1]); doch ist hiervon abgesehen worden. Die Koordinaten sind lediglich nach dem sehr häufig vorkommenden einfachen Verfahren des „Rückwärtseinschnitts" gemäß den Rechenformeln von Burckhardt[1]) berechnet worden. Hierzu dienten die Richtungen auf D, s. Nr. 5 des „Abrisses", nach den Dreieckspunkten O, A und C, die gemäß Seite 60 die gesuchten Koordinaten zu x = + 231,74 und y = — 192, 86 ergaben. Da noch auf B die orientierte Richtung nach D zu $\varphi = 325^0\ 47'18''$, s. Abriß Nr. 2 Sp. 6, als viertes Bestimmungsstück gegeben ist, wird diese zur Kontrolle herangezogen. Das aus den Koordinaten von B und D berechnete Azimut, Seite 66 unter lfd. Nr. 5, $\nu_b^d = 325^0\ 47'29''$ stimmt mit dem obigen $\varphi = 325^0\ 47'18''$ bis auf 11'' überein, was einem linearen Querfehler von $a = \frac{\alpha'' \cdot s}{\rho''} = \frac{11 \cdot 514{,}73}{206{,}265}$ = rd 3 cm entspricht, d. h. also einer nur geringen Abweichung, weshalb auch eine Ausgleichung (s. o.) unterbleiben konnte.

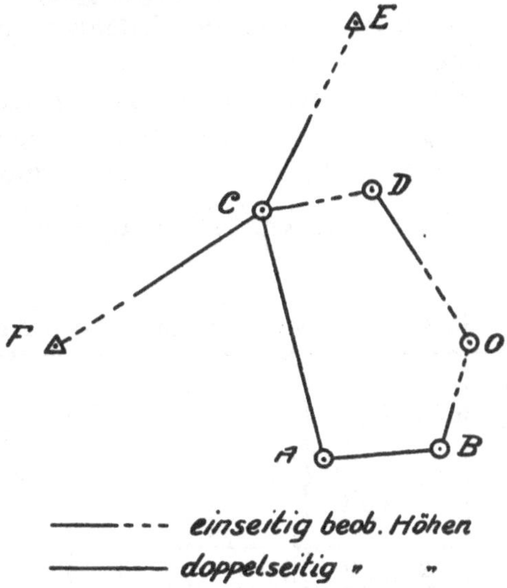

Fig. 3. Höhenpunktnetz am „Lager bei Schellal".

Mit den Koordinaten von D und C ist schließlich die Lage von E, wie schon gesagt, wieder durch „Vorwärtseinschnitt" gemäß Seite 58 ermittelt worden[1]).

Da E und F, wie bereits Seite 54 bemerkt wurde, Punkte der englischen Landesaufnahme sind, wäre es möglich eine „Transformation" (s. Fig. 22 und den dortigen Text) aller bisher gerechneten und noch zu berechnenden Koordinaten in das dort maßgebende System vorzunehmen; es konnte jedoch darauf verzichtet werden, weil die frag-

[1]) Gauß. Anm. 1, S. 54.

lichen Forschungsarbeiten einer derartigen Kopplung nicht bedurften. Dagegen wurden die Höhen der Punkte E und F zu $h_e = 177{,}7$ m bzw. $h_f = 169{,}3$ m zur Festlegung der dritten Raum- (Höhen-) Koordinate sämtlicher Neupunkte herangezogen; eine Barometrische Bestimmung erschien in Anbetracht der Aufgaben untunlich. Zu dem vorgenannten Zwecke waren auf den Punkten A, B, C, D und O die Höhenwinkel δ[1]) und die Instrumentenhöhen i gemäß dem „Abriß" Sp. 7 und 8 (S. 47) gemessen worden. Wird ausgehend von einem Punkte mit der Höhe h die Höhe h_1 eines anderen Punktes gesucht, so geschieht dies nach der Formel Gl. 1) $h_1 = h + i + \triangle h + \frac{1 - c}{2R} \cdot s^2$,

Berechnung von Azimuten und Abständen aus Koordinaten.

Lfd. Nr.	Punkt P_b P_a	Die Koordinaten sind entnommen Seite	x_b x_a $\triangle x = x_b - x_a$	y_b y_a $\triangle y = y_b - y_a$	log △y log △x log tg ν_a^b ν_a^b	log sin ν_a^b log cos ν_a^b log s	s m	Bem.
1	2	3	4	5	6	7	8	9
1	F C		—283,25 +148,56 —431,81	—603,78 —336,30 —267,48	2,42730$_n$ 2,63529$_n$ 9,79201 211° 46′ 34″	9,72148n 9,92948n 2,70582	507,97	
2	E C		+637,00 +148,56 +488,44	—364,89 —336,30 —28,59	1,45621$_n$ 2,68881 8,76740 356° 39′ 01″	8,76667n 9,99926 2,68954	489,26	
3	D C		+231,74 +148,56 + 83,18	—192,86 —336,30 +143,44	2,15667 1,92002 0,23665 59° 53′ 27″	9,93705 9,70040 2,21962	165,82	
4	D O		+231,74 0,00 +231,74	—192,86 0,00 —192,86	2,28524$_n$ 2,36500 9,92024 320° 13′ 55″	9,80596 9,88572 2,47928	301,49	
5	D B		+231,74 —193,95 +425,69	—192,86 + 96,53 —289,39	2,46248$_n$ 2,62909 9,83239 325° 47′ 29″	9,74990 9,91750 2,71158	514,73	

[1]) Eggert, dann Hugershoff. Anm. 1 und 3, S. 44.

wobei $\triangle$ h den Teil-Höhenunterschied gerechnet von der horizontal gedachten Visierlinie des Instrumentes bedeutet und nach

Gl. 2) $$\triangle h = s \operatorname{tg} \delta$$

ermittelt wird; s, der Abstand der beiden Punkte, liegt auch in dem letzten Gliede der Gl. 1 vor, das die Korrektien nach Erdkrümmung und Refraktion mit c = 0,13 (nach Gauß) und R = 6370 km (Erdradius) darstellt. Im Gegensatz zu dieser „Trigonometrischen Höhenmessung“ (s. a. o.) ist der Höhenunterschied zwischen den beiden Basispunkten A und B mittels „Geometrischer Höhenmessung“ (Nivellement)[1] zu $\triangle h_a^b = + 0{,}776 = \text{rd} + 0{,}78$ m, zwischen A und und dem Spiegel des in der Nähe befindlichen Stausees zu $\triangle h_a^s =$ — 8,01 m gefunden worden. Von den beiden letzteren Beobachtungen ist in den vorliegenden Ausführungen nur $\triangle h_a^b$ verwendet worden (s. u.).

In welcher Weise die Höhe zunächst für C erhalten wird, läßt die Berechnung auf Seite 62 zusammen mit der Fig. 3 ersehen. C ist „eingehängt“ zwischen E und F. Werden nach Sp. 7 die beiden Höhenunterschiede zu $\triangle h_c^e = + 10{,}51$ bzw. $\triangle h_c^f = + 2{,}06$ berechnet, so muß ihre Differenz den Sollbetrag $h_e - h_f = 177{,}7 - 169{,}3 = 8{,}40$ m ergeben. Die Abweichung $f \triangle h = - 0{,}05$ wird proportional den Abständen verteilt, sodaß die endgültigen Unterschiede, auf dem abgerundet (Sp. 8), zur Berechnung der Höhe hc = 167,2 m Sp. 9 führen. Um auch die Höhen von D, O, B und A zu finden, ist von C aus eine „Schleife“ über die genannten Punkte gelegt worden, s. Fig. 3 und lfd. Nr. 2 auf Seite 53. Soweit die Abstände s nicht der Seite 62 zu entnehmen waren, sind sie aus den Koordinaten auf Seite 66 abgeleitet worden. Der Höhenunterschied $\triangle h_b^a = - 0{,}78$ m ist von Seite 67 (s. o.) übernommen. Für $\triangle h_a^c$ bzw. $\triangle h_c^a$ lagen je für sich Messungen vor, die zum Mittel $\triangle h_a^c = + 46{,}68$ zusammengefaßt wurden. Die Summen aller Höhenunterschiede [Δ h] hätte hc — hc — 167,2 — 167,2 = 0,00 m bringen müssen. Die Abweichung $f \Delta h = - 0{,}14$ ist hier ebenfalls proportional den Abständen zu verteilen, so daß schließlich die Einzelhöhen der Sp. 9 vorliegen.

Außer den vorstehend trigonometrisch bestimmten Festpunkten sind noch einige Polygonpunkte (Fig. 1), P_5, P_3, P_1, zwischen C und O mit Anlehnung an die Seiten C B bzw. O B eingeschaltet worden. Die „Polygonseiten“ s dieses Zuges sind tachymetrisch gemäß Seite 72 ermittelt und in die Polygonpunktberechnung Seite 68

---

1) Eggert und Hohenner Anm. 1, S. 44.

zugleich mit den Brechungswinkeln β aus dem „Abriß“ übernommen worden. Aus letzterem (Sp. 2) stammen auch die Azimute ν der Anschlußstrecken B C und O B. Im übrigen entwickelt sich der Gang der Rechnung, wie bereits auf Seite 64 mitgeteilt ist. Auch die Höhen der Polygonpunkte sind tachymetrisch, wie Seite 73 angibt, bestimmt; eine Abgleichung auf h_e und h_0 geschah im Sinne der Berechnung Seite 62 zu lfd. Nr. 2. Koordinaten und Höhen der Polygonpunkte sind im „Abriß“ unter Nr. 8—10 zu finden.

Die Trigonometrischen und Polygon-Punkte haben, wie schon eingangs bemerkt, den tachymetrischen und photogrammetrischen Auf-

Koordinatenberechnung der

Nr. des Punktes	Brechungswinkel β (s. S. 48)			Astronomische Azimute $\nu_n = \nu_{n-1} + \beta \pm 180^0$			Abstand s (s. S. 49)	log cos ν_n / log s / log sin ν_n	log Δx = log s + log cos ν_n / log Δy = log s + log sin ν_n
	°	′	″	°	′	″	m		
1	2			3			4	5	6
B	308	21	20	308	21	20			
		+	43						
C	42	02	45						
								$9,99390_n$	
				170	24	48	117,44	2,06982	$2,06372_n$
		+	43					9,22152	1,29134
P_5	109	02	07						
								$9,21582_n$	
				99	27	38	124,62	2,09559	$1,31141_n$
		+	43					9,99405	2,08964
P_3	187	49	16						
								$9,47415_n$	
				107	17	37	141,87	2,15189	$1,62604_n$
		+	43					9,97995	2,13184
P_1	135	53	13						
								9,65417	
				63	11	33	65,31	1,81498	1,46915
		+	43					9,95062	1,76560
O	270	20	03						
				153	32	19			
B									
	1053	28	44						
Soll	1053	32	19						
	fβ =	+3	35″						

nahmen bei Assuan als Grundlage gedient, wozu noch später einiges gesagt wird.

Wieweit bei ausgedehnteren Forschungsarbeiten Festpunkte im vorstehenden Sinne notwendig und möglich sind, wird von Fall zu Fall zu entscheiden sein. Für die Erschließung sehr umfangreicher Flächen, die auch nur mit Hilfe der Luft- oder Aerophotogrammetrie (s.u.) rationell ist, kann eine zusammenhängende „Triangulation“ wie in den Kulturländern ernstlich nicht in Betracht kommen, da sie zu zeitraubend und zu kostspielig ist. Es kann sich hier nur darum handeln, in größeren Abständen, wie bei den „Routenaufnahmen“ durch ein-

Polygonpunkte P_5, P_3 und P_1, Fig. 1.

Abscissenunterschied $\triangle x = s \cos \nu_n$		Ordinatenunterschied $\triangle y = s \sin \nu_n$		Abscissen x		Ordinaten y		Nr. des Punktes
+ m	— m	+ m	— m	+ —	m	+ —	m	
7		8		9		10		11
				+	148,56	—	336,30	C
—	+0,14 115,80	+0,02 19,56	—	—	115,66	+	19,58	
				+	32,90	—	316,72	P_5
—	+0,15 20,48	+0,02 122,92	—	—	20,33	+	122,94	
				+	12,57	—	193,78	P_3
—	+0,17 42,27	+0,02 135,47	—	—	42,10	+	135,49	
				—	29,53	—	58,29	P_1
+0,08 29,45	—	58,29	—	+	29,53	+	58,29	
					0,00		0,00	O
29,45	178,55	336,24						
	149,10							
Soll	148,56	336,30						
fx =	+0,54	+0,06	= fy					

zelne Punkte nach φ und λ, Stützen zu schaffen, hier aber in einem Dreieck oder besser in einem Viereck, das auf der Erdkugel ebenfalls durch φ und λ und durch dasAzimut einer Seite orientiert wird, worauf noch weiter eingegangen wird (s. u.). Die dabei einsetzende „Geographische Ortsbestimmung“ wird sich zurzeit sehr vorteilhaft der „Drahtlosen Zeitübertragung“ bedienen, die sie bis zu einem gewissen Grade von dem unsicheren und schwerfälligen Chronometer frei macht.

Die Abstände der genannten zerstreuten Stützlagen sind abhängig von der Oberflächenform des Geländes und von dem Maßstabe der gewünschten Karten und schwanken zwischen 30 bis 100 km, je nach Schwierigkeit des Terrains und Kleinheit des Maßstabes. In welcher Weise eine solche „Kurztriangulation“ von der Aerophotogrammetrie[1]) benutzt wird, ist noch später bei letzterer unter „e. Ausmeßgeräte“ nachzulesen.

C. Festlegung eines Raumpunktes.

Jeder sichtbare Raumpunkt P läßt sich von einem Punkte P_a als „Pol“ mit Hilfe des gemeinsamen Richtungsstrahles (Radiusvektor) in einem dreiachsigen rechtwinkligen ebenen Koordinatensystem nach x, y, z (üblich h) festlegen, sofern in letzterem die Koordinaten des Poles x_a, y_a, h_a selbst, ferner die Länge S des Strahles und seine Richtungsabweichung von der x-Achse nach ν als Azimut oder Richtungswinkel, sowie seine Erhebung $+\delta$ oder Senkung $-\delta$ gegenüber der Horizontalen durch P_a gegeben sind. Die so geometrisch zu ermittelnden Stücke S, ν und δ als „Polarkoordinaten“ führen zu den gesuchten rechtwinkligen Koordinaten des Raumpunktes P gemäß Fig. 4 zu:

Gl. 3) $x = x_a + \Delta x = x_a + s \cos \nu = x_a + S \cos \delta \cos \nu;$

Gl. 4) $y = y_a + \Delta y = y_a + s \sin \nu = y_a + S \cos \delta \sin \nu;$

Gl. 5) $h = h_a + \Delta h = h_a + s \operatorname{tg} \delta = h_a + S \cos \delta \operatorname{tg} \delta = h_a + S \sin \delta;$

letztere Gleichung geht bei größeren Ausmaßen des Radiusvektors über in:

Gl. 5a) $h = h_a + S \sin \delta + \frac{(1-c)}{2R} \cdot (S \cos \delta)^2,$

[1]) Siehe auch Koerner. Autokartographie in Amerika, England u. dgl. Zentralzeitung für Optik und Mechanik usw. 1926. Heft 17—18. Lüscher. Luftbildmessung im Ausland. Luftwacht. 1928. Ausstellungsheft. Archiv für Photogrammetrie. Redigiert von Dolezal. Wien.

wobei c = 0,13 und R = 6370 km die schon genannte Bedeutung von Seite 67 haben. Die Größe des Azimuts oder Richtungswinkels ν (0°—360°) bestimmt gemäß den vier Quadranten das Vorzeichen von △ x und △ y in den Gl. 3) und 4); in Gl. 5) bzw. 5a) gilt für △ h das Zeichen + bei einem Höhen- oder Elevationswinkel (+ δ), das Vorzeichen —, falls ein Tiefen- oder Depressionswinkel (— δ) in Frage kommt.

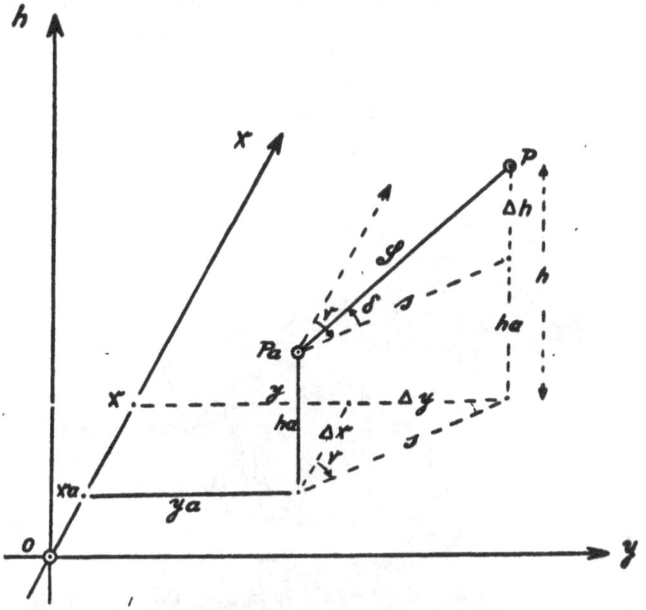

Fig. 4. Ableitung von rechtwinkligen ebenen Koordinaten aus Polarkoordinaten.

Nach Vorstehendem ergibt sich bei terrestrischen Aufnahmen die Aufgabe, die Größen S bzw. s linear, weiter ν und δ im Winkelmaß anzugeben. Der auf die Horizontale mit Hilfe von δ reduzierte Abstand s wird in gewissen Fällen unmittelbar bestimmt und zwar in der sog. Orthogonalmethode[1]), die auch die Koordinaten x und y direkt örtlich ermittelt; doch soll auf dieses Verfahren, wie schon Seite 44 gesagt, nachstehend nicht eingegangen werden. Die Länge S des Richtungsstrahles wird vielmehr in dem hier zu verfolgenden Sinne mittelbar gefunden und zwar nach den Grundsätzen der „Tachymetrie" und der „Photogrammetrie", wie die folgenden Ausführungen angeben.

[1]) Eggert oder Hohenner. Anm. 1, S. 44.

D. Tachymetrie.

Ein für die Bestimmung der Richtungswinkels ν und des Vertikalwinkels δ benutztes Universalinstrument, Fig. 5, der Firma Th.

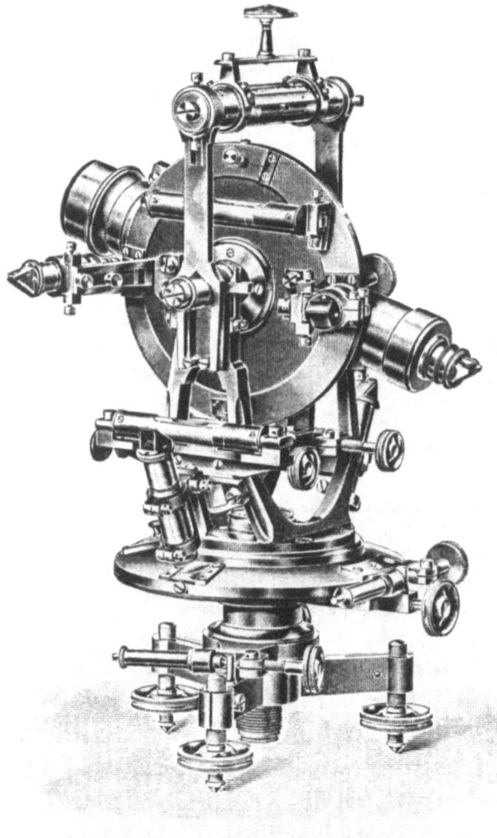

Fig. 5. Universalinstrument
von Th. Rosenberg-Berlin SW 61.

Rosenberg-Berlin S. W. 61, zeigt in der Fadenkreuzebene des Fernrohrs außer dem üblichen Vertikalfaden drei horizontale Fäden mit einem gleichen, bestimmten Abstande, von denen die beiden äußeren als „Distanzfäden" einen konstanten Sehwinkel bilden. Wird das Fernrohr eines solchen Tachymeters auf einen im Punkte P vertikal gestellten, in Zentimeter geteilten Maßstab, die Tachymeterlatte, gerichtet und das zwischen die Distanzfäden fallende Lattenstück $l = l_o - l_u$ (Obere Ablesung minus untere Ablesung) bestimmt, so erhält man (Fig. 6) die Länge S des Richtstrahles, gerechnet vom Schnittpunkte der vertikalen Drehachse des Instrumentes mit der Visierachse des Fernrohrs, also von dem Seite 70 genannten Pole P_a, bis zum Treffpunkt des mittleren Fadens (s. o.) mit der Tachymeterlatte, allgemein nach:

Gl. 6) $$S = a + k\, l \cos \delta,$$

wobei der Additionsfestwert a = der Entfernung des Poles vom vorderen Brennpunkte F des Fernrohrobjektivs ist, während k als Multiplikationskonstante, dem früheren (s. o.) Sehwinkel entsprechend in der Regel den Zahlenwert 100, doch auch 200 erhält. Die Horizontaldistanz (Fig. 6) in den Gl. 3) bis 5) ist sodann:

Gl. 6 a) $$s = a. \cos \delta + k\, l \cos^2 \delta$$

oder, wenn nach Porro mittels einer Kollektivlinse zwischen Objektiv

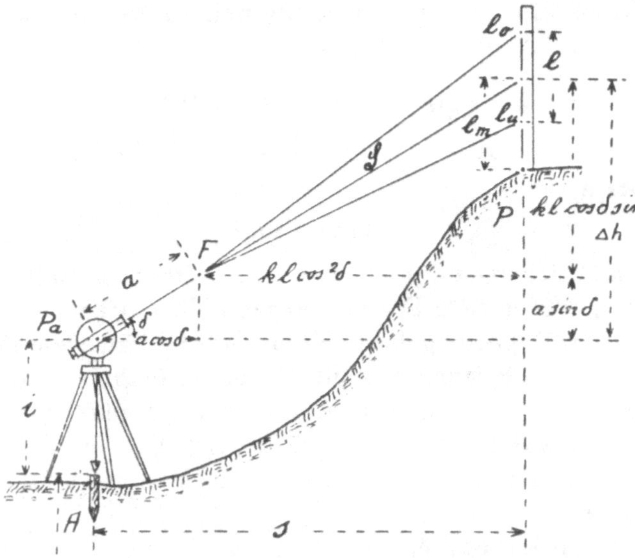

Fig. 6. Tachymetrische Punktbestimmung.

Tachymetrische

Standpunkt: O; $x_0 = 0{,}00$;
Instrumentenhöhe i = 1,35 m; Ziel-

$$\operatorname{tg} o = \frac{y_{pi} - y_0}{x_{pi} - x_0} = 243^0\ 11';$$

Festwerte des Tachymeters:

Zielpunkt Nr.	Lattenablesung l_o	Lattenablesung l_u	$l = l_o - l_u$	Höhen-Winkel δ			Horizontal-Winkel α		$a + kl$	Horizontal-Abstand $\alpha = (a+kl)\cos^2\delta$	Höhen- $s \cdot \operatorname{tg}\delta$	
	m	m	m	±	°	'	°	°	m	m	±	m
1	2	3	4	5			6		7	8	9	
P_1	—	—	—	—			42	41	—	—		—
5	2,552	1,444	1,108	+	2	18	95	12	111,04	110.87	+	4,39
4	2,465	1,540	0,925	+	4	04	103	52	92,74	92,28	+	6,51
3	2,415	1,605	0,810	+	3	05	112	55	81,24	81,01	+	4,32
2	2,362	1,645	0,717	+	3	22	147	56	71,94	71,70	+	4,18
1	2,210	1,797	0,413	+	6	37	127	49	41,54	41,00	+	4,73
26	2,472	1,532	0,940	—	2	14	319	23	94,24	94,09	—	3,72
Basisstein Passerges.	2,485	1,515	0,970	—	2	15	352	47	97,24	97,09	—	3,87

und Fadenkreuz die Additionskonstante nahezu Null gemacht wird,

Gl. 6 b) $\qquad s = k\, l \cos^2 \delta.$

Der Höhenunterschied ergibt sich nach (Fig. 6) zu:

Gl. 7 a) $\qquad \triangle h = a \sin \delta + k\, l \cos \delta . \sin \delta$

oder also bei $a = 0$

Gl. 7b) $\qquad \triangle h = k\, l \cos \delta \sin \delta.$

Die letzten Gleichungen für s und $\triangle$ h sind die strengen Ergebnisse ihrer Ableitung und nur für Feinmessungen üblich, wie noch unten zu sagen ist, wo eine Koppelung der Polarmethode im Sinne von Polygonzügen (s. a. S. 67) in Betracht kommt. Bei der Aufnahme gewöhnlicher Geländepunkte, für die nur eine Ablesung am Teilkreise (Limbus) des Tachymeters auf 1' gemacht wird, werden die Gleichungen vereinfacht, um die Berechnung zu erleichtern. Man setzt für die allgemeine Gl. 6a):

Gl. 8) $\quad s = (a + k\, l) \cos^2 \delta,$

Dementsprechend für Gl. 7a):

Gl. 9) $\quad \triangle h = (a + k\, l) \sin \delta \cos \delta = s \operatorname{tg} \delta.$

Aufnahme.

$y_0 = 0{,}00$; $h_0 = 120{,}4$.
höhe $l_m = 2{,}000$ m, s. Fig. 6.

$\alpha^i = 42^0\,41'$ (Sp. 6).

$a = 0{,}24$ m, $k = 100$.

unterschiede				$h_0 = 120{,}4$ m	$v =$									
$i - l_m$		im Ganzen $\Delta h =$ Sp. 9 + Sp. 10		Höhe der Punkte: $h = h_0 + \Delta h$	$o - \alpha_i + \alpha = 243^0 11' - 42^0 41' + \alpha$		$\Delta x = s \cdot \cos v$		$\Delta y = s \cdot \sin v$		$x = x_0 + \Delta x = 0{,}00 + \Delta x$		$y = y_0 + \Delta y = 0{,}00 + \Delta y$	
±	m	±	m	m	°	'	±	m	±	m	±	m	±	m
10		11		12	13		14		15		16		17	
	—		—	—	—			—		—		—		—
—	0,65	+	3,74	124,1	295	42	+	48,09	—	99,90	+	48,09	—	99,90
—	0,65	+	5,86	126,3	304	22	+	52,10	—	76,16	+	52,10	—	76,16
—	0,65	+	3,67	124,1	313	25	+	55,69	—	58,83	+	55,69	—	58,83
—	0,65	+	3,53	123,9	348	26	+	70,24	—	14,36	+	70,24	—	14,36
—	0,65	+	4,08	124,5	328	19	+	34,89	—	21,53	+	34,89	—	21,53
—	0,65	—	4,37	116,0	159	53	—	88,36	+	32,35	—	88,36	+	32,35
—	0,65	—	4,52	115,9	193	17	—	94,48	—	22,32	—	94,48	—	22,32

Eine Verbesserung dieser zumeist für die bereitgestellten Auswertemittel (s. u.) gebräuchlichen Formeln geschieht erforderlichenfalls etwa bei den Polygonzügen (s. S. 67), durch die Zusatzglieder

$v_s = a \cos \delta\,(1 - \cos \delta)$ bzw. $v_h = a \sin \delta\,(1 - \cos \delta)$,

die man zweckmäßig in einem Diagramm zur Darstellung bringt[1]).

Während der Vertikalwinkel δ in der Regel dem Höhenkreise entnommen wird, gegebenenfalls unter Berücksichtigung des sog. Indexfehlers, sofern ein solcher nicht zweckmäßiger beseitigt wird, muß das Azimut, v (S. 64), zumeist erst abgeleitet werden, wenn nicht eine Bussole mit dem Instrumente verbunden ist.

Im ersteren Falle, wo auch ein bestimmtes terrestrisches Koordinatensystem mit der + x-Achse nach Astronomisch Nord inbetracht kommt, und der Pol P_s als Standpunkt sowie noch ein weiterer Punkt P_i (z. B. Punkte der Dreiecksmessung oder der Polygonzüge) nach Koordinaten gegeben sind, wird mit Hilfe der Repetitionsvor-

---

[1]) Schewior. Das Feldmessen. II Bd. S. 148. Verlag Bernh. Friedr. Voigt. Leipzig 1917.

richtung des Tachymeters die Ablesung nach P_i am Limbus eingestellt gemäß dem Azimut ν, das aus

Gl. 10) $$\operatorname{tg} \nu = \frac{y_i - y_a}{x_i - x_a}$$

nach dem Schema der Seite 66 gewonnen wird. Das Azimut für einen beliebigen Geländepunkt P ist dann sofort gleich der entsprechenden Ablesung an dem Nonius oder Schätzmikroskop des Horizontalkreises. Diese Art der Messung ist besonders auch bei den Polygonzügen von Vorteil, sofern deren Koordinaten schon vorliegen. Anderenfalls wird von P_a ein zweiter Polygonpunkt P_i mit der Ablesung $0^0 00'$ (unter Zuhilfenahme der Repetitionsvorrichtung) anvisiert und nach späterer Berechnung der Koordinaten von P_a und P_i die „Orientierung" o gemäß der Gl. 10) nach $\operatorname{tg} o = \frac{y_i - y_a}{x_i - x_a}$ berechnet; dann ist

Gl. 11) $$\nu = o + \alpha,$$

wobei α die Horizontalwinkelablesung für den beliebigen Punkt P darstellt.

Sofern der Tachymeter mit keiner Repetitionsvorrichtung versehen ist, sondern nur einen sog. einfachen Teilkreis oder Limbus hat, wird das Azimut in jedem Falle nach

Gl. 12) $$\nu = o - \alpha_i + \alpha$$

abgeleitet, wenn α_i die Limbusablesung für P_i ist.

Als Beispiel für den letzteren Fall diene die tachymetrische Aufnahme am „Lager von Schellal" in Ägypten, durch die eine enge Talfalte (Abb. 1 auf Taf. 23) zwischen den Dreieckspunkten O und C aufgeschlossen worden ist. Hierzu wurde an die beiden letzteren der schon Seite 67 beschriebene Vieleckszug gehängt mit den Polygonpunkten P_1, P_3 und P_5, für deren rechtwinklige Koordinaten die erforderlichen Positionen ebenfalls tachymetrisch bestimmt wurden. Näheres darüber ist in der schon Seite 74 Anm.[1]) genannten Schrift nachzulesen. Die Ableitung der Koordinaten geschah in der Berechnung auf Seite 68 die der Höhen gemäß den Angaben Seite 68. Von der tachymetrischen Geländeaufnahme selbst sei hier nur die Messung auf Dreieckspunkt O, siehe Seite 74, mitgeteilt, gleichzeitig mit der Berechnung der Horizontalabstände s (Sp. 8) und der Höhen h (Sp. 12) der aufgenommenen Geländepunkte, ihrer Richtungswinkel oder Azimute ν (Sp. 13) sowie ihrer Koordinaten x und y (Sp. 16 bzw. 17), wozu Tafeln[1]) für die natürlichen Zahlen der sin ν und cos ν und eine Rechenmaschine gedient haben. Hiernach und gemäß den Ausführungen auf Seite 89 ist der Höhenschichtenplan der Talfalte, siehe Tafel 25, gezeichnet worden.

Werden die Richtungswinkel ν nicht, wie bisher, von der Astronomischen, sondern von der immerhin für größere Gebiete konstanten magnetischen Nordrichtung gerechnet und mit Hilfe der Bussole bestimmt, so ist folgendes zu beachten.

Bei einer Vollkreis- oder Kastenbussole, deren Teilstriche 0^0 und 180^0 genau parallel zur vertikalen Absehlinie des Tachymeterfernrohrs liegen, ist das magnetische Azimut sofort als Richtungswinkel anzusehen, also Gl. 13a) $\nu = \alpha$, wenn bei einspielendem Nordende der Nadel auf 0^0 der Bussolenteilung auch der Limbus (Repetitionsvorrichtung!) die Ablesung $0^0\ 00'$ zeigt. Ist wieder nur ein einfacher Limbus vorhanden, dessen Nullstrich bei einspielender Nadel wie eben um α_0 abweist, so ist

Gl. 13b) $$\nu = \alpha - \alpha_0.$$

Dazu wird bemerkt, daß in beiden Fällen für jeden Geländepunkt die Richtungsablesung nach α stets am Limbus erfolgt. Eine direkte Azimutbestimmung nach ν könnte auch an der Vollkreisteilung der Bussole geschehen, doch sollte dies in Anbetracht der geringen Genauigkeit (bestens $\pm\ 0{,}1^0$) und wegen der nur langsamen Beruhigung der Nadel unterbleiben.

Vollkreis- wie Kastenbussole, letztere mit einer größeren Zahl von Gradstrichen symmetrisch zu beiden Seiten von 0^0 und 180^0, ermöglichen die Berücksichtigung der magnetischen Mißweisung M, die entweder nach φ und λ aus Geographischen Tabellen und Astronomischen Jahrbüchern zu entnehmen ist oder, soweit letztere nicht ausreichen, mit Hilfe der „Geographischen Ortsbestimmung"[2]) für das betreffende Arbeitsgebiet beobachtet wird. Durch eine derartige Orientierung nach Astronomisch-Nord erhalten die beiden letzteren Formeln den Ausdruck:

Gl. 14a) $\nu = \alpha \pm M$ bzw. Gl. 14b) $\nu = \alpha - \alpha_0 \pm M$,

wobei bekanntlich $+$ M für die östliche Mißweisung maßgebend ist.

---

[1]) Gauß. Fünfstellige vollständige trigonom. und polygonometrische Tafeln für Maschinenrechnen. Verlag K. Wittwer, Stuttgart.

[2]) Marcuse, Anm. 6, S. 50 und Hohenner, Anm. 1, S. 44.

Nach diesem Verfahren geschah die Orientierung eines „offenen“, d. h. nicht auf Dreiecks- oder sonstige Festpunkte gestützten Polygonzuges A, B, C, D, der als Grundlage der photogrammetrischen Aufnahme am „Heiligenberg“, südlich von Assuan (S. 118), gedient hat. Die Neigung der Anfangsstrecke A B beträgt bei M = 2° 36′ W, entnommen dem Assuan Report für 1914 gemäß näherungsweise φ = 24,1° n. Br. und λ = 32,9° ö. Gr., nach der Gl. 14b): ν = 31° 20′, die mit den Brechungswinkeln auf B und C die weiteren Azimute ergab. Aus den Azimuten und Abständen sind sodann, A als Nullpunkt, die rechtwinkligen Koordinaten von B, C und D abgeleitet worden, siehe den „Abriß“ (S. 50) unter Nr. 11 bis 14. Um die Höhen der englischen Landesaufnahme (s. a. S. 66) anzupassen, wurden von A und D die Richtungen und Höhenwinkel nach E mit h_e = 177,7 m und nachN mit h_n = 171,2 m gemessen und sodann aus den Dreiecken A D E und A D N mit A D = 84,054 m als Basis, die aus den Koordinaten gewonnen wurde, die Seiten A E bzw. A N nach dem Sinussatz ermittelt. Hierzu wurden die jeweiligen Basiswinkel auf A und D aus der Messung und den Koordinaten abgeleitet; die Resultate sind im „Abriß“ Sp. 4 und 8 nachgewiesen. Unter Benutzung der Gl. 1) Seite 66 ist darauf die Höhe des Polygonpunktes A trigonometrisch von E und N aus übereinstimmend zu h_a = 143,6 m berechnet worden, wobei die Höhenwinkel aus Sp. 7 entnommen wurden. Mit h_a = 143,6 m sowie den jeweiligen Höhenwinkeln δ (Sp. 7) und Instrumentenhöhen i (Sp. 8) ergaben sich nacheinander, entsprechend der früheren tachymetrischen Rechnung (S. 77), auch die Höhen der anderen Polygonpunkte B, C und D (siehe „Abriß“), die für die weitere photogrammetrische Auswertung (s. u.) am „Heiligenberge“ bereitzustellen sind.

Bei umfangreichen tachymetrischen Arbeiten werden die horizontalen Abstände s und die Höhenunterschiede $\Delta h = s. \operatorname{tg} \delta$, wie dies auch auf Seite 74 für Sp. 8 und 9 geschehen ist, zweckmäßig den Zahlentafeln von Jordan[1]) entnommen; eine Interpolation gibt s auf dcm, Δ h auf cm. In graphischer leicht übersichtlicher Darstellung findet man die Werte auch bei Wenner[2]) und Werkmeister[3]) dann mit Hilfe eines besonders konstruierten Rechenschiebers der feinmechanischen Werkstätten Günther und Tegetmeyer in Braunschweig; sämtliche Hilfsmittel sind mit einer eingehenden Beschreibung versehen.

---

[1]) Hilfstafeln für Tachymetrie, mit Ergänzungen von Reger. Verlag A. Metzler in Stuttgart, 1908.

[2]) Graphische Tafeln für Tachymetrie. Darmstadt 1905.

[3]) Graphische Tachymetertafel. Verlag Konrad Wittwer, Stuttgart 1907.

a. Hammer-Fennel-Tachymeter.

Die Verwendung der gewöhnlichen Tachymeter als Bestandteil des Universalinstrumentes (s. S. 72) ist an eine immerhin lästige, meist ziemlich zeitraubende Berechnung der Größen s und $\triangle$ h gebunden. Sofern eine Beschränkung in der Mitführung von Instrumenten für den Forschungsreisenden nicht gegeben ist, wird sich die Beigabe einer besonderen Konstruktion sehr empfehlen. Hier ist zunächst vor allem der selbstreduzierende Tachymeter von Hammer—Fennel[1]) zu nennen, der nicht nur die gesuchten Stücke unmittelbar dem Fernrohr entnehmen läßt, sondern auch unter klimatischen Verhältnissen verwendet werden kann, die überhaupt einen Aufenthalt im Freien zulassen.

Fig. 7. Hammer-Fennel-Tachymeter.

Die Ausführung (Fig. 7) entspricht im allgemeinen einem Universalinstrument mit Repetitionsvorrichtung des Limbus, der eine Ablesung der Horizontalwinkel α mit Hilfe eines links vom Fernrohr okular angebrachten Schätzungsmikroskops auf die Minute (1′) zuläßt. Ein Vertikalkreis ist nicht vorhanden; dafür sitzt auf der Kippachse des Fernrohrs, neben diesem (Fig. 7) und mit ihm nicht fest verbunden, in einem Gehäuse der wesentliche, durchaus eigenartige Bestandteil des Tachymeters, ein Diagramm auf Glas (Fig. 8) mit vier feinen Bogenlinien, von denen die vollen als „Abstandslinien" die beiden punktierten, mit dem Vorzeichen + und — als „Höhenunterschiedslinien" bezeichnet werden. In dem Fernrohr selbst befindet sich ein System von Prismen und eine Linse, durch die in der linken Hälfte des Gesichtsfeldes im Fernrohr, das kein Faden-

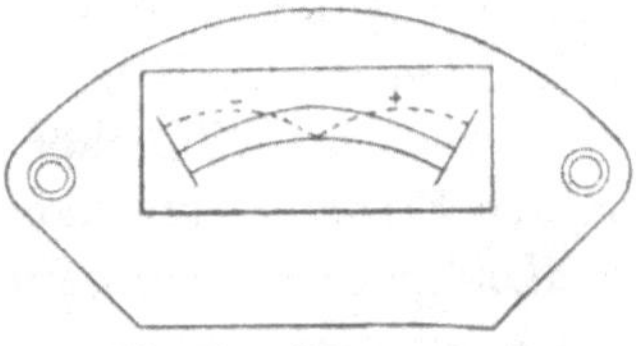

Fig. 8. Diagramm im Hammer-Fennel-Tachymeter.

[1]) Hammer. Der Hammer-Fennelsche Tachymeter-Theodolit und die Tachymeter-Kippregel. Verlag Konrad Wittwer. Stuttgart 1901.

kreuz hat, ein vergrößertes Bild des Diagramms entsteht. Kippt man das Fernrohr, dessen Einstellung auf die Tachymeterlatte durch Verschiebung einer im Fernrohr befindlichen Linse mittels eines Triebkopfes (in Fig. 7 rechts, nicht sichtbar) erfolgt, nach **oben** oder **unten**, so kann man links im Gesichtsfelde eine Verschiebung der Diagrammlinien nach **rechts** bzw. **links** sehen. Diese Verschiebung wird an der Tachymeterlatte verfolgt. Beim Anzielen derselben wird die vertikale Grenzlinie des hell sichtbaren Diagramms, die gleichsam als aufrechter Faden dient, mit der Tachymeterlatte in Berührung gebracht und zwar derart, daß die **obere** volle Abstandslinie des Diagramms genau nach dem Latten-Nullpunkte zielt (Fig. 9), der sich 1,400 m über dem Fußpunkte befindet. Die zweite, **untere** Abstandslinie schneidet dann in die Lattenteilung ein und zeigt das Lattenstück l an, das mit k = 100 multipliziert, den Horizontalabstand s sofort ergibt. Nach Fig. 9 ist z. B. s = k · l = 100 · 0,247 = 24,7 m; gemäß Seite 73 ist die Additionskonstante a = 0. Zum Horizontabstande s wird der Höhenunterschied △ h mit Hilfe einer zweiästigen punktierten „**Höhenunterschiedslinie**" abgelesen, die mit „+" und „—" gekennzeichnet ist. Schneidet nach Fig. 10 die mit + bezeichnete Linie das Lattenstück 0,241 ab bei stetem Einspielen der **oberen** Abstandslinie auf den vorbezeichneten Nullstrich, so beträgt der gedachte Höhenunterschied △ h = k' · l' = 20 · (+ 0,241) = + 4,82 m.

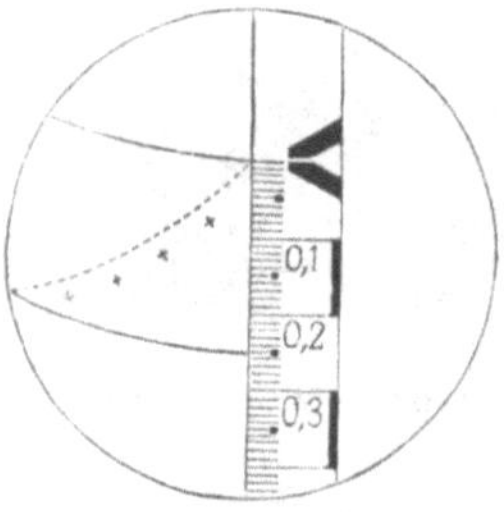

Fig. 9.

Fig. 10.

Gesichtskreis des Hammer-Fennel-Tachymeters.

Auf diese recht einfache Weise lassen sich s und △ h ohne irgendwelche Rechnung dem Instrumente unmittelbar entnehmen. Die Genauigkeit ist auch bei größeren Abständen für geographisch-topographische Arbeiten vollauf ausreichend. Neben sonstigen Zubehörteilen, wie Feldschirm, Regenhaube, wird von den Feinmechanischen Werkstätten **Otto Fennel Söhne** in Kassel, Königstor 16, ein dem Instrumente entsprechend vereinfachtes Feldbuch geliefert, das Raum auch für die Ableitung der Richtungswinkel ν bietet, auch bei der Verwendung einer Kastenbussole, die auf dem Limbus (Fig. 7 vorn) sitzt, weiter auch Raum für die Umrechnung der Polarkoordinaten s, ν und δ in rechtwinklige ebene Koordinaten x, y und h (s S. 70). für die einzelnen Geländepunkte, ähnlich dem Muster auf Seite 74[1])

b. Der Stereo-Autotachygraph von Prof. Hugershoff gehört ebenfalls zu den selbstrechnenden Tachymetern mit dem besonderen Vorteile, daß die bisher in dem Längenmaß l (S. 72) gegebene variable „Basis" hier als starres Maß in das Instrument selbst verlegt wird, sodaß Tachymeterlatte und damit auch deren Träger überflüssig werden. Die Abhängigkeit von diesem fällt demnach fort und es kann jeder Geländepunkt rasch eingestellt werden, was bei der Aufnahme von schwer oder überhaupt nicht betretbaren Punkten besonders wertvoll erscheint. Mit Rücksicht darauf hat sich der Stereo-Auto-

Fig. 11. Stereo-Autotachygraph nach Hugershoff.

tachygraph auch zur Ergänzung in Terrainabschnitten sehr bewährt, die bei der topographischen Aufnahme mit Hilfe der „Photogrammetrie" (s. u.) nicht erfaßt werden. Eine gewisse grundsätzliche Ähnlichkeit mit letzterer und mit der ursprünglichen Tachymetrie läßt das

---

[1]) Siehe auch Schewior. Tachymeter Hammer-Fennel. Modell 1927. Einrichtung, Gebrauch und Berichtigung des Instrumentes sowie Verwertung der Beobachtungswerte zu Längs- und Querschnitten wie auch zu Höhenschichtenplänen. Verlag Konrad Wittwer. Stuttgart 1929.

Instrument von Hugershoff als Übergang dieser beiden Methoden unschwer erkennen.

Die Einrichtung besteht (Fig. 11) aus einem stereoskopischen Entfernungsmesser mit einer Basis von 70 cm, aufgebaut auf einer kreisrunden Meßtischplatte von 30 cm Durchmesser, die auf einem Dreifuß ruht und mit einer Stirnteilung, ablesbar mit Strichmikroskop auf 1′, versehen ist. Das Doppelokular besitzt neben der üblichen Einstellung für den horizontalen Abstand der Augen des Beobachters auch eine Vorrichtung zur Anpassung an den vertikalen Abstand, wodurch „es nahezu allen Personen möglich ist, stereoskopisch zu sehen und zu messen". Das rohrförmige Gehäuse des Entfernungsmessers läßt sich um seine horizontal gelagerte Längsachse kippen, um die vertikale Achse drehen; beide Achsen sind mit Klemmschraube und Feinbewegung versehen. Der Geländepunkt wird mittels „wandernder" Marke (s. u.) eingestellt, sein schräger Abstand auf op-

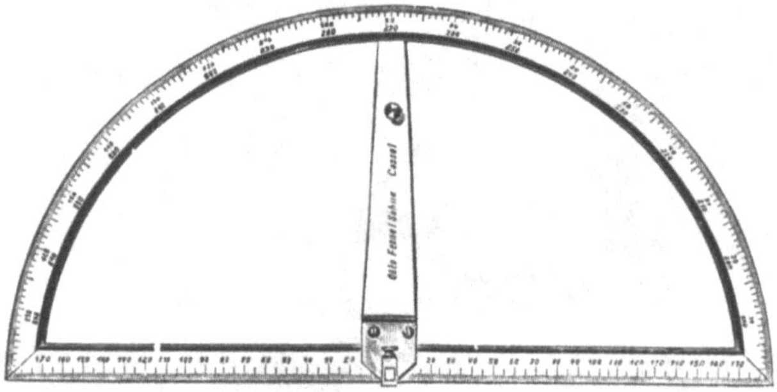

Fig. 12. Winkeltransporteur von Otto Fennel Söhne in Kassel.

tischem Wege auf den Horizont reduziert und an einer Meßschraube abgelesen. Gleichzeitig mit diesem Meßvorgange verschiebt sich eine Höhenskala, an der die relative (Δ h) bzw. absolute Höhe (h) des Geländepunktes mittels einer Index-Linie abgelesen wird, die sich beim Kippen des Rohrgehäuses automatisch auf den Höhen- oder Tiefenwinkel desselben einstellt. In einem der beiden Rohrträger ist außer einer Röhrenlibelle eine Kastenbussole eingebaut, so daß auch hier die vorgenannte Stirnteilung im azimutalen Sinne orientiert werden kann.

c. Auftragen der Geländepunkte. Die Konstruktion des Lageplanes geschieht entweder direkt nach den Polarkoordinaten s und ν oder nach Umrechnung dieser (s. S. 70) nach den Koordinaten x und y. Die Höhe h dient der Zeichnung von Isohypsen oder Höhenschichtenlinien, falls letztere aus besonderen Gründen ausnahmsweise nicht direkt in der Örtlichkeit aufgesucht, im übrigen aber als Punkte wie sonst behandelt werden, siehe hierzu Anm. 1, Seite 81.

α. Die Hilfsmittel für die Abtragung von ν oder auch einfach von α sind grundsätzlich gewöhnliche volle oder Halbkreis-Transporteure, deren Zentrum im Pol P_s und der Teilungs-Nullpunkt in die Ausgangsrichtung (x-Achse des gewählten Koordinatensystems oder der Magnetischen Nordrichtung oder sonst beliebige Richtung) gelegt

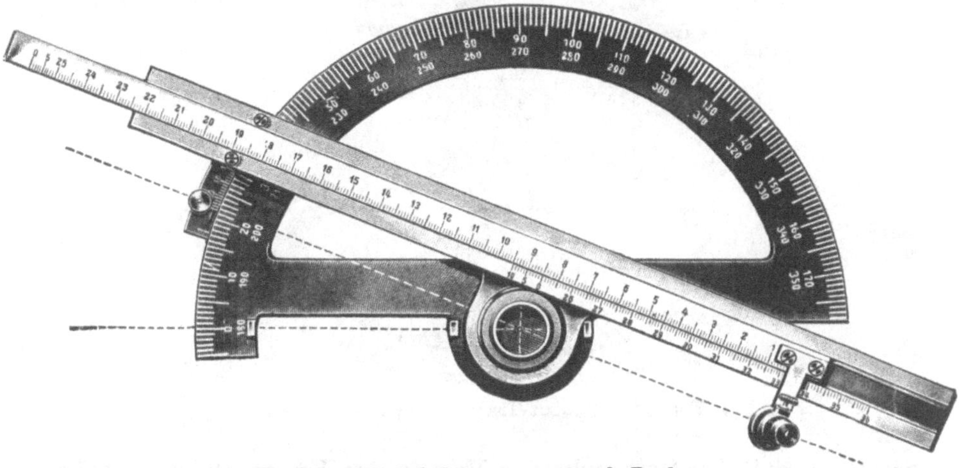

Fig. 13. Winkel-Transporteur nach Decher.

werden. Die Verbindung Zentrum—Nadelstich ist der Richtstrahl, auf dem der Abstand s in dem gewählten Maßstabe abgetragen wird. Benutzt man stets ein Millimeter-Lineal, so ist im Maßstabe 1 : x die abzusetzende Länge von s — Metern in Millimetern:

Gl. 15) $$s' = s \cdot \frac{1000}{x}$$

Bei einem Maßstabe 1 : 8000 z. B. und s = 150,8 m ist demnach:

$$s' = s \cdot \frac{1000}{8000} = 150{,}8 \, . \, 0{,}125 = 18{,}8 \text{ mm.}$$

Die Berechnung geschieht nach Bildung des reziproken Wertes $\frac{1000}{x}$ mit Hilfe einer Multiplikationstafel.

Die einfachen bekannten Winkeltransporteure aus Papier, Metall, Zelluloid sind in Grade (°) geteilt und lassen die Richtung auf etwa $^1/_{10}{}^0$ absetzen. Auch die besseren Halbkreistransporteure mit ½°-Teilung und einer im Zentrum angebrachten Nadel für den Pol und zwei vom Zentrum ausgehenden Millimetermaßstäben (Fig. 12) genügen nicht immer den Genauigkeitsanforderungen.

β) Erheblich besser ist der Transporteur von Decher (Fig. 13), hergestellt von der Firma Gebr. Haff, Pfronten (Bayern). Um den Kreismittelpunkt beweglich ist ein ausziehbares, in mm geteiltes Lineal vorgesehen, mit einer Zeichennadel-Vorrichtung und einem Nonius für die Gradteilung, so daß der abzusetzende Winkel auf 1′ eingestellt werden kann. Die Anordnung dieser Konstruktion ist so

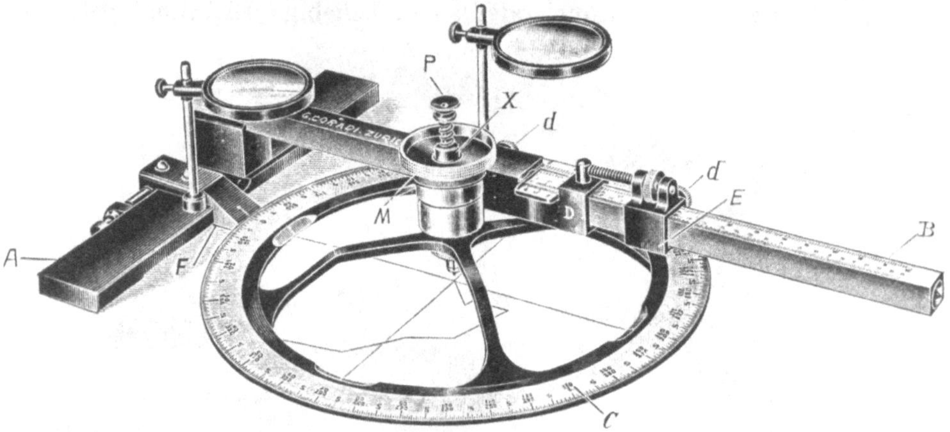

Fig. 14. Distanz-Transporteur nach Ritter.

getroffen, daß der Nullpunkt des Nonius, das Kreiszentrum und die Nadelspitze in einer Geraden liegen, die parallel zur Teilungskante des Lineals verläuft.

γ) Der Distanz-Transporteur von Ritter, Hersteller G. Coradi, math.-mechanisches Institut in Zürich, ist ein Vollkreistransporteur, dessen Fig. 14 etwa ein Drittel seiner natürlichen Größe wiedergibt. An einer Platte A ist in entsprechender Höhe, parallel zum Zeichenblatt ein hohler Stab B befestigt, an dessen mm-Teilung mittels Nonius an einer Hülse D, die grob (Druckschraube d) und fein verschoben werden kann, das abzusetzende Maß eingestellt wird. Mit der Hülse ist durch ein Kugelgelenk die Achse x des 170 mm großen Speichenkreises C dreh- und feststellbar verbunden. Mit der Kreisteilung ($\frac{1}{2}^0$) korrespondieren vier 90^0-Indexe, die sich auf der Innenfacette des Kreises befinden. Die vier abgekröpften Speichen des Kreises bieten genügend Zwischenraum, um die mit der Nadel P im Zentrum gestochenen Punkte bequem beobachten und markieren zu können. Die Nadel wird durch eine Spiralfeder hochgehalten und zur Erzielung gleichmäßiger Stichpunkte mit einer einstellbaren Schätzhülse versehen. Der Stab B trägt einen Anschlag, der zur raschen

Nulleinstellung der Distanzhülse D dient. Nur in dieser Stellung liegt der Nonius F für die Kreisteilung, der 1'-Abtragung gestattet,[1]) auf dieser auf und wird durch eine Feder beim Einstellen der Distanz s automatisch abgehoben, so daß eine Beschädigung der Kreisteilung

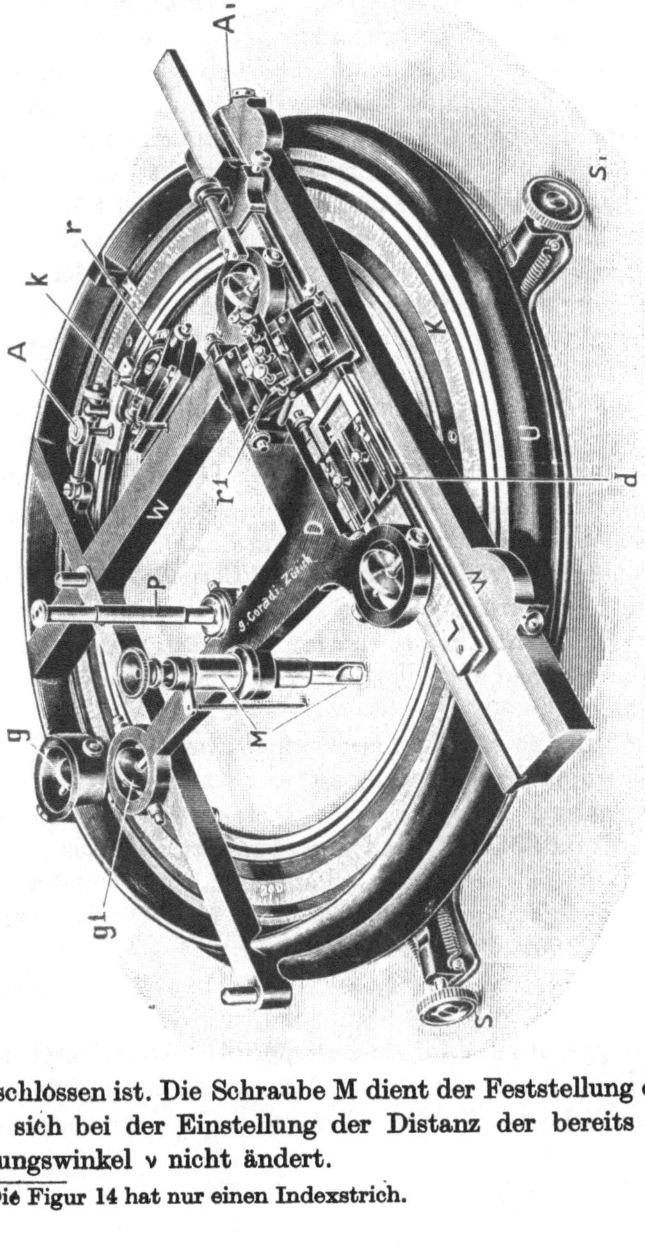

Fig. 15. Polar-Koordinatograph von G. Coradi-Zürich.

ausgeschlossen ist. Die Schraube M dient der Feststellung des Kreises, damit sich bei der Einstellung der Distanz der bereits eingestellte Richtungswinkel ν nicht ändert.

[1]) Die Figur 14 hat nur einen Indexstrich.

δ) Der **Polar-Koordinatograph**[1]) (Fig. 15), aus dem gleichen Institut wie vor, ist ein Präzisionswerk und ermöglicht wohl die schärfste Auftragung von Punkten nach Polarkoordinaten, was für große Maßstäbe wertvoll ist. Er besteht im wesentlichen aus dem kreisrunden Unterbau U, dem aufliegenden Winkelmeßwagen W und dem Distanzwagen D. Der Unterbau enthält eine eingelegte, drehbare Kreisteilung K, eine Führungsnute, in der der Winkelmaßwagen mittels zweier Rollen geführt wird, und einen in geschützter Lage (von oben nicht sichtbar) angebrachten Zahnkranz zur Bewegung des Winkelmeßrädchens r. Der Winkelmeßwagen ist ein kreisrunder Rahmen mit zwei parallelen Schienen, die durch zwei Führungsrollen in der Nut des Unterbaues und einer Gleitrolle g gedreht werden kann. Ein Querarm dient zur Befestigung des Winkelmeßrädchens r und der Arretier- und Mikrometervorrichtung A. An der Hauptführungsschiene ist das Distanzlineal L angebracht, enthaltend die vier Maßstäbe 1 : 1000 (also mm-Teilung, s. S. 83), 1 : 2000, 1 : 2500 und 1 : 5000 sowie eine mikroskopisch kleine Verzahnung zur Bewegung des Distanzrädchens r_1. Auf die mit einer geraden Nut versehene Führungsschiene des Winkelmeßwagens ist der Distanzwagen montiert; er gleitet mit Hilfe zweier Führungsrollen einer Gleitrolle g, in der Richtung der Führungsschiene, wobei sich die am Querarm des Distanzwagens korrigierbar befestigte Punktiernadel P und die runde Einstellmarke im Mikroskop M stets in der Richtung eines Kreisdurchmessers bewegen. Auf der rechten Seite des Distanzwagens ist ein Distanzmeßrädchen und die Arretier- und Mikrometervorrichtung A_1 angebracht.

Der Teilkreis K dient zur provisorischen Einstellung des Winkels; er hat einen Durchmesser von 30 cm und ist in 400° (n. Tlg.) oder 360° (a. Tlg.) geteilt. Die Winkel und Distanzen werden im übrigen mit dem sog. Coradischen Meßrädchen abgesetzt. Das kleinste Intervall auf der Rolle beträgt 1 mm, entspricht also einem Winkel von 5 Minuten in neuer Teilung (4,5′ a. Tlg.) bzw. einer Distanz von 0,1 m im Maßstabe 1 : 1000. Bei einer Schätzung von $^1/_{10}$ mm ist es sonach möglich, 50 Sekunden n. Tlg. (rd. 30″ a. Tlg.) bzw. 0,01 m in 1 : 1000 einzustellen.

Der ganze Apparat ruht auf einer ringförmigen Unterlagscheibe. Er ist mit Stahlfedern daran befestigt und gestattet mikrometrisch kleine Verschiebungen, die durch zwei radial und senkrecht zu einander ge-

---

[1]) Stärkle. Der Polar-Koordinatograph. Zürich 1927.

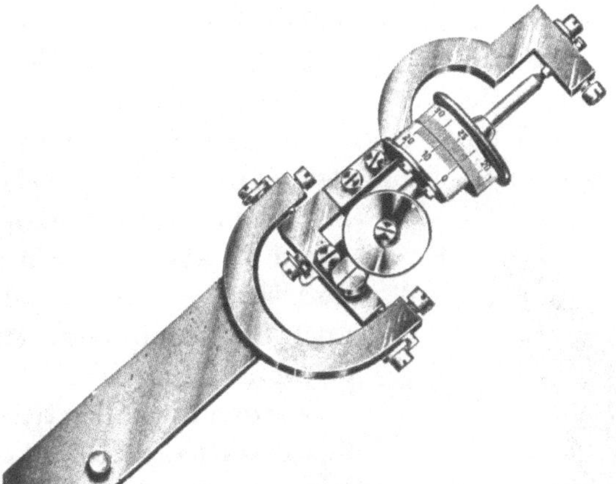

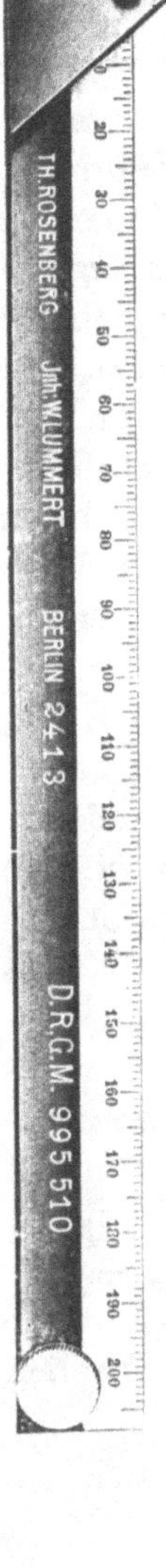

Fig. 16. Roll-Transporteur von Th. Rosenberg-Berlin.

richtete Stellschrauben S und S_1 ausgeführt werden. Die Aktionsradien des in zwei Größen hergestellten Auftrageinstrumentes betragen 10 bzw. 20 cm.

ε) Eine letzte wesentlich einfachere Einrichtung zeigt der „Rolltransporteur" von der Firma Th. Rosenberg in Berlin SW. 61, Blücherstr. 62/63. Er stellt (Fig. 16) im wesentlichen eine auf dem Zeichenpapier laufende Meßrolle an einem kurzen Metallstabe dar, an den sich unter einem stumpfen Winkel ein Millimeterlineal von 20 cm (auch 30 cm) Länge anschließt. Im Nullpunkt der Teilung als Pol befindet sich eine Nadel, die jedoch nicht in das Papier gedrückt, sondern nur mit leichtem Federdruck aufgesetzt wird. Eine Umdrehung der Meßrolle, an der die Winkel bis auf 1′ abgelesen werden, ist gleichbedeutend mit 30°, so daß eine Umfahrung um den Pol 12 Umdrehungen = 360° verursachen. Die Kartierung der Distanzen erfolgt, wie bei den gewöhnlichen Transporteuren, von Hand mit einer Zeichennadel.

d) Anschließend an die Transporteure gehört auch die Mitteilung, daß jeder der beiden selbstrechnenden Tachymeter (S. 79 und 81) eine Erweiterung dahin erfahren hat, daß die Messungsergebnisse sofort im Gelände aufgetragen werden können.

Statt des Teilkreises in Fig. 7 ist eine runde Aluminium-Platte zur Aufnahme einer Papierscheibe, die leicht auswechselbar ist, vorgesehen. Auf der Platte ist ein Millimetermaßstab angebracht, dessen Nullpunkt mit der lotrechten Drehachse des Tachymeters zusammenfällt und der stets der Bewegung des Fernrohrs auf der Papierscheibe folgt. Die im Diagramm (S. 79) abgelesenen Abstände s der Geländepunkte werden mit Hilfe des Maßstabes sogleich auf dem Zeichenblatt abgetragen. In gleicher Weise kann man bei dem Stereo-Autotachygraphen (Fig. 11) vorgehen. Auf die dort (S. 82) genannte Meßtischplatte wird ebenfalls eine Scheibe Zeichenpapier gelegt und auf dieser durch Verschiebung einer Nadel längs eines mit dem Fernrohr fest verbundenen Richtungslineals der an der Meßschraube (S. 82) jeweils abgelesene Horizontalabstand s abgesetzt. Mit der Nadel verschiebt sich auch die schon Seite 82 erwähnte Höhenskala.

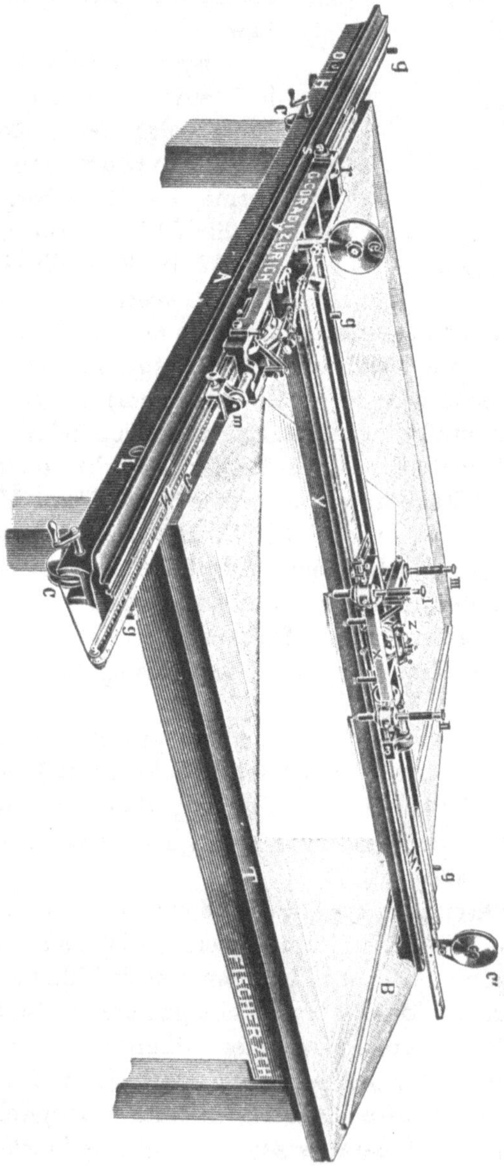

Fig. 17. Koordinatograph von G. Coradi-Zürich.

Werden die so kartierten Punkte des Geländes oder sonstiger topographisch wichtiger Objekte der Situation entsprechend miteinander durch Zeichnung verbunden, so entsteht schon in der Örtlichkeit ein Lageplan des Aufnahme-Gebietes, dessen Reichweite von der Größe der Papierscheibe und von dem gewählten Maßstabe abhängt. Werden weiter zu den Geländepunkten auch die Höhen h geschrieben (S. 70), die man hier, wie schon bei den gewöhnlichen Tachymetern (s. S. 70) aus der Höhe des Standortes h_a (Fig. 6) aus $i - l_m$ und aus den abgelesenen oder gerechneten Höhenunterschieden $\triangle$ h nach

Gl. 16)
$$h = h_a + i - l_m + \triangle h$$
ableitet, so entsteht im unmittelbaren Anblick

des Aufnahmegeländes ein Plan, der dem sonst im Zimmer konstruierten an topographischer Treue weit überlegen ist.

Bei der Zimmerarbeit ist von nicht zu unterschätzender Bedeutung auch die Herstellung von Plänen mittels rechtwinkliger ebener Koordinaten der einzelnen Punktlagen. Die Umformung aus den Polarkoordinaten weisen die Gl. 3) und 4) auf Seite 70 nach. Sie wird am schnellsten und einfachsten mit Hilfe von Rechenmaschinen[1]) durchgeführt (s. a. S. 77), die unter Verwendung der natürlichen Zahlen[2]) von sin ν und cos ν und für die Höhenunterschiede auch für sin δ, sich sicher und genau vollzieht, was bei größeren Arbeiten zu beachten ist.

Der Vorteil der rechtwinkligen Koordinaten liegt bei umfangreichen Aufnahmen vor allem in der einheitlichen Auftragung, wozu wieder die Feinmechanik Spezial-Instrumente geschaffen hat. Zu nennen ist einmal der Koordinatograph" von G. Coradi, Zürich 6, in der Fig. 17[3]) und der Koordinatograph von der G. Heyde G.m.b.H. in Dresden, der auch als Zusatz-Einrichtung zu den bei der „Photogrammetrie" aufgeführten Auswerte-Apparaten, s. Fig. 47 und den dortigen Text, gedacht ist.

Die Höhenschichten oder Isohypsen werden in der bekannten Weise aus den den Geländepunkten beigeschriebenen Höhenzahlen durch Interpolation hergestellt, wozu auch die bereits Seite 81 Anm[1]) genannte Schrift einige neuere Hilfsmittel angibt.

E. Photogrammetrie.

Denkt man sich in der Fadenkreuzebene eines Meßfernrohrs (Fig. 5) eine lichtempfindliche Platte, auf der nach entsprechender Belichtung und Entwickelung außer dem eingesehenen Terrainabschnitt auch das Fadenkreuz abgebildet ist, so läßt sich auf ein solches „Photogramm" auch die früher entwickelte „Polarmethode" anwenden unter der Voraussetzung, daß das Objektiv des Instrumentes eine geometrisch einwandfreie Perspektive des Geländes liefert, d. h. verzeichnungsfrei ist.

Praktisch wird eine Erweiterung des kleinen Gesichtskreises im Fernrohr durch eine photographische Kammer vorgenommen, so daß

[1]) Eggert und Koll. Geodätische Rechnungen mittels der Rechenmaschine. 2. Auflage. Verlag Konrad Wittwer. Stuttgart 1927.

[2]) Gauß. Anm. 1, S. 77.

[3]) Spaeth. Der freirollende Koordinatograph. München 1914.

Photogramme gewöhnlich mit den Ausmaßen 9 : 12 cm oder 13 : 18 cm entstehen. Dabei kann die Lage der Platte zum Objekte im Augenblicke der Aufnahme an sich beliebig sein, doch sind gewisse Einschränkungen durch die Art der weiteren Auswertungsmethoden geboten, die wie die Aufnahmegeräte im allgemeinen verschieden sind, je nachdem ob der Standort auf der Erdoberfläche sich befindet oder ob die Aufnahmen aus der Luft bewirkt werden. Dieser grundsätzlichen Unterscheidung gemäß, die auch der zeitlichen Entwickelung des Lichtbildmeßverfahrens entspricht und als Terrestrische bzw. Aero-Photogrammetrie bezeichnet wird, sollen die nachstehenden Ausführungen folgen.

I. Terrestrische Aufnahme. Wird eine Lichtbildkammer so aufgestellt, daß die Platte lotrecht steht, so wird auch anstelle des früheren Fadenkreuzes die Verbindungsgerade zweier übereinanderliegenden „Meßmarken" an einem Rahmen, an dem die Platte angedrückt ruht, in einer Vertikalen $\mathfrak{y}\mathfrak{y}$ der „Hauptvertikalen", und die Verbindung zweier weiteren Meßmarken in einer Horizontalen $\mathfrak{x}\mathfrak{x}$, dem „Bildhorizont", liegen. In diesem Falle ist die Kammer so justiert, daß ein Gerade vom optischen Objektivmittelpunkte O zum Schnittpunkte der Hauptvertikalen und des Bildhorizonts, dem „Hauptpunkte" H, senkrecht auf der Platte steht und damit selbst horizontal liegt. Es ist dann O H die „Bildweite" f, die bei den für Meßzwecke stets starr aus Metall gebauten Kammern eine konstante Länge hat und mit der optischen Achse der Kammer zusammenfällt. Auf jedem Negativ oder Papier-Positiv sind die vorerwähnten Meßmarken, die verschiedene Form (Dreieckspitze, einseitig zuseitig zulaufende Spitze, Loch, dreieckige Einkerbung u. drgl., s. a. Fig. 28, haben, abgebildet, um die Entnahme der sog. „Bildkoordinaten" $\mathfrak{x}$ $\mathfrak{y}$ zu ermöglichen. Letztere unterschiedlich nach dem Vorzeichen in den vier Quadranten I—IV (Fig. 18) bilden zusammen mit der Bildweite f die Grundwerte zur Ableitung der uns interessierenden Polarkoordinaten.

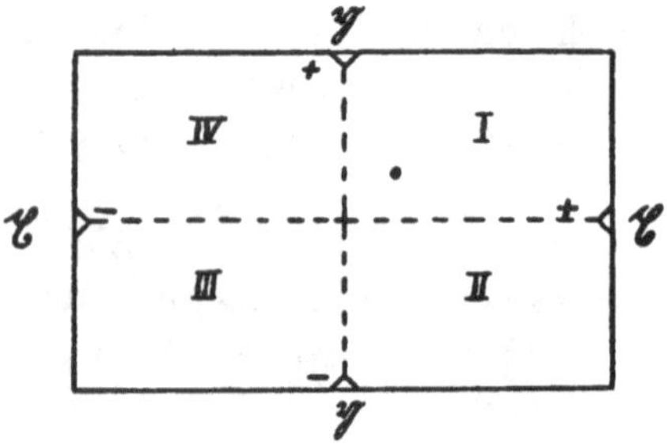

Fig. 18. Quadranten und Vorzeichen für die Bildkoordinaten.

Man denkt sich zunächst der Einfachheit wegen die Platte oder die

Papierkopie mit aufrechtem Bilde zwischen Objektiv O und das Gelände gelegt, vom ersteren um f entfernt, so daß der Richtstrahl von O durch Bildpunkt $\mathfrak{P}_n$ und Objekt P_n wie Fig. 19 zeigt. Sind nun für einen beliebigen Geländepunkt P_n die Bildkoordinaten $\mathfrak{x}$ und $\mathfrak{y}$ sowie f in mm gegeben, so ist der Horizontalwinkel α_n gerechnet von der Kammerachse:

Gl. 17) $$\operatorname{tg} \alpha_n = \frac{\mathfrak{x}_n}{f},$$

ferner der Höhenwinkel δ, gerechnet von der Horizontalen durch die Kammerachse:

Gl. 18) $$\operatorname{tg} \delta = \frac{\mathfrak{y}_n}{\sqrt{\mathfrak{x}_n^2 + f^2}} \text{ oder auch } \operatorname{tg} \delta = \mathfrak{y}_n \cdot \frac{\cos \alpha_n}{f}$$

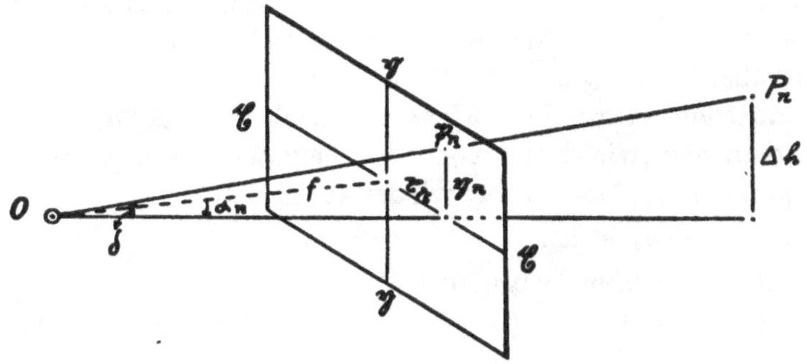

Fig. 19. Berechnung von α_n und δ aus den Bildkoordinaten.

Ist gleichzeitig auf dem Photogramm ein Punkt P_1 abgebildet, der wie auch der Standpunkt P_a der Meßkammer (als Pol s. S. 70) in einem rechtwinkligen ebenen System durch seine Koordinaten gegeben ist, so ergibt sich eine Ableitung des Azimuts ν gemäß Gl. 12) Seite 76, worin α_1 nach Gl. 17 in Ansatz zu bringen ist. Liegt P_1 zufällig oder absichtlich in der Hauptvertikalen $\mathfrak{y}$ $\mathfrak{y}$ (Fig. 19), so wird $\alpha_1 = 0^0$. Als dritte Polarkoordinate im Sinne der Seite 71 fehlt nur noch der Horizontalabstand s, der mit Hilfe einer „Basis“ oder „Standlinie“ erhalten wird.

Werden nach Fig. 20 auf den Endpunkten einer Strecke P_a P_b dieser Basis oder Standlinie, deren Länge a bestimmt wird (s. u.), den vorstehenden Ausführungen entsprechend die beiden Photogramme A und B gewonnen derart, daß jeder Endpunkt von dem anderen aus mit photographiert ist, so erhält man zunächst nach:

Gl. 19) $\quad \operatorname{tg} \varphi_a = \frac{A\mathfrak{x}_b}{f}$ und $\operatorname{tg} \varphi_b = \frac{B\mathfrak{x}_a}{f}$.

Ist sodann wieder gem. Fig. 19 und Gl. 17 für einen beliebigen Geländepunkt P_n

Gl. 19) $\quad \operatorname{tg} \alpha_n = \frac{A\mathfrak{x}_n}{f}$ und $\operatorname{tg} \beta_n = \frac{B\mathfrak{x}_n}{f}$,

so ergeben sich die Basiswinkel bei Beachtung der Quadrantenvorzeichen (Fig. 20 u. 18):

Gl. 20) $\quad \alpha = \varphi_a - \alpha_n$ und $\beta = \varphi_b + \beta_n$.

Dann ist nach dem Sinussatz der Horizontalabstand

Gl. 21) $\quad s = P_a P_n = \frac{a \cdot \sin \beta}{\sin (\alpha + \beta)}$.

Die Lage jedes auf den Photogrammen A und B abgebildeten identischen Geländepunktes P_n läßt sich demgemäß allein auf Grund der Basis A B bestimmen, indem man seine Polarkoordinaten im Sinne der Ausführungen nach Seite 70 benutzt.

Ist eine Orientierung der Aufnahme durch P_1 (s. S. 75) möglich und P_a in einem rechtwinkligen Koordinatensystem nach x_a und y_a gegeben, so ist hier das Azimut wieder (s. S. 76)

$$\nu = o - \alpha_1 + \alpha_n,$$

und damit, wie früher Seite 70,

$$x = x_a + \Delta x = x_a + s . \cos \nu ; \; y = y_a + \Delta y = y_a + s . \sin \nu$$

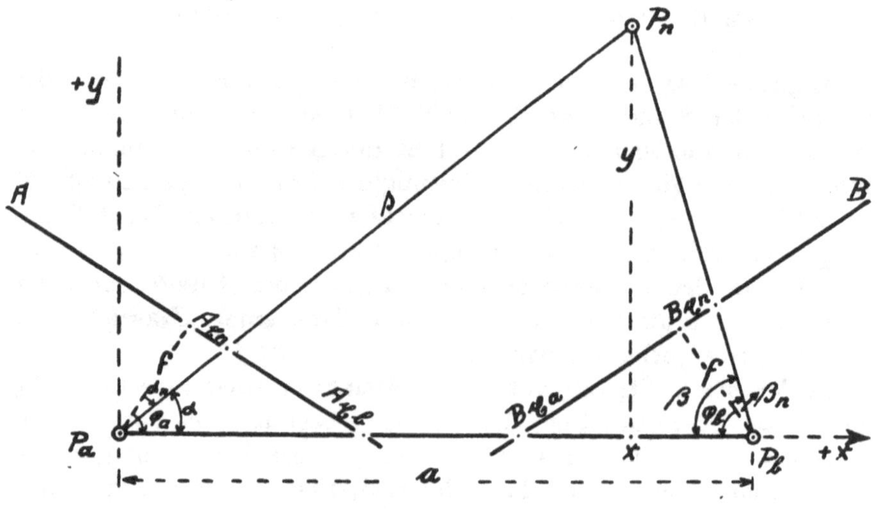

Fig. 20. Photogrammetrische Aufnahme auf Grund einer Basis.

Die Höhe von P_n wird gemäß Fig. 6, wenn δ durch Gl. 18 bestimmt ist, allgemein bekannt nach:

$h = h_a + i + \Delta h = h_a + i + s. \operatorname{tg} \delta$, oder noch zur Kontrolle nach

$h = h_b + i' + \Delta h' = h_b + s' \operatorname{tg} \delta'$

wenn h_a und h_b, die Höhen der Basispunkte, gegeben sind.

In der Regel werden die Winkel φ_a und φ_b der Gl. 20) nicht auf dem eben angedeuteten photogrammetrischen Wege, sondern direkt durch Messung bestimmt. Hierzu ist die Meßkammer mit einer Winkelmeßeinrichtung versehen, die auch zum Anschluß an Festpunkte P_i einer Triangulation oder an Polygonpunkte benutzt wird. Man ermittelt dann zweckmäßig auch die Winkel α_n und β_n (Fig. 20), für die Höhen auch δ mit Hilfe eines Isoplethen-Diagramms auf Glas, wie es von Hugershoff[1]) vorgeschlagen und für seinen Photogrammeter mit der Brennweite f = 120 mm (Fig. 21) von der Firma G.

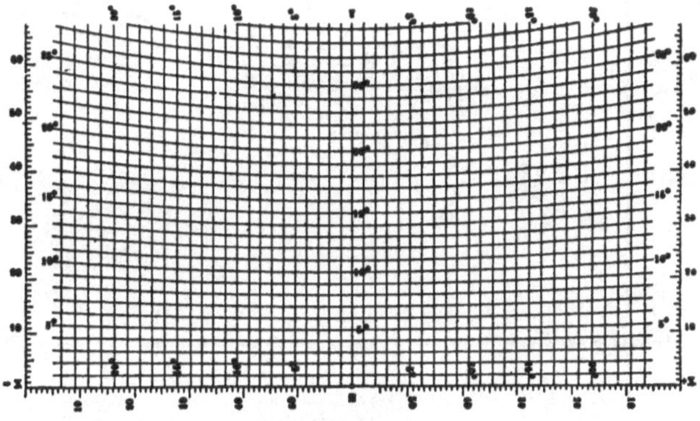

Fig. 21. Isoplethen-Diagramm nach Hugershoff.

Heyde, Dresden N. 23 geliefert wird. Beim Gebrauch werden die mit x bzw. y bezeichneten Achsen des Diagramms so auf die Platte gelegt, daß die genannten Linien scharf durch die Vertikal- und Horizontalmeßmarken (Fig. 18 𝔶𝔶 bzw. 𝔵𝔵) gehen. Mit Hilfe der Isoplethen läßt sich dann für jeden Bildpunkt der Horizontalwinkel α_n bezw. β_n sowie der Vertikalwinkel δ mit einer Schärfe von 3′ bis 6′ ablesen. Dem Diagramm, an einem Lineal entlang geführt, können auch die Bildkoordinaten (S. 90) sehr einfach an zwei Millimeterskalen auf 0,1 mm entnommen werden. Bei Papierpositiven ist hier bequemer eine Quadrat-Glastafel, die man auf die Kopie legt; eine Schrumpfung des

[1]) Hugershoff. Das Photogrammeter Heydescher Konstruktion. Verlag K. Wittwer. Stuttgart 1912.

Papiers ist dabei sehr einfach mit Hilfe der Abstände der Meßmarken (S. 90) festzustellen und in Rechnung zu bringen.

In welcher Weise zur Lage von Geländepunkten die Höhenunterschiede auf der Zeichnung rein graphisch ermittelt werden, unterrichtet die in Anm.[1]) S. 93 genannte kleine Schrift, die auch eine sehr leichte Aufnahmemethode von Uferlinien stehender Gewässer mitteilt.

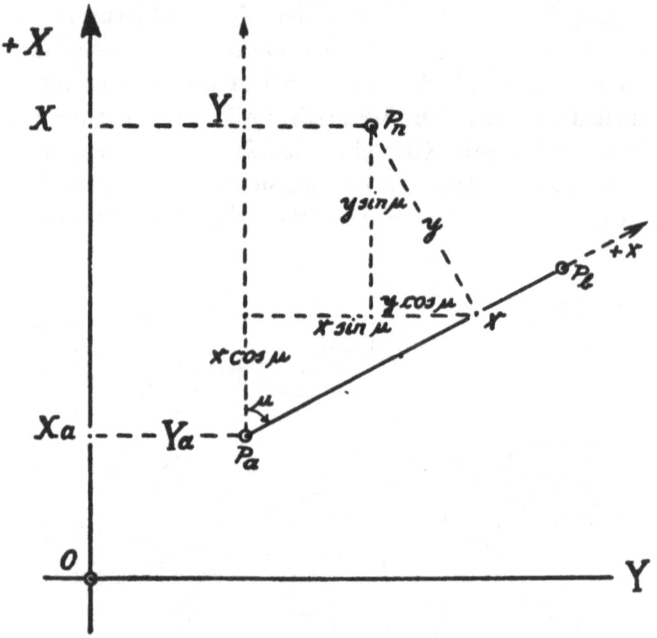

Fig. 22. Transformation rechtwinkliger ebener Koordinaten.

Mit α, β und der Basis a (Fig. 20) lassen sich rechtwinklige Koordinaten für die Geländepunkte P_n, wenn man P_a P_b als x-Achse mit P_a als Nullpunkt annimmt, nach den Formeln ableiten:

Gl. 22a) $x = \frac{1}{1 + \operatorname{tg} \alpha \operatorname{ctg} \beta} \cdot a$; Gl. 22b) $y = \frac{1}{\operatorname{ctg} \alpha + \operatorname{ctg} \beta} \cdot a$.

Werden für die Ausdrücke

$$c_x = \frac{1}{1 + \operatorname{tg} \alpha \operatorname{ctg} \beta} \quad \text{und} \quad c_y = \frac{1}{\operatorname{ctg} \alpha + \operatorname{ctg} \beta}$$

Nomogramme aufgestellt, so erhält man nach $x = c_x \cdot a$ und $y = c_y \cdot a$ die gesuchten Werte. Die letztere Ausrechnung erfolgte rasch mit Hilfe von Multiplikationstafeln oder mittels Rechenmaschinen.

Ist eine Transformation (s. a. S. 65) der auf die Basis (s. o.) bezogenen Koordinaten x, y in ein übergeordnetes System X Y mit X_a und Y_a für P_a erwünscht, dessen X-Achse um den Winkel μ von der x-Achse abweicht, so sind die aus der analytischen Geometrie bekannten Formeln (Fig. 22):

Gl. 23a) $X = X_a + x \cos \mu + y \sin \mu$;
Gl. 23b) $Y = Y_a + x \sin \mu - x \cos \mu$

zu beachten. Dabei ist besondere Sorgfalt auf die Vorzeichen zu legen.

Fig. 23. Photomikrometer von G. Heyde-Dresden.

Der Höhenunterschied Δh wird entweder (s. S. 70) nach der schon bekannten Formel $\Delta h = s . \operatorname{tg} \delta$ berechnet oder, wie oben gesagt, rein graphisch auf der Zeichnung ermittelt[1]). Im ersteren Falle rechnet man logarithmisch, mit dem Rechenschieber oder entnimmt Δh direkt einem weiteren Diagramm nach Hugershoff[1]). Da auch in gleicher Weise h von P_b aus bestimmt werden kann (s S. 93), hat man durch die doppelte Berechnung der Höhe eine gute Kontrolle für die Identität der auf den beiden Platten oder Kopien ausgemessenen Geländepunkte. Liegen letztere von der Basis so weit entfernt, daß eine Korrektion von Δh mit Rücksicht auf die Refraktion der Licht-

---

[1]) Hugershoff. Anm. 1, S. 93.

strahlen und der Erdkrümmung erforderlich scheint, so ist auch hier nach Seite 67 der Höhenunterschied durch

$$\frac{1-c}{2\,R}\cdot s^2 = \frac{0{,}87}{2\,R}\,s^2$$

mit R = 6370 km (Erdradius) additiv zu verbessern.

Fig. 24. Komparator von G. Heyde-Dresden.

Kommt es in einzelnen Fällen auf eine größere Genauigkeit an oder sind sehr viele Punkte auf kleiner Fläche und damit auch größere Maßstäbe zu berücksichtigen, die eine scharfe Ausmessung der photogrammetrischen Platten verlangen, so wird auf das Photomikrometer (Fig. 23) der Firma G. Heyde, Dresden verwiesen. Mit Hilfe einer Schraubentrommel lassen sich die Bildkoordinaten $\mathfrak{x}$, $\mathfrak{y}$ auf 0,001 mm der Platte entnehmen, die auf eine mattierte Millimeterglasplatte gelegt und von einem im Untergestell angebrachten Spiegel beleuchtet wird. Eine einfachere Anordnung des Apparats mit feststehendem Skalenmikroskop gestattet die Ablesung nur auf 0,01 mm, was aber für die meisten topographischen Zwecke genügt.[1])

Eine leicht zu verfolgende Einrichtung derselben Verwendung zeigt der „Komparator" (Fig. 24) der gleichen Firma wie vor. Zwei rechtwinklig zueinander sich bewegende Schlitten tragen ein Mikroskop, das auf jeden Punkt des Photogramms eingestellt werden kann. Die Trommelteilungen geben Ablesungen auf 0,02 mm an. Die Platte 9×12 ruht in einem Rahmen, der für sich drehbar ist, so daß ihre 𝔶𝔶- bzw. 𝔵𝔵-Achse in die betreffende Schlitten-Richtung eingestellt werden kann. Eine ähnliche Konstruktion für Platten 13×18 ist endlich in der Fig. 25 zu sehen; die Bildkoordinaten werden hier auf 0,01 mm bequem abgelesen.

Fig. 25. Komparator für Platten 13 : 18 cm von G. Heyde-Dresden.

[1]) Hugershoff Anm. 2, S. 44.

a. **Photogrammeter.** Ein dem vorstehend beschriebenen photogrammetrischen Meßverfahren angepaßtes Aufnahmeinstrument ist der schon genannte „Photogrammeter“ nach Hugershoff, der, von der Firma G. Heyde-Dresden N. 23 hergestellt, auch den auf

Fig. 26a. Photogrammeter nach Hugershoff (Rückansicht).

Fig. 26b. Photogrammeter nach Hugershoff (Vorderansicht).

Seite 53 angeführten kartographischen Aufnahmen von Professor Meinardus gedient hat. Es handelt sich um eine starre Aluminiumkammer (Fig. 26a u. b), die mit einem Dreifuß als Unterbau auf einem Stativ ruht und mittels eines Fadenlotes zentrisch über einen Standpunkt, z. B. P_a der Basis $P_a\ P_b$ Fig. 20, gestellt werden kann. Die Kammer ist um eine aufrecht stehende Achse drehbar und mit Klemmvorrichtung und Feinbewegungsschraube versehen. Zur Vertikalstellung der Drehachse und damit auch der Plattenebene dienen zwei Röhrenlibellen, deren eine parallel zur Plattenebene (Fig. 26a), die andere (Fig. 26b) parallel zur optischen Achse (S. 90) angeordnet ist.[1] Auf der Kammer sitzt ein einfacher Winkelmesser, dessen Stirnteilung an einem Nonius ganze Minuten (1′), schätzungsweise auch noch 30″ angibt. Der Nonius ist mit der Kammer fest verbunden, während der Teilkreis (Limbus) zusammen mit dem Fernrohr drehbar ist. Eine Justierung ist hier so durchgeführt, daß der Nonius die Ablesung $0^0\ 00'$ zeigt, wenn die Visierachse des Fernrohrs und die optische Achse der Kammer in derselben Vertikalebene liegen. Steht demnach das Instrument über dem linken Endpunkt einer Basis (P_a in Fig. 20) und wird der andere Endpunkt P_b angezielt, so liest man sofort den Seite 93 genannten Horizontalwinkel φa ab; bei einer Aufstellung auf P_b erhält man den Winkel $\varphi_a = 360^0$ minus Ablesung. Die Bewegung des Fernrohrs geschieht mit der Triebschraube auf dem Teilkreise (Fig. 26a vorn), der auch gewöhnlich eine Kastenbussole im Sinne der Seite 77 trägt. Wird der sich drehende Teilkreis nur bis zu einem Anschlag (Fig. 26a links), der umgelegt wird, gebracht, so wird $\varphi a = 90^0$ bzw. $\varphi_b = 90^0$, ein Fall, der für die Stereoaufnahmen (s. u.) wichtig ist. Das Fernrohr besitzt distanzmessende Fäden (S. 72) mit der Multiplikationskonstanten $k = 100$; der Additionswert bleibt unbeachtet. Ein kleiner Vertikalkreis gestattet die Messung von Höhen und Tiefenwinkeln bis 30^0 mit einer Ableseschärfe von 1′.

Das Objektiv der Kammer, ein gut zeichnender Weitwinkelanastigmat hat die Brennweite $f = 120$ mm mit einer größten nutzbaren Öffnung von f/9 mm. Eine Irisblende ermöglicht, die Öffnung zwischen f/9 und f/36 zu variieren. Der Verschluß geschieht freihändig mit einem einfachen Deckel, da nur Zeitaufnahmen infrage kommen, bei denen zur Erzielung größter Tiefenschärfe stets die kleinste Blende benutzt werden soll. Um auch für etwas hoch oder tief gelegene Punkte das querliegende Format 9×12 cm ausnutzen zu können, läßt sich das Kammer-Objektiv mittels einer Triebschraube (Fig. 26b links) vertikal um je 25 mm auf- und abwärts bewegen, so daß also der „Bildhorizont“ (S. 90) verschoben wird. Die Verschiebung ist an einer Millimeterskala mit einem Nonius auf 0,1 mm abzulesen (Fig. 26b rechts). Im allgemeinen erübrigt sich aber letzteres, weil der veränderte Bildhorizont durch die mit der Verschiebung zusammenhängenden Meßmarken automatisch auf der Platte abgebildet werden. Sollte es bei dunklem Vordergrunde vorkommen, daß die o b e r e Vertikalmarke $\mathfrak{y}$ nicht zur Abbildung kommt, so kann mit Hilfe zweier an der unteren Horizontalseite des Rahmens (S. 90) sitzenden kurzen Metallstreifen, die symmetrisch zu den Ecken angebracht sind, eine Rekonstruktion der Bildvertikalen $\mathfrak{y}\mathfrak{y}$ (S. 90) vorgenommen werden.

Bei der Aufnahme werden einfache Metallkassetten mit Schieber verwendet. Die Platten, am besten orthochromatische, brauchen bei der kurzen Brennweite von 120 mm nicht streng planparallel zu sein. Wesentlich wichtiger ist, daß nach Einführung der Kassette in die Kammer und nach Ausziehen des Schiebers die Platte mit der lichtempfindlichen Schicht gleichmäßig an den Markenrahmen angepreßt wird, was mit Hilfe zweier Druckknöpfe und einer besonderen Einschnappvorrichtung bewerkstelligt wird.

Die Kassetten tragen eingestanzte Nummern, die so angebracht sind, daß sie sich bei der Belichtung auf der Platte abbilden. Sie und Notizen auf der Kassette betreffend Belichtungsdauer, Größe des Horizontalwinkels φ_a bzw. φ_b, Verschiebung des Kammer-Objektivs, Nummer des Standpunktes, o für die Orientierung (S. 75) oder Bussolenablesung (S. 77) sind für die spätere Auswertung der Platten von allergrößter Bedeutung.

Der Bildaufnahme selbst geht die Aufstellung des Instrumentes über dem ausgewählten Standpunkte, die Zentrierung mittels Fadenlot und die Vertikalstellung seiner Drehachse mit Hilfe der Röhrenlibellen voraus. Nach Abnahme des Objektivdeckels und Fixierung der Blende auf f/9 wird unter Zuhilfenahme der Mattscheibe der ausgewählte Geländeabschnitt, gegebenenfalls auch durch vertikale Verschiebung des Objektivs (s. o.) eingestellt, die Kammer am Dreifuß festgeklemmt und die Kassette eingeschoben, darauf die Blende auf f/36 gedreht und der Objektivdeckel aufgesetzt. Es folgt sodann die Einstellung des Fernrohrs auf den anderen Endpunkt der Basis und die Entfernung des Kassettenschiebers. Ist nach Überprüfung der Libellen und des Fernrohrs keine Verbesserung der Photogrammeterstellung erforderlich, so wird die Platte belichtet und die Kassette wieder geschlossen. Die Ablesung für den zweiten Basispunkt am Teilkreis, der Standpunkt selbst und etwa zur Orientierung angemessene Festpunkte, dann Bussolenrichtung werden, wie vorhin schon mitgeteilt, auf einem Notizstreifen der Kassette vermerkt. Etwaige Winkelmessungen für „Rückwärtseinschnitte“ (S. 65) werden zweckmäßig in einem besonderen Winkelbuche, in das auch sonstige wertvolle Mitteilungen aufzunehmen sind, niedergelegt.

Die Belichtungsdauer ist nach der Beschaffenheit des Vordergrundes zu bemessen und auch bei Fernsicht unterschiedlich je nach der Helligkeit des Himmels. Eine Verwendung des Aktino-Photometers von G. Heyde in Dresden N. 23 ist stets anzuraten, bis man die nötige Übung für Landschaftsaufnahmen erlangt.

Wird die Bildaufnahme panoramenartig ausgeführt, so empfiehlt es sich die Kammer um einen konstanten Winkel zu drehen, doch so, daß die Photogramme als „Reihenbilder" sich stets etwas überdecken. Die Basislänge a (Fig. 20), die etwa halb so groß gewählt wird als die mittlere Entfernung der Geländepunkte von ihr, sollte stets direkt mit Hilfe von Meßstäben oder bei Reisen einfacher mittels Stahlband bestimmt werden. Bei zu großen Hindernissen, wie in stark koupiertem Terrain u. dergl., läßt sich die Basis einfacher, wenn auch nicht so genau, auf dem Wege der Tachymetrie (S. 72) festlegen, wofür das Fernrohr besonders eingerichtet ist (S. 72).

Der vorbeschriebene Photogrammeter nach Hugershoff hat sich wegen seiner Einfachheit im Gebrauch und Transport bei den eingangs aufgeführten topographischen Aufnahmen in der Gegend von Assuan sehr bewährt; auch gegen seine Eignung in den Tropen fand sich nichts einzuwenden.

Fig. 27. Universal-Phototheodolit von Hugershoff-Heyde in Dresden (Vorderansicht).

b. Phototheodolite. Das bisher geschilderte Meßverfahren mit streng lotrechten Platten hat trotz der Möglichkeit, das Kammerobjektiv etwas zu verschieben (S. 90), den Nachteil, daß es in Lagen mit starken Erhebungen oder tief liegenden Tälern zu leicht versagt. Der gewünschte Einblick in das Gelände verlangt zudem oft eine Anlage der Standpunkte in der nächsten Nähe des Aufnahmefeldes, so daß die Platten geneigt werden müssen. Dies wird durch Drehung der Kammer um eine horizontale Kippachse erreicht, wobei also der

„Bildhorizont“ $\mathfrak{h}\mathfrak{h}$ die auf Seite 90 geforderte horizontale Lage doch stets beibehält. Kann trotz der „geneigten“ oder „gekippten“, im übrigen wieder beliebig zur Basis „gerichteten“ (φ_a bzw. φ_b gemäß Seite 92) Stellung nicht mit einer einzigen Platte der hoch aufragende oder tief liegende Terrainabschnitt bewältigt werden, so lassen sich auch hier Reihenbilder anwenden, die im Gegensatz zu Seite 101 übereinander liegen und durch Messung der jeweiligen Abweichung der Kamerachse von der Horizontalen, der „Neigung“ oder „Kippung“ ε, an einem Vertikalkreis festgelegt werden. Die Größe ε muß natürlich auch dann bekannt sein, wenn nur einzelne Platten verwendet werden, was meist zutrifft. Muß man von vornherein auf einem Standpunkte mit einer größeren Zahl von Aufnahmen, auch für horizontale Reihenbilder (S. 101), rechnen, so sollten mit Rücksicht auf die sichere Durchführung der Bildaufnahmen die wesentlich an Gewicht leichteren Filme, die bei Luftaufnahmen schon längere Zeit gebräuchlich sind, benutzt werden.

Fig. 28. Universal-Phototheodolit von Hugershoff-Heyde in Dresden (Rückansicht).

Eine kippbare Meßkammer im vorstehendem Sinne hat der Universal-Phototheodolit von Hugershoff-Heyde, der jeder Aufgabe der terrestrischen Photogrammetrie und auch der Stereophotogrammetrie (s. u.) gerecht wird. Das hier dargestellte Instrument zeigt in Fig. 28 die Rückseite, die erkennen läßt, in welcher Weise ein auf den Markenrahmen aufgesetztes Okular in Verbindung mit dem Kammerobjektiv ein besonderes Fernrohr ersetzt. Der an der horizontalen

Kippachse befestigte Höhenkreis (Fig. 27) läßt mittels Nonien 1′ ablesen, kann aber, entsprechend eingerichtet, etwa für die trigonometrische Höhenbestimmung der Standpunkte, deren Lage durch „Rückwärtseinschnitt" nach gegebenen Festpunkten bestimmt wird. (S. 65), auch schärfere Ablesungen ermöglichen. Der Horizontalkreis gibt mittels Skalenmikroskop 6″ an.

Die Kammer hat als Objektiv ein Zeiß-Tessar mit einer Brennweite f = 180 mm, Zentralverschluß mit Drahtauslöser und die Plattengröße 13×18 cm. Das zur Abbildung kommende Blickfeld wird an einem Einstellrahmen (Fig. 27 über dem Objektiv) und einer davor angebrachten Zielmarke kontrolliert. Da die Kammer durchschlagbar ist, lassen sich auch Aufnahmen mit sehr stark geneigter bis lotrechter Achse, z. B. für Wolkenmessungen[1]) und geographische Ortsbestimmungen[1]), leicht ausführen. Bezügliche photogrammetrische Ausrüstungen für kartographische und meteorologische Zwecke, für Ortsbestimmungen sowie für Architekturaufnahmen sind von der Firma G. Heyde in Dresden N. 24 zu erfragen.

Die Berechnung der Polarkoordinaten, bezogen immer wieder auf die Horizontale durch den „Bildhorizont" des linken Standpunktes der Basis, aus Photogrammen, die um den Winkel ε (S. 102) gekippt sind, ist im allgemeinen wenig verlockend. Unter Annahme der früheren Bezeichnungen (S. 92) erhält man die Formeln:

Gl. 24) $$\operatorname{tg} \alpha_n = \frac{A\mathfrak{x}_n}{f \cdot \cos \varepsilon - A\mathfrak{y}_n \sin \varepsilon}; \text{ bei } \varepsilon = 0 \text{ also } \operatorname{tg} \alpha_n = \frac{A\mathfrak{x}_n}{f},$$
s. S. 92;

Gl. 25) $$\operatorname{tg} \beta_n = \frac{B\mathfrak{x}_b}{f \cdot \cos \varepsilon - B\mathfrak{y}_n \sin \varepsilon}; \text{ bei } \varepsilon = 0 \text{ also } \operatorname{tg} \beta_n = \frac{B\mathfrak{x}_n}{f},$$
s. S. 92;

Gl. 26) $$\operatorname{tg} \delta = \frac{A\mathfrak{y}_n \cdot \cos \varepsilon + f \cdot \sin \varepsilon}{f \cdot \cos \varepsilon - A\mathfrak{y}_n \sin \varepsilon}; \text{ bei } \varepsilon = 0 \text{ also } \operatorname{tg} \delta = \frac{A\mathfrak{y}_n}{f} \cdot$$
$\cos \alpha_n$, s. S. 91.

Der Horizontalabstand s wird im übrigen nach Seite 101 bestimmt, wobei auch wieder das von der Tachymetrie Gesagte gilt.

Eine direkte Ausmessung der obigen Winkel α_n bzw. β_n und δ ermöglicht der „Bildmeß-Theodolit" der Firma G. Heyde-Dresden.

---

[1]) Sarnetzky. Grundzüge der Luft- und Erdbildmessung. Berlin 1928. Für Wolkenmessungen sei auch hier genannt: Kopp. Wetterforschung mit Flugzeug und Kamera. In Photographische Rundschau und Mitt. 1928. Heft 19.

Letztere fertigt nach den Angaben von Hugershoff die in Fig. 29 zu sehende Vorrichtung, die aus einem der Meßkammer nachgebildeten „Bildträger“ besteht, d, h. im wesentlichen aus einem Objektiv vom gleichen Typ wie der des Universal-Phototheodolits, sowie aus einem Plattenhalter, dessen Abstand vom hinteren Hauptpunkte des Objektivs gleich ist der Bildweite f der Meßkammer. Die eingelegte Platte erhält die gleiche Lage, die sie im Augenblicke der Aufnahme hatte,

Fig. 29. Bildmeß-Theodolit von G. Heyde-Dresden.

da der Bildträger beliebig geneigt werden kann. Mit Hilfe eines vor dem Objektiv des Apparates angeordneten Theodolits läßt sich die Messung der gesuchten Winkel für jeden Geländepunkt vornehmen, so daß sich die Rechnung nach den zuletzt genannten Formeln erübrigt. Die angebrachten Kreise gestatten Ablesungen auf 6″. Durch eine Sondereinrichtung ist dafür gesorgt, daß die Bildweite des Trägers derjenigen des Phototheodolits angepaßt werden kann, falls thermische oder mechanische Einflüsse die letztere verändern. Der Bildmeßtheodolit ist wie der Phototheodolit für Platten 13×18 cm und mit der Bildweite f = 180 mm konstruiert.

II. Stereophotogrammetrie. Alle Erfolge des bisher geschilderten photogrammetrischen Meßverfahrens, dessen allgemeine theoretische

Grundsätze auf Lambert[1]) zurückzuführen sind, nachdem bereits 1726 der Schweizer Cappeler eine Karte des Pilatus „durch hilff zweyer prospektus, die in gar wenig zeit können gemacht werden, zu wegen gebracht“, sind nicht imstande, über eine gewisse Unzulänglichkeit der Methode hinweg zu täuschen. Die unumgängliche Feststellung identischer Geländepunkte auf den Photogrammen wird mit Zunahme des Abstandes a der beiden Basisendpunkte immer schwieriger, andererseits geht die Genauigkeit der Punktbestimmung nach Lage und Höhe mit der vielfach durch die Örtlichkeit bedingten Verkürzung der Basis soweit zurück, daß eine Anwendung dieses geistvollen Verfahrens eben unterbleiben muß. Der Winkel an der Spitze des jeweiligen Dreiecks $P_a P_n P_b$ (Fig. 20), also bei P_n, der im allgemeinen nicht unter 20—30° sinken sollte, wird unter Umständen so klein, daß eine von vornherein nicht zu übersehende Unsicherheit in der Punktlage entstehen kann. Dieser Mangel wird in etwa durch den „Bildmeßtheodolit“ (Fig. 29) behoben, der eine direkte Ausmessung der zur Bestimmung der Polarkoordinaten erforderlichen Winkel an der Platte mit verhältnismäßig großer Schärfe möglich macht. Zur weitesten Verbreitung der Bildmeßmethode mußten aber andere Wege beschritten werden.

Im Jahre 1896 wies Koppe, auf den auch der Grundgedanke zum Bildmeßtheodoliten zurückgeht, auf einen besonderen Vorteil hin, falls bei der Aufnahme die Kammerachsen bei lotrechten Platten auf den Endpunkten der Basis senkrecht zu dieser gestellt werden, d. h. wenn $\varphi_a = \varphi_b = 90^0$ wird. Führt man in die Gleichungen 22a) und 22b) nach Fig. 20 für α und β die Ergänzungen zu 90^0 ein, so erhält man unmittelbar, wenn der Index $_a$ und $_b$ bei $\mathfrak{x}_a$, $\mathfrak{x}_b$ und $\mathfrak{y}_a$ das Photogramm A bzw. B (s. S. 92) angibt:

Gl. 27) $$x = \frac{1}{1 + \operatorname{tg} \alpha \operatorname{ctg} \beta} \cdot a = \frac{1}{1 + \frac{f}{\mathfrak{x}_a} \cdot \frac{\mathfrak{x}_b}{f}} \cdot a = \frac{\mathfrak{x}_a}{\mathfrak{x}_a + \mathfrak{x}_b} \cdot a = \frac{\mathfrak{x}_a}{p} \cdot a;$$

Gl. 28) $$y = \frac{1}{\operatorname{ctg} \alpha + \operatorname{ctg} \beta} \cdot a = \frac{1}{\frac{\mathfrak{x}_a}{f} + \frac{\mathfrak{x}_b}{f}} \cdot a = \frac{f}{\mathfrak{x}_a + \mathfrak{x}_b} \cdot a = \frac{f}{p} \cdot a;$$

Gl. 29) $$\Delta h = \operatorname{tg} \delta \cdot s = \frac{\mathfrak{y}_a}{f} \cdot \frac{f}{\mathfrak{y}_a + \mathfrak{y}_b} \cdot a = \frac{\mathfrak{y}_a}{\mathfrak{x}_a + \mathfrak{x}_b} \cdot a = \frac{\mathfrak{y}_a}{p} \cdot a,$$

[1]) Die freye Perspektive oder Anweisung jeden Abriß von freyen Stücken und ohne Grundriß zu verfertigen. Zürich 1759.

wobei weiter $\triangle h$ aus der Proportion $\triangle h : \mathfrak{y}_a = y : f$ gewonnen werden kann. Auch in diesen Formeln kommen also neben f und a nur die schon anfangs benutzten Bildkoordinaten $\mathfrak{x}_a$, $\mathfrak{y}_a$ und $\mathfrak{x}_b$ vor.

Um den gemeinsamen Nenner $\mathfrak{x}_a + \mathfrak{x}_b$, dessen algebraische Summe stets $+$ ist, mit Rücksicht auf das Vorzeichen in den vier Photogramm-Quadranten (($+$) in I und II, ($-$) in III und IV) zu unterscheiden (s. a. S. 90), setzt man:

$$\text{Parallaxe } p = \mathfrak{x}_a - (-\mathfrak{x}_b),$$

wie die Gl. 27) bis 29) am Ende zeigen. Für den Höhenunterschied $\triangle h$ ist bestimmend das Vorzeichen von $\mathfrak{y}_a$, also ($+$) im Quadrant I und IV, ($-$) in II und III.

Fig. 30. Spiegelstereoskop von Zeiss-Jena.

Damit wäre eigentlich nichts weiter gewonnen als eine vereinfachte Auswertung der allgemeinen Formeln in der gewöhnlichen Photogrammetrie gemäß Seite 92, deren Werte x und y selbstverständlich auch hier wieder durch Transformation (S. 95) in ein beliebiges Koordinatensystem z. B. etwa einer Landestriangulation oder bei Forschungsreisen in ein angenommenes System, wie auf Seite 57, übergeleitet werden können.

Ein wesentlicher Fortschritt liegt aber zunächst in der Möglichkeit, beide Aufnahmen in einem geeigneten „Stereoskop“ verschmolzen als plastisches Bild zu betrachten. Dadurch wird man des oft recht mühsamen und zeitraubenden Aufsuchens identischer Geländepunkte auf den zwei zusammengehörenden Photogrammen enthoben. Man benutzt hierzu zweckmäßig Papierkopien, wie dies die Fig. 30 der Firma C. Zeiß-Jena ersehen läßt. Das dort dargestellte „Spiegel-

Fig. 31. Stereokomparator nach Pulfrich von Zeiss-Jena.

stereoskop“ ermöglicht die Betrachtung von Aufnahmen bis zur Bildgröße 18 × 24 cm in ihrer ganzen Ausdehnung. Die beiden Einblicksöffnungen sind mit Revolverokularen, bestehend aus 3 Linsen von 10, 15 und 20 cm Brennweite und einer freien Durchblicksöffnung für etwa einzusetzende Linsen von anderer Brennweite, versehen, um eine gute Übereinstimmung mit der Brennweite der Aufnahmekammer und damit ein dem Gelände möglichst ähnliches Raumbild zu erhalten. Die Bildhalter auf dem Gerät sind drehbar, so daß das Stereoskop auch zur bequemen Ausrichtung und Durchmusterung von Stereo-Luftbildern verwendet werden kann, worauf noch später hingewiesen wird.

Die Raumwahrnehmung im stereoskopischen Sehen und die Feststellung von Grousilliers—Berlin, daß eine fixe Marke bei Verschiebung des einen Stereoskopbildes zu wandern scheint, führte Pulfrich—Jena[1]) auf die Konstruktion des „Stereokomparators", der die Ausmessung solcher Doppelaufnahmen und damit die rasche Ermittelung der drei Raumkoordinaten ermöglichte.

Der Apparat (Fig. 31) für Platten 9×12, zeigt einen Unterbau mit horizontalen Rahmen für die Stereogramm-Platten P_1 und P_2, die mittels Spiegel S_1 und S_2 von unten beleuchtet werden, und im Oberbau ein nach vorn bzw. hinten verschiebbares Stereomikroskop mit Raummarken zur Betrachtung der Stereogramme mittels der Okulare O_1 und O_2. Durch Bewegen der Justierschrauben D_1 und D_2 lassen sich die Platten ein wenig horizontal drehen, um ihre „Bildhorizonte" (S. 90) parallel zur Abszissenrichtung (Basis) zu stellen.

Die Ausmessung identischer Punkte des Geländes oder sonstiger Objekte geschieht mit Hilfe der schon genannten „wandernden Marke". Hierbei wird zunächst auf dem linken Stereogramm P_1 der auszumessende Punkt mittels der Handkurbeln H und V scharf im Mikroskop eingestellt, darauf die Bildkoordinate $\mathfrak{x}_a$ an dem Abszissenmaßstabe x der Fig. 31 und die Bildkoordinate $\mathfrak{y}_a$ an dem Ordinatenmaßstabe y auf 0,01 mm abgelesen. Es folgt sodann die Fixierung des Punktes im rechten Stereogramm P_2: man dreht die Parallaxenschraube Z, bis eine scheinbare Bewegung der Mikroskop-Raummarken gesehen wird, die man schließlich auf die beiden identischen, nun zu einem Bilde verschmolzenen Punkte setzt. Eine Ablesung an der Schraube Z gibt die nach Seite 106 definierte Parallaxe $p = \mathfrak{x}_a + \mathfrak{x}_b$ auf 0,001 mm an. Mit a als Basislänge können dann im früheren Sinne die Koordinaten x, y und die Höhen h ausgewertet werden.

Da das Stereo-Meßverfahren verhältnismäßig sehr genau ist, kann die Länge der Basis im Gegensatz zur gewöhnlichen Photogrammetrie auf etwa ein Achtel des Seite 101 geforderten Maßes herabgesetzt werden, wodurch es gerade in schwierigem Gelände wertvoll wird. Dazu kommt, daß bei den Stereoaufnahmen die Kammerachsen durchaus nicht an die senkrechte Stellung zur Basis ($\varphi_a = \varphi_b = 90^0$), an den sog. „Normalfall", gebunden sind. Es kann, durch die Örtlichkeit bedingt, vielmehr auch der „Fall der gleichmäßig verschwenkten Achsen" vorteilhaft sein, doch müssen letztere stets sehr scharf, bis auf einige Sekunden genau, parallel laufen, was aber mit Hilfe der noch später zu beschreibenden Phototheodolite unschwer zu erreichen ist. Die Ableitung der Koordinaten bleibt dann

[1]) Pulfrich. Über neue Anwendungen der Stereoskopie und ein hierfür bestimmtes Stereoskop. Zeitschr. f. Instrumentenk. 1902.

nicht so bequem[1]). Sie wird noch schwieriger wenn der „Allgemeine Fall“ d. h. wenn die Kammerachsen beliebige Richtungen erhalten, und eine „Verkantung“, d. i. eine Abweichung des Bildhorizontes (S. 90) von dem tatsächlichen Horizont vorliegt. Da für terrestrische Stereoaufnahmen derartige erschwerende Bedingungen in der Regel nicht nötig sind, soll hier nicht näher darauf eingegangen werden.[1])

Zur leichten Verfolgung des Meßvorganges und zur Einübung der stereoskopischen Einstellung, dann auch zur Demonstration der „wandernden“ Marke sei anschließend auf das Zeißsche „Stereomikrometer“ (Fig. 32) hingewiesen, das neuerdings, weil es das ganze Bildfeld übersehen läßt, auch zur Betrachtung von Stereobildern in Reisebeschreibungen oder Zeitschriften sehr zu empfehlen ist.[2]) Die Abbildung zeigt den eigentlichen Stereoapparat zusammen mit der Mikrometervorrichtung für Photogramme bis zur Größe 9×18 cm. Die im Stereokomparator (Fig. 31) befindlichen Raummarken sind hier (Fig. 33) durch die Spitzen zweier Metallstreifen m_1 und m_2 ersetzt. Der Schlitten A A vertritt die Handschraube H in Fig. 31 und trägt links die Abszissenskala $\mathfrak{x}_a$ mit mm-Teilung. Der Streifen m_1, mit gleicher Teilung, läßt das Maß $\mathfrak{y}_a$ (S. 91) entnehmen. Die rechte Marke m_2 wird an einem zweiten Schlitten B B, der in A A eingelassen ist, verschoben, worauf die Ablesung für die Parallaxe p an dem Maßstabe unter R und mittels der Trommel S auf 0,01 mm vor sich geht. Die Fig. 32 zeigt das Stereomikrometer

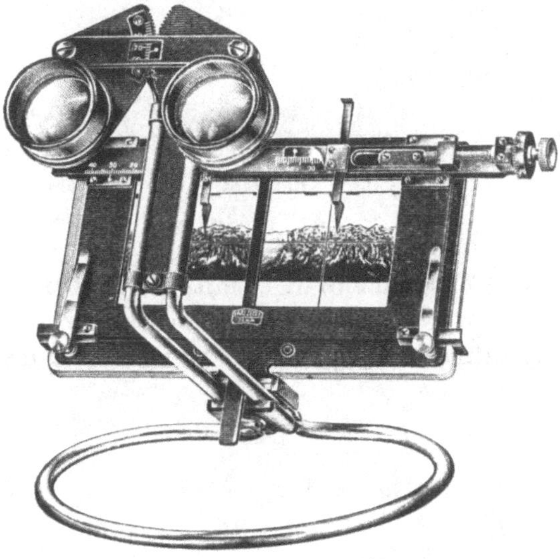

Fig. 32. Stereomikrometer von Zeiss-Jena.

[1]) Eggert. Anm. 1, S. 44.

[2]) Einfacher für den letzteren Zweck ist die Konstruktion nach Lüscher, die von der Photogrammetrie G. m. b. H. in München, Sendlingertorplatz 1, zu beziehen ist.

bei der Ausmessung eines Geländeabschnittes. Unter dem rechten Metallstreifen sieht man den in dem Photogramm durch feine Linien angedeuteten „Bildhorizont" und die „Hauptvertikale".

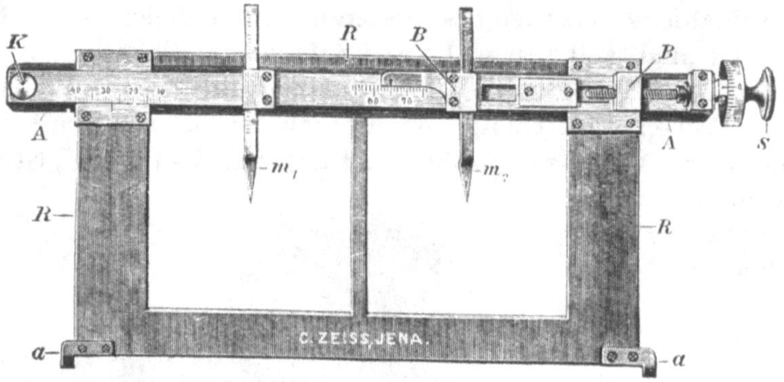

Fig. 33. Mikrometervorrichtung für das Stereomikrometer Fig. 32, von Zeiss-Jena.

Im Zusammenhange mit Vorstehendem sei schließlich auf die Prüfungstafel für das stereoskopische Sehen von Zeiß-Jena (Fig. 34) aufmerksam gemacht, die zehn sehr instruktive Bilder bringt und

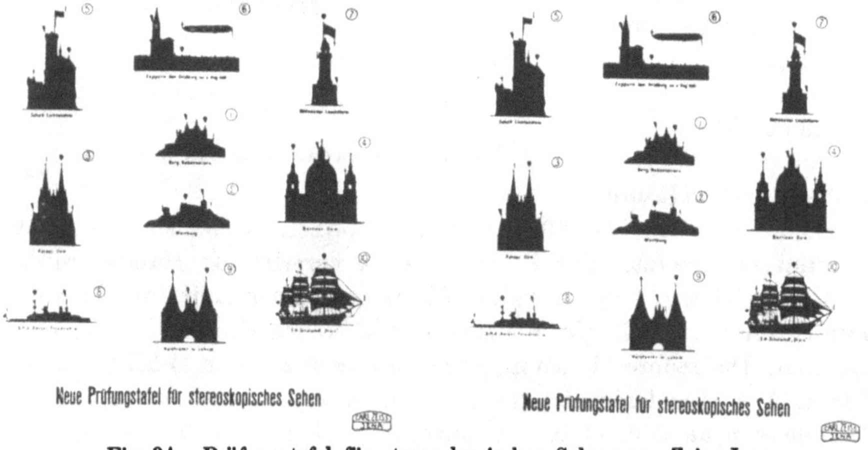

Fig. 34. Prüfungstafel für stereoskopisches Sehen von Zeiss-Jena.

sich z. B. beim Unterrichte als ein ausgezeichnetes Exerziermittel für das Sehen mit den beiden Augen und die dadurch gewonnene Raumvorstellung erwiesen hat.

Ein neuerer „Stereokomparator" nach Hugershoff, von der Aerotopograph G. m. b. H. in Dresden N. 23 hergestellt (Fig. 35), gestattet die Ausmessung von Bildformaten bis zu 13×18 cm. Die Konstruktion ist insofern originell, als die beiden Platten, beleuchtet von einer kleinen 4 Volt Lampe, in Rahmen lotrecht stehen, mit der Rückseite gegeneinander gekehrt, und durch zwei lange, horizontal liegende Fernrohre betrachtet werden. Durch eine eigenartige Prismenanordnung ist es möglich, das ganze Aufnahmefeld, auch bei größeren Höhenunterschieden der Basisendpunkte stereoskopisch zu betrachten, was besonders vorteilhaft erscheint. Da die beiden Rahmen mit den Photogrammen in der horizontalen und vertikalen Ebene verschiebbar sind, außerdem wieder, wie bei Fig. 31, eine der Platten für sich in einem Parallaxen-Schlitten horizontal verstellbar ist, können auch hier an Maßstäben mit Feinablesung die drei Größen $\mathfrak{x}_a$, $\mathfrak{y}_a$ und p gemäß Seite 108) leicht und rasch ausgemessen werden.

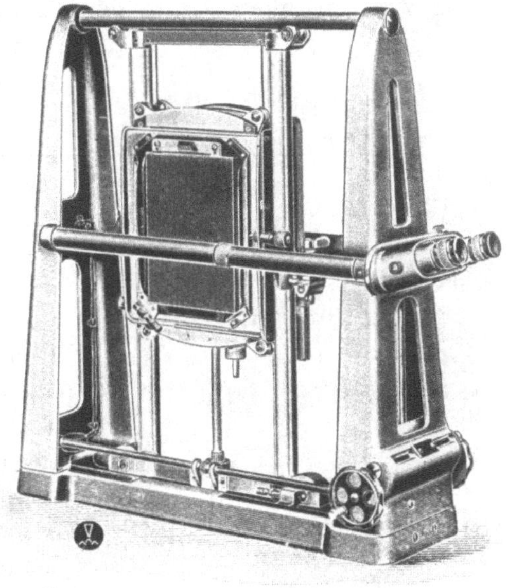

Fig. 35. Stereokomparator nach Hugershoff.

Es ist bereits Seite 108 auf die Notwendigkeit der scharfen Bestimmung der Achsenstellung zur Basis hingewiesen. Für den „Normalfall" (S. 108) hat schon Pulfrich durch die Firma Zeiß-Jena an seine Aufnahme-Meßkammer (Fig. 36) mit f = 190 mm und Platten 13×18 entsprechende Einrichtungen anbringen lassen. Auf der Kammer befinden sich zwei Fernrohre übereinander, parallel gerichtet, sowie ein Reflexionsprisma, mit deren Hilfe der Kammerachse eine scharfe bestimmte „normale" oder „verschwenkte" Stellung gegeben werden kann. Bemerkenswert sind die drei festen übereinander angeordneten Objektive, wodurch deren Verschiebung (s. S. 99) fortfällt. Zur Ausrüstung gehört neben anderen Stücken vor allem ein Feldtheodolit mit Repetition (S. 75). Höhenkreis (S. 103) und Meßschraube zur optischen Messung der sehr oft nicht direkt meßbaren Basis (s. a. S. 101), sowie die hierzu nötige Basismeßlatte, Fig. 37 links und in der Mitte.

Auch der Universal-Phototheodolit nach Hugershoff (Fig. 27 u. 28) hat für genaue Aufnahmen von Stereogrammen ein am Unterbau starr befestigtes Richtfernrohr, dessen Zielachse rechtwinklig zur optischen Achse der Kammer liegt.

Stereoautograph. Mit der punktweisen Auswertung der Geländekoordinaten im Stereokomparator und ihrer manuellen oder maschinenmäßigen Auftragung, etwa nach Seite 89 mit Fig. 17, war der Topographie immer noch nicht restlos gedient. Für umfangreiche Arbeiten wurde die Photogrammetrie erst rationell, als es v. Orel 1909 gelang, den Stereokomparator mit einer Kartierungsvorrichtung zu verbinden, die automatisch nicht nur einen Lageplan mit Einzelhöhen lieferte, sondern auch fortlaufend Schichtenlinien (Isohypsen) zeichnete, die gerade auch bei kartographischen Arbeiten eine hervorragende Rolle spielten. Ein solcher, durch Bauersfeld und Pfeiffer ergänzter und von der Firma C. Zeiß-Jena hergestellter „Stereoautograph“ Fig. 38 ist für „normale“ und „verschwenkte“, ja auch für wenig „konvergente“ und „divergente“ Achsen im Sinne der gewöhnlichen Photogrammetrie verwendbar. Durch ein Hebelsystem, auf dessen Zusammenhang mit dem Komparator (A in der schematischen Fig. 39) hier nicht eingegangen werden soll, wird durch entsprechende Handkurbeln ein Stift in Bewegung gesetzt, der die Situation zeichnet, während an einem Maßstabe M die zugehörigen Höhen abgelesen und dem betreffenden Punkte beigeschrieben werden können, ein Vorgang, der aber nur für

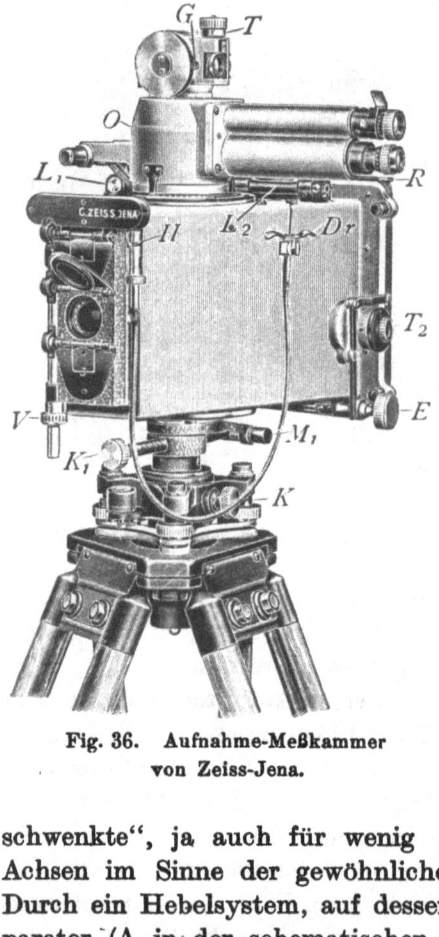

Fig. 36. Aufnahme-Meßkammer von Zeiss-Jena.

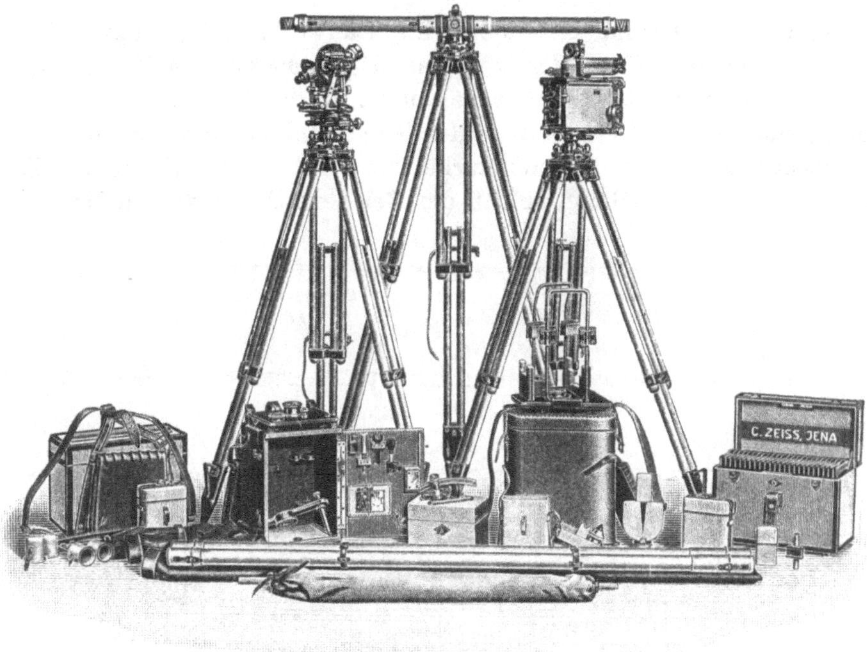

Fig. 37. Photogrammetrische Feldausrüstung nach Zeiss-Jena.

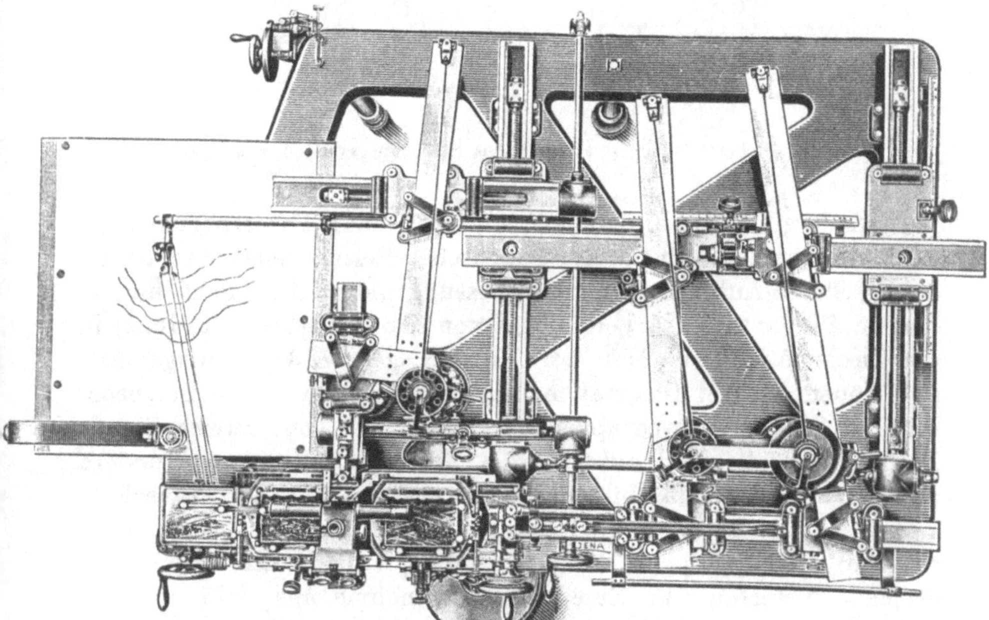

Fig. 38. Stereoautograph nach v. Orel.

einzelne hervortretende Geländepunkte, Bauwerke u. drgl., dann etwa auch für die Schaffung der wenigen trigonometrischen Festpunkte für Luftaufnahmen (s. u.), in Frage kommt. In der Regel stellt man die Höhenskala M auf feste Beträge der Schichtenlinien ein und führt so zwangslaufig die „wandernde Marke“ im Anblicke des Raummodells auf dem Gelände entlang, so daß der Zeichenstift sofort den Höhen-

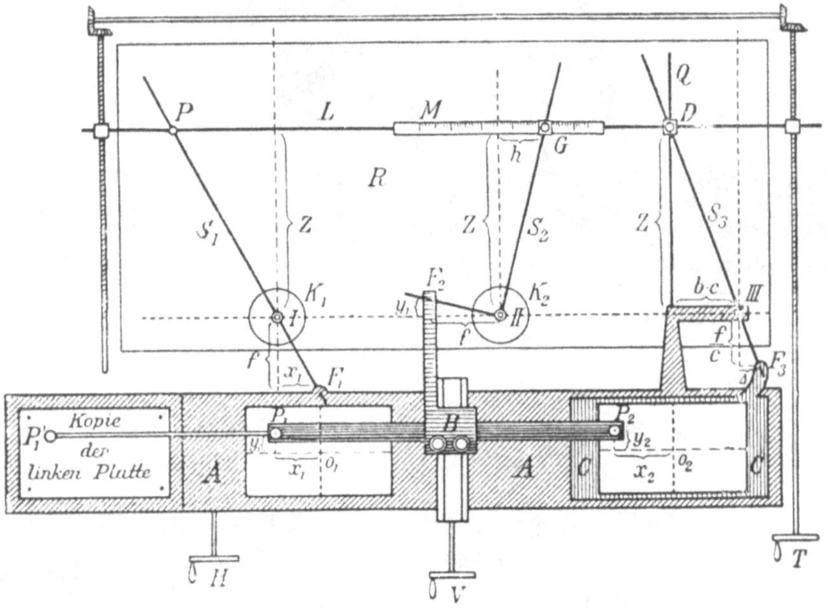

Fig. 39. Schematische Darstellung des Stereoautographen von v. Orel.

plan wiedergibt. Die Fig. 38 läßt links auf einem Papierbogen einige Schichtenlinien erkennen. Als praktisches Beispiel einer terrestrischen Stereo-Aufnahme und -Ausmessung mögen die Fig. 40 und 41 dienen. Die örtlichen Arbeiten sind von den Zeiß-Werken (Jena) in der Tiroler-Ache mit Hilfe der Ausrüstung (Fig. 37) durchgeführt, der Höhenplan, im Original maßstäblich 1 : 500, mit dem vorbeschriebenen Stereoautographen gewonnen. Die Lage zweier Standlinien, Basis 3 A — 3 B und 5 A — 5 B, sind in dem Höhenplan, erstere auch in dem hier abgebildeten Stereogramm (Fig. 41), zu sehen. Das Stereogramm zeigt auch einige in ihm eingetragene perspektivische Schichtenlinien, die als „Nebenprodukt“ des Stereoautographen zu werten sind. Eine weitere Aufnahme, ausgeführt von der „Photogrammetrie G. m. b. H. in München, Sendlingertorplatz 1,

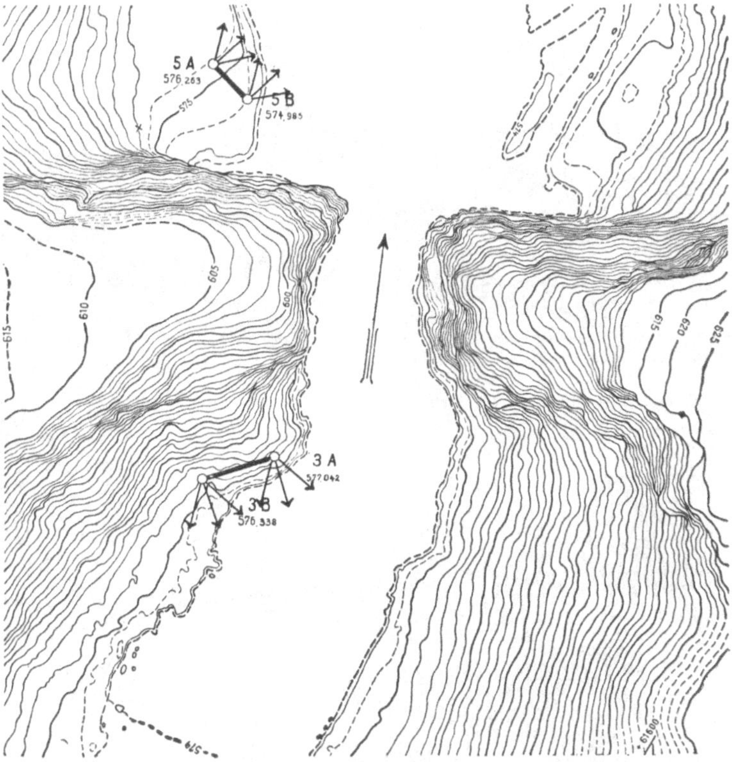

Fig. 40. Höhenschichtenplan nach Stereophotogrammen, davon eins Fig. 41, ausgeführt.

Fig. 41. Eins der Stereophotogramme zur Herstellung des Höhenschichtenplanes in Fig. 40.

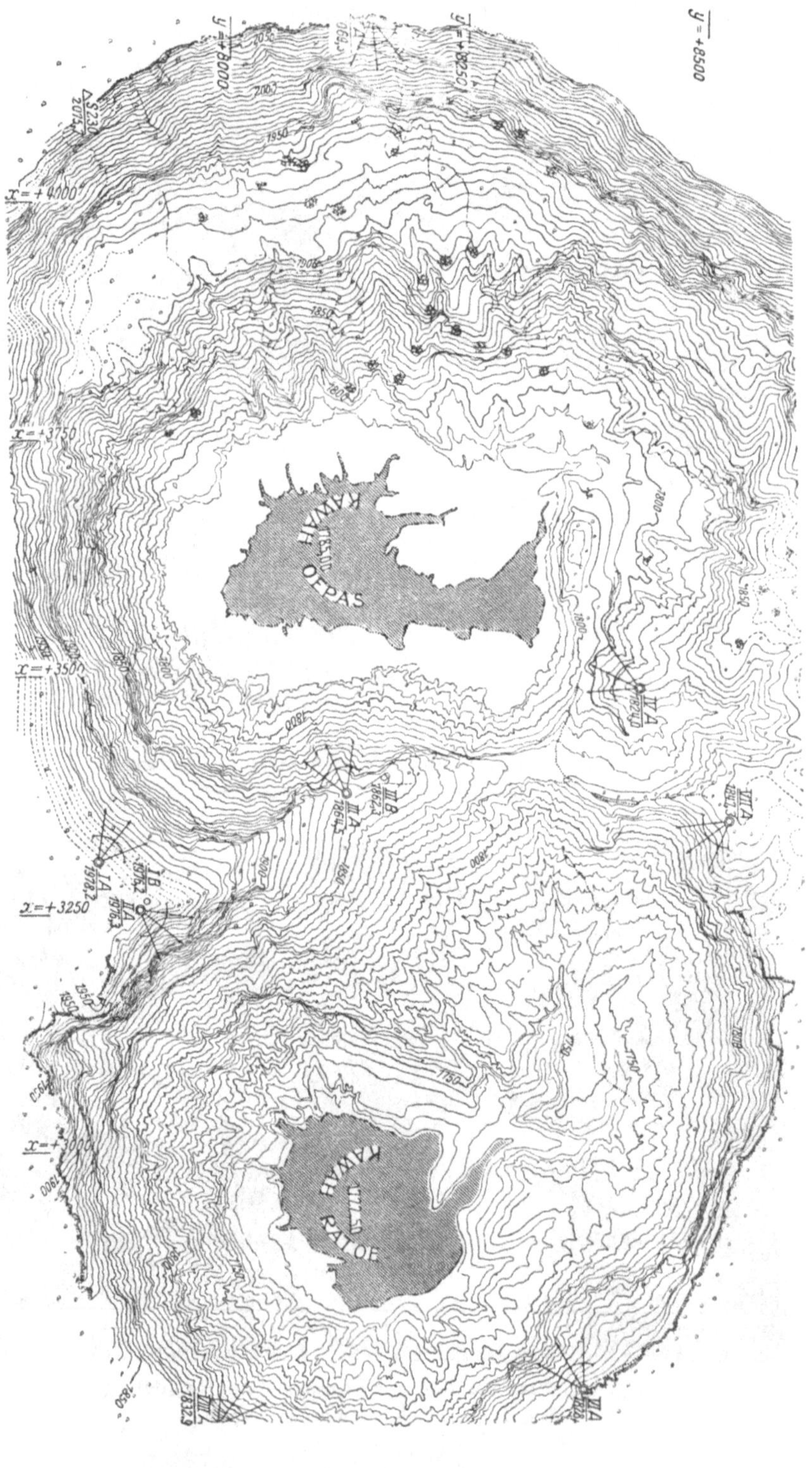

Fig. 42. Schichtenlinienplan des Vulkans Tangkoeban-Prahoe auf Java.

ist in Fig. 42 wiedergegeben; sie stellt den Krater vom Vulkan Tangkoeban-Prahoe auf Java mit Schichtenlinien im Abstande von 5 m dar.

Wie noch später auszuführen sein wird, geben die neueren Auswertegeräte die Möglichkeit, aus den Photogrammen unmittelbar

Fig. 43. Relief des Vulkans Tangkoeban-Prahoe auf Java, hergestellt auf Grund des Schichtenlinienplanes in Fig. 42.

naturgetreue Modelle der Aufnahmegebiete herzustellen. Das in Fig. 43 zu sehende Relief des eben genannten Kraters ist auf Grund des Schichtenlinienplanes, Fig. 42, von der Kartographischen Relief-Gesellschaft in München, Ludwigstr. 8, durch Prägung nach dem sog. Wenschow-Verfahren im Maßstabe 1 : 2500 angefertigt worden. Ein größeres Gebiet umfaßt das Relief „Der Nil bei Assuan" derselben Gesellschaft, Fig. 44, auf dem durch seitliche Pfeile die Arbeitsgebiete der beiden Forscher Passarge und Meinardus angedeutet sind. Verfolgt man die Pfeilrichtungen bis zum Schnitt, so findet man in a a das „Lager bei Schellal" (S. 76), in b b den „Heiligenberg" (S. 78) in c c das „Südwadi". Von diesen drei Stellen werden besondere Schichtenpläne im Zusammenhang mit den Berichten der genannten Geographen, wie schon Anm. 1, S. 53 mitgeteilt wurde, veröffentlicht werden. Hier sei nur bemerkt, daß am „Lager von Schellal" und für das „Südwadi" die drei Dreieckspunkte A, B und C bzw. A und B (S. 68) als Standpunkte der Photogrammetrie gedient haben, für den „Heiligenberg" die Polygonpunkte A bis D (S. 78). Die tachymetrische Messung zwischen O und C mit dem Schichtenplan auf Tafel 25 stützt sich, wie schon Seite 76 gesagt, auf die Punkte O sowie P_1 bis P_5.

III. Aerophotogrammetrie. Die bisher geschilderte Bildaufnahme könnte ohne weiteres in den Luftraum, in ein Luftfahrzeug, verlegt werden, wenn es gelänge, die Voraussetzungen für die Photogrammetrie auch hier einfach zu erfüllen. Die Trennung vom festen Erdboden bringt aber außerordentlich große Schwierigkeiten. Bei den unvermeidlichen Schwankungen eines Flugzeuges, das zurzeit noch allein der erprobte Träger[1]) der Meßkammer ist, werden die zu Lande unschwer einzuhaltenden Bedingungen mit der hier nötigen Schärfe sich nie erreichen lassen. Es sind dies die Elemente der Orientierung, die im einzelnen die Lage der Kammer in einem eigenen (S. 57) oder einem Koordinatensystem einer Landesaufnahme, die Stellung der Platten zur Horizontalen gemäß Neigung oder Kippung nach ε (S. 102) und die Verkantung (S. 109), schließlich auch die Richtung der Kammerachse im Augenblicke der Aufnahmen bekannt geben. Ihre Kenntnis läßt sich nur durch drei der Lage (x y) und Höhe (h) nach gegebenen Boden-Festpunkten, die auf den Photogrammen mit abgebildet sind, erbringen. Hierüber haben neben

[1]) Vom Luftschiffe sind die Versuche noch nicht zu Ende geführt; hierzu siehe den Schluß der Ausführungen.

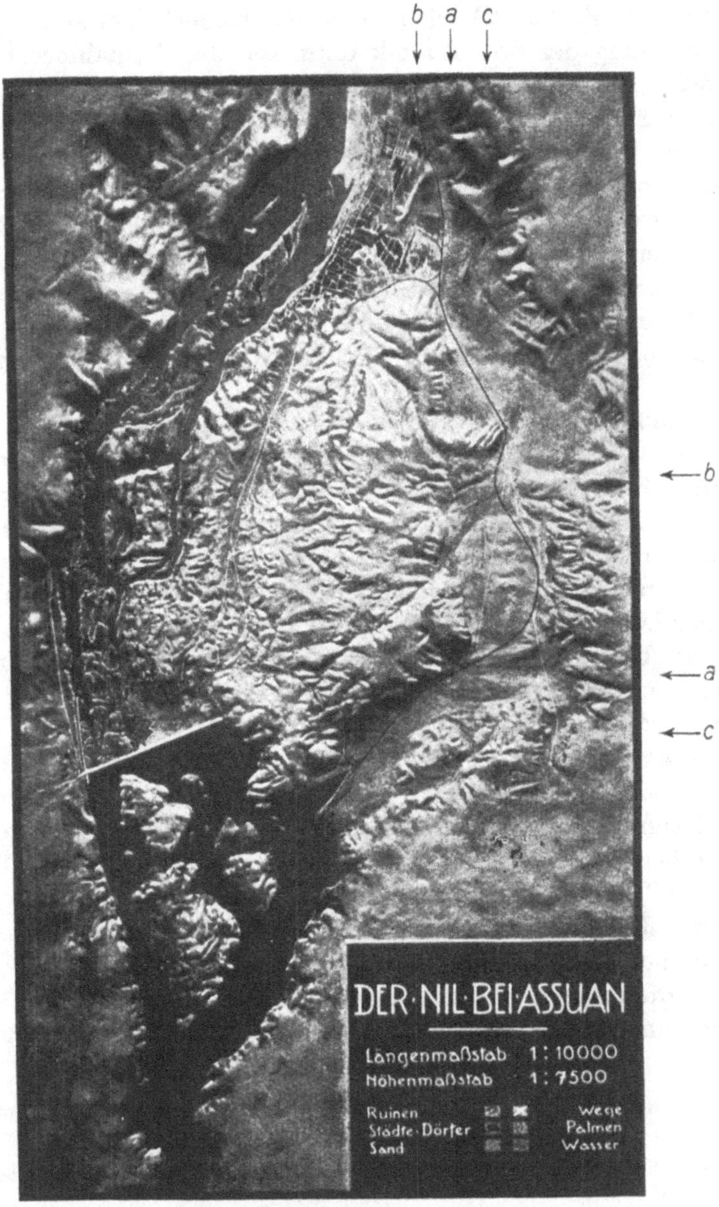

Fig. 44. Relief des Nils bei Assuan, mit Angabe der Arbeitsgebiete von Prof. Passarge und Meinardus.

anderen insbesondere Finsterwalder[1]) und Hugershoff[2]) Näheres veröffentlicht. Es handelt sich dabei im wesentlichen zunächst um die Berechnung der drei Raumkoordinaten des Aufnahmeortes mit Hilfe des „Räumlichen Rückwärtseinschnitts“[3]), für den die drei Winkel zwischen den Strahlen nach den drei Festpunkten wieder mittels der Bildkoordinaten und der Brennweite (S. 90), oder aber wesentlich schärfer unter Benutzung des Bildmeßtheodolits (S. 104) bestimmt werden; weitere Rechnungen ergeben Neigung und Verkantung der Platten. Hugershoff[4]) hat gewisse Vereinfachungen gebracht, die rasch zu den gesuchten Ergebnissen führen. Sind letztere gefunden, so lassen sich, wie bei der terrestrischen Photogrammetrie die Polar- oder auch die rechtwinkligen Koordinaten für jeden einzusehenden Geländepunkt ableiten, ob nun vorerst die Bildkoordinaten gemäß Seite 93 usw. oder die Winkel direkt unter Zuhilfenahme des Bildmeßtheodolits den Photogrammen entnommen werden. Als Basislänge dient hierbei der horizontale Abstand der beiden Kammerorte in der Luft, deren Koordinaten ja, wie soeben mitgeteilt, berechnet werden. Freilich bringen Neigung und Verkantung der Platten, worauf schon Seite 109 hingewiesen wurde, eine umständliche, zeitraubende Rechenarbeit. Auf eine entsprechende Länge der Basis muß auch hier geachtet werden, wobei wieder leicht die Identifizierung der gleichen Punkte leidet. Wie früher, so wird aber auch hier ein Stereoskop (S. 107) gute Dienste leisten.

a. Schrägaufnahmen. Meßbildaufnahmen der vorstehenden Art, aus mehr oder weniger großer Höhe, werden eine unter einem gewissen Tiefenwinkel (ε = etwa — 30^0) nach abwärts geneigte Kamerachse bedingen, wodurch das Landschaftsbild wie aus der „Vogelperspektive“ wiedergegeben wird. Man spricht von „Schrägaufnahmen“, die einen großen Abschnitt der Erdoberfläche bestreichen und nicht nur die Unterlagen für die Herstellung von Karten, Lage- und Schichtenplänen bieten, sondern auch ein vorzügliches Mittel zur Veranschaulichung des Charakters einer Landschaft, einer Stadt,

---

[1]) Finsterwalder. Die geometrischen Grundlagen der Photogrammetrie. Jahresbericht der deutschen Mathematikervereinigung. VI, 2. Leipzig 1899.

[2]) Hugershoff. Die Phototopographie und ihre Anwendung auf Flugzeugaufnahmen. Dresden N. 23, Kleiststr. 70.

[3]) Klöckner. Der räumliche Rückwärtseinschnitt seit Grunert. Frankfurt a. M. 1929.

[4]) Anm. 2 und Hugershoff-Cranz. Grundlagen der Photogrammetrie aus Luftfahrzeugen. Stuttgart 1919.

eines Bauwerks sind, so daß sie gerade zur Durchforschung eines Landes als besonders geeignet erscheinen[1]).

Für umfangreiche Arbeiten, die eine rasche und auch wirtschaftliche Auswertung der Messungen verlangen, wird man sich wieder automatischer Geräte bedienen. Auch hierfür hat die deutsche Feinmechanik nach Überwindung mancher, außerordentlich großer Schwierigkeiten Sorge getragen.

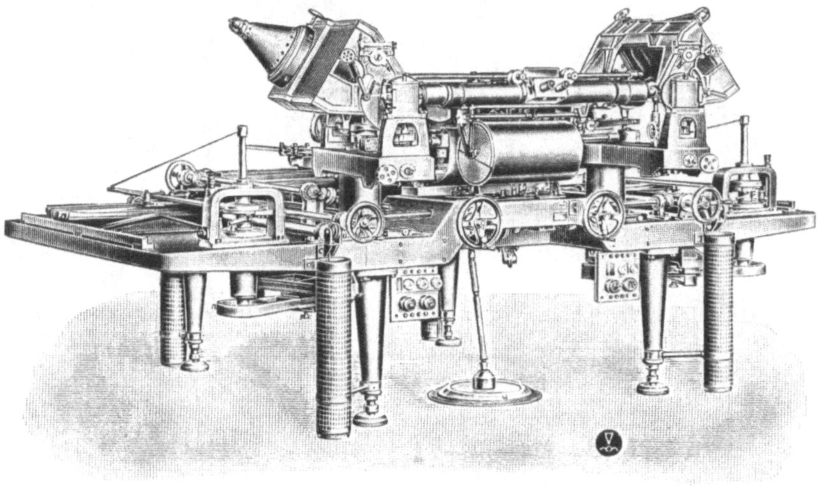

Fig. 45. Autokartograph nach Hugershoff.

Der Autokartograph nach Hugershoff, von G. Heyde, Dresden N. 23, ist das erste derartige Instrument, Fig. 45. Er ist die Verbindung zweier Bildmeßtheodolite, so daß eine binokulare Betrachtung (Ok in Fig. 46) der Platten möglich wird. Letztere werden rein mechanisch in die Bildträger B_1 und B_2 eingepaßt, indem man von der Höhe des Aufnahmortes, der Neigung und Verkantung, die sämtlich nur näherungsweise bekannt zu sein brauchen, ausgeht, um schließlich unter Berücksichtigung der drei Festpunkte (s. o.), die man als „Paßpunkte" bezeichnet, die Lage zu erhalten, die sie bei der Aufnahme gehabt haben. Die Messung der Horizontalwinkel wird durch Drehung der Bildträger B, die der Vertikalwinkel durch Drehung der Spiegelflächen RFl vor den Fernrohrobjektiven (s. a. Fig. 29) ermöglicht. Durch die Drehung der Bildträger werden aber auch zwei mit ihnen fest verbundene Lineale L_1 und L_2 in Bewegung gesetzt

[1]) Dock. Aerotopographie und Aerophotogrammetrie. Sonderdruck aus: Militärische und technische Mitteilungen. Wien 1928.

derart, daß ihr Schnittpunkt S, in dem ein Bleistift angebracht ist, die Lage des jeweils durch seine beiden Bildpunkte eingestellten Geländepunktes nach Art des „Vorwärtseinschnitts" (S. 64) auf Zeichenpapier kartiert, Fig. 46. Auch die Ermittelung der Höhen geschieht selbsttätig durch zwei Höhendreiecke, $C_1 A_1 D_1$ für B_1 und $C_2 A_2 D_2$ für B_2, indem die Bestimmungsstücke, nämlich die horizontalen Abstände vom Aufnahmeort, z. B. $C_1 S_1$, und die Vertikal-

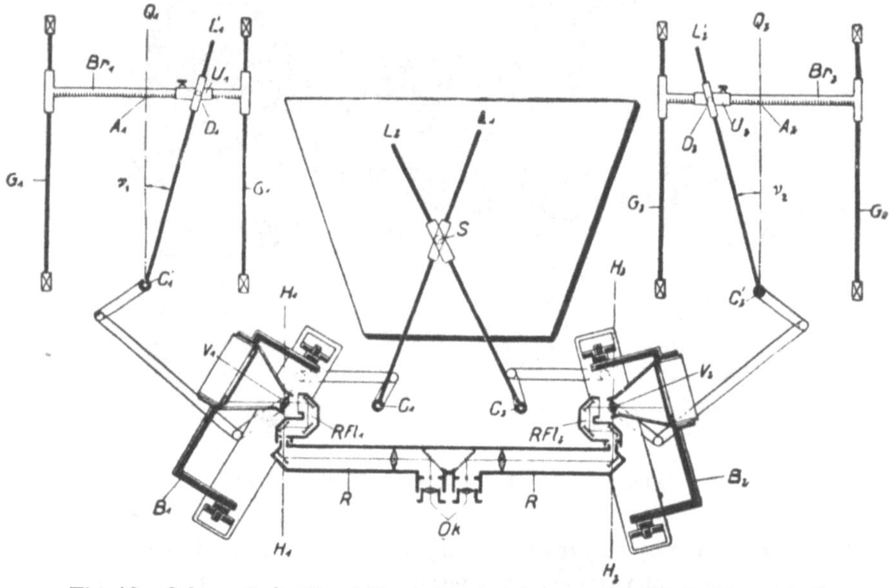

Fig. 46. Schematische Darstellung des Autokartographen nach Hugershoff.

winkel δ, hier mit ν_1 bezeichnet, seitlich mechanisch dargestellt werden, und zwar δ bzw. ν_1 umgeklappt. Die Abstände, etwa C_1 S, werden hierzu mittels Stahlbändern auf die „Höhenbrücken" Br, die Vertikalwinkel durch Hebel auf die Höhenlineale L′ übertragen. Die Drehung der Bildträger selbst geschieht durch Verschiebung des Schnittpunktes S mittels eines ebenen, durch zwei Handräder angetriebenen Kreuzschlittens, die Drehung der Fernrohrspiegel RFl mit Hilfe einer gemeinsamen Fußscheibe, die zur Lenkung der Höhenlineale L_1' bzw. L_2' dient. Die neueste Konstruktion, Fig. 45, ist so eingerichtet, daß an einem Zählwerk, unmittelbar im Gesichtskreise des Beobachters, die drei Raumkoordinaten des eingestellten Punktes direkt abgelesen werden können.

Fig. 47. Autokartograph mit Koordinatograph und Relief-Fräsvorrichtung nach Hugershoff.

Bei der Auswertung wird auch wieder eine Durchmusterung der Fliegerbilder mit Hilfe eines einfachen Stereoskops, das das ganze Blickkfeld verfolgen läßt, zweckdienlich sein (S. 107).

Wie am Stereoautographen, Seite 112, so erfolgt auch hier eine kontinuierliche Zeichnung der Situationslinien durch die gleichzeitige Betätigung aller drei Antriebsvorrichtungen, die der Höhenschichtenlinien durch ausschließliche Inanspruchnahme der beiden Handräder, wobei die Höhenlineale mit den Höhenbrücken in bestimmten, den jeweils zu zeichnenden Schichtenlinien entsprechenden Einstellungen verklemmt werden[1]).

Die Zeichnung von Karten oder Plänen geschieht entweder auf dem Tische innerhalb des Autokartographen, Fig. 47. Mitte und Fig. 46 unter S, oder auf einem seitlich aufgestellten, mit dem Apparat gekuppelten Koordinatographen (s. a. S. 89), der auch mit einer Relief-Fräsvorrichtung, Fig. 47 links, geliefert wird. Letztere dient der

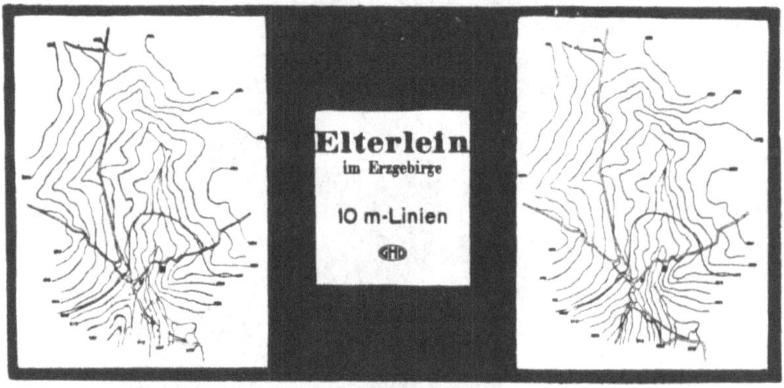

Fig. 48. Stereokarte eines Höhenschichtenplanes.

Herstellung von körperlichen Modellen der aufgenommenen Landschaft in Ton oder Gips, worauf schon Seite 117 hingewiesen worden ist. Als Ersatz für den Koordinatographen dient eine Zeichentrommel, Fig. 45 vorn Mitte, auf der nicht nur Situations- und Schichtenpläne, sondern auch Profile von Geländeabschnitten ausgearbeitet werden können. Als Universalmeßgerät bietet der Autokartograph zudem die Möglichkeit, auf einer weiteren Trommel einen zweiten Schichtenplan des Geländes herzustellen, der zwar dem ersten kongruent ist, aber in einer Richtung parallel zu jenem etwas verschoben ist. Da die Größe dieser Verschiebung proportional den Höhenunterschieden ist, ergibt die Betrachtung solcher Doppelkarten im Stereoskop ein „stufiges" Raumbild der Landschaft, wodurch die Gliederung des

[1]) Hugershoff. Photogrammetrie. Lexikon der gesamten Technik und ihrer Hilfswissenschaften, von Lueger. III. Aufl. Stuttgart.

Geländes, wie schon die kleine Fig. 48 ersehen läßt, deutlich wiedergegeben wird.

Eine Auswertung mittels des Autokartographen ist in Fig. 48 a zu sehen; es ist der Schichtenplan der Schneegruben im Riesengebirge, kartiert aufgrund des Stereobildpaares Fig. 48 b vom Aerokartographischen Institut in Breslau, Goethestr. 55.

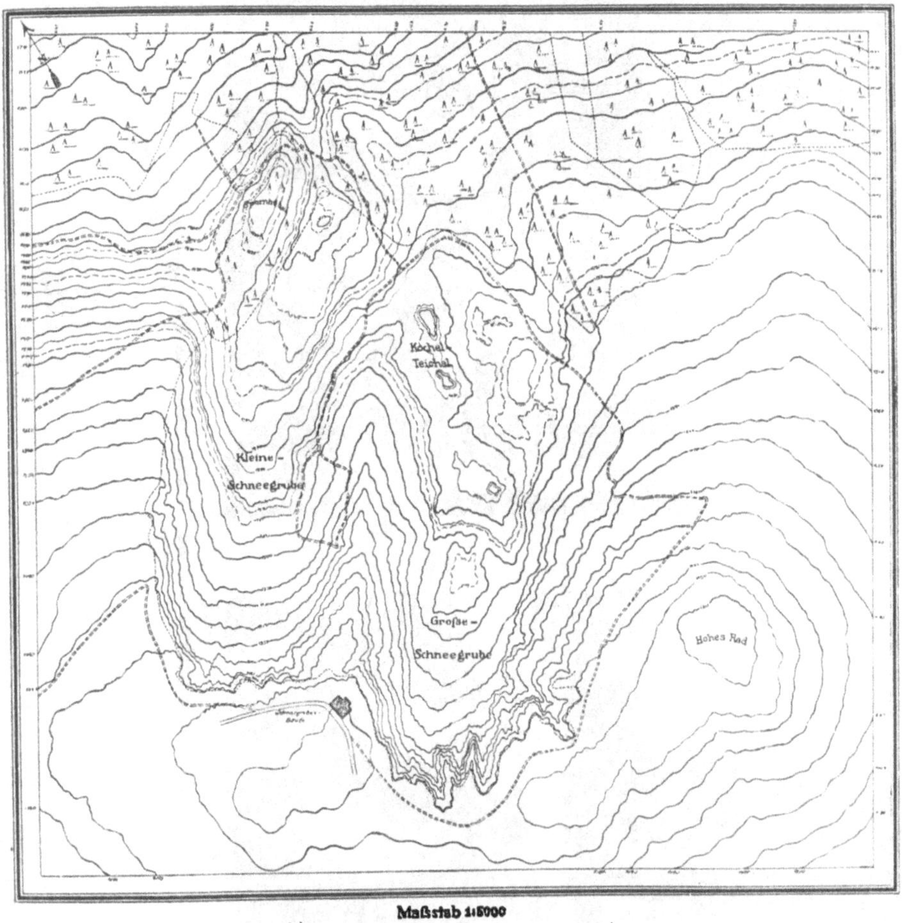

Maßstab 1:5000

Fig. 48 a. Höhenschichtenplan der Schneegruben im Riesengebirge, hergestellt nach Stereo-Luftbild-Aufnahmen.

S t e r e o p l a n i g r a p h. Konstruktiv abweichend vom Autokartographen ist der Stereoplanigraph von P u l f r i c h - B a u e r s f e l d der

Optischen Werkstätten C. Zeiss-Jena, Fig. 49, indem an Stelle der Lineale und Stangen die von den auszumessenden Punkten der Platten oder Filme ausgehenden Lichtstrahlen selbst verwendet

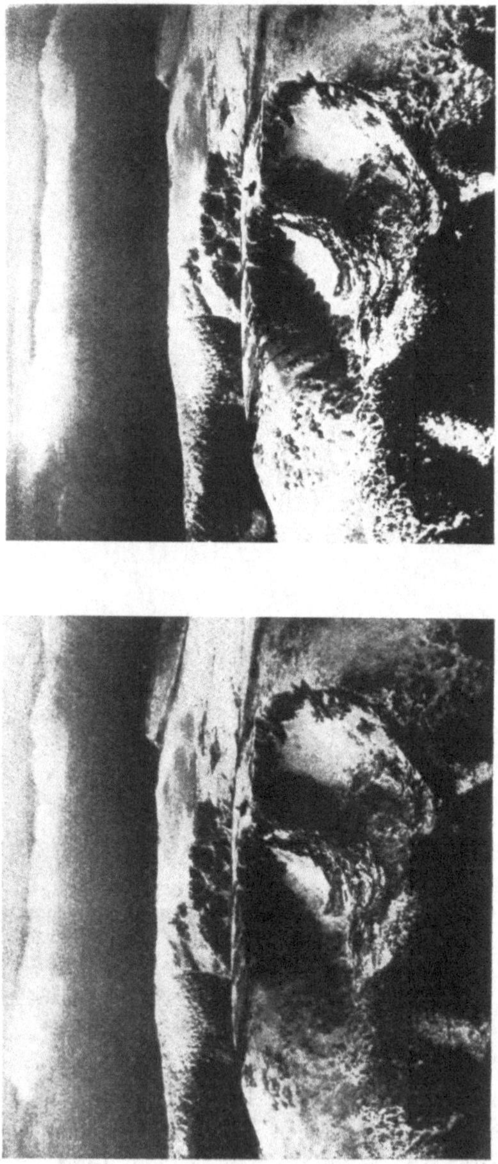

Abb. 48 b. Luft-Stereoaufnahme von den Schneegruben im Riesengebirge.

werden. Auch hier lassen sich die Raumkoordinaten an besonderen Zählwerken ablesen oder zur automatischen Kartierung (Fig. 49 rechts) benutzen. Da der Stereoplanigraph auch mit den vorgenannten Sondereinrichtungen ausgestattet werden kann, steht er dem Autokartographen ebenbürtig gegenüber und kann, wie dieser, auch für terrestrische Aufnahme im „Allgemeinen Fall" (S. 109) Verwendung finden. Dasselbe gilt vom „Stereo-Autograph"

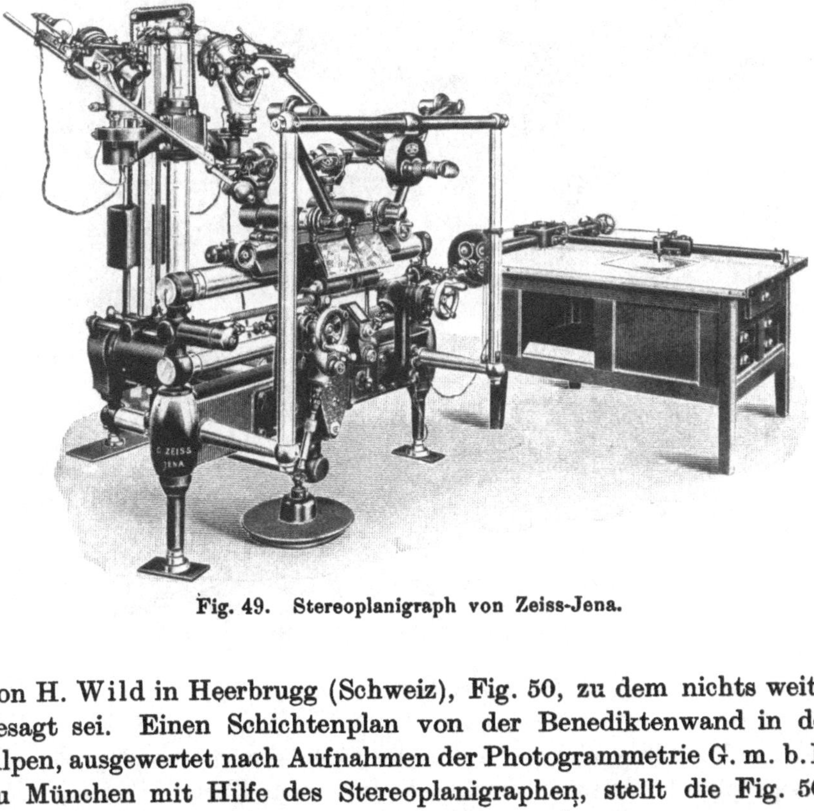

Fig. 49. Stereoplanigraph von Zeiss-Jena.

von H. Wild in Heerbrugg (Schweiz), Fig. 50, zu dem nichts weiter gesagt sei. Einen Schichtenplan von der Benediktenwand in den Alpen, ausgewertet nach Aufnahmen der Photogrammetrie G. m. b. H. zu München mit Hilfe des Stereoplanigraphen, stellt die Fig. 50a dar.

b. Senkrechtaufnahmen. Die drei genannten Ausmeßgeräte sind mit gleichen Vorteil auch dann am Platze, wenn bei der Aufnahme der Kipp- oder Neigungswinkel den Betrag $\varepsilon = -90^0$ erreicht, d. h. wenn die Achse der Meßkammer, das Objektiv abwärts gerichtet, scharf in der Lotrichtung steht. Bei derartigen „Senkrechtaufnahmen" geht das mechanische Einpassen auf die drei Boden-Festpunkte Seite 121 besonders rasch vor sich, ja bei ebenem Gelände

Fig. 50. Stereo-Autograph nach Wild.

würde schon eine einzige Aufnahme, aus der man entsprechende kartographische Auszüge machen kann, einem Kartenbilde mit allen topographischen Einzelheiten gleichkommen, wenn auch der Maßstab dieses Luftbildes gegeben wäre. Dieser läßt sich nun aber einfach herleiten aus der Proportion des Abstandes schon zweier Boden-Festpunkte im Photogramm zu ihrer wirklichen Entfernung, die aus den Punktkoordinaten (S. 66) erhalten wird, oder falls keine Festpunkte vorhanden sind, in gleicher Weise auf Grund einer direkt gemessenen Strecke, oder man bestimmt das Verhältnis f : h = Brennweite : Höhe des Aufnahmeortes über dem Erdboden, wozu zwei Aneroidbarometer

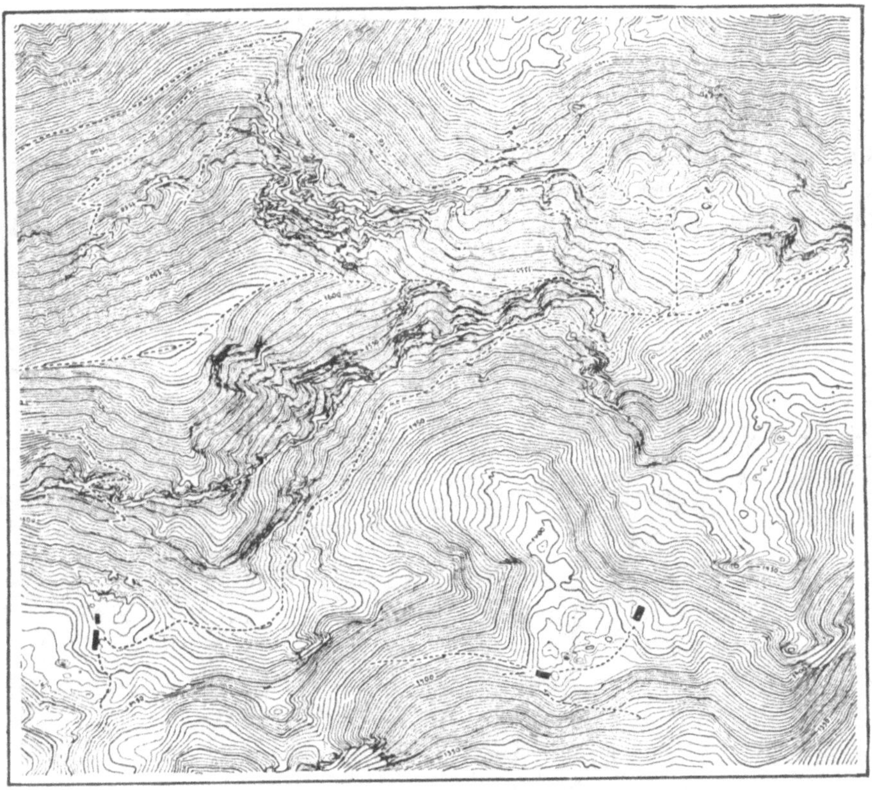

Fig. 50 a. Höhenschichtenplan der Benediktenwand in den Alpen, kartiert mit Hilfe des Stereoplanigraphen von Zeiss-Jena.

(der eine als „Standbarometer"[1]) oder einfacher vielleicht die Echolotung nach Behm[2]) heranzuziehen sind.

Die strenge Forderung $\varepsilon = -90^0$ wird im Fleugzeug nie erreicht; Abweichungen von der Lotrechten, sog. Nadirdistanzen, sind deshalb entweder zeichnerisch oder optisch, wie folgt, zu berücksichtigen.

c. Vierpunktverfahren. Für kleinere Arbeiten oder zur Auswertung einzelner Punkte, wobei es nur allein auf die Festlegung der Situation, nicht also auch auf Höhenverhältnisse ankommt, werden gemäß der „Projektiven Geometrie", falls vier identische Punkte im Bilde (Papierpositiv) und in der Karte gegeben sind, weitere Punkte

[1]) Schewior. Anm. 1 S. 74.

[2]) Siehe: Flugzeug und Yacht. Jahrgang 1926. Heft 1.

des Bildes nach dem „Vierpunktverfahren" in die Karte übertragen. Sind, Fig. 51 A, B, C, D die Punkte in der Karte, a, b, c, d die entsprechenden im Bilde und ist e als E in die Karte einzuzeichnen, so zieht man das Strahlenbüschel von a nach den vier anderen Punkten, von A nach B, C und D. Legt man einen geradlinigen Papierstreifen auf die vier Strahlen des Bildes und bezeichnet letztere durch kurze Bleistriche, so erhält man eine projektive Punktreihe (Fig. 51

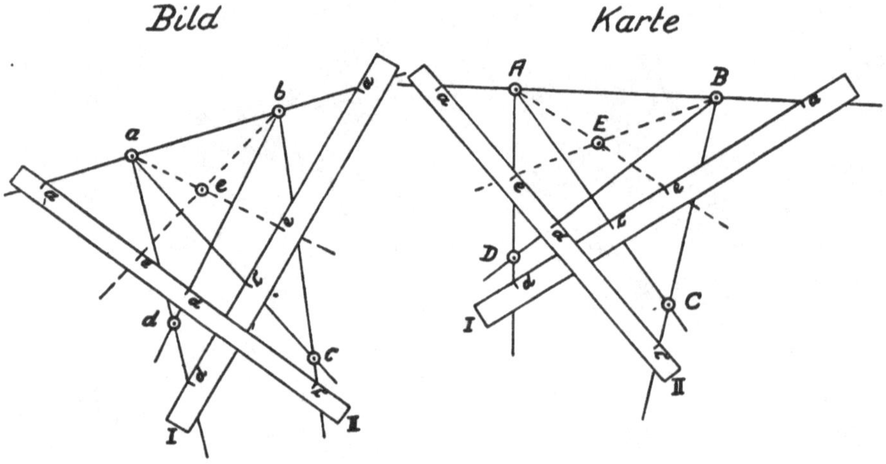

Fig. 51. Das Vierpunktverfahren.

links, Papierstreifen I), die man in das Kartenbüschel einpaßt und durch den Punkt für den Strahl A E erhält, Fig. 51 rechts, Papierstreifen I. Wird der Vorgang für ein Strahlenbüschel von b bzw. B aus wiederholt, Papierstreifen II, so erhält man einen zweiten Strahl, auf dem E liegen muß. Der Schnittpunkt beider ist der gesuchte Punkt E in der Karte. Das geschilderte Verfahren[1]) läßt sich auch auf ein über das ganze Bild etwa in roter Tinte fein gezogenes Quadratnetz von passender Seitenlänge anwenden, dessen Netzpunkte man in die Karte, wie oben, einzeichnet, um sodann zwischen den in Blei gezogenen Maschen die Situation nach Augenmaß oder maßstäblich, proportional der Verzerrung, zu übertragen.

d. Entzerrungsgeräte. Eine Umbildung nicht strenger Senkrechtaufnahmen in die Horizontale geschieht für ganze Platten (Filme) mit einem Schlage auf optisch-mechanischem Wege durch sog. Ent-

[1]) Lüscher. Die Photogrammetrie im Dienste des Ingenieurs. Sonderdruck. München 1925.

zerrungsgeräte. Es sind dies Projektionsapparate nach dem Scheimpflug-Prinzip, wobei eine scharfe Wiedergabe nur dann erreicht wird, wenn Bildebene, Horizontalebene des Objektivs und Auffangschirmebene als Kartenebene sich in einer Geraden schneiden. Das erste

Fig. 52. Entzerrungsgerät der Photogrammetrie G. m. b. H. in München.

derartige Gerät ist nach Aschenbrenner von der Photogrammetrie G. m. b. H. in München, Sendlingertorplatz 1 hergestellt worden, Fig. 52. Die perspektivisch richtige Umbildung oder „Entzerrung" wird durch zwangsläufige Steuerung erhalten, wobei Abweichungen der Kammerachse gegen die Nadirrichtung bis 15^0 zulässig sind.

Die für die Entzerrung erforderlichen Einstellgrößen kann man entweder numerisch ermitteln, sobald, wie vor, wenigstens vier einander entsprechende im Bild (Platte, Film) und Karte oder auch drei Punkte und die Brennweite der Aufnahmekammer gegeben sind. In der Regel wird aber durch probeweises Einpassen auf die Kartenunterlage die Übereinstimmung der Bildpunkte gewonnen, so daß nach Entfernung der Einpaß-Karte auf lichtempfindlichem Papier die entzerrten Bilder photographisch festgehalten werden. Werden darauf die so erhaltenen Papierpositive gleichen Maßstabes, die sich überdecken, passend zugeschnitten und mosaikartig im Zusammenhange auf eine Glas oder Aluminiumplatte, um maßhaltig zu bleiben, aufgezogen, so kann eine kartographische Sondierung, dem Zwecke der Arbeit entsprechend, vorgenommen werden. Als Beispiel mögen die Abb. 1 und 2 auf Tafel 24 dienen. Sie stellen die Ausschnitte aus einer Luft-Aufnahme dar, die mittels der Universal-Aero-Rollfilmkamera von Ed. Messter, Berlin W. 8 gemacht worden ist. Instruktiv ist auch die Zusammensetzung eines Flußsystems in einem Urwalde, wie dem Aufsatze von Slawik[1]) zu entnehmen ist.

Das genannte und auch die zwei weiteren Entzerrungsgeräte lösen außerdem die Aufgabe, Fliegeraufnahmen in einem gewünschten kleineren oder größeren Maßstabe wiederzugeben.

Das Entzerrungsgerät von C. Zeiss-Jena, Fig. 54 läßt Nadirdistanzen bis 40⁰ zu, einen Bereich, der für die Entzerrung von Aufnahmen mit gekuppelten Kammern der gleichen Firma (s. u.) von großem Vorteil ist.

Eine einfachere Konstruktion für Platten und Filme in Rollen zeigt die Fig. 55 der Aerotopograph G. m. b. H. in Dresden N. 23.

e. Ausmeßgeräte. Wie noch einmal hervorgehoben sei, kann die geometrische Rekonstruktion nach dem „Vierpunktverfahren" oder die photographische Bildentzerrung nur bei nahezu ebenem Gelände stattfinden und sofern auf die Kenntnis der Höhenverhältnisse verzichtet wird. Eine nicht völlig ebene Bodenoberfläche bringt in der Lage (x, y) immer Fehler, die um so größer werden, je kleiner die Flughöhen und die Kammerbrennweite sind[2]). Erscheint ihr Ausmaß, auch wenn nur die mittleren Teile der Bilder wegen der geringen Neigung der abbildenden Strahlen herangezogen werden, unzulässig mit Rücksicht auf den geforderten Maßstab, so müssen, wie früher schon, die

[1]) Slawik. Luftbild und Luftbildmessung: Hilfsmittel für die Erforschung und bautechnische Planung in unerschlossenen Ländern. Liebenwerda 1928.

[2]) Lüscher. Anm. 1 S. 130.

zusammengehörenden Bildpaare der Herstellung der Karten zugrunde gelegt werden, wodurch man bei Bedarf wieder auch die Höhenlinien erhalten kann. Die Auswertungen lassen sich hier (s. dazu Seite 104) besonders einfach gestalten, wenn die Senkrechtaufnahmen sich so

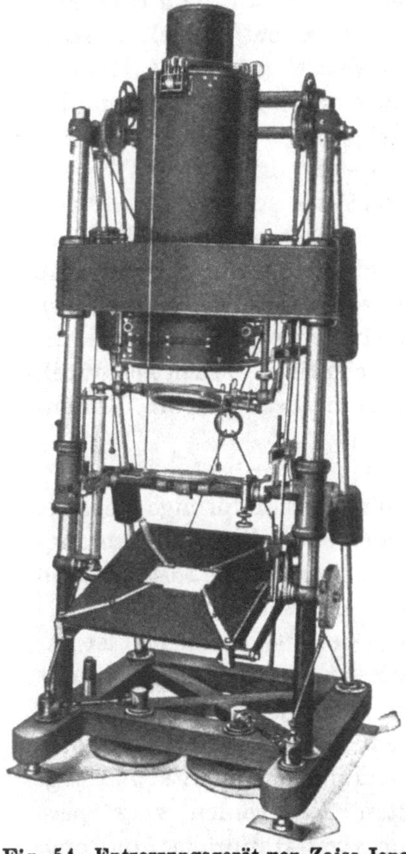

Fig. 54. Entzerrungsgerät von Zeiss-Jena.

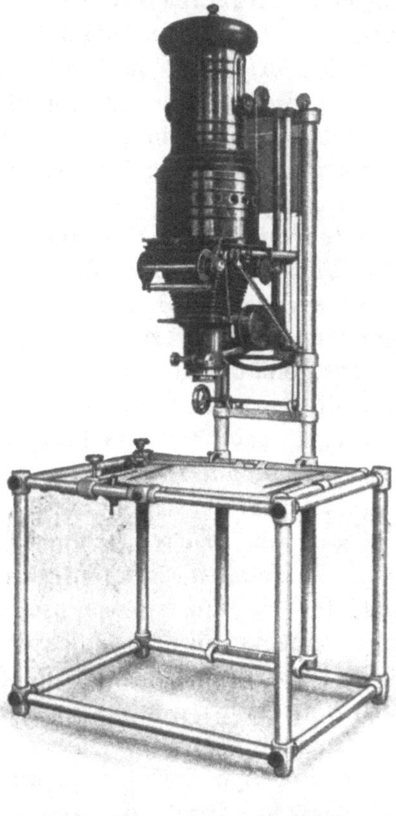

Fig. 55. Entzerrungsgerät der Aerotopograph G. m. b. H.-Dresden.

überdecken, so daß sie als „Stereobilder" zu gebrauchen sind. Dadurch wird die gegenseitige Orientierung der jeweiligen Bildpaare auf optisch-mechanischem Wege[1]) bewirkt, der auch beschritten wird, um das so virtuell gesehene plastische Bild der Landschaft selbst durch Einpassen auf die drei Festpunkte nach Seite 118 usw. gegen den Horizont festzulegen und es dann in einem der früher genannten Instrumente, Seite 121 usw., im einzelnen auszuwerten.

[1]) v. Gruber. Einfache und Doppelpunkteinschaltung im Raum. Jena 1914.

Auch auf kartographische Aufnahmen in unerforschten Landgebieten, die in der Regel keinerlei Festpunkte im Sinne der Dreiecksmessungen und trigononometrischen Punktbestimmungen (S. 45) besitzen, läßt sich der geschilderte Ausmeßvorgang unschwer übertragen[1]). Wird zunächst das erste Bildpaar auf Grund von drei oder besser von vier Bodenfestpunkten, die man zu einem Vierecke zusammenfaßt, orientiert und erfolgen die Aufnahmen durch „Reihenbilder", die sich gegenseitig hinreichend überdecken, so kann das folgende Einzelbild immer an das vorhergehende „angehängt" werden, indem man weitere Bildpaare durch ein zweites, drittes usw. Viereck in Abständen von 30—100 km kontrolliert wie schon Seite 70 angedeutet wurde. Die Vierecke werden ihrer Größe nach dem Platten- oder Filmformat bzw. der Flughöhe und der Kammerbrennweite (s. u.) angepaßt und, gegebenenfalls nach einer Ausgleichung (S. 54), nachdem ein Punkt durch φ und λ sowie eine Vierecksseite durch ihr Azimut gemäß Seite 57 auf der Erdkugel orientiert werden ist, durch Koordinaten und auch ihrer Höhe (barom. oder trigon. Höhenmessung!) nach s. S. 66 festgelegt.

Das fragliche Verfahren, das als „Stereoskopische Aerotriangulation" bezeichnet wird und auch für mehr einförmige Gebiete, wie Steppen, Wüsten, Dünen, Lavafelder, Gletscher und umfangreiche Waldungen, überhaupt auch Gegenden mit wenig ausgeprägten Bodenformen und mit wenig hervortretenden natürlichen und künstlichen topographischen Objekten besonders geeignet erscheint, ist zunächst durchführbar mit Hilfe des Aerokartographen, hergestellt nach Hugershoff durch die Werkstätten G. Heyde, Dresden N. 23. Das Instrument[2]), Fig. 56 beruht auf dem gleichen Prinzip, wie der Autokartograph, hat jedoch an Stelle der Lineale und Stangen sog. Raumlenker, durch die die eingestellten Zielstrahlen verkörpert werden. Ein räumliches, auch hier durch zwei Handräder und eine Fußscheibe angetriebenes Kreuzschlittensystem, bewerkstelligt die Richtungsänderungen der Raumlenker, die ihrerseits den beiden Bildträgern bzw. Fernrohrspiegeln die entsprechenden Drehungen um ihre Achsen erteilen. Durch eine äußerst sinnreiche Prismeneinrichtung ist es nun möglich, die Sichten nach den Platten oder Filmen zu vertauschen derart, daß das linke Bild vom rechten Auge, das rechte Bild vom linken Auge gesehen wird. Dadurch braucht nach Orien-

---

[1]) Krahmer. Ergänzung der terrestrischen Triangulation mit Hilfe von Luftbildern. Liebenwerda 1928.

[2]) Hugershoff. Anm. 1 S. 124.

tierung des ersten Bildpaares (s. o.) immer nur eine Platte (Film) ausgewechselt zu werden, indem an die verbleibende orientierte die nächste folgende Platte stereoskopisch angepaßt wird. Die Kartierung erfolgt wie beim Autokartographen angegeben; ebenso ist die Verwendung des Aerokartographen, mit dem auch die auf Seite 124 an-

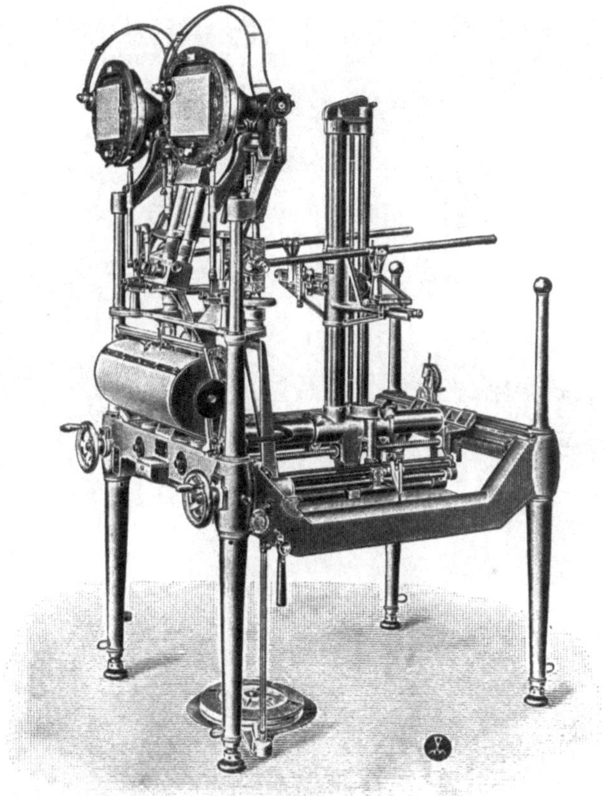

Fig. 56. Aerokartograph nach Hugershoff.

gegebene Relief-Fräsvorrichtung verbunden werden kann, für jede, senkrechte oder beliebig gekippte und verkantete sowie seitlich gerichtete Aufnahme möglich.

Letzteres trifft auch für den schon Seite 127 genannten Zeiss'schen Stereoplanigraphen zu, mit dem die fortlaufende Orientierung durch stereoskopische Koppelung der Nachbarbilder, wie vor, wenn auch auf einem anderen Wege durchführbar ist.

Einen eigenen Weg geht der „Doppelprojektor“ nach Dr. Gasser-Kalkberge i. d. Mark Fig. 56a, der besonders für Aufnahmen mit größeren Höhenunterschieden geeignet ist.

Zur Anfertigung von Höhenschichtenkarten für große unerforschte Gebiete in kleinen Maßstäben, an deren Genauigkeit demgemäß geringere Anforderungen gestellt werden, sei der vor kurzem

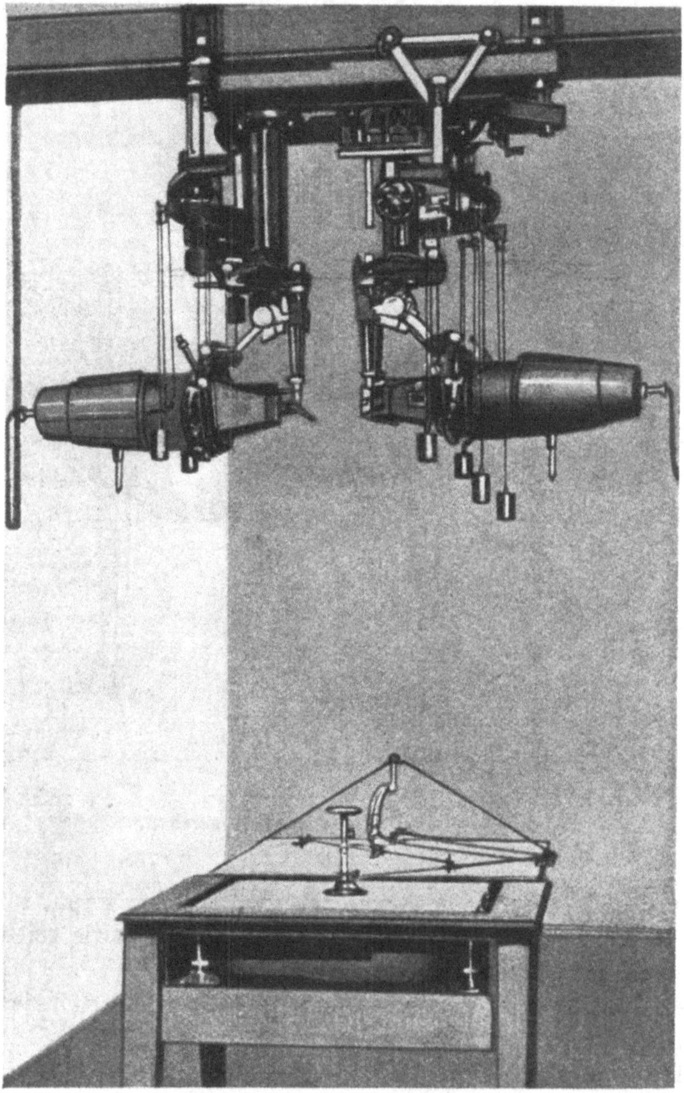

Fig. 56a. Der Doppelprojektor nach Gasser.

von der Aerotopograph G. m. .b. H. in Dresden N. 23 nach den Angaben von **Hugershoff** gebaute „**Aerosimplex**“, Fig. 56b, als Spezialgerät aufgeführt. Es teilt die Vorteile mit dem Aerokartograph und Stereoplanigraph, wenn er auch nicht zu exakten Aufnahmen zu verwenden ist, hat aber den besonderen Vorzug eines verhältnismäßig niedrigen Preises, so daß er gegebenenfalls auch für Lehranstalten erschwinglich ist.

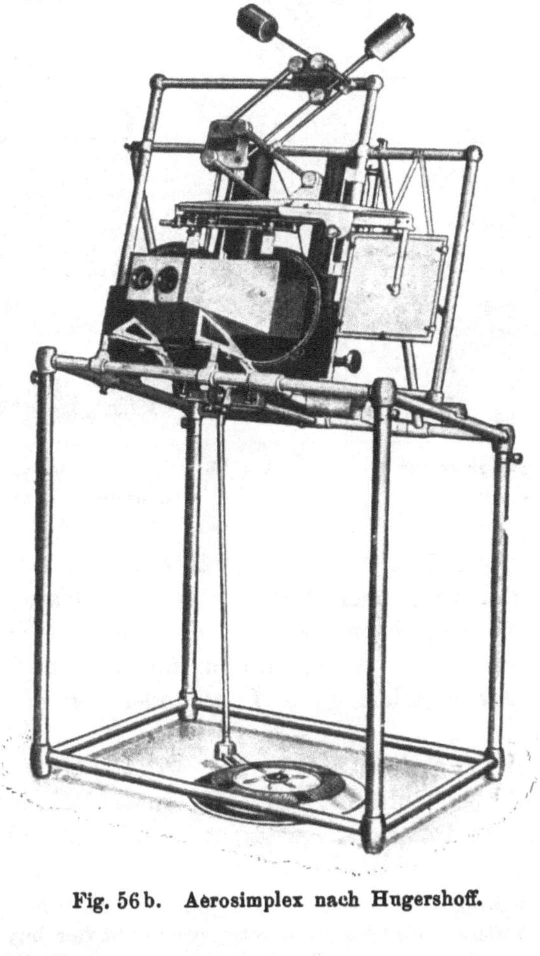

Fig. 56b. Aerosimplex nach Hugershoff.

Kommt es im einzelnen auf die Höhenverhältnisse nicht an, d. h. liegen Gebiete vor, die eine kaum hervortretende Bodengliederung aufweisen, so kann die vorbeschriebene stereoskopische Triangulation mit gelegentlichen Stützlagen (s. S. 69) ersetzt werden durch die sog.

„Nadirpunkttriangulation", die von Finsterwalder außerordentlich gefördert wurde.[1]) Zur Bestimmung des Maßstabes und zur Orientierung auf dem Erdkörper genügen hier zwei Festpunkte, doch sind, wie früher, wieder in gewissen Entfernungen im Azimut und in den Endpunkten festgelegte Kontrollstrecken erwünscht. Für die bei dieser Triangulation erforderliche Auswertung von Richtungen hat neuerdings die Firma Zeiss-Jena ein besonderes Meßgerät, den „Radialtriangulator" hergestellt, dessen Abbildung auf Tafel 23 zu sehen ist.

Fig. 57. Flugzeugkammer von Zeiss-Jena.

Fig. 58. Flugzeugkammer mit Aufhängevorrichtung von Zeiss-Jena.

f. Meßkammern. Das Aufnahmegerät entspricht dem einfachen Vorgange im Flugzeug oder Luftschiff. Eine Handkammer aus Metall, mit zwei bequemen Griffen, lichtstarkem Objektiv und Zentralverschluß hat einen Anlegerahmen mit Marken (S. 90), an den im Augenblick der Belichtung die Platte oder der Film selbsttätig angedrückt wird.

Die Zeiss-Flugzeugkammer[2]), Fig. 57, 13 : 18 cm Bildformat, f = 21 cm, mit 2 Gelbfiltern, ist mit einem Rahmensucher zur Beurteilung des Bildfeldes ausgestattet. Für Senkrechtaufnahmen

---

[1]) Rudel. Darstellung eines nahezu ebenen Geländes nach Fliegeraufnahmen bei spärlich vorhandenen Festpunkten. Sitzungsbericht der bayerischen Akademie der Wissenschaften. 1921. Aschenbrenner. Über die Nadirpunkttriangulation. München. 1926. v. Gruber. Fortschritte der Aerotriangulation. Bildmessung und Luftbildwesen, 1929 Heft 1. Liebenwerda. Koppmair. Die Nadirtriangulation. Liebenwerda 1929.

[2]) Zeiss. Verzeichnis der Instrumente für Flugwesen. Jena 1928.

ist eine Dosenlibelle (Fig. 57 rechts oben, s. a. Fig. 58), für Schrägaufnahmen eine stark gebogene Röhrenlibelle (Fig. 57 über dem sichtbaren Handgriff) beigegeben. Die Kammer kann mit 6 plattiger Wechselkassette oder mit einer Meßfilmwechselkassette benutzt werden. Im letzteren Falle wird die Kammer zweckmäßig in eine Aufhängevorrichtung gesetzt (Fig. 58 in Stellung der Senkrechtaufnahme). Die Kassette enthält ein 19 cm breites Filmband von 16 m Länge, so daß 120 Aufnahmen in rascher Folge gemacht werden können. Die glatte Lage der Filme in der Bildebene wird dadurch erreicht, daß unmittelbar vor dem Auslösen des Verschlusses eine eben geschliffene Metallplatte, die Luftkanäle hat, den Film von hinten gegen den Anlegerahmen drückt. Im gleichen Augenblicke saugt ein Balgen den Film gegen die Metallplatte an, worauf die Auslösung des Verschlusses erfolgt. Sofort nach der Belichtung hebt sich die Metallplatte vom Anlagerahmen ab und gibt den Film für den Weitertransport frei.

Fig. 59. Automatische Reihenbildmeßkammer von Zeiss-Jena.

Für die Herstellung von exakten Reihenbild-Senkrechtaufnahmen, die zur Entzerrung nach Seite 130 oder zur Ausmessung nach Seite 132 usw. gebracht werden, sind die Zeiss-Reihenbildmeßkammern[1]), quadratisches Bildformat 18 : 18 cm, wodurch die ausmeßbare Fläche sich günstiger gestaltet, Brennweite 21 cm vorgesehen, Fig. 59. Die Kammer hängt kardanisch in einer Vorrichtung, die auf Weichgummirollen am Boden des Luftfahrzeuges eingebaut wird. Durch Stellschrauben kann beim Fluge oder bei der Fahrt die Lage der Kammerachse nach einer Dosenlibelle berichtigt werden. Aufzug und Auslösung des Verschlusses sowie Filmwechsel erfolgen vollständig automatisch. Den Antrieb hierzu, der durch ein Winkelgetriebe der

[1]) Zeiss. Anm. 2 S. 138.

Meßkammer zugeleitet wird, Fig. 59 rechts Mitte, besorgt ein Propeller an der Außenbordwand des Luftfahrzeuges. Die Umlaufzahl, die an einem Tachometer Fig. 59 rechts oben) abgelesen wird, läßt sich durch Verwindung des Propellers regeln. Durch ein Sucherfernrohr (Fig. 59 vor der Kammer), das abnehmbar und als „Überdeckungsregler" ausgebildet ist, wird nicht nur der Gesichtswinkel der Aufnahmen, sondern auch die zeitliche Aufeinanderfolge der Bilder beobachtet, so daß je nach Einstellung eine Überdeckung der Reihenaufnahmen von 50 oder 60 % erhalten wird. Der Beobachter (s. u.) hat dabei nur durch Regelung der Propellerumdrehungen darauf zu achten, daß die Spitzen einer im Gesichtsfeld des Sucherfernrohrs umlaufenden Stachelscheibe sich in gleicher Geschwindigkeit wie das Gelände bewegen.

Die Meßfilmwechselkassetten werden mit Filmbändern von 55 m Länge und 19 cm Breite geladen, die für etwa 290 Aufnahmen im Bildformat 18 : 18 cm ausreichen. Die ebene Lage des Films wird hier durch Luftdruck erzielt, der durch ein Trichterrohr und einen Gummischlauch (Fig. 59 links) dem Kammergehäuse zugeführt wird. Im übrigen erfolgt das Andrücken der Filme, die Aufnahme und die Freigabe des Transport wie vorhin.

Die Firma Zeiss stellt auch Zweifach-Reihenbildmeßkammern her, deren Achsen einen Winkel von 40° bilden, so daß jede Kammer eine Nadirdistanz von 20° erhält, Fig. 60. Die Kammern

Fig. 60. Zweifach-Reihenmeßbildkammer von Zeiss-Jena.

lassen sich weiter gemeinsam mittels Hebel um 20° zur Nadirlinie in einer vertikalen Ebene verschwenken, die senkrecht zur Ebene durch die beiden Kammerachsen zu denken ist. Der Einbau im Luftfahrzeuge geschieht so, daß die zuletzt genannte Ebene senkrecht zur Flug- oder Fahrrichtung liegt. Hierdurch werden Reihenbildaufnahmen eines breiten Geländestreifens mit beliebig einstellbarer Überdeckung erhalten. Benutzt man die vorgesehene Neigungsmöglichkeit der beiden Kammern, so können Reihenbildstreifen mit einer paarweisen Überdeckung von 100 % (für Stereomessungen) aufgenommen werden.

Hand- und Automatische Rollfilm-Meßkammern werden auch von der schon wiederholt genannten Aerotopograph G. m. b. H. in Dresden N. 23 gebaut. Das ebene Anlegen von Filmen an den Rahmen wird hier aber durch eine besondere Einrichtung ohne Verwendung von Saug- oder Druckluft erreicht. Zur bequemen Bedienung aus Flugzeugen hat die Firma für Schrägaufnahmen als Aufhängevorrichtung einen federnden schwenkbaren Rahmen eingeführt, der an der Bordwand des Flugzeuges befestigt wird; für Senkrechtaufnahmen ist ein dreh- und schwenkbarer Rahmen, der ebenfalls federnd aufgehängt ist und am Boden des Luftfahrzeuges befestigt wird, vorgesehen.

Zur Aufnahme umfangreicher Gebiete werden aus praktischen Gründen stets die automatischen Reihenbildkammern benutzt, indem die betreffenden Flächen in nebeneinander liegenden Streifen abgeflogen werden. Um hierbei, besonders in unbekannter oder einförmiger Gegend, die richtigen Überdeckungen einzuhalten und lückenlose Reihenbilder zu erzielen, sind nach Hugershoff von der letztgenannten Gesellschaft ein „Flugwegzeichner" und ein „Geschwindigkeitsmesser" geschaffen worden. Der erstere, mit der Bezeichnung „Quo vadis", besteht aus einer eigenartigen Zeichenvorrichtung, die selbsttätig den vom Flugzeug zurückgelegten Weg nach Länge und Richtung in einem vorgeschriebenen Maßstabe gewöhnlich 1 : 200000, aufzeichnet. Hiernach wird es möglich, die einzuschlagende Route zu kontrollieren und mit Rücksicht auf die Abtrift richtig zu stellen. Beides geschieht durch einen Richtungszeiger, der auf einen Index einspielt. Letzterer selbst wird gegen eine feste Nullmarke am Steuerrad des Luftfahrzeuges um den Abtriftwinkel verstellt, der an einer Skala des genannten Geschwindigkeitsmessers abgelesen wird. Da die Ablesung zugleich die magnetische Mißweisung M (S. 77) berücksichtigt, läßt sich das Steuerrad zur Längsachse des Luftfahrzeuges so einstellen, daß die Flugbahn ständig der Richtung des Astronomischen Azimuts folgt, das vor dem Start bei Aufstellung des „Flugplanes“ (s. u.) abgeleitet wird. Aus der automatischen Routenaufzeichnung ersieht man weiter, was ebenfalls von nicht zu unterschätzendem Werte ist, ob die seitliche Überdeckung der Reihenbilder richtig ist. Diese wird selbsttätig durch den Geschwindigkeitsmesser geregelt, der im übrigen die wahre Geschwindigkeit über Grund anzeigt und gleichzeitig für die Bildfolge entsprechend der vorgesehenen Überdeckung sorgt.

Es liegt nahe, maßstäblich sehr kleine Karten, die bisher zumeist durch Umphotographieren (S. 132) gewonnen wurden, unmittelbar aus den Flugbildern zu schaffen, indem man diese aus möglichst großen Höhen aufnimmt. Man erhält dadurch nicht nur Photogramme, die schon dem gewünschten Maßstabe ziemlich nahe kommen, sondern die ein wesentlich größeres Gebiet umspannen, wodurch die Flugkosten sowie auch die Auswertearbeiten auf ein geringes Maß beschränkt werden. Um letzteres noch so weit wie möglich zu senken, was wieder für ausgedehnte unerforschte Gebiete von Vorteil ist, müssen auch die Aufnahmegeräte eine entsprechende Umwandlung erfahren. Die Firma Zeiss-Jena, hat, wie bereits der Seite 140 zu entnehmen ist, durch ihre „Zweifachkammern“ diesen Weg beschritten, den schon Scheimpflug in erweiterter Form angedeutet hat. Daneben wird neuerdings von der Photogrammetrie G.m.b.H. in München, Sendlingertorplatz 1, eine „Panoramakammer“ angezeigt[1]), die neun Einzelkammern mit 18×18 cm Bildformat umfaßt. Diese Kammern sind so angeordnet, daß bei gleichzeitiger Verschlußauslösung die erfaßten Geländeteile sich lückenlos aneinander schließen und insgesamt einen quadratischen Terrainausschnitt umfassen, dessen Seitenlänge fünfmal so groß ist wie die Flughöhe H. So würde bei H = 5000 oder 6000 m mit einer einzigen Aufnahme eine Geländefläche von etwa 652 bzw. 900 qkm gedeckt werden gegenüber etwa 15 bzw. 20 qkm bei einer gewöhnlichen Meßkammer unter sonst gleichen Bedingungen. Es ist hier aber nicht außer acht zu lassen, daß in gebirgigen Lagen der unumgängliche Einblick in die Bodenfalten mit der Entfernung von der Nadirlinie abnimmt oder ganz ausbleibt, so daß in solchen Fällen ein Niedergehen der Luftfahrzeuges in geringere Höhen erforderlich wird.

g. Bildaufnahme aus Luftfahrzeugen. Ein wesentlicher Faktor für die Luftaufnahmen ist ein sachgemäßer, leistungsfähiger Flug-

---

[1]) Siehe Luftwacht.“ 1928, Ausstellungsheft.

betrieb. Die Gesichtspunkte, die hier im einzelnen Platz greifen, sind so eigenartig und vielseitig, daß sie an dieser Stelle nur gestreift werden können; sehr wertvolle Aufschlüsse geben Basse und Ungewitter in Vorträgen, die im Buchhandel[1]) erhältlich sind.

Pilot und Beobachter müssen zu gemeinsamer Arbeit geeignet und geschult sein. Fällt dem ersteren die Verantwortung der Flugzeugführung zu, so hat der Beobachter nach Aufstellung eines „Flugplanes" gemäß der gestellten Aufgabe, gemäß weiter dem Karten-Maßstabe und Inhalte die Höhe und Richtung des Fluges anzugeben sowie die photogrammetrischen Aufnahmen vorzunehmen. Bei der gewöhnlichen Fluggeschwindigkeit von 30—40 m/Sek. (100—150 km/St.) bedeutet es ein außerordentliches Maß von Erfahrung und Geschicklichkeit, um den Flugbedingungen gerecht zu werden. Unsere deutschen Flugunternehmen, von denen hier genannt seien:

Aerokartographisches Institut A. G., Breslau, Goethestr. 55,
Aerotopograph G. m. b. H., Dresden N. 23, Kleiststr. 10,
Hansa Luftbild G. m. b. H., Berlin S. W. 29, Flugplatz,
Junkers-Flugzeugwerk A. G., Luftbildzentrale, Dessau, Blumentalstr. 11
Photogrammetrie G. m. b. H., München, Sendlingertorplatz 1,

sind jeder Aufgabe gewachsen.

Wurden bisher zu Luftbildmessungen meist gewöhnliche Flugzeuge verwendet, die naturgemäß nicht allen einschlägigen Ansprüchen genügen können, so wird neuerdings von der Focke-Wulf-Flugzeugbau A. G. in Bremen eine Spezialmaschine gebaut, die in erster Linie auf große Flughöhen (s. o.) Rücksicht nimmt und einen freitragenden, verspannungslosen Hochdecker darstellt, Fig. 61.

Eine als Photoraum ausgebildete Kabine, vor der sich zwei nebeneinander liegende, mit Doppelsteuerung versehene Führersitze mit Windschutzscheiben befinden, hat 3,5 m Länge, 1,5 m Breite und 1,8 m Höhe. Ihre Seitenwände sind einschließlich einer als Schiebetür ausgebildeten Einsteigeöffnung, Fig. 61 Mitte, in nahezu 2 m Breite mittels Jalousien zu öffnen, wodurch nach beiden Seiten Schrägaufnahmen möglich werden. Im Kabinenboden befindet sich eine Öffnung von 3 m Länge und 0,8 m Breite, die durch einzelne Klappen

---

[1]) Basse. Die fliegerischen Grundlagen für die Aufnahme von Meßbildern. Liebenwerda. 1928. Ungewitter. Aus der Praxis des Luftbildtechnikers. Bildmessung und Luftbildwesen Nr. 2. Liebenwerda 1928. Siehe auch Dock. Planung von Vermessungsfliegen. Prag 1926. Leiber. Farbe und Luftbild. In Photographische Rundschau und Mitteilungen 1928. Heft 19.

nach Wunsch sicher abgedeckt werden kann. Durch die Bodenöffnung hindurch geschehen die Senkrechtaufnahmen, worüber Seite 139 Mitteilung gemacht wurde. Die Kabine enthält Raum genug, um Radio- und Bildfunkanlage (s. u.) aufzunehmen. Um die Meßkammern beim

Fig. 61. Photo-Flugzeug von Focke-Wulf in Bremen.

Start und bei der Landung vor Staub und Sand sowie Beschädigung durch Steine zu schützen, läßt sich die Bodenöffnung rasch auch durch eine Jalousie schließen.

Hinter der Kabine ist eine Dunkelkammer mit Beleuchtungseinrichtung durch verschiedene farbige Lichtfilter und zwar mittels Tageslicht und auch durch elektrische Lampen vorgesehen. Die Dunkelkammer, 1,5 m lang, 1 m breit und 1,8 m hoch enthält einen kleinen Arbeitstisch mit Schemel, verschiedene Schränkchen und Regale und kann mit jedem gewünschten Gerät zur vollständigen Entwickelung der Aufnahmen ausgestattet werden; für die Wässerung ist leicht ein Behälter mit 20 l Wasser unterzubringen.

Um ein ungehindertes Arbeiten auch in großen Höhen zu ermöglichen, sind sowohl Kabine wie auch Dunkelkammer durch eine Leitung vom Auspuffrohr heizbar. Kabine und Führerraum sind getrennt durch eine Wand mit Durchgangstür. Die Wand hat ein „Verständigungsfenster", damit jederzeit eine Verbindung mit dem Flugzeugführer möglich ist.

Das Photo-Flugzeug, dessen Kraftquelle ein Zwölfzylinder B. M. W.-Motor von 460/600 PS. ist, hat eine Höchstgeschwindigkeit von 200 km PS, eine (erreichbare Flughöhe) „Gipfelhöhe" von 7000 m bei einer Steigzeit von 6 Minuten für 1000 m und eine Nutzladung von 1100 kg., die eine Fahrtleistung von im ganzen 700 km zuläßt.

Versuche, vom Luftschiffe aus Bildaufnahmen für photogrammetrische Zwecke zu machen, sind besonders vor kurzem wieder in das Programm der Probefahrten aufgenommen worden.[1]) Es erscheint aber schon jetzt ohne Zweifel, daß der Zeppelin-Typ mit seiner unvergleichlich ruhigeren, beliebig raschen Fahrt, die auch „gestoppt" werden kann, hierzu in hohem Maße geeignet ist. Seine Eignung zeigt sich insbesondere auch in der großen Nutzladung von 15000 kg und dem Aktionsradius von 10000 km bei 100—110 km Stundengeschwindigkeit, sodaß auch entlegenere Gegenden in ununterbrochener Fahrt zu erreichen sind. Ob dann für umfangreiche Aufnahmen das Luftschiff selbst Verwendung findet[1]) oder aber Flugzeuge, die im einzelnen weniger kostspielig arbeiten, bleibt dahingestellt. Jedenfalls würde für letztere das Luftschiff einen unschätzbaren Stützpunkt darstellen, in dem Lebensmittel, Betriebsstoffe und Ersatzteile aller Art aufgespeichert sind, die im Nachschub heranzuschaffen wieder Aufgabe des Luftschiffes wäre.

Die Bedeutung der Luftschiffe liegt aber noch in anderer Richtung. Einer Durchforschung der Südpolargegenden setzen nach der Ansicht von Prof. Meinardus die dort herrschenden stürmischen Winde, die besonders heftig in den Randgebieten der Antarktis auftreten, einen außerordentlichen Widerstand entgegen. Ein Durchdringen bis in das Innere der Polarzone ist daher äußerst schwierig, wenn auch hier Landung und Start auf dem ebenflächigem Schneeboden verhältnismäßig günstig sein mögen. Allerdings wird hier gerade deswegen, vom photogrammetrischen Standpunkte betrachtet, das Bild sehr ausdruckslos erscheinen, während die Innerarktis mit ihrer

[1]) Nach den Angaben über das Zeppelin-Luftschiff L. Z. 127 gehören zu seiner Verwendung: „Fahrten zu wissenschaftlichen und Vermessungszwecken."

unebenen Meereisoberfläche im allgemeinen für Auf- und Abstieg weit schlechter ist, dafür aber den Luftaufnahmen vielleicht mehr Anhaltspunkte bietet (S. 134).

Darf man aus der letzten Fahrt von Europa nach Amerika und zurück Schlüsse ziehen, so wird der „Zeppelin" auch der vorgenannten Schwierigkeiten Herr werden. Es wird dazu nicht der von anderer Seite geplanten Riesenluftschiffe bedürfen, die sämtliche Maschinen sowie Unterkunfts- und Diensträume im Ballonkörper unterbringen und bei einer Durchschnittsgeschwindigkeit von 180 km St. jedem Polar- und Atlantiksturm trotzen wollen. Werden als besondere Neuerung im Innern solcher Schiffe noch mehrere Flugzeuge mitgeführt, so wird andererseits eine Ausrüstung möglich, die, bei einer Fahrtleistung von 16000 km, selbst Forschungsexpeditionen allergrößten Ausmaßes genügen wird.

Einem Luftschiffe wird es, worauf die neuesten Versuche der Photogrammetrie hinzielen, überdies leichter gelingen, die aufgenommenen und sogleich entwickelten Film-Photogramme einer Station des Heimatlandes im Wege der „Drathlosen Bildübertragung" zuzuführen. Derartige Übertragungen werden für Forschungsreisen erwünscht sein, einmal um die Aufnahmen vor Verlust und Verderb zu schützen, sodann um eine planmäßige Auswertung mit Hilfe der kostspieligen Geräte, deren Mitnahme zu gefährlich und untunlich erscheint, in aller Ruhe vornehmen zu können, damit so gegebenenfalls auf gleichem Wege Rückfragen oder Anordnungen auf Wiederholung einzelner Flüge noch vor Rückkehr der Expedition möglich sind.

Versuche der genannten Art sind nach dem Karolus-Verfahren[1]) auf Anregung des Verfassers durch die Telefunken G. m. b. H. in Berlin S. W. Hallesches Ufer 12, angestellt worden. Die bisherigen Ergebnisse lassen schon jetzt ersehen, daß die Übertragungen inbezug auf Schärfe der Wiedergabe und Verzerrungsfreiheit den photogrammetrischen Bedingungen genügen werden. Als erste Voraussetzung gilt dabei die unbedingt ruhige Lage und der Synchronismus der beiden Apparate auf dem Sende- und Empfangsorte während des Übertragungsvorganges, der aus Flugzeugen nur nach der Landung, also vom festen Boden einwandfrei zu erwarten ist. Ob hierzu das Luftschiff während der Fahrt, oder, nach abgestoppten Motoren, in Ruhe-

[1]) Schroeter. Die Anwendungen der Karolus-Zelle in der Kopier- und Phototelegraphie. Sonderabdruck a. d. Zeitschrift des Vereins deutscher Ingenieure. 1926, Nr. 2.

stellung geignet sein wird, bleibt näheren Versuchen vorbehalten, die bei den Probefahrten von der Luftschiffbau-Zeppelin G. m. b. H., Friedrichshafen in Aussicht gestellt sind. Zu diesen Luftbildübertragungen, die von Dr. Graf Arco in besonders dankenswerter Weise unterstützt werden, sollen eigene Konstruktionen durch die „Telefunken" bereit gestellt werden. Vielleicht bietet sich später die Gelegenheit, näheres hierüber in den vorliegenden Mitteilungen zu berichten.

Wirtschaft und Ethik in Niederländisch-Indien

von

E. Helfferich, Hamburg,

Direktor des Straits und Sunda Syndikats.

Wer heute Niederländisch-Indien bereist, wird betroffen durch die außerordentliche Entwicklung, die dieses Tropenland genommen hat. Java mit 35 Millionen Einwohnern ist heute das am dichtesten bevölkerte landwirtschaftliche Gebiet der Erde, per Flächeneinheit doppelt so dicht bevölkert wie das überwiegend industrielle Deutschland. Von einem bis zum anderen Ende ist die Insel ein hochentwickeltes Kulturgebiet. Schimmernde Schienenstränge durchziehen das Land, Berge durchbohrend und Flüsse überspringend. Auf den weißen Bahnen der Straßen eilen die Kraftwagen. Silbern leuchten die Kanäle, silbern die Spiegel der berieselten Felder. Licht und rank ragen aus dem wogenden grünen Meer der Sawahs und Zuckerfelder die weißen Schornsteine der Zuckerfabriken zum Himmel und lassen ihre Rauchfahnen im Winde flattern. Selbst die Bergeshänge klettern die Gärten, klettern die Reisfelder hinan. Wie eine grüne Himmelsleiter baut sich Schemel über Schemel. Dunkelgrüne Mäntel werfen die Tee-, Kautschuk- und Chinarindepflanzungen über die Schultern der Berge, der Vulkane, die aus ihrem Schoße einst mit Titanenkräften all die fruchtbare Erde gehoben und über die Insel gestreut haben. Städte sind entstanden im Lande der Dessa, des Dorfes; große Regierungsbauten, Bankpaläste, Kaufmannshäuser und Villen in europäischem Stil. Die weiße Kohle, dem schäumenden Bergstrom entrissen, wandelt auch unter den Palmen die Nacht zum Tage. Und an den Küsten sammeln sich in den großen Becken moderner Häfen die Schätze des Landes, kommen und gehen die Frachtschiffe und die prunkvollen, schwimmenden Herbergen des weißen Mannes. Von den großen Häfen Javas streben die Linien der schmucken Küstenschiffahrt unter den holländischen Dreifarben bis zu den kleinsten entlegensten Plätzen des Archipels. Dort im Archipel ist an vielen Stellen der Urwald schon vor der Kultur zurückgewichen. Ein Kulturgebiet, ein großkapitalistisches Gebilde ohne Gleichen, ist die Ostküste Sumatras — Deli — geworden, wo neben Kautschuk, Tee, Sisal und Ölpalmen der edelste Blatt-Tabak der Erde im europäischen Plantagenbetrieb gebaut wird. Im Wettkampf mit dem beflügelten Auto bohrt sich die Lokomotive immer weiter ins Innere. An einst menschenleeren, weltabgeschiedenen Plätzen auf den Sundainseln sind eiserne Städte entstanden mit riesigen, zylinderförmigen Häusern ohne Fenster und Türen, die Städte des flüssigen Lichtes, des Petroleums. Tausende von gelben Chinesenhänden waschen das weiße Zinn aus der Erde der Inseln Banka und Billiton und unter Tage schürfen braune Malaien in europäischen Minen Gold und Kohle.

Nächst der fruchtbaren und an Bodenschätzen reichen Erde und nächst der günstigen Weltkonjunktur waren es zwei Kräfte, die den Aufstieg der niederländisch-indischen Wirtschaft bewirkt haben, zwei in ihrer Art ungleiche Kräfte: der Europäer und der Eingeborene! Jeder der beiden auf sich allein angewiesen, hätte nur wenig vermocht. Erst die Verbindung der Führerschaft und des Kapitals des Europäers mit der tausendfältigen, billigen und willigen eingeborenen Arbeitskraft schuf das große Wirtschaftsgebilde, das wir jetzt in Niederländisch-Indien vor uns sehen. Ungleich wie die beiden Kräfte war auch der Nutzen, den der Europäer einerseits und die Eingeborenen andererseits aus ihrer Verbindung zogen. Solange die großkapitalistische Unternehmung sich in bestimmten Grenzen hielt und die Eingeborenen in ihrer eigenen Sphäre einigermaßen auskömmliche Lebensbedingungen hatten, merkte man das kaum. Aber seit einiger Zeit ist als Doppelwirkung der großkapitalistischen Expansion und der Übervölkerung Javas, die beide eine zunehmende Proletarisierung der Eingeborenen zur Folge haben, ein anderer Zustand entstanden. Es besteht jetzt ein fühlbarer Gegensatz zwischen der glänzenden Verfassung der großkapitalistischen europäischen Unternehmung und den unbefriedigenden Verhältnissen in der eingeborenen Wirtschaft. Erschien früher die Erzielung der höchsten wirtschaftlichen Nutzung als die ausschließliche Aufgabe der europäischen Unternehmung, so wird es jetzt immer deutlicher, daß die europäische Unternehmung auch ethische Aufgaben zu erfüllen hat, der sie sich ohne Schaden für das Volkswohl nicht entziehen darf.

Ehe ich hierauf weiter eingehe, will ich Ihnen kurz die Entwicklung der wirtschaftlichen Verhältnisse in Niederländisch-Indien seit 1870 schildern, d. h. von dem Zeitpunkte ab, daß dem privaten europäischen Unternehmer die Betätigung auf landwirtschaftlichem Gebiet erlaubt und ermöglicht wurde. Bis dahin war er davon ausgeschlossen. In 1870 wurde die staatliche Zwangskultur, die schwer auf den Eingeborenen gelastet hatte, aufgehoben und der Grundsatz der wirtschaftlichen Freiheit etabliert. Das Agrarische Gesetz von 1870, die Magna Charta auf landwirtschaftlichem Gebiet in Niederländisch-Indien, erklärt alles Land, worauf durch Dritte kein Anrecht bewiesen werden kann, zur Staatsdomäne. Es erkennt das Besitzrecht der Eingeborenen auf dem von ihnen kultivierten und okkupierten Boden; gleichzeitig verbietet es aber den Eingeborenen, ihren Besitztitel an Nichteingeborene zu verkaufen. Auch die Vermietung ihres Landes an Nichteingeborene ist ihnen nur unter bestimmten Kontrollbedingungen und für bestimmte Fristen gestattet. Dem Europäer erlaubte das Agrarische Gesetz den Erwerb von unkultiviertem Land in der Form der Erbpacht. Ferner wurde ihm unter bestimmten Beschränkungen die Einmietung eingeborener Reisfelder für die Zwecke der Zuckerkultur gestattet; damit war dem europäischen Unternehmer in zweierlei Weise die Möglichkeit landwirtschaftlicher Betätigung gegeben.

Die Bestimmungen des Agrarischen Gesetzes, die weiterhin noch ergänzt wurden, sind die Grundlagen, auf denen sich die Wirtschaft Niederländisch-Indiens, die vorwiegend landwirtschaftlicher Art ist, bis heute entwickelt hat.

Die Entwicklung der eingeborenen Wirtschaft unter dem freien Regime ist nicht in die Höhe, sondern in die Breite gegangen. Der Fessel der Zwangskultur ledig, wandte sich der Eingeborene wieder dem Bau von Nährfrüchten, insbesondere der ihm heiligen, aber vom wirtschaftlichen Standpunkt wenig rentablen Reiskultur zu. Das auffallende in der Entwicklung ist hier nicht eine Vermehrung des Wohlstandes, sondern die gewaltige Vermehrung der eingeborenen Bevölkerung. Von schätzungsweise 16 Millionen Menschen in 1870 stieg die Bevölkerung Javas auf rund 35 Millionen in 1920.

Die Beschränkung, die der Gesetzgeber dem Eingeborenen hinsichtlich der Veräußerung bzw. Vermietung seines Landbesitzes auferlegte, war eine ethische Maßnahme, die der Erkenntnis der wirtschaftlichen Schwäche des Eingeborenen entsprang. Durch diese Maßnahme stellte der Gesetzgeber den Eingeborenen in des Gesetzes Schutz. Ohne diesen Schutz wäre der größte Teil des eingeborenen Landbesitzes in kurzer Zeit durch Verschuldung oder Verkauf in die Hände der überlegenen Europäer und Chinesen übergegangen. Das Wesen des Eingeborenen ist unwirtschaftlich. Es fehlt ihm als Tropenbewohner die Voraussicht, zu der schon der Wechsel der Jahreszeiten den Nordländer erzieht. Es fehlt ihm, der Jahrhunderte stets unter dem Druck seiner Oberen gearbeitet hat, die Initiative; es fehlt ihm, dessen Dorfgemeinschaft vielfach auf kommunistischer Grundlage beruht, der Begriff des Eigentums und des Reichtums in unserem Sinne. Wohl kennt er die Arbeit, wohl arbeitet er, aber ohne wirtschaftlichen Ehrgeiz. Das milde Klima hat ihn bedürfnislos und damit genügsam gemacht. Eine starke Führerhand wäre nötig gewesen, um den Eingeborenen aus der Niederung seines primitiven Haushalts langsam auf die Höhen der Wirtschaftlichkeit zu leiten, um ihn zur Wirtschaftlichkeit zu erziehen. Die Führerhand fehlte. Wohl hatte der Gesetzgeber den Eingeborenen an der Veräußerung seines Bodens verhindert, aber in jeder anderen Beziehung hatte er ihn freigegeben, insbesondere in Bezug auf die Verwertung seines wertvollsten beweglichen Gutes, seiner Arbeitskraft.

Alle die Eigenschaften des Eingeborenen, die sich in seinem eigenen Haushalt negativ auswirkten und eine aufwärtsgerichtete Entwicklung der eingeborenen Wirtschaft unmöglich machten, wandelten sich im Dienste der europäischen Unternehmung zu einem wertvollen Positivum, sie waren die Elemente der billigen und willigen Arbeitskraft, die der Europäer brauchte. Diese Arbeitskraft war eine Voraussetzung für das Gelingen der europäischen Unternehmung. Die Frage war nur, ob nach Auflassung der Zwangskultur genügend freie Hände zu bekommen wären. Diese Frage löste sich wie von selbst durch die starke Zunahme der eingeborenen Bevölkerung. Für den Eingeborenen bedeutete die Arbeit auf der Pflanzung, die er meist neben seinem eigenen Landbau verrichtete, einen willkommenen Nebenverdienst. Die Pflanzung störte seine Kreise nicht. Da war kein Gegensatz, sondern eine Ergänzung. Der Gegensatz sollte erst später kommen.

Anders lag die Arbeiterfrage außerhalb Javas. Für die Pflanzungen an der menschenarmen Ostküste Sumatras mußten Arbeiter von außerhalb herangebracht werden; zunächst waren es Chinesen, später in viel größerem Umfange Javanen. Hierbei handelte es sich um Kulis, die ganz in den Dienst der Pflanzung gestellt wurden. Gegenüber den bedeutenden Aufwendungen für Werbung und Transport mußte eine Arbeitssicherheit stehen; sie wurde in 1880 durch die sogenannte „Koeliordonnantie“ (Kuliverordnung) geschaffen, welche Vergehen gegen den Arbeitskontrakt unter das Strafrecht stellt. Die

Kuliverordnung ist im Laufe der Zeit wiederholt modifiziert worden. Es sind genaue Vorschriften hinsichtlich Löhne, Behausung, Verpflegung und Hygiene erlassen und die Kontrolle über die Kontraktkulis der behördlichen Arbeitsinspektion übertragen worden. —

Was nun die Entwicklung der europäischen Unternehmung in Niederländisch-Indien betrifft, würde es zu weit führen, wenn ich Ihnen die interessante Geschichte des Großplantagenbetriebes, um den es in der Hauptsache geht, in Einzelheiten schildern wollte. Ich greife nur die Hauptpunkte heraus. Die erste Periode war die Aufbauperiode von 1870 bis Anfang der 90er Jahre. Darauf folgte die Ertragsperiode, in der wir noch heute stehen. Die Aufbauperiode oder romantische Periode war die Zeit des Wagnisses und der Persönlichkeit. Die ersten Pflanzungen waren meist Privatbesitze mit Besitzer und Verwalter in einer Person. Verbindungen mit Banken und Handelshäusern wurden aufgenommen. Unter ihrer Mitwirkung schritt man zur Expansion. Zu vieles und zu viel wurde angepackt. Rückschläge traten ein. Nach der Zuckerkrisis in 1883/84, die auch bei den Pflanzungen interessierte Geldgeber in Mitleidenschaft zog, erfolgte eine Neuordnung. Die Beziehungen zwischen Pflanzungen und Finanz wurden von der rein kaufmännischen auf eine gewerblich-betriebliche Basis umgestellt. Die Kulturbanken, Banken mit landwirtschaftlichen Interessen, entstanden. Gleichzeitig erfolgte vielfach die Vergesellschaftung der Pflanzungen. Die Aktien-Gesellschaft ist weiterhin die hauptsächliche Unternehmungsform. Von einer Vielzahl von Kulturen ging man auf Java in der Hauptsache auf Zucker und Kaffee zurück. Die Zuckerkultur gewann als aussichtsreichste an Bedeutung. Die 20 Jahre nach der Krisis waren Jahre des Ausbaus und der inneren Stärkung. Aussichtslose Pflanzungen wurden aufgegeben, strenge Bilanzierungsmethoden angewendet und die Thesaurierungspolitik eingeleitet, die auch heute noch die holländischen Pflanzungsgesellschaften auszeichnet. Wissenschaftliche Versuchsstationen wurden errichtet, Pflanzmaterial, Pflanz- und Aufbereitungsmethoden verbessert. Bei sich stetig vergrößerndem Areal erhöhten sich die Erträgnisse pro bepflanzte Einheit. Obwohl in den Pflanzungsbetrieben, insbesondere an der Ostküste Sumatras, auch Ausländer in leitender Stellung tätig waren, so vollzog sich doch der Aufbau in der Hauptsache unter holländischer Führung, und das Risiko wurde beinahe ganz durch die holländische Finanz getragen. Der Lorbeer für die gewaltige wirtschaftliche Leistung während der Aufbauperiode kommt den Holländern zu.

Als die Kautschukkultur in 1907 als neue Kultur erschien, war die

Aufbauperiode abgeschlossen. Das nun hereinströmende internationale Kapital konnte auf der geschaffenen Grundlage in großem Umfange nutzbringend angelegt werden, und nun erfolgte der große Aufschwung, der in kurzer Zeit die großkapitalistische Unternehmung zum beherrschenden Faktor im Wirtschaftsleben Niederländisch-Indiens machte und Niederländisch-Indien gleichzeitig einen bedeutenden Platz in der Weltwirtschaft einnehmen ließ.

Über 950000 ha Land, also beinahe 1 Million ha, waren Ende 1925 durch den Großplantagenbetrieb mit hochwertigen Exportprodukten bepflanzt. Davon entfielen rund 600000 ha auf Java und rund 350000 ha auf die Außenbesitzungen, in der Hauptsache Sumatra. Die hauptsächlichen Kulturen waren wie folgt verteilt:

Zucker	176 267	ha
Kautschuk	304 426	,,
Kaffee	95 286	,,
Tee	89 496	,,
Tabak	45 115	,,
Chinarinde	14 734	,,
Tapioca	10 376	,,
Ölpalmen	9 712	,,

Die Pflanzungen sind betrieblich hochentwickelt. Landwirtschaftliche Schulen sorgen für die Vorbildung des Personals. Wissenschaftliche Versuchsstationen, von den Pflanzungen finanziert und vorzüglich ausgestattet, stehen jeder Kultur zur Seite. Die größte der wissenschaftlichen Versuchsstationen, die Zuckerversuchsstation, hat einen Stab von 50 Europäern. Ihr Jahresbudget beträgt über Rm. 2000000. Ihr ist es in Zusammenwirkung mit den Pflanzern gelungen, die Javazuckerkultur auf eine von keinem anderen Produktionsland erreichte Höhe zu heben. Kuba und Formosa gehen auf Java in die Schule. Dieselben intensiven Methoden werden bei den anderen Kulturen angewandt. Die Chinarindekultur auf Java ist durch Hochzüchtung eine Monopolkultur geworden. Die Kautschukkultur Niederländisch-Indiens hat Dank der erfolgreichen Veredelungsversuche einen Vorsprung vor anderen Produktionsländern gewonnen und der auf wissenschaftlich-wirtschaftlicher Basis betriebene Anbau der jüngsten Kultur in Niederländisch-Indien, der Ölpalme, wird sich bald der eingeborenen Produktion in Afrika überlegen zeigen.

Nicht nur technisch und betrieblich, auch in anderer Beziehung ist alles aufs beste organisiert. Unter Wahrung der Selbständigkeit der einzelnen Pflanzungsgesellschaften sind Verbände zum Schutz und zur Befolgung der gemeinsamen Interessen gegründet worden: für die Zuckerkultur das Java-Zucker-Syndikat und für die Bergkultur das Allgemeine Landbau-Syndikat auf Java. Zwei ähnliche Organisationen bestehen an der Ostküste Sumatras. Sämtliche Verbände vereinigen sich in der Spitzenorganisation des „Unternehmerrats für Niederländisch-Indien" in Holland, dem auch die Banken, Industrien und Schiffahrtsgesellschaften, die in Niederländisch-Indien Interessen haben, angehören. Auch der Verkauf der Produkte ist, wo es geboten erschien, einheitlich organisiert worden. So erfolgt der Verkauf des Java-Zuckers und der Chinarinde durch eine Hand.

Die finanzielle Verfassung der Pflanzungsgesellschaften ist durchweg stark. Die nach der Krisis von 1883/84 eingeleitete Thesaurierungspolitik ist weiter befolgt worden, insbesondere bei den holländischen Gesellschaften, die große Reserven haben und über große Effektenbestände und Bankguthaben verfügen. So z. B. hatte die größte der holländischen Pflanzungsgesellschaften Ende 1927 bei einem eingezahlten Kapital von fl. 35 Millionen und einer Obligationsschuld von fl. 12 Millionen nicht weniger als fl. 100 Millionen flüssige Mittel. Die Bilanzen dieser Gesellschaften sind gerade umgekehrt wie bei uns in Deutschland. Es steht alles auf der anderen Seite. Daraus erklärt es sich auch, daß die meisten Gesellschaften von den Banken unabhängig sind, besonders die großen unter ihnen sind ihre eigenen Bankiers.

Das in Niederländisch-Indien in allen europäischen Betrieben, also auch einschließlich der industriellen Betriebe wie Petroleum, Eisen- und Trambahnen, Schiffahrt, Licht- und Kraftwerke, Banken und Handel angelegte Kapital wurde in 1923 von holländischer Seite auf fl· 2650000000.— geschätzt, wovon fl. 1270000000.— im europäischen Großplantagenbetrieb angelegt sind. Von der Gesamtanlage dürfte etwa $^3/_4$ und von dem Pflanzungskapital $^2/_3$ holländisch sein. Die Schätzungsziffern sind wahrscheinlich zu niedrig, aber die genauen Ziffern lassen sich schwer ermitteln, da viele Unternehmungen aus eigener Kraft gewachsen sind und die Vergrößerung aus den Abschreibungen bestritten haben. Dagegen läßt sich das Erträgnis kontrollieren. Es betrug der versteuerbare Gewinn der in Niederländisch-Indien arbeitenden europäischen Betriebe in 1927 fl. 490000000.— und in 1925 fl. 530000000.—. Über die Rentabilität der europäischen Betriebe liegt ein Gesamtausweis nicht vor. Sie war aber während der letzten 10 guten Jahre hoch und in vielen Fällen selbst sehr hoch.

Die Produktenmenge, welche die großkapitalistische Unternehmung, in die wir hier auch die Petroleum- und Zinnminen einbegreifen, Jahr für Jahr aus dem Boden Niederländisch-Indiens hebt, ist gewaltig. In Geldeswert ausgedrückt, betrug in 1925 die Produktion von

	Wert in Mill. Gulden 1925
Zucker	367.2
Kautschuk	312.3
Petroleum	173.0
Blatt-Tabak	87.–
Tee	56.2
Kaffee	34.9
Faser	14.7

Der Anteil Niederländisch-Indiens am Weltexport war in 1925 für

Chinarinde	92%
Kapok	79%
Pfeffer	71%
Sisal	44%
Kautschuk	36%
Tee	14%
Zinn	13%
Zucker	10%
Kaffee	6%

Die Produktion bewegt sich, was die Mengen betrifft, in progressiver Richtung. Am deutlichsten wird uns die Leistung der großkapitalistischen Unternehmung und die ganze Entwicklung der produktiven Periode, wenn wir dem Einst das Jetzt gegenüberstellen. Zu Anfang der produktiven Periode — in 1875 — betrug die Ausfuhr Niederländisch-Indiens fl. 130000000.— und der Ausfuhr-Überschuß fl. 22000000.—. In 1925 war die Ausfuhr auf fl. 1784000000.— und der Ausfuhr-Überschuß auf beinahe fl. 1000000000.— gestiegen. Von der Ausfuhr in 1925 entfielen fl. 1254000000.— oder 70% auf die europäischen Großbetriebe. Auf Java betrug im gleichen Jahr der Anteil des Großplantagenbetriebs an der Ausfuhr der landwirtschaftlichen Erzeugnisse sogar 88%. —

Ganz klein scheint der Eingeborene gegenüber den Riesenzahlen der europäischen Schöpfung in seinem Lande zu stehen. Und doch hat er daran einen bedeutenden Anteil; denn 50% und mehr der Gestehungskosten der im Großplantagenbetrieb erzeugten Produkte werden durch Aufwendungen für die Löhne und Leistungen der Eingeborenen dargestellt. Damit kommen wir zu der Frage, welche Bedeutung der großkapitalistischen Unternehmung innerhalb der Wirtschaft Niederländisch-Indiens zukommt, und welchen Einfluß sie auf das Volkswohl, auf das Wohl der Eingeborenen, ausübt. Wir betrachten dabei in erster Linie die Verhältnisse auf Java.

Wie wir gesehen haben, sind die eingeborene Wirtschaft und die europäische Unternehmung während der produktiven Periode getrennte Wege gegangen. Die Eingeborenen kehrten nach Aufhebung der Zwangskultur gewissermaßen zur Natur zurück; sie widmeten sich dem Bau der wenig gewinnbringenden, aber von ihnen benötigten Nährfrüchte. Die Europäer dagegen setzten den modernen kapitalistischen Apparat an zur Erzeugung hochwertiger Exportgewächse. Bei dem Eingeborenen ging es um die Lebensfristung, bei dem Europäer um die Erzielung des höchsten Geeinns.

Was nun die Vorteile und Nachteile der großkapitalistischen europäischen Unternehmung für die Wirtschaft Niederländisch-Indiens betrifft, so ist es sicherlich volkswirtschaftlich ein großer Nachteil, daß sie als die die wertvollste Gütererzeugung beherrschende Unternehmung eine ausländische Unternehmung ist, die mit ausländischem Kapital arbeitet und deren Kapitalertrag ins Ausland geht. Unter Ausland ist hier auch Holland verstanden, da Holland und Niederländisch-Indien getrennten Haushalt führen. Daß unter Umständen eine ausländische Unternehmung für die Volkswirtschaft ihres Arbeitsgebietes überhaupt keinen oder doch nur einen geringen Nutzen liefert, zeigt das Beispiel der europäischen Tabakkultur in Deli an der Ostküste Sumatras in ihrem ersten Stadium. Die Pflanzungen wurden dort mit Hilfe von fremden Arbeitern — Chinesen — angelegt, die mit fremdem Geld — Straitsdollars — bezahlt und mit einem fremden Lebensmittel — importiertem Rangoon-Reis — genährt wurden. Es wurde ein fremdes Produkt — Tabak — gebaut, das für den fremden Markt — Europa und Amerika — bestimmt war, und die erzielten Überschüsse gingen ebenfalls in die Fremde, als Kapitalertrag nach Holland und als Lohnersparnis nach China. Dem Lande selbst kam, da es damals noch keine Steuern gab, nur das Hasil Tanah, der mäßige Pachtzins, zu gute, sowie der Einfuhrzoll auf das Bremer Schlüsselbier, das durch die Pflanzer in großen Mengen getrunken wurde.

So extrem wie damals in Deli liegt heute der Fall bei der großkapitalistischen europäischen Unternehmung in Niederländisch-Indien nicht. Doch bleibt die Tatsache bestehen, daß der Kapitalertrag zum größten Teil außer Landes geht, außer Landes verzehrt und zu einem beträchtlichen Teil auch außer Landes versteuert wird. Das Gegenargument, das von kapitalistischer Seite angeführt wird, nämlich daß, wie dies auch stimmt, ein Teil des Kapitalertrags in Niederländisch-Indien Jahr für Jahr aufs Neue in der Form von Pflanzungsvergrößerungen oder neuen Pflanzungen angelegt wird, ist nicht stichhaltig; denn diese Neuanlagen wirken schließlich wieder in genau derselben kapitalabwandernden Richtung.

Gegenüber dem Nachteil der abwandernden Kapitalrente, der sogenannten Drainage, stehen die direkten und indirekten Vorteile, die die großkapitalistische Unternehmung der Wirtschaft Niederländisch-Indiens bringt durch Vermehrung der Arbeitsgelegenheit, Erhöhung des Bodenertrags, Erschließung abgelegener Gebiete, Hebung von Handel und Verkehr, Abgaben und Steuern. Die Frage ist nur, ob die Summe dieser Vorteile den Nachteil aufwiegt. Eine ziffermäßige Bilanz wird sich da nicht ziehen lassen, aber einen Gradmesser gibt uns der Volkswohlstand der eingeborenen Bevölkerung.

Nicht, daß der Volkswohlstand nur durch die großkapitalistische Unternehmung beherrscht wird, aber wohl wird er durch sie beeinflußt; denn die großkapitalistische Unternehmung greift tief in das Leben der Eingeborenen ein. Das Wesentliche ist schließlich die Frage, in welchem Verhältnis der Volkswohlstand zu dem Wohlstand der großkapitalistischen Unternehmung steht und ob im Falle eines ungünstigen Verhältnisses für die eingeborene Bevölkerung die großkapitalistische Unternehmung verpflichtet und in der Lage ist, an der Ausgleichung des Mißverhältnisses, d. h. an der Hebung des eingeborenen Wohlstandes mitzuarbeiten.

Die starke Bevölkerungszunahme auf Java hat sich in der Richtung der Verarmung und Proletarisierung ausgewirkt. Von 124 Menschen per qkm in 1870 stieg die Bevölkerung auf 262 per qkm in 1920. Mit dieser Zunahme hielt die Anbaufläche nicht Schritt. Es ist Landmangel eingetreten, und infolge Inangriffnahme minderwertiger Böden ist der Ertrag per Flächeneinheit seit einiger Zeit rückläufig. So war z. B. der Ertrag der Reisfelder in 1916/24 nur 22,71 Pikul Paddy per Bouw gegen 29,6 Pikul in 1890/1902. Etwa 7 Million ha Land, wovon knapp die Hälfte Reisfelder, sind auf Java durch die Eingeborenen mit Nährfrüchten bebaut. Demgegenüber bedeutet die von dem Großplantagenbetrieb genutzte Fläche von 600000 ha, wovon 176000 ha eingeborene Reisfelder zum Zwecke des Zuckerbaus sind, nicht viel. Auch wenn diese Fläche, soweit sie für den Anbau von Nährfrüchten geeignet ist, den Eingeborenen frei gegeben würde, würde der Ertrag für die wachsende Bevölkerung doch nicht ausreichen. Java hat in den letzten 6 Jahren durchschnittlich 250000 tons Reis jährlich einführen müssen. Zur Bezahlung dieses Nahrungsimports und aller weiteren Importe von Lebensbedürfnissen für die eingeborene Bevölkerung ist die Bevölkerung, die nur einen geringen eigenen Produktenexport hat, zu einem großen Teil auf ihre Einkünfte aus der großkapitalistischen Unternehmung angewiesen. Die Bevölkerung ist heute in ihrer Existenz von der europäischen Unternehmung abhängig geworden. Die Bevölkerungszunahme Javas hat zwei Folgen gehabt, einmal eine zunehmende Zerstückelung des eingeborenen Landbesitzes und dann die Abwanderung der eingeborenen Arbeitskraft in die in der Expansion begriffenen europäischen Großbetriebe.

Man hat berechnet, daß heute noch reichlich 20% der eingeborenen Bevölkerung Javas ausschließlich von Landbau leben. Die große Masse sind Teilarbeiter, die eigenen Landbau treiben und sich daneben verdingen. Die dritte, immer größer werdende Gruppe, sind die reinen Lohnarbeiter. Hierzu gehören die Arbeiter in festem Dienst (2,4%), die Landarbeiter, im Dienst des eingeborenen Landbaues (12,4%), und die Kulis (19,6%). Das sind alles platte Landziffern. Außerdem arbeiten schätzungsweise 300000 javanische Kuliemigranten — Männer und Frauen — als Kontraktarbeiter auf europäischen Pflanzungen auf den Außenbesitzungen, hauptsächlich Sumatra..

Durch die niederländisch-indische Regierung ist in 1924 eine Untersuchung hinsichtlich des wirtschaftlichen Zustandes und des Steuer drucks der eingeborenen Bevölkerung eingeleitet worden, wobei von dem Jahre 1913 als Normaljahr ausgegangen und die seitherige Entwicklung festgestellt worden ist. Obwohl von Not nicht gesprochen werden konnte, waren doch die ermittelten Ziffern betreffs Volkseinkommen, Bodenerträge, Kaufkraft und Lohnbildung nicht günstig. Die Verschuldung der eingeborenen Bevölkerung hatte zugenommen, und der Steuerdruck wurde als zu schwer empfunden. Die Regierung hat als Folge dieser Untersuchung die Kopfsteuer der Eingeborenen abgeschafft und ferner die ständige Wohlfahrtskommission eingesetzt.

Sehr viel drastischer als in den Regierungsrapporten, in denen sich die Berichterstatter eine gewisse Reserve auferlegen, wird der Zustand der eingeborenen Bevölkerung Javas in einer Propagandaschrift geschildert, die vor einiger Zeit im Auftrage des Java-Zucker-Syndikats, also von Unternehmerseite, veröffentlicht worden ist. Es heißt da u. a.: „Zusammenfassend sehen wir also ein Land, dessen Reserve an kulturfähigem Boden binnen kurzem erschöpft ist, eine Bevölkerung, die ständig wächst, und bei der die Klasse der Besitzlosen stets größer wird, während die Bevölkerung als Hauptexistenzmittel einen Landbauzweig betreibt, der unrentabel ist und nicht genug zur Befriedigung der eigenen Bedürfnisse liefert..... Neben diesem Mangel an Boden steht ein stets stärker zunehmender Reichtum an Menschen..... Außerhalb Niederländisch-Indiens hat man von dem Leben des Javanen auf dem platten Lande eigenartige Begriffe. Die Wirklichkeit ist aber ganz anders. Durch die starke Bevölkerungszunahme ist es da soweit gekommen, daß ein großer Teil der Bevölkerung keinen Boden mehr besitzt..... Wie in der europäischen Gesellschaft wird auch in der Dessa (eingeborene Gemeinde) ein harter Existenzkampf geführt..... Jedes Jahr nimmt die Klasse der Nicht-Landbauer zu; diese Menschen müssen auch leben..... Bis es soweit ist, daß jeder javanische Bauer von der Erkenntnis durchdrungen ist, daß er mehr aus seinem Boden herausholen muß, als für den eigenen Verbrauch nötig ist, wird die Bevölkerung sich so stark vermehrt haben, daß selbst der doppelt oder dreifach so große Ertrag wie heute nicht genügen wird, um alle Münder zu füllen..... Zum Schluß bedenke man, daß Java ein armes Land ist, d. h. arm an Geld.“

Diese Ausführungen sind für einen anderen Zweck geschrieben, als wofür ich sie hier gebrauche; sie bezwecken den Segen der Zuckerkultur ins richtige Licht zu rücken, die dem Javanen Arbeit und Geld verschafft. Uns aber zeigen sie die Zwangslage, in welcher sich der Javane befindet, und dieser Eindruck vertieft sich noch, wenn der Verfasser schreibt: „Zwei Dinge sind nötig: Verstand und Geld! Die Industrie (Zuckerindustrie) besitzt beide, der javanische Bauer vorläufig noch keines von beiden.“

Die eingeborenen Löhne, besonders auf Java, sind niedrig. Aber niedrig ist ein relativer Begriff. Wenn ich Ihnen sage, daß Kinderarbeit auf Java mit 20 Pfg., Frauenarbeit mit 50 Pfg. und Männerarbeit mit 70 Pfg. pro Tag bezahlt wird, und daß die Kontraktkulis auf Sumatra 10 Stunden täglich für 90 Pfg. pro Tag angestrengte Arbeit verrichten, so wird Ihnen dies nach europäischen Begriffen unglaublich erscheinen. Aber sie werden zu diesen Ziffern eher das richtige Verhältnis bekommen, wenn wir das eingeborene Einkommen aus dem eigenen Haushalt den Löhnen gegenüberstellen. Das Einkommen der Kleinbauern auf Java hat in 1924 zwischen 250.— Rm. und 500.— Rm. pro Familie (5 Köpfe) und Jahr gelegen. Das kommt auf 68½ Pfg. bzw. 1,37 Rm. pro Familie und Tag hinaus.

Die Löhne sind milieumäßig zu betrachten. Das Milieu hat der europäische Unternehmer nicht gestört, sondern für seine Zwecke genützt. Er hat wohl die Arbeitsgelegenheit außerordentlich erweitert, aber er hat nicht in die Lohnbildung eingegriffen. „Die Dessa, die Dorfgemeinde", schreibt ein holländischer Volkswirtschaftler (J. van Gelderen) „sorgt für ein fortwährendes Arbeiterangebot, und der in ihrem Arbeitsprozeß entstandene Lebensstandard hält den anderswo verdienten Lohn niedrig." Auch von der Seite der Javanen, als Arbeitnehmer, ist in die Lohnbildung nicht eingegriffen worden. Wohl kam es in den Konjunkturjahren nach dem Kriege, die vieles durcheinander geworfen haben, auch auf Java zu partiellen Streiks. Aber es fehlte dem Javanen auch hier der wirtschaftliche Sinn, und Professor Treub, der Vorsitzende des „Unternehmerrats", konnte in seinem Bericht in 1927 ausrufen: „Dort (in Niederländisch-Indien) keine kraftvolle Arbeiterorganisation, welche die ungestörte Fortsetzung der Betriebe bedrohen kann.... Bei den eingeborenen Arbeitern steht die Fachvereinigung noch in ihren Kinderschuhen."

Wenn auch der europäische Unternehmer nicht in die Lohnbildung eingegriffen hat, so ist es doch als feststehend zu betrachten, daß die in den europiäschen Betrieben gezahlten Löhne durchweg über den in der eingeborenen Haushaltung gangbaren Arbeitsentlohnungen liegen; denn die Familie bezahlt bekanntlich am schlechtesten. Wesentlich höhere Löhne erhalten eingeborene Spezialarbeiter wie Handwerker, Aufseher, Schreiber usw.; der Durchschnitt der Toekang (Handwerker) Löhne in der Zuckerindustrie war in 1924 etwa 2.— Rm. pro Tag. Die Vollkommenheit erreicht der eingeborene „Herr Chauffeur" mit einem Monatslohn, der auf 3.—/4.— Rm. pro Tag herauskommt. Doch diese Gruppe bedeutet im Verhältnis zur Masse der eingeborenen Arbeiter nicht viel.

Die Gesamt-Lohnsumme, die von den europäischen Großbetrieben einschl. der Regierungsbetriebe in Niederländisch-Indien in 1924 an die Eingeborenen gezahlt wurde, hat man auf fl. 192000000.— berechnet, wovon fl. 92000000.— allein auf die Java-Zucker-Industrie entfallen. Das sind hohe Beträge, aber sie gehen auch in Millionen Hände. Sie beweisen durch ihre Gesamthöhe nicht, daß sie eine genügende Einzel-Entlohnung darstellen, wohl aber, daß die Eingeborenen in großem Maße von der europäischen Unternehmung abhängig geworden sind, daß sie ohne die Arbeitsgelegenheit, die erst die europäische Unternehmung geschaffen hat, nicht mehr existieren könnten.

Außer der Lohnsumme leistet die europäische Unternehmung, und zwar die Zuckerkultur, noch einen weiteren ansehnlichen Beitrag zum eingeborenen Haushalt durch die Mietbeträge für die durch die Zuckerkultur benutzten eingeborenen Reisfelder. Der durch die Zuckerkultur dank intensiver Bewirtschaftung erzielte Zuckerertrag beträgt dem Werte nach das 4 bis 5 fache dessen, was der Eingeborene auf dem gleichen Feld mit Reisbau erzielt. Die Zuckerfabriken sind daher in der Lage, dem Eingeborenen eine Miete für sein Feld zu zahlen, wobei er besser fährt, als wenn er es mit Reis bestellen würde. Die Mieten — es sind Minimum-Mieten festgesetzt — werden behördlich kontrolliert. Der Betrag, den die Zuckerfabriken für diese Mieten und noch einige andere Leistungen an die Eingeborenen abführen, beträgt ca. fl. 35000000.— pro Jahr und stellt sicher einen nur der europäischen Unternehmung zu verdankenden wertvollen Zuschuß für die eingeborene Haushaltung dar.

Wir haben hiermit den direkten Vorteil oder besser Beitrag besprochen, den die europäische Unternehmung für den eingeborenen Haushalt liefert. Was die weiteren Leistungen der europäischen Unternehmung innerhalb der niederländisch-indischen Volkswirtschaft betrifft, so berühren diese die Eingeborenen nur indirekt und auch nur wenig.

Das Bild, das die eingeborene Wirtschaft bietet, ist nicht freundlich. Es ist natürlich nicht überall dasselbe. Es gibt, auch auf dem dichtbevölkerten Java, Gegenden, wo es den Eingeborenen gut geht, wo der Zauber der genügsamen, natürlichen Gemeinschaft die schönsten Idylle webt, aber als Ganzes ist das Bild dunkel abgestimmt, und es wird nicht heller im Lichte der europäischen Unternehmung. „Die Schlußfolgerung der Untersuchung hinsichtlich der Lohnarbeit", heißt es in dem Regierungsrapport, „ist, daß die Zahl der Lohnarbeiter seit 1913 ganz bedeutend zugenommen hat, daß also allmählich ein größerer Teil der Bevölkerung mehr als früher von den Regierungsbetrieben und dem europäischen Arbeitgeber abhängig geworden ist, daß die Steigerung der Kosten der eingeborenen Lebensbedürfnisse..... viel stärker gewesen ist als die Steigerung der Löhne, die nie eine entsprechende Höhe erreichten..... und daß sich unter den Lohnempfängern ein starkes (ernstes) Gefühl der Wohlfahrtsminderung geltend gemacht hat." Das Bild wird nicht heller, wenn man neben der wirtschaftlichen Rückständigkeit den hygienischen und häuslichen Zustand sieht, in dem viele Eingeborene leben, wenn man insbesondere auf den großen Plätzen, auf denen sich das Proletariat ansammelt und die Lebensbedingungen schwieriger sind als auf dem Lande, durch die Eingeborenen-Viertel, die Kampongs, geht, da erkennt man, daß es von der Bedürfnislosigkeit zur Ärmlichkeit nur ein Schritt ist.

Stellt man demgegenüber die doch zu 50% in der eingeborenen Wirtschaft fußende europäische Unternehmung in ihrer Lebenskraft und ihrem Reichtum, so beantwortet sich die Frage, ob die großkapitalistische Unternehmung verpflichtet ist, an der Ausgleichung des Mißverhältnisses, an der Hebung der eingeborenen Volkswohlfahrt mitzuarbeiten, ganz von selbst. Wenn auch diese Verpflichtung als Grundsatz von der europäischen Unternehmung heute noch nicht anerkannt ist, und ein gesetzlicher Zwang zur Ausführung dieser Verpflichtung nicht besteht, so hat doch eine Reihe von Unternehmern in ihrem Kreise, sei es freiwillig, sei es unter einem gewissen Druck, diese Verpflichtung in die Tat umgesetzt.

Nach europäischer Denkungsart würde man sagen, daß der Fall am besten durch Erhöhung der Geldesleistung der europäischen Unternehmung an die Eingeborenen, durch eine Erhöhung der Lohnsätze, gelöst werden könnte. Aber nach östlicher Denkungsart wäre dieser Weg verkehrt. Bei der unwirtschaftlichen Einstellung des Eingeborenen würde eine Lohnerhöhung verpuffen. Die Mehreinnahme würde zu einem großen Teil für Spiel und Tand daraufgehen. Die Folge würde nur eine geringere Arbeitsleistung sein, denn der Eingeborene arbeitet nur soviel, wie er zu seinem Leben braucht. Die Lösung liegt in einer anderen Richtung, sie liegt in der Richtung, die die niederländisch-indische Regierung schon eingeschlagen hat und mit großer Energie verfolgt: in der Fürsorge und in der Erziehung des Eingeborenen zur Wirtschaftlichkeit, in der „Opheffing", wie das holländische Wort lautet. Dafür müssen die nötigen Mittel bereitgestellt werden.

Durch eine großzügige Schulpolitik, durch künstliche Bewässerungsanlagen, durch Einschränkung des Wuchers, durch Gründung der Volkskreditbanken, durch Förderung der Gesundheitspflege, durch Schaffung von Volksliteratur und manches andere hat die Regierung sich große Verdienste um die Eingeborenen erworben, und in der gleichen Richtung betätigen sich auch die europäischen Unternehmungen, die die ethische Verpflichtung anerkannt haben. Mag die Regierung bei ihrer Schulpolitik auch Fehler gemacht und Niederländisch-Indien mit einer Klasse von eingeborenen Halbgebildeten beglückt haben, denen die Feldarbeit zu gering ist, und für die die Früchte wirklicher Bildung zu hoch hängen, die Richtung, die sie eingeschlagen hat, ist richtig. Dabei wird neuerdings auch dem eingeborenen Landbau große Sorge zugewendet. Der „Landwirtschaftliche Aufklärungsdienst für die Eingeborenen“ wird weiter ausgebaut. Durch Saatwahl, Düngung, Bodenbearbeitung und Fruchtwechsel wird der Ertrag der eingeborenen Felder gehoben. Die gleiche Fläche wird bei rationeller Bearbeitung schließlich eine noch größere Bevölkerung ernähren können, als sie heute tut. Dadurch wird auch der Prozeß der Proletarisierung verlangsamt, aber aufgehalten wird er nicht. Auch wird die Frage dadurch nicht gelöst, wo schließlich der Bevölkerungsüberschuß Javas bleiben soll. Denn Java vermehrt sich mit ca. 300000 Menschen jährlich. Die Ausdehnung der europäischen Unternehmung auf Java, die bisher in der Hauptsache den Bevölkerungszuwachs aufnahm, ist aber mangels Boden zum Stillstand gekommen.

Es bleibt die Auswanderung, die Auswanderung nach jenen großen dünnbevölkerten Gebieten außerhalb Javas, deren jungfräuliche Erde noch des Patjolschlags und des Pfluges harren. Die Auswanderung im Großen ist bisher nur durch die europäische Unternehmung bewerkstelligt worden. Unter großen Kosten hat die europäische Unternehmung hunderttausende von Javanen, Männer und Frauen mit oder ohne Anhang, von Java nach Sumatra gebracht und als Kontraktarbeiter in ihren Dienst gestellt. Aber diese Auswanderung bedeutet gleichzeitig die Proletarisierung in Reinkultur. Die Eingeborenen wanderten von der Dessa, vom Dorf, in den Pondok, in die Kulikaserne.

Die Proletarisierung von Eingeborenenmassen darf aber niemals das Ziel sein. Mögen die hygienischen Einrichtungen auf den Pflanzungen noch so vorbildlich sein, — nicht in den Kulikasernen, sondern in der Dessa, im Dorf, zwischen den wogenden Reishalmen unter stillen Palmen und den flüsternden Bambuswedeln sprudelt der unversiegliche Quell javanischen Lebens!

Das Institut der Kontraktarbeit ist wiederholt scharf angegriffen worden, denn es stellt einen Arbeitszwang dar. Aber auch durch Aufhebung des Arbeitszwanges wäre die Entproletarisierung der Eingeborenen noch nicht eingeleitet. Diese kann erst erfolgen durch eine Siedelungspolitik, durch eine Kolonisation in großem Stil, wodurch der javanische Kuli aus den Außenbesitzungen zurückgeführt wird in den Zustand, der in den glücklichsten Gegenden Javas besteht, wo er Grund und Boden besitzt und daneben als freier Mann im Dienste der europäischen Unternehmung arbeitet, wo er sich zur Gemeinschaft zusammengefunden hat, die Art und Sitte pflegt und in ihrem Charakter und ihrer Zufriedenheit der stärkste Pfeiler der Ordnung und der Regierung ist.

Diese Überführung der Javanen von der Kontraktarbeit in die freie Wirtschaft wird noch viele Schwierigkeiten machen, besonders an der Ostküste Sumatras, wo eine Siedelung in unserem Sinne den Interessen der Tabakkultur entgegengesetzt ist. Die europäische Tabakkultur besitzt dort große Ländereien (ca 270000 ha) und arbeitet zur Erzielung des hochwertigen Deckblattes mit einer 8jährigen Brache. Dadurch liegen große Landstrecken mit allerbestem Boden 8 Jahre lang eitel. Würde die Tabakkultur für ihre Kontraktkulis die Kolonisation durchführen, so müßte sie an die Kulis einen großen Teil ihres Landes abgeben und könnte daher die Tabakkultur nicht mehr wie bisher weiter treiben. Der Fall liegt sehr schwierig, und doch wird man dort vielleicht eines Tages vor der Frage stehen, was mehr wiegt: Ein Pfund Tabak oder das Glück des Eingeborenen.

Der Bedarf der Pflanzungen auf den Besitzungen außerhalb Javas allein wird auf die Dauer nicht genügen, um den Bevölkerungsüberschuß von Java aufzufangen. Die Regierung wird dann selbst die Auswanderung in großem Stil organisieren müssen. Die Außenbesitzungen haben das in Fülle, was Java fehlt, sie haben Raum, und daß auch beim Eingeborenen im Raume sich Kräfte entfalten, die in der Enge gebunden sind, zeigen die großen Kautschuk- und Kaffeebestände, welche die Eingeborenen auf den Außenbesitzungen besonders in Mittel- und Südsumatra in den letzten 15 Jahren in aller Stille ohne Kapital und Börse angelegt haben, zeigt die alte Pfefferkultur, die auf Sumatra ausschließlich in eingeborenen Händen liegt.

Die Wohlfahrtspolitik der Regierung erfordert die Aufwendung großer Mittel, und diese Aufwendungen werden sich erhöhen, wenn die Wohlfahrtspolitik vertieft und ausgedehnt wird. Die Regierung kämpft aber schon jetzt einen schweren Kampf, um den Staatshaushalt im Gleichgewicht zu halten. „Wir haben Einnahmen nötig, die im Ganzen verfügbar sind, um damit die Ausgaben zu bestreiten für das sehr Viele, das noch im Interesse der Eingeborenen geschehen muß“, schreibt der frühere Minister Colijn, der kürzlich Niederländisch-Indien besucht hat. Aber gleichzeitig gesteht er, nicht zu wissen, woher die Einnahmen kommen sollen. An der großkapitalistischen europäischen Unternehmung ist es, diese Frage nach ihren Kräften zu beantworten. Nicht nur, daß für sie eine sittliche Verpflichtung besteht, das Wohlergehen der Eingeborenen bedeutet letzten Endes auch das Wohlergehen der europäischen Unternehmung.

Als ich bei meinem Abschied von Niederländisch-Indien draußen ähnliche Gedankengänge entwickelte, meinte ein bekannter holländischer

Journalist: die entgegengesetzte Entwicklung der europäischen Großbetriebe und der eingeborenen Wirtschaft sei nicht zu ändern, es sei der Lauf der Dinge, es sei „Koloniale Tragik". Der Tragik aber, die nach abwärts gerichtet ist, steht die Ethik gegenüber, die aufwärts strebt. Nicht die Ethik im Sinne schwächlichen Nachgebens, sondern zielbewußten und Blickweiten erschließenden Wollens!

Wenn ich die Geschichte Niederländisch-Indiens überschaue, die abenteuerliche Zeit, da die ersten Ostindienfahrer aussegelten, um neue Welten zu suchen, dann die produktive Periode, wo alles zur Erzielung des höchsten Gewinnes eingespannt war, und schließlich bei den Ideen anlangte, die heute durchbrechen, dann kommen mir die Worte Goethes in den Sinn, mit denen ich diese Ausführungen beschließen möchte:

„Der Mensch verlangt erst das Neue,
„Suchet das Nützliche dann mit unermüdlichem Fleiße,
„Endlich begehrt er das Gute, das ihn erhebet und wert macht."

Der Ätna-Ausbruch im November 1928

von

G. Gürich, Hamburg.

(Mit 2 Figuren im Text und 5 Abbildungen auf Tafel 20 bis 22).

Der Verfasser hatte Ende November Gelegenheit, die Stätten des letzten Ausbruchs, die eben erstarrten Lavaströme und die durch diese angerichteten Verwüstungen zu besichtigen. Er verdankt der Hochschulbehörde der Hamburgischen Universität die Möglichkeit, dieses Schulbeispiel eines ätneischen Ausbruchs kennen zu lernen und die dabei gewonnenen Erfahrungen noch für die Wintervorlesungen nutzbar zu machen. In der 500. ordentlichen Sitzung der Geographischen Gesellschaft, am 9. Januar, habe ich darüber berichtet.

Außer den eigenenBeobachtungen standen mir die Tageszeitungen wie das Giornale dell' Isola (Catania) zur Verfügung, in denen Professor Ponte, der Vorsteher des Ätna-Observatoriums fortlaufend Bericht erstattete, ferner Herr Schuler aus Taormina zu Worte kam und Zeitungsberichterstatter ausführliche Stimmungsbilder veröffentlicht hatten. Sehr wertvoll waren dem Verfasser die Ratschläge des Inhabers des prachtvoll gelegenen, ausgezeichnet ausgestatteten vulkanologischen Instituts in Neapel, Dr. Imm. Friedländer, der einige Tage vorher am Ätna gewesen war. Zu größtem Dank aber sind wir dem Konsul des Deutschen Reiches in Catania, Haeni, verpflichtet, der gewissenhaft alle wichtigen Angaben gesammelt und gesichtet und überdies eine genaue Karte der vulkanischen Vorgänge und der Lavaausbreitung nach eigenen Begehungen zusammengestellt hat. Seine reichen Erfahrungen — an 100 Mal hat er den Ätna bestiegen — setzen ihn in den Stand, mustergültige Arbeit zu leisten. Auf Grund dieser Berichte hat auch Professor Reck, Vulkanologe an der Berliner Universität in der deutschen Geologischen Gesellschaft am 9. 12. 1928 gesprochen. Auch dieser Vortrag liegt dem Verfasser im Auszug vor. In der Zeitschrift für Vulkanologie, herausgegeben von Friedländer und Reck darf man ausführlichere Darstellungen erwarten. Die Photographen von Taormina bez. Catania hatten zahlreiche Aufnahmen gemacht, von denen viele erworben werden konnten. Sie wurden in der Sitzung der Geographischen Gesellschaft vorgeführt. Am wichtigsten sind die Bilder, die Friedländer, Reck und Haeni verdankt werden; zum Vergleich wurden auch ältere Ätna-Bilder vom Jahre 1924 vorgeführt, die Dr. Rathjens vom Hamb. Weltwirtschaftsarchiv aufgenommen hatte. Sehr brauchbar erwies sich der Reiseführer von Meyer: Unteritalien, dessen Ätnakarten z. T. von Haeni herrühren. Das groß angelegte Ätna-Werk von Sartorius von Waltershausen, herausgegeben und abgeschlossen von Lasaulx, 1870, gibt die Grundlage für alle späteren Untersuchungen. Bei der Kürze der dem Verfasser zur Reise zur Verfügung stehenden Zeit war höchste Eile geboten. Hamburg wurde am 17. 11. abends verlassen, am 21. früh gelangte die Fähre in den Hafen von Messina. Die Küstenbahn von Messina nach Catania war durch den Lavastrom unterbrochen; wir mußten mit dem Dampfer südwärts fahren. Für den Beobachter ist das ein Gewinn. So konnte ich von derHöhe vonTaormina aus erkennen, daß 10h 35 min. nördlich von dem eigentlichen Ätnagipfel dunkle Rauchwolken rhythmisch emporstiegen; sie entquollen dem N. O. Krater, der sich unmittelbar am Fuße des Zentral-Kegels im Jahre 1911 gebildet hatte. Gipfel und obere Flanke des Berges waren von Schnee bedeckt, gegen unten wurde die Schneekappe von schwarzen, strahlig verlaufenden Lavaströmen unterbrochen. Weiter abwärts in dem bewaldeten Höhengürtel sah ich auch die auffälligen parallelen dunklen Lavaströme, deren Richtung auf Mascali wies; das war der jüngste Ausbruch, dem mein Besuch gelten sollte. Überrascht war ich von dem großartigen Eindruck, den das Valle del Bove aus der Ferne machte, jener gewaltige Einsturzkessel, der sich östlich vomMittelkrater zwischen der Serra delle Concazze im Norden und der Serra del Solfizio im Süden über 1000 Meter tief einsenkt.

Der Waldgürtel unter dem Ausgang des Valle del Bove, aus der Ferne erkennbar an der vergilbten Farbe des Sommerlaubes, grenzt gegen unten an dunkleres Gelände, von weitem gekennzeichnet durch eigentümliche Stufenlinien; es ist dies die Region der Weingärten. Sie reicht bis zum reich besiedelten, flach abfallenden Fusse des Berges. Wir kamen näher an die Küste, dann nahe bei Trezza, an den Zyklopeninseln vorbei, den vom Meer benagten Resten eines uralten Lavastromes; diese Felsklötze sehen wirklich so aus, als ob sie von der Höhe in das Meer geschleudert worden wären.

In Catania angelangt, suchte ich zuerst Konsul Haeni auf, nach dessen Ratschlägen die Exkursionen für die nächsten Tage festgelegt wurden. Am 22. früh fuhr ich in Begleitung des Sohnes unseres deutschen Wirtes vom Hotel Grande Bretagne und eines schwedischen Redakteurs durch die dicht aneinandergereihten Ortschaften am Südfuße des Ätna über Zafferana und erreichten, nach Norden umbiegend, Fornace; hier nahmen wir einen eingeborenen Führer mit und konnten die Straße, die immer schwieriger wurde, bis zum Passo di Cavallo verfolgen. Von dort aus ging es zu Fuß zwischen den hohen aus Lavablöcken aufgeführten Mauern der Weingärten in der Richtung auf die Ausbruchsöffnungen hinauf. Schon von weitem sahen wir die langgestreckten fast Eisenbahndämmen vergleichbaren, wie aus schwarzen, aufgeschütteten unförmigen Klumpen bestehenden Lavaströme im flacheren Gelände des Bergfußes. Aufwärts führt der Weg an eine steile Geländekante, von der sechs winkelig zu einander verlaufende schmalere und breitere Lavaströme herabgeflossen waren. Weiter oberhalb, jenseits der Weingärten, wo Haselnußgärten an den Wald grenzen, erblickten wir eine Reihe von weißen Dampfwolken, die uns die Örtlichkeit des Ausbruchs kennzeichneten. Das ist die Höhenkante der Naca. Dort in etwa 1150 m befand sich die unterste Ausbruchsöffnung, die größte der Bocchen. Wir gingen nun kreuz und quer über den Lavastrom, ziemlich nahe an die Öffnung heran, sorgfältig an der zitternden Luft über der erkaltenden Lava den Hitzegrad prüfend, denn allenthalben quoll noch leichter Dampf aus Spalten und Rissen des scharfschlackigen Gesteins. Von der Bocca aufwärts war die Lavadecke in einer Linie kantig erhoben, auf der noch einige kleine Schlakkenkegel Ausbruchstellen verrieten. Besonders auffällig, etwa 20 Meter weiterhin steht ein 3 m hohes Gebilde, einer kleinen Esse vergleichbar, das aus übereinander hervorgequollenen Lavafladen aufgebaut ist. Haeni hat diese Ausbruchsröhre treffend als „Männchen" bezeichnet. Hier war noch alles heiß, die Lavabrocken waren kaum anzufassen, und einige Meter weiter in derselben Linie fanden wir ein Loch, kaum fußbreit, in dem wir am hellen Tage in etwas über 1 m Tiefe die rote Glut sahen. Die Bocchenlinie führte weiter in den Bergabhang hinein in Form einer grabenförmigen Vertiefung, so breit wie ein Eisenbahneinschnitt; die Wände bestanden aus zertrümmerten alten Lavagestein mit hellbräunlichen lockeren Tuffen dazwischen. Das ist der bei dem Ausbruch entstandene Spalt in der Naca, auf dessen Grunde die strickförmig gestreckten Fladen der unverspratzten Lava unter der Bedeckung von staubförmigen Tuff des Gehänges noch eben erkennbar waren (Abb. 2, Taf. 20).

Es macht den Eindruck, als ob die alte Lavadecke durch den Riß im Erdboden zersprengt und die Ränder des Risses an 10 m auseinander gerissen worden wären. Aus Seitenklüften am Grunde des Einschnittes brach hier und da weißer Dampf von erstickendem Geruch aus. Noch vor 4 Tagen war hier die flüssige Lava ausgeströmt, jetzt konnten wir unbeschädigt darüber gehen. Wir verfolgten die Richtung des Sprunges in der Erdkruste weiter nach Westen den Hang hinauf. Das Gelände wies hier mehrfach schmalere parallele oder sich gabelnde Sprünge im Waldboden auf, die sich auch manchmal verloren oder an anderen Stellen zu großen trichterförmigen Löchern erweiterten. Manche Schollen, von 2 Sprüngen umschlossen, waren um 1 m abgesunken. An vielen Stellen entquoll der weiße stickige Dampf. Das Ganze machte den Eindruck, als ob die erschütternde Kraft, durch welche die Risse im Boden entstanden sind, in flacher Tiefe zu suchen wäre. Selbst weiter unterhalb an dem von mir als Eisenbahn-Einschnitt bezeichneten Sprunge und weiterhin an den Ausbruchsöffnungen, dem „Männchen" und der größeren Bocca macht die ganze Naturerscheinung keinen so großen Eindruck, daß man an eine Verbindung mit Tiefen im Innern der Erdkruste denken möchte.

Wenn ich nunmehr den zeitlichen Ablauf des ganzen vulkanischen Vorganges auseinandersetzen will, so richte ich mich ganz nach den Zusammenstellungen von Haeni, der selbst die offiziellen Berichte von Ponte kritisch zu beurteilen in der Lage war.

Der Gipfel des Ätna hatte im Laufe des Jahres 1928 sich ruhig verhalten. Im Juli trat wohl stärkere Rauchbildung auf und am 9. August stieg eine hohe, dunkle Asche liefernde „Pinie" aus ihm empor, nachdem tags vorher Herr Haeni ungestört bis zum Boden des Hauptkraters niedergestiegen war. Der neben dem Gipfelkrater befindliche Nord-Ost-Krater von 1911 war im Februar 1928, wie Herr Schuler in Taormina zuerst durch ein Fernrohr beobachten konnte, eingestürzt und oberflächlich verschwunden, aber die Krateröffnung klaffte noch mit etwa 170 m Durchmesser. Aus diesem Loche entquoll am 2. 11. 16 Uhr plötzlich eine mächtige dunkle durch rhythmische Explosionen geballte Rauchwolke, die aber nach 2 Stunden verschwand. Der Gipfelkrater war inzwischen ganz ruhig. Als die Explosionen im Nord-Ost-Krater aufhörten, leuchtete im nördlichsten Teile des Valle del Bove, hier „Valle del Leone" genannt, in der Höhe von etwa 2800 m, in der Richtung Norden 80 Ost vom Nord-Ost-Krater aus, im Dunkel des Abends ein Widerschein auf. Es strömte dort Lava aus, aber nur eine Stunde lang, einen Strom bildend von geringer Breite und höchstens 200 Meter

Länge. Wie mir Haeni damals mitteilte, konnte noch niemand an die Stelle heruntersteigen.

In derselben Nacht, am 3. November früh 3 Uhr 30 ertönte weithin bis Taormina vernehmbar ein tosendes Geräusch, ein Riß entstand von 1 ½ Kilometer Länge in der Richtung Norden 65 Ost. Er durchbrach die Serra delle Concazze, dort wo sie an die Rocca della Valle stößt, reicht also von 2500 bis etwa 2000 Meter hinab und ist durch eine Reihe von Rauchwolken gekennzeichnet, die aus 12 verschiedenen auf dem Risse stehenden Bocchen entströmen. Die mittleren Bocchen liefern dunkle Wolken mit Aschenauswurf unter sich jedes Mal wiederholendem Aufheulen. Aus der untersten Bocca strömt geräuschlos Lava den Tag über aus. Sie ergießt sich in die Täler östlich des Monte Frumento, umschließt zahlreiche Inseln, teilt sich in mehrer Arme, die nach kurzem Verlauf oben auf dem Piano delle Donne stehen bleiben; weiter südwärts folgt ein Arm den Talschluchten bis Pietracannone und ein anderer bis Magazzeni. Etwas über 5 Kilometer beträgt dieser Weg, der in einem Tage zurückgelegt worden ist, wobei anfangs die größte Schnelligkeit erzielt wurde, die dann gegen Schluß allmählich auf 0 sinkt. Am Anfange hatte der Strom in zweieinhalb Stunden $^2/_3$ dieses Weges bis zur mittleren Station der alten Drahtseilbahn zurückgelegt. Es ist das derselbe Punkt, von dem ich meine Gesteinsprobe am 23. November entnommen habe.

Inzwischen zeigte sich im Nordost-Krater erhebliche Tätigkeit. Rauchwolken, Asche und selbst größere Blöcke wurden ausgeschleudert.

Am 4. des Morgens 4 Uhr erfolgte ein heftiger Erdstoß, örtlich beschränkt, nur in der Gegend der überdeckten Drahtseilbahn-Station bemerkt; daraufhin öffnete sich ein zweiter Riß in der Fortsetzung des vom Tage vorher beschriebenen. Im flachen Bogen ostnordöstlich zog er zwischen Monte Frumento und Monte Concazza, durchbrach die bereits erkaltete Lava auf dem Piano delle Donne, erreichte den Wald an der Naca, etwa dort, wo ich die Beschreibung meines Aufstieges vom 21. abgebrochen habe. Der erwähnte, einem „Eisenbahneinschnitt" ähnliche Teil ist das Ende des sichtbaren Risses, auf dessen Fortsetzung das „Männchen" und die große Bocca aufgesetzt sind. Ohne großes Geräusch entquollen dem Risse an mehreren Stellen weiße Dämpfe, vereinzelt grauer Rauch und am Abend des 4. begann die Lava aus der großen Bocca an der Naca auszufließen. Dieser Verlauf des Vorganges ist am Ätna schon oft beobachtet worden: Zuerst Ausbruch in einem Gipfelkrater — diesmal im N.O. Krater — ohne Lavaerguß —

es ist, als ob die vulkanische Kraft nicht dazu ausgereicht hätte, die Lava bis über 3000 m zu heben. Nach 2 Stunden Ruhe oben dann ein Lavaerguß 200 m tiefer, an der Flanke des Kegels; nach kurzer Zeit auch hier Nachlassen der Kraft, Spaltenbildung weiter unten, nach weiteren 9 Stunden Lavaausbruch weitere 800 m tiefer. Auch auf dieser Spalte das gewohnte Schauspiel: eine Reihe von Öffnungen, aus den höher gelegenen nur Dampf und Rauch, Lava entströmt aus der tiefsten Öffnung. (Fig. 1). Auch diese dritte Phase geht schnell vorüber und es setzt die vierte und letzte ein: Spaltenbildung von 1900 bis 1150 m Höhenlage — Lava nur aus der tiefstgelegenen Bocca und zwar 53 Stunden nach dem ersten Aschenausbruch im N.O. Krater, 1850 m tiefer als dort und in 9½ km Abstand. Am 5. und 6. November strömte die Lava kräftig; in den ersten 24 Stunden legte der Strom 5 km zurück — dann wurde er immer langsamer, am 11. schon stand die Stirn still, aber

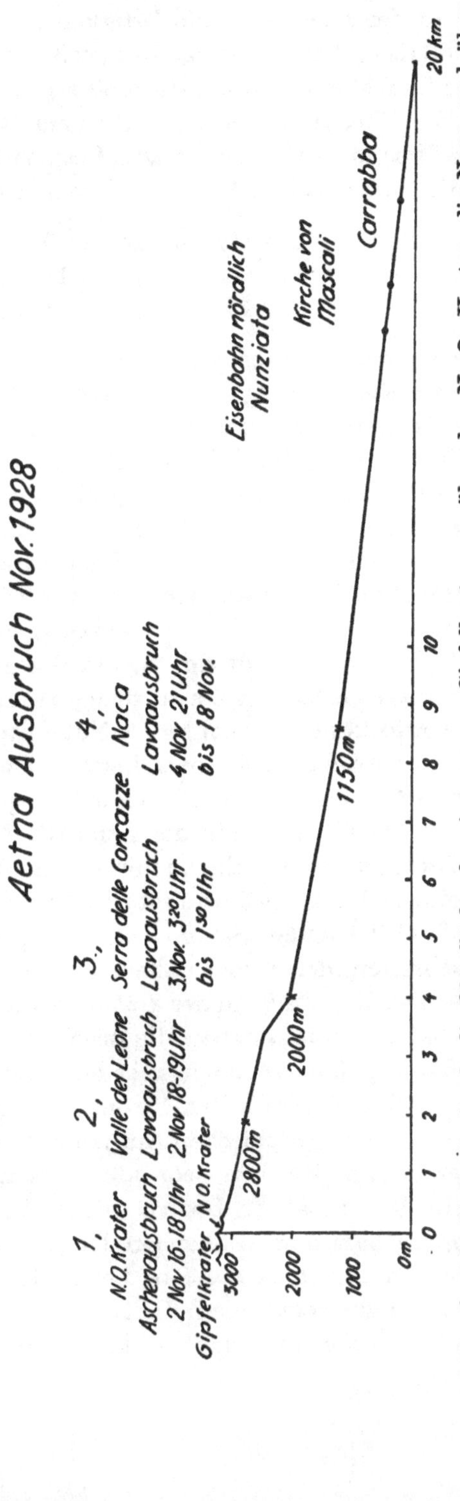

Fig. 1. Durchschnitt durch die Oberfläche des Aetna vom Gipfelkrater aus über den N. O. Krater, die Naca und über Mascali bis zum Meere zur Erläuterung der Höhenlage der Ausbruchsöffnungen.

oben an der Naca lebte die Tätigkeit der Bocchen wiederholt auf; am 18. floß das letzte Mal etwas Lava seitwärts ab.

Die Erdbebenwarte in Mineo 50 km südwärts vom Ätnagipfel, jenseits der Simeto-Niederung hatte vom 10. Oktober bis 2. November keine Erschütterung angezeigt. Leichte Erdbeben dagegen, die wohl auf die vulkanischen Vorgänge bezogen werden können, wurden

am	2.	November	19	Uhr	33	Min.
„	4.	„	11	„	40	„
„	11.	„	4	„	45	„

von den Instrumenten angegeben.

In der Entwicklung des Lavastromes Naca-Mascali sind folgende Besonderheiten hervorzuheben. Von den Häusern der Serra della Buffa aus, in 700 m Abstand, konnte man noch in der Nacht vom 4. zum 5. November beobachten, wie die glühende Lava sich an einer Geländekante staute, dann leichtflüssig und schnell wie Wasser in mehreren Armen zerteilt über die 150 m hohe Geländestufe kaskadenartig herabstürzte, ohne den Zusammenhang zu verlieren, Unten vereinigten sich die Ströme zu breiter Fläche, teilten sich wieder, umschlossen Inseln. Am 5. November füllt der Strom das Flußbecken von Pietrafucile stellenweise bis 30 m Höhe an, dringt rechts und links in die Weinberge ein, überdeckt und vernichtet die Nußernte und ruft durch Überhitzung der Weinbottiche Explosionen hervor. Die Häusergruppen von Pietrafucile werden erreicht, umflossen und eingedeckt und in der Nacht zum 6. steht die Lava unfern der Ätna-Ringbahn nördlich von dem Ort Nunziata. Das breite, flache von starken Mauern eingefaßte und jetzt wasserleere Flußbett bestimmt die Richtung des mit 200/300 m in der Stunde abfließenden Stromes. Am Morgen des 7. wird die Ringbahn überschritten, der Strom nähert sich einer großen Brücke der Landstraße über den Fluß. In der Zeitung wird berichtet, daß die Behörden zunächst die Absicht haben, die Brücke zu sprengen, um eine Rückstauung zu verhindern. Man läßt aber den Dingen freien Lauf — eine Stunde nur hält das Bauwerk den Strom auf. Aus drei zeitlich aufeinander folgenden photographischen Aufnahmen ersehe ich, wie die schwarzen von erstarrten Blöcken bedeckte Lava zwischen den hohen Mauerpfeilern des mittelsten Bogens mit steilem Hange einbricht. Die Bevölkerung hält dem drohenden Ungemach den aus der Kirche entnommenen Bildstock des San Leonardo entgegen, muß aber Schritt um Schritt zurückweichen; die Lava lehnt sich gegen die Seitenpfeiler, legt die Brücke um, rückt erbarmungslos weiter und überdeckt die ersten Häuser von Mascali. Der Aufstau veranlaßt ein nach Süden gerichtetes Überquellen der Lava; einige Häuser von Nunziata und die dortige Station der Ätna-Ringbahn werden verschlungen: Langsam rückt der Hauptstrom über Mascali, die Wände der Kirche werden eingedrückt, der Turm ist gefährdet und gegen Mitternacht ist auch dieser umgeworfen, überdeckt —vollkommen verschwunden; die Bewohner wollen bei der Beobachtung des erschreckenden Vorganges das letzte Anschlagen der Glocken gehört haben. An den folgenden Tagen, dem 7. und 8. November breitete sich die Lava an der Stirn des Stromes immer langsamer aus und näherte sich der Bahnlinie Catania-Messina nahe der Station Mascali, die bei den ersten Häusern des Ortes Carraba liegt; am 9. beträgt die Frontbreite 600 m, am 10. umfaßt sie die Station und am 11. werden noch einige Häuser von Carrabba verschlungen — es waren die letzten. Noch am 9. war ein seitlicher Vorstoß auf Nunziata erfolgt ohne weitere Folgen — an dem nächsten Tage steht die Lava. Hier und bei Carrabba rollen nur dann und wann die sich loslösenden Schlackenblöcke die steile Stirnböschung herab. Wenn auch in den letzten Tagen die Geschwindigkeit des Vorrückens der Stirn allmählich nachgelassen hatte, so war doch die Ausflußtätigkeit oben an der Naca immer noch lebbaft und von Zeit zu Zeit traten Verschärfungen auf, so am 10. und 11. Am 14. und 15. entstehen wohl infolge des Aufstaus etwas weiter oberhalb seitliche Lavenabflüsse — am 18. blieb auch hier die Lava stehen, am 22. konnten wir darüber hinschreiten.

Die Versteifung der Lava in den letzten Tagen, auch an den Ausflußöffnungen an der Naca zeigte sich darin, daß zunächst kleinere und später größere schwarze Klumpen durch den Feuerstrom hochgebracht wurden, daß an den Lavafällen der Faden unregelmäßig wurde und hin und wieder gröbere Wülste zu Tal glitten. Schließlich wird das Ausströmen der Lava an der Mündung durch stärkere Schlackenausscheidungen ganz verhindert. Zur Zeit meiner Ankunft entströmen den oberen Rissen an der Naca und den Öffnungen am Abhange der Serra delle Concazze nur noch weiße Dampfwolken. Professor Ponte hatte während der Zeit der Ausbrüche wiederholt Beobachtungsflüge nach den Ausbruchsöffnungen vorgenommen.

Das Verwüstungswerk des Stromes unterhalb der Naca vollzog sich immerhin so langsam, daß bei der regsten Aufmerksamkeit der polizeilichen Behörden Verluste an Menschenleben nicht eingetreten sind. Wie Konsul Haeni mitteilt, mußten im ganzen 3952 Flüchtlinge aus den zerstörten Gebieten anderweitig untergebracht werden.

Was nun die Lava selbst anlangt, so soll hier nur auf die Form des Stromes, die Form ihrer Oberfläche und auf die Art der Lava selbst eingegangen werden. Die Oberflächen-Formen der Ströme wechseln begreiflicherweise mit der Strömungsgeschwindigkeit der Lava. Dort wo ein einheitlicher Strom nur einmal geflossen ist, sieht sie anders aus, wie dort, wo durch Stauungen das Abfließen verhindert worden ist. Von der Naca aus sah ich bergabwärts einen kilometerlangen gradlinigen Strom, scharf begrenzt, wie ein Eisenbahndamm. Bei näherer Besichtigung zeigte es sich, daß er zu beiden Seiten schmale, erhöhte Wälle aufgeworfen hatte und dazwischen eine ebene ziemlich gleichmäßige Oberfläche zeigt. Die Erstarrung des Stromes geht also am schnellsten an den Rändern vor sich, wo die Abkühlung begreiflicherweise am größten ist. An derOberfläche des Stromes bildet sich zunächst eine verhältnismäßig dünne, aber nach und nach sich verdickende Kruste. Ob auch an der Unterfläche des Stromes eine solche erste Kruste entsteht, konnte ich durch Beobachtung nicht feststellen. Der mittlere Teil des Stromes bleibt länger flüssig, fließt ab und so kommt es, daß das erstarrte Dach in gleichem Maße absinkt, so lange noch zähflüssige Bestandteile darin sind. Später bricht die Decke einfach ein. Die Seitenwände sind durchaus in ihrer Form den Seitenmoränen eines Gletschers vergleichbar.

Der Lavastrom selbst kann etwa mit einem flach ausgebreiteten. Gummischlauche verglichen werden, dessen Inhalt ausgeflossen ist

Dort wo die feurige Flüssigkeit sich staute und Hindernisse in den Weg traten, wie etwa über Mascali, nahm der Lavakörper auch höchst unregelmäßige Formen an.

Hin und wieder sah ich geradlinig verlaufende Vertiefungen mit weniger unregelmäßiger Oberfläche mitten in der „buckligen Welt“. Dort mag die Lava eine Zeitlang ohne Hindernis geflossen sein. Sehr häufig ragten mannshohe Blöcke empor, wohl dort, wo bereits erstarrte Lavaschollen von dem nachdrängenden Strome hochkant gestellt worden waren. Eine derartig treibende Scholle mag es auch dort gewesen sein — oben in der Nähe der Naca, wo eine glatte Oberfläche von zweispitzigem Umriß, etwa wie der Boden eines Kahnes, ein wenig aus der rauhen Oberfläche der Umgebung hervorragte. Gerade diese Unregelmäßigkeit ist für den diesmaligen Ausfluß höchst bezeichnend.

Im allgemeinen ist die Lava überdeckt von unregelmäßigen faust- bis metergroßen klumpigen Schlackenmassen, deren Oberfläche weniger von blasigen Gebilden, als von Zacken, Spitzen, Kanten in unregelmäßiger Anordnung gebildet wird. Vielfach sind derartige Gebilde irgendwo mit der festen Lava des Stromes verwachsen und geben beim Abschlagen mit dem Hammer einen hellen Klang. Die Bildungsweise einer derartigen Oberfläche erscheint mir durch Haenis Beobachtungen verdeutlicht zu werden. Er meint: über der flüssigen Lava hinstreichende Windwirbel bewirken, daß sich die Oberfläche plötzlich mit tausenden von lebhaften fast 1 m hohen Flammen besonders an den dünnflüssigsten Stellen des Stromes bedeckte; mit dem Wechsel des Windes verschwinden sie und leuchten an anderen Stellen wieder auf. Sind dabei wirklich Verbrennungsvorgänge im Spiele? Sind es wirklich Flammen, dann müßten es entweichende brennbare Gase sein, die an der Luft sich mit Sauerstoff verbinden. Dabei kommen nur Kohlenoxydgas oder Kohlenwasserstoffgas in Betracht. Oder sind es nur optische Erscheinungen? Leuchtender Widerschein der heißeren Stellen der flüssigen Lava an den flach darüber hinstreichenden Dämpfen? Wie ich den Zeitungen entnehme, hat Professor Ponte versucht, Gase aus der Lava aufzufangen. Vielleicht bringen die Ergebnisse dieser Untersuchungen weiteres Licht. Jedenfalls wird diese Unruhe der entweichenden Gase und Dämpfe die ungemein unregelmäßige Oberfläche der erstarrenden Lava bewirkt haben (Abb. 1 auf Taf. 21). Auch eine andere Erscheinung, die allgemein und hinlänglich bekannt ist, trat bei der Erstarrung der Lava besonders auffällig hervor. Überall da, wo Gase und Dämpfe entwichen, etwa an den Rändern der Bocchen oder auch in Spalten und Rissen des erkalteten Lavastromes selbst konnte man weiße oder farbige gelbliche, bräunliche Anflüge sehen, die die Aufmerksamkeit der Einwohner womöglich in höherem Maße beschäftigten als die Lava an sich. Die Dämpfe enthalten also ausscheidbare Salze, die in Form von Krusten und lockeren Anflügen dort Überzüge bildeten, wo die Dämpfe zum Entweichen Gelegenheit gefunden haben. Ein Schlag mit dem Hammer und all die Pracht fiel als unansehnlicher Staub zu Boden. In einigen Fällen fiel es mir auf, daß die Salze, wie man es in Abb. 2, Taf. 21 wiedergegeben sieht, in netzartig verteilten Grübchen der glasigen Schlackenoberfläche namentlich an den unregelmäßigen Zacken und Zinken befestigt waren, als ob die Ausscheidung der Kristallskelette mit bestimmten Strukturen der erstarrten Lava im Zusammenhange stünde.

Der lockere Anflug der Lava über Mascali, von dem nur geringe Mengen zur Verfügung standen, besteht nach der Untersuchung von Dr. H. Müller am Min.-Geol. Staatsinstitut hauptsächlich aus Ammoniumchlorid und enthält Spuren von Schwefelsäure, Natrium und Kalium.

Die dem Gestein fest anhaftende Salzkruste des Lavastückes, das ich an der Naca in der Nähe des „Männchens“ der Oberfläche des Stromes entnommen habe (Abb. 1 auf Taf. 22), wurde von Dr. Kraul am Chemischen Staatsinstitut in Hamburg untersucht. Das Salz besteht der Hauptsache nach aus Natrium- und Kaliumsulfat neben Spuren von Eisen, Kalzium, Magnesium und Chlorverbindungen; Der Gehalt an Kaliumsulfat konnte zu 34,8 % angegeben werden.

Die Lava selbst habe ich in Dünnschliffen mikroskopisch untersucht. Größere Feldspatkriställchen von verzwillingtem Plagioklas mit weniger großen Augit-Krystallen und Olivinkörnern schwimmen in einer sehr feinkörnigen Grundmasse in der dieselben Bestandteile erkennbar sind aber namentlich dicht gedrängte kleine Olivinkörnchen im polarisierten Lichte mit den diesem Mineral eigenartigen Farben aufleuchten. Ein braunes Glas durchtränkt den ganzen Schliff und tritt auch in Form von zonenartig angeordneten gestreckten Bläschen in den großen Feldspaten auf. Es sind dies dieselben Minerale, die ich auch in einer älteren Lava aus der Mitte eines Stromes am Passo di Cavallo angetroffen habe, nur sind in diesem Gestein die Feldspate wie aus unserer Abb. 2 auf Taf. 22 zu erkennen ist, oft zentimetergroß.

Auch die Feldspatleisten der Grundmasse sind etwas länger, schmaler und mehr parallel angeordnet, als in der mehr körnig-glasigen Grundmasse der neuen Lava; ebenso sind die Augit-Kriställchen der Grundmasse der älteren Lava vielfach schlank säulenförmig.

Ich kann aus den mir vorliegenden Quellen nicht erkennen, wie alt diese Lava ist. Ganz ähnlich sind die Feldspate in der alten Lava von 1669, die in Catania quer über die Stadt bis ins Meer vorgedrungen war und jetzt dort in großen Steinbrüchen gewonnen wird. In diesem Gestein erreichen auch die Augitkrystalle ähnliche Größen. Einzelne Krystalle dieser beiden Mineralarten finden sich auch sonst am Ätna lose in den Tuffen. Eine chemische Analyse der Lava über Mascali, der frischen Lava von der Drahtseilbahnstation und der beiden erwähnten älteren Lavaströme wird im chemischen Staatslaboratorium in Hamburg ausgeführt.

Das ganze Bild des diesmaligen Ätnaausbruches weicht von den Erfahrungen, die man bei den letzten Ausbrüchen von 1923, 1911 und 1910 gemacht hat, nicht ab. In allen Fällen waren es Flankenausbrüche, die mit radial verlaufenden Rissen und reihenweise auftretenden Bocchen verknüpft waren. Höchst bezeichnend ist der Umstand, daß die Lava nur aus der untersten Bocca je eines Spaltenrisses zum Ausfluß kam, und daß der Ausfluß der Reihe nach in je einer tieferen

Lage am Abhange stattfand. Man könnte daraus schließen, daß die Lava von dem zentralen Schlote aus sich seitwärts durch den Mantel des Berges hindurchgearbeitet hat. Die Geschwindigkeit dieser Ausbreitung vom Nordostkrater zum Valle del Leone betrug etwa 2 km in 2 Stunden. Von dort bis zum Abhang der Serra delle Concazze war die Geschwindigkeit geringer, hielt aber bis zum Ausbruch an der Naca ungefähr in demselben Maße an. In 53 Stunden war die Lava um etwa 9½ km vorgedrungen. Es ist schwierig, sich von diesem Vorgange einen Begriff zu machen. Mir scheint derselbe nur dadurch erklärbar zu sein, daß der Kegelmantel aus radial verlaufenden Lavaströmen mit Tuffschichten dazwischen aufgebaut ist, wodurch er ein radiales Gefüge erhält. Die lockeren Tuffmassen zwischen zwei benachbarten Strömen innerhalb des Mantels bieten der von dem Mittelschlote aus einwirkenden Lava weniger Widerstand als starke Lavadecken. Das mit gespannten Gasen und Dämpfen gefüllte Magma wird in dem Maße, als es an Temperatur verliert, Gase ausstoßen. So werden an der Oberfläche strahlig verlaufende Aufwulstungen entstehen, in deren Oberkante sich die Spalten und Risse öffnen werden. Spalten von 8—10 m Breite können dadurch entstehen, daß ihre Ränder sich von einander entfernen. Das ist nur möglich, wenn die Tagesoberfläche dort im Querschnitte eine Aufwölbung annimmt. Vielleicht hängt es auch mit der inneren Struktur des Berges zusammen, daß die Flankenkegel, deren Zahl zu 1000 angegeben wird, zumeist nur bis 1000 m Meereshöhe herabreichen. Nur im Süden treten sie auch noch unterhalb dieser Höhenlinie auf. Hier und gegen NNO stehen sie am engsten beieinander. Gegen O ist die Anzahl der Flankenkegel geringer. Textfigur 2. Es scheint dies mit der durch das Val del Bove gebildeten Unregelmäßigkeit des Kegelmantels zusammenzuhängen. Mit der oben ausgesprochenen Vermutung daß die Anordnung der Spalten mit der inneren Struktur des Kegelmantels zusammenhänge, stimmt auch der Umstand überein, daß der Spaltengang von der Rocca della Valle zu der Naca in der Nähe der Grenze des Lavastromes von 1865 liegt. Daß derartige vertikale und auch horizontale Spalten im Kegelmantel buchstäblich entstanden sind, kann man an den von der Verwitterung angenagten Wänden des Val del Bove erkennen. An der Gianicola, in den Schichten des Mantels des ältesten Ätnakegels, des sogenannten Trifoglietto-Kraters, durch dessen Einbruch eben das Val del Bove entstanden ist, sieht man, wie in den Abbildungen von Sartorius und in den käuflichen Photographien des „Teatro Grande" zu erkennen ist, senkrechte Felsenmauern aus den Abhängen hervor-

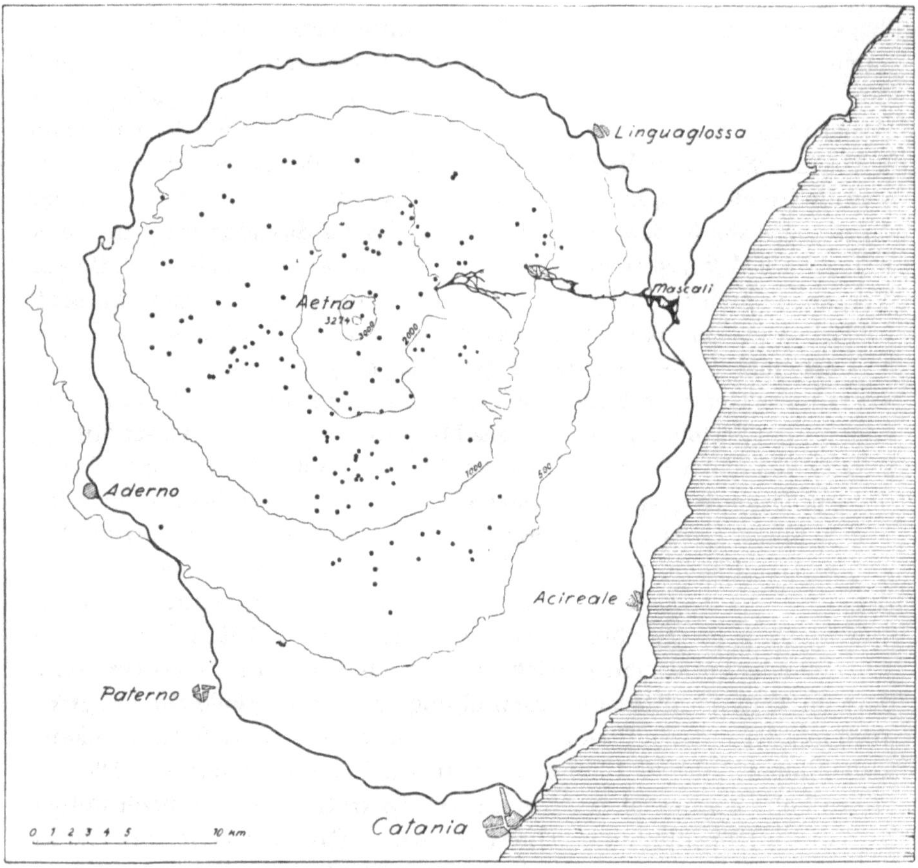

Fig. 2. Übersichtskärtchen des Aetna mit einigen Höhenschichtenlinien und mit einer Anzahl der hauptsächlichen Flankenkrater, die der Generalstabskarte 1 : 100 000 entnommen sind. Die Lavaströme 1928 sind nach Haeni's Karte eingetragen.

ragen; das sind die Lavaausfüllungen radialer Spalten, die aus dem lockeren Tuffmaterial durch die Abwitterung herausmodelliert wurden.

Sicher macht auch die Erwägung Schwierigkeiten, wie die Lava auf verhältnismäßig schmaler Kluft und auf Entfernung von 9 Kilometer sich vorwärtsarbeiten soll, wobei einmal durch Reibung an den Kluftwänden viel Energie und dann viel Wärme durch Abgabe an das durchbrochene Gestein verloren geht. Wäre es denkbar, daß durch die Berührung mit dem atmosphärischen Sauerstoff neue Oxydationen im Schmelzflusse den Temperaturverlust ausgleichen könnten?

Was nun die allgemeine Frage von dem Vulkanismus des Ätna anlangt, so spricht der Umstand, daß Spalten besonders nach S und nach NNO zahlreicher sind, dafür, daß diese Richtungen mit dem Aufbau des Vulkanuntergrundes zusammenhängen, wie dies bereits durch Sueß in dem bekannten tektonischen Kärtchen von Süditalien zum Ausdruck gebracht ist. Es ist dies die Linie, die nordwärts zu den Äolischen Inseln führt. Die vulkanischen Verhältnisse gerade dieses Gebietes fördern die Erkenntnis, daß in der Tiefe der Erdkruste eine allgemein verbreitete Magmasphäre nicht viel Wahrscheinlichkeit für sich hat. Die Laven von Ätna und Vesuv, von Lipari und Vulcano sind untereinander verschieden und namentlich die beiden großen Vulkane haben, ein jeder für sich, in der Art der von ihnen geförderten Lava nur geringe Schwankungen gezeigt. Man wird also nicht fehlgehen, wenn man für beide Vulkane getrennte Nährgebiete in der Tiefe annimmt; man spricht von gesonderten Magmaherden. Im allgemeinen sind die Ausbrüche des Ätna und des Vesuv unabhängig voneinander. Dieses Mal ist der Vesuv seit 1926 tätig, so daß im Novemder d. Jahres beide Berge gleichzeitig Lava förderten. Reck möchte deswegen auf eine gemeinsame Ursache der beiderseitigen Ausbrüche schließen. Diese Ursache kann nicht eigentlich vulkanischer Natur sein, sie läßt sich aber vielleicht wie er meint auf tektonische Gründe zurückführen. Beide Berge liegen am Rande der Mittelmeerabbrüche der appeninischen Axe, allerdings auf verschiedenen Seiten derselben. Aber wir nehmen nach Sueß das Vorhandensein von konzentrischen und radialen tektonischen Linien an, so daß gerade hier an der Straße von Messina eine Zone schwächster Zusammenhänge in der Erdkruste zu erwarten ist, und es kann sehr wohl sein, daß eine Erschütterung in größerer Tiefe an verschiedenen Punkten gleichzeitig besondere Wirkungen zur Folge hat. Es darf aber nicht vergessen werden, daß die Einzelvorgänge durch Erreichung von Schwellenwerten in örtlich beschränkten Gebieten ausgelöst werden können. So ist die allgemein beobachtbare Unabhängigkeit der Vulkane von einander oder der Vulkane von den Erdbeben zu erklären. Bei dem großen Messinaerdbeben 1908 ist der Ätna bei einem Abstande von 60 km ruhig geblieben.

Die italienischen Geophysiker Malladra am Vesuv und Ponte am Ätna scheinen den atmosphärischen Wässern bei dem Zustandekommen eines vulkanischen Ausbruches eine größere Wichtigkeit beizumessen. Wenn auch Reck dagegen recht hat, daß sehr oft regenreiche Perioden in Süditalien auftreten, ohne den Gang der vulkanischen Ereignisse zu beeinflussen, so ist es doch immerhin wahrscheinlich, daß der in die Tiefe dringende Feuchtigkeitsgehalt des Bodens bei der Berührung mit dem mehr oder minder hoch aufgestiegenen Magma physikalische Vorgänge hervorrufen mag, die für die Ausgestaltung des Ausbruchs maßgebend werden können. Auch hierbei kommt es wahrscheinlich auf die Erreichung von gewissen Schwellenwerten an.

Ätna und Vesuv sind ein außerordentlich anziehendes Gebiet zur Verfolgung derartiger Gedankengänge, aber es wird immer klarer, daß auch hierfür weitergehende Untersuchungen mit Feinmessungsinstrumenten verschiedenster Art in einem verzweigten Netze von Beobachtungspunkten vorgenommen werden müssen, um einen Einblick in die Dinge zu gewinnen und erst dann wird man sich der Möglichkeit nähern, Naturereignisse mit einiger Wahrscheinlichkeit vorauszusagen.

Der Ausbruch des Kamerungebirges vom Jahre 1922.

Nach einem Bericht des Herrn G. Waldau-Debundscha (Kamerun)

von

Dr. **Wilhelm Semmelhack**, Hamburg

(Mit 3 Figuren im Text und 20 Abbildungen auf Tafel 8 bis 20).

Im Kameruner Küstenwinkel ragt auf einer Grundfläche von etwa 2000 qkm unmittelbar aus dem Küstenvorland bis zu 4070 m das Kamerungebirge empor.[1]) Es ist ein isoliertes jungvulkanisches Basaltmassiv von ausgesprochener Vulkankegelgestalt, das mit den Guinea-Inseln Fernando Póo, Ilha do Principe, São Thomé und Annobom auf einer südwest-nordöstlich gerichteten tektonischen Störungslinie, der „Kamerunlinie",[2]) liegt, die sich weit in das Innere des Landes verfolgen läßt. Sein Hauptgipfel Fako oder Mungo-ma-Loba[3]) erhebt sich steil aus einem über 3200 m hoch gelegenen breiten Plateau, von dem die Hänge des Gebirges in meist sanften konkaven Böschungen abfallen. Die Wände des mehrere hundert Meter steil nach innen abstürzenden Fako-Kraters sind durch Explosionswirkungen und mechanische Verwitterung (Frostwirkung) zum größten Teil zerstört worden oder zusammengebrochen. Mit dem Fako ruhen auf der erwähnten

---

[1]) Das Kamerungebirge hat durch K. Hassert in den „Mitteilungen aus den Deutschen Schutzgebieten" (24. Band, Berlin 1911) eine monographische Darstellung erfahren, auf welche hier verwiesen wird.

[2]) S. Passarge, Kamerun. In: Hans Meyer, Das Deutsche Kolonialreich, Leipzig 1909; S. 431.

[3]) Die Übersetzung von Mungo-ma-Loba mit „Götterberg" ist irrig. Nach Waldau, der von 1883 bis 1925 mit nur kurzen Unterbrechungen sich im Gebiet des Kamerungebirges aufgehalten hat, bedeutet in der Bakwirisprache das Wort „Mungo" Loch, auch Loch in der Erde, also Höhle und nicht Berg. Daher ist Munga-ma-Loba die Götterhöhle. Diese Bezeichnung weist darauf hin, daß die Eingeborenen seit alters mit der Kraternatur des Gipfels vertraut sind.

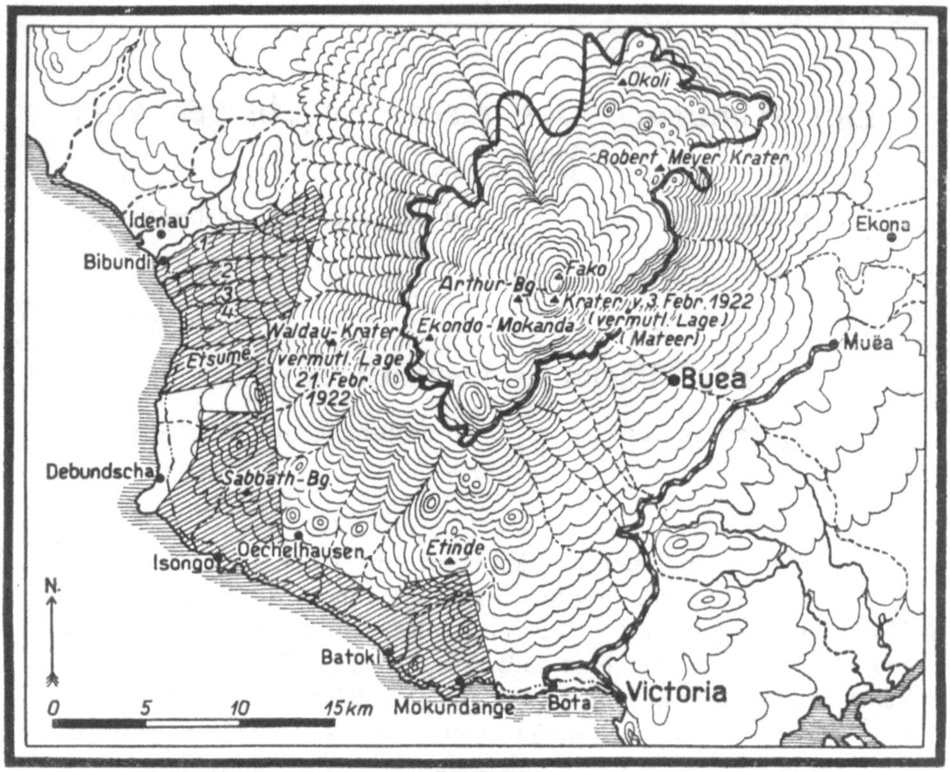

Waldgrenze (nach Hassert) — Bibundi-Pflanzung — Regierungsweg Victoria-Bibundi

1 Ninonne-Bach
2 Natter-Bach
3 Ngonge-Bach
4 Molive-Bach

Figur 1. Übersichtskarte des Kamerungebirges
(auf Grund der der Arbeit von Hassert beigegebenen Karte „Das Kamerun-Gebirge" n 1:200 000).

Südwest-Nordost-Linie, die zugleich die Hauptachse des Massivs darstellt, zahlreiche größere und kleinere Flankenkrater von teils jugendlichem Aussehen, während auf den Nordwest- und Südosthängen des Gebirges Parasitkrater sehr viel seltener sind (Fig. 1). Der Verwitterungsgrad und die Pflanzendecke der von den Kratern entsandten zahllosen Lavaströme lassen erkennen, daß im allgemeinen die ältesten Lavamassen die tief gelegenen Gebirgshänge bedecken, während sich die jüngsten in den Hochgebieten des Fakoplateaus und seiner kraterreichen Umgebung befinden. Die älteste Ausbruchsstelle und zugleich den ältesten Teil des als Schichtvulkan ausgebildeten Kamerungebirges bezeichnet der Etinde oder Kleine Kamerunberg, von dem aus der Vulkanismus sich in nordöstlicher Richtung über den Fako fortgepflanzt hat.[1]) Schwache Solfataren-, Mofetten- und Fumarolentätigkeit haben lange Zeit die Frage unentschieden gelassen, ob die vulkanischen Kräfte sich im Zustande des Schlummerns oder des Erlöschens befänden. Aber diese Zweifel wurden beseitigt, als nach jahrzehntelanger Pause im April 1909 durch die Neubildung des Kraters Okoli am Nordosthange des Gebirges der Beweis erbracht wurde, daß die vulkanischen Kräfte noch nicht zur Ruhe gekommen wären. Nach dieser allerdings nicht sonderlich starken Kraftäußerung setzte wieder eine Zeit der Ruhe ein, der jedoch durch den im Jahre 1922 erfolgten Ausbruch des Kamerungebirges ein plötzliches Ende bereitet wurde.

Über diesen letzten Ausbruch ist verhältnismäßig wenig bekannt geworden. Außer einigen Notizen in Tageszeitungen und Angaben in wissenschaftlichen Zeitschriften[2]) sind über diese in historischer Zeit wohl bedeutendste Eruption des Massivs kaum zuverlässige Nachrichten mitgeteilt worden. Das ist um so bedauerlicher, als Einzelheiten über die in geschichtlicher Zeit erfolgten Ausbrüche nur von dem des Okoli 1909 vorliegen. Zu um so größerem Danke ist daher die Wissenschaft dem früheren Leiter der Pflanzung Debundscha, Herrn G. Waldau, verpflichtet dafür, daß er sich der Mühe unterzogen hat, in strenger Sachlichkeit über die von ihm beobachteten Phasen des Ausbruchs ausführlich zu berichten. —

Der Ausbruch des Jahres 1922 begann in der Nacht vom 2. zum 3. Februar mit einer Eruption unterhalb des Fako, die von den Engländern Rice und Mateer unmittelbar beobachtet werden konnte.[3]) Diese waren auf einer Fako-Besteigung begriffen, verbrachten die Nacht auf dem unteren Fakoplateau und verspürten um Mitternacht drei deutliche Erdstöße. Gleichzeitig wurde ihre Aufmerksamkeit auf den glänzend roten Himmel über dem Gipfel des Berges gelenkt. Am Morgen des 3. Februar traten weitere heftige Erschütterungen mit unterirdischen Geräuschen auf, eine Aschen- und Rauchwolke stieg wie ein ungeheuerer Pilz auf und schleuderte unaufhörlich kleine

---

[1]) K. Hassert, a. a. O. S. 85.

[2]) Z. B. The Geographical Journal (60. Band, London 1922, Seite 135—141); Zeitschrift der Gesellschaft für Erdkunde (Berlin 1922, S. 242); Zeitschrift für Vulkanologie, 7. Band (Berlin 1923) S. 56.

[3]) s. The Geographical Journal, a. a. O. S. 137.

Steine empor. In weitem Umkreis um die Ausbruchstelle stand die Moos- und Flechtenvegetation in hellen Flammen. Das Getöse und der Steinregen dauerte bis ungefähr 17 Uhr und war am stärksten zwischen 13 und 14 Uhr. In derselben Nacht kehrten die Reisenden nach Buea zurück, ohne den Krater selbst gesehen zu haben. Seine Lage wurde von Mateer und Lee am 19. Februar in der Nähe des Arthurberges (Fig. 1) festgestellt. Der Krater hatte zwei Lavaströme entsandt, von denen der eine, am Arthurberg sich teilend, nach Westen floß, während der andere eine nordwestliche Richtung eingeschlagen hatte. Beide Lavaströme scheinen aber sehr bald zum Stillstand gekommen zu sein. Mateer schätzte die Durchmesser der Grundflächen des einen abgestumpften Kegel bildenden Kraters auf 45, bzw. 25 m, seine Höhe auf 15 m. Nur eine schwache Rauchwolke entstieg am 19. Februar noch seinem Innern. Weitere Einzelheiten sind über diesen, sicherlich nicht bedeutenden Ausbruch in der Gipfelregion des Fako leider nicht bekannt geworden.

Als in ursächlichem Zusammenhang mit dieser Eruption stehend, sind zweifellos die Anzeichen erwachender vulkanischer Tätigkeit zu deuten, die in Debundscha und Bibundi am Morgen des 3. Februar in Form kanonenschlagähnlicher Geräusche wahrgenommen wurden. Die Schläge, welche mit großer Regelmäßigkeit — etwa einer in jeder Minute — aufeinander folgten, sowie der sie begleitende kurze rollende Donner kamen von Südwesthang des Fako[1]) und waren den ganzen Tag über zu hören. Gegen Abend nahm ihre periodische Wiederkehr und Häufigkeit ab, um 19 Uhr herrschte Ruhe. In später Abendstunde konnte von Bibundi aus der in der Gipfelregion des Fako erfolgte Ausbruch beobachtet werden. Farbige Pflanzungsarbeiter berichteten weiter am 9. Februar in Debundscha von erneuten, allerdings schwächeren, donnerähnlichen Geräuschen, und um 22 Uhr desselben Tages sah Waldau unterhalb des Gipfels starkes Feuer, das abwechselnd zu- und abnahm. Am 14. Februar abends zeigte sich das Feuer wieder.[2]) In der Nacht vom 12. zum 13. Februar wurden in Buea, Ekona und vielen Bakwiridörfern[3]) schwächere Beben verspürt. Dasselbe fand

---

[1]) Ganz allgemein bezeichnen die Bakwiri mit Fako oder Efako den Teil des Kamerungebirges, der oberhalb der Waldgrenze (Figur 1) liegt, sowie das Jagdgebiet im Urwalde entlang dieser Grenze.

[2]) Bei diesen Beobachtungen handelt es sich offenbar um Ausbrüche des am 3. Februar gebildeten Kraters.

[3]) Die Siedlungen der Bakwiri liegen an den südlichen und südöstlichen Hängen des Gebirges.

statt in Oechelhausen am 15., 16. und 17. Februar, Dort nahmen die Erschütterungen am 18., 19. und 20. Februar sogar an Heftigkeit zu, teilweise waren es sehr heftige Stöße. Ständig waren sie von starken unterirdischen Getösen begleitet. Auch wurde von Oechelhausen berichtet, daß gelegentlich aus dem dichten Urwalde ein sturmähnliches, von Norden kommendes Rauschen wahrgenommen worden wäre. Da aber in diesen Tagen kein Tornado aufgetreten war, ließ sich die Entscheinung nur durch die Annahme erklären, daß die hohen Urwaldbäume durch die Erdstöße in Bewegung gesetzt worden wären. In Bibundi wurden am 18. Februar mittags ein Erdstoß und am 19. zwischen 16 und 17 Uhr einige ziemlich schwache Stöße verspürt. In Debundscha beobachtete man am 20. Februar um 11 Uhr einen starken, um 11^{50} Uhr einen schwächeren Stoß; später erzitterte Waldaus Wohnhaus leicht. Auch beim Leuchtturm in Debundscha wurden leichtere Erschütterungen festgestellt.

Am 21. Februar kamen in Oechelhausen frühmorgens drei verstärkte Beben mit unterirdischem Rollen vor, um 16 Uhr ein schwächeres. Um Mittag setzte ein Tornado mit Regen ein. Als es um 15 Uhr wieder klar wurde, bedeckte heller Schnee den Gipfel des Fako.[1]) Um 18^{10} Uhr traten in dem dichten Urwalde zwischen Debundscha und Bibundi neue Krater in Tätigkeit. Von Debundscha aus konnte man über dem Urwalde die Spitzen zweier großer Feuergarben sehen. Bei jedem Ausbruch — ein paar in jeder Minute — flammten sie über dem Walde auf, sie waren von wechselnder Breite und Höhe. Zeitweise blieb die höhere der beiden Feuergarben aus. An ihrer Stelle erschien sodann eine dicke, schwarze Säule aus. Asche und Rauch, die über 1000 Meter senkrecht emporstieg und sich in der Höhe als ungeheuere düstere Pinienwolke ausbreitete. Von Bibundi aus waren fünf solcher Feuerfontänen zu sehen, und um 22 Uhr wurde von dort berichtet, daß aus einem sechsten Krater Lava zu fließen begänne. Mit unwiderstehlicher Gewalt wälzten die Lavamassen sich den steilen Berghang hinunter durch den dichten Urwald. Nichts konnte ihren Lauf hemmen, selbst die Urwaldriesen wurden mitgerissen. In Bibundi war das Getöse der Krater außerordentlich stark, während es in Debundscha wahrscheinlich wegen eines vorgelagerten waldbedeckten Bergrückens nicht zu hören war.

Nach späteren Peilungen von Waldau liegen die neuen Krater in

[1]) Schneefälle auf dem Fako werden verschiedentlich, besonders in den Übergangszeiten von der Trocken- zur Regenzeit und umgekehrt, beobachtet. Die dünne Schneedecke verschwindet aber sehr bald wieder.

62° (mißweisend) von Debundscha-Wohnhaus und 129° (mißweisend) von Bibundi-Wohnhaus aus, d. h. in einer Entfernung von 11, bzw. 9 km von diesen Orten und ungefähr 1,5 km oberhalb der Bibundi-Pflanzungsgrenze in etwa 1000 m Meereshöhe (Fig. 1).

Am 22. Februar fiel in Bibundi und Idenau viel schwere, schwarze Asche. Dieselbe Erscheinung zeigte sich nach Einsetzen des Landwindes abends auch in Debundscha. Die über den Kratern stehende Aschenwolke breitete sich immer mehr aus, des Nachts war ihre Unterseite durch die Krater und glühenden Lavaströme hell erleuchtet. In der Bibundi-Pflanzung waren am 23. Februar alle Bäume mit Vulkanasche bedeckt. Jede unvorsichtige Berührung ließ eine dichte Wolke von Asche herunterfallen. Inzwischen hielt das Getöse der Krater mit unverminderter Heftigkeit an.[1]) Von Bibundi aus hatte man einen prächtigen Ausblick auf den Vulkan und den Lavastrom, weil der stark zertalte Westhang des Massivs mit seinen stattlichen, aus alten Lavaströmen bestehenden Rücken unmittelbar nach Bibundi zu einfällt. An diesem Tage konnte Waldau dort drei Feuergarben beobachten, von denen zwei sehr breit waren, während die dritte schmäler, aber bedeutend höher — wenigstens 300 m hoch — war. Jede Feuersäule erhob sich inmitten eines hohen Schlackenkegels, der bereits in den beiden Tagen vulkanischer Tätigkeit gebildet worden war. Ringsum war der Urwald niedergebrannt, nur 4 oder 5 große Baumwollbäume (Ceiba pentandra) standen noch in der Nähe der Krater. Da diese Bäume gewöhnlich 50 bis 60 m hoch sind, ließ sich an ihnen die Höhe der Feuerfontänen gut abschätzen. Östlich der drei Feuersäulen waren anfangs noch zwei weitere zu sehen; sie konnten aber nicht weiter beobachtet werden, da das Gelände in Rauchwolken gehüllt wurde. Aus ihnen, wie auch aus einem etwas niedriger gelegenen Krater schien jedoch Lava abzufließen. Die verschiedenen Lavaströme hatten bald die Talschluchten ausgefüllt und sich zu einem großen Lavastrome vereinigt, der mehrere große und kleine, mit unversehrtem Wald bedeckte Inseln umfloß. Langsam schob sich der Glutbrei in westnordwestlicher Richtung vor, er war bereits über 4 km lang und hatte das flache Gelände am Fuße des Gebirges erreicht. Zu beiden Seiten des Stromes wurden die Urwaldbäume vernichtet. Es brannten jedoch nur diejenigen, welche mit der glühenden Lava in unmittelbare Berührung kamen.

[1]) Die Hörweite der vulkanischen Detonationen betrug über 20 Seemeilen. Sie wurden in Fernando Póo wahrgenommen; auch ließ dort der abendliche Himmel rötlichen Feuerschein erkennen.

Die stockfinstere Nacht bot ein schaurig-schönes Schauspiel! Die Asche fiel dicht, von der Landschaft war nichts zu sehen. Gegen den rabenschwarzen Hintergrund hoben sich scharf der lange, glühende Lavastrom und die drei Feuersäulen ab. Und über dem Ganzen, vom Widerschein erleuchtet, dehnte sich die mächtige, von Blitzen durchzuckte Pinienwolke. Auf beiden Seiten des Stromes beleuchtete die rote Glut den leichten blauen Rauch der brennenden Bäume. Hier und da flammte plötzlich ein von der Glut entzündeter Urwaldbaum auf!

In der folgenden Woche waren von Debundscha aus die Feuergarben kaum zu sehen; alles war in schwarze Rauchwolken gehüllt. Dagegen wurden ständig dumpfe, kanonenschlagähnliche Geräusche wahrgenommen, und in jeder Nacht war die düstere Aschenwolke vom Widerschein des Lavastromes erleuchtet. Vom 24. Februar ab war die Asche feiner als vorher. Sie fiel ununterbrochen — am meisten des Nachts[1]) — und wurde an der Küste in einer Ausdehnung von 40 km (von Idenau bis Mokundange) wahrgenommen. Am schlimmsten war es in der Nacht zum 17. März,[2]) so daß am nächsten Morgen das Landschaftsbild gänzlich verändert war. Das saftige Grün war verschwunden, alles hatte eine unheimliche schwarze Färbung angenommen. Glücklicherweise gingen unter der Ausbruchswolke kurze, aber kräftige Regengüsse nieder, die die Pflanzen wieder säuberten. Zuweilen aber fiel ein feiner Schlammregen, der schwache Pflanzen erdrückte. Durch den von der starken Sonnenbestrahlung erwärmten Aschenstaub begannen die Blätter der Bäume zu welken. Im Urwalde zwischen Debundscha und Bibundi hatte der Aschenregen arge Verwüstungen angerichtet. Das sonst so dichte Unterholz, das gewöhnlich im Urwald den Blick behindert, war verwelkt und zu Boden gedrückt, sodaß man weit in den Urwald hinein blicken konnte. Die farbigen Pflanzungsarbeiter, die mit ihren Haumessern die Pflanzungen von Unkraut zu reinigen haben, sagten, hier hätte der Feuer-Ju-ju,[3]) wie sie den Vulkan nannten, eine gründliche Reinigungsarbeit geleistet. Die zahlreich im Urwalde vorhandenen halbhohen Ölpalmen boten einen traurigen Anblick! Ihre langen Wedel waren in der Nähe des Stammes geknickt und hingen welk zu Boden (Abb. 2 auf Taf. 14, Abb. 2 auf Taf. 16, und Tafel 17). Nur die noch nicht voll entwickelten Blätter schossen vom oberen Ende des Stammes, Speeren gleich, in die Höhe.

---

[1]) wegen des dann vorherrschenden Landwindes.

[2]) Waldau verzeichnete in seinem sorgfältig geführten meteorologischen Tagebuch am 17. März: 1 mm schwarze Asche gefallen.

[3]) Ju-ju = Zauberer.

Die Blätter von Bananen, Planten und Koko (Makabo) wurden übel zugerichtet, hingegen litten die Blätter von Bäumen (darunter die der Kakaobäume) nicht. Allerdings wurden die Kakaoblüten getötet, sodaß die Ernte in den Pflanzungen Bibundi und Debundscha vernichtet, in Idenau, Isongo und Oechelhausen stark beeinträchtigt wurde.

Antilopen und Elefanten flohen vor dem Aschenregen nach Süden. Die als ausgesprochene Baumtiere im Urwalde lebenden Affen litten sehr. Eine ganze Woche hielten sich drei große Mangaben (Cercocebus torquatus) in einem hohen Baume bei Debundscha auf. Diese sonst so lebendigen und furchtsamen Tiere verhielten sich völlig still und ließen sich durch das Geschrei und durch Steinwürfe der Eingeborenen nicht verscheuchen. Soweit Waldau beobachten konnte, wurden die Wildschweine nicht vertrieben.

Natürlich nahmen Pferde und Ziegen auf der Weide viel Asche mit dem Futter auf. Die Milch der Ziegen erhielt dadurch einen unangenehmen, bitteren Beigeschmack. — Die Dachrinnen dei Häuser mußten zweimal wöchentlich gereinigt werden, um ein Brechen zu verhindern.

Am 5. März erreichte der Lavastrom das unter Kultur genommene Gelände der Bibundi-Pflanzung (Fig. 2). Der anfangs in westnordwestlicher Richtung sich bewegende Strom war von dem tief eingeschnittenen Tal des Molive-Baches aufgefangen und in westlicher Richtung fortgeleitet worden. Am 6. März ritt Waldau dorthin. Der Regierungsweg von Victoria nach Bibundi führt mit einer etwa 30 m langen, 4 bis 5 m über der Talsohle gelegenen Brücke über die Molive. Der dort oberhalb der Brücke vorhandene kleine Wasserfall sah unverändert aus, aber das Wasser war siedend heiß, und alles Leben im Bache war erstorben. Tausende von toten Garneelen und Krabben verpesteten das Wasser. Etwa 200 m oberhalb der Brücke war der Lavastrom zum Stillstand gekommen. Durch einen tiefen Riß in der Stirn des Stromes war die innere Glut zu sehen, sonst zeigte sich nur ein Chaos von Lavablöcken und Schlacken, die noch warm waren. Sie hatten am Tage ein schwarzes Aussehen, des Nachts aber leuchtete die Glut hervor, sodaß der Eindruck einer durch und durch glühenden Masse hervorgerufen wurde. Die Lava füllte nicht nur das an dieser Stelle ungefähr 4 m tiefe Bachbett aus, sondern ragte noch 4 m über das umgebende Gelände empor. Herunterfallende Blöcke hatten auf beiden Seiten des Lavastromes Bäume (darunter viele Kakaobäume) mitgerissen, aber keine waren entzündet worden, da die Lavaoberfläche bereits zu stark abgekühlt war. Im Lavastrome selbst lagen Tausende von Baumstämmen. Die zu unterst liegenden verkohlten, was an dem überall aufsteigenden Rauch zu sehen war. Die höher liegenden Stämme waren, von der Glut unbeschädigt, mitgerissen worden; einige von ihnen ragten, halb aufrecht stehend, hoch über die Lava hinaus. Auf der einen Seite des Stromes lag, von Blöcken bedeckt, der über 1,5 m im Durchmesser haltende Stamm eines Baumwollbaumes. Dieser viele Tonnen schwere Stamm war aus dem hohen Urwalde mitgeschleppt worden, als wäre er nur ein Streichholz gewesen.

In Wernerfelde (Fig. 2) stand am Rande des Molive-Baches ein aus Stein und Zement gebautes Arbeiterhaus. Der Lavastrom, welcher

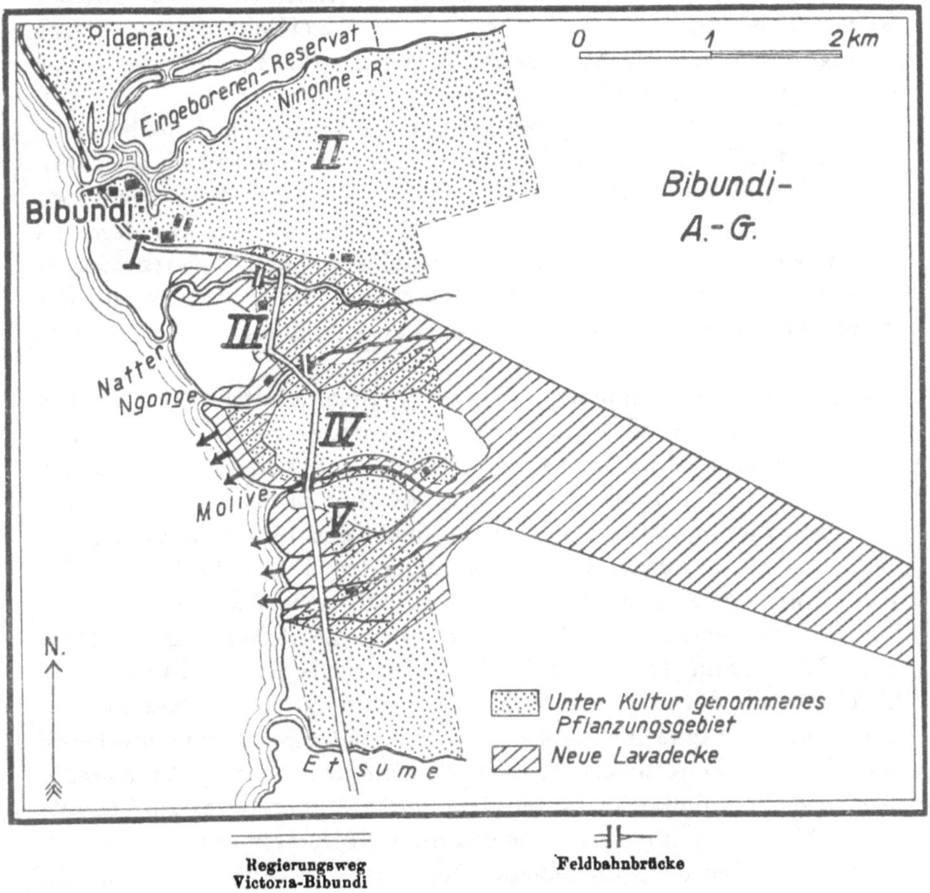

I Jantzenhof, II Thormählenfelde, III Dollmannshöhe, IV Wernerfelde, V Retzlaff-Felde

Figur 2. Das von der Lava bedeckte Gelände der Bibundi-Pflanzung (Kamerun).

(nach Angaben von Direktor J. Weiler).

bedeutend höher als das Haus war, war in 1 m Abstand an dem Hause vorbeigeflossen. Zwar waren einige Lavablöcke gegen die Wand gefallen, das Haus aber wurde nicht beschädigt.

Am 7. März setzte sich der Lavastrom wieder in Bewegung, wobei das eben erwähnte massive Arbeiterhaus gänzlich vernichtet wurde. Die Brücke über den Molivebach wurde weggefegt, der sie überspannende Fernsprechdraht abgerissen. Der Lavastrom hatte also dort eine Mächtigkeit von wenigstens 9 m erreicht.

Am Abend des 8. März ließ der Widerschein am Himmel erkennen, daß der Lavastrom, dem Molivebach folgend, das Meer erreicht hatte (Tafel 8). Das wurde auch am folgenden Morgen durch Farbige bestätigt, die nach Bibundi gehen wollten, die aber hatten umkehren müssen, weil der Lavastrom den Weg an der Küste versperrte. In den nächsten Tagen scheint der Lavastrom jedoch keinen wesentlichen Nachschub erhalten zu haben; denn Waldau berichtet, daß die Schlackendecke in der Mitte bis etwa 1,5 m unter der früheren Höhe der Brücke eingesunken wäre, während an den Rändern die Lavablöcke bis zum oberen Talrande stehen geblieben wären. Später müssen aber wieder erhebliche Lavamengen geflossen sein, da der größte Teil der die Seitenwände bildenden Blöcke fortgerissen worden war.

Schon am 6. März abends hatte der Pflanzungsleiter Reading[1]) in Bibundi beobachtet, daß ein neuer Lavastrom einige Kilometer unterhalb der Krater nach Westen gegen das Meer abgebogen wäre und sich einen neuen Weg durch den Urwald gebahnt hätte. Es war also zu erwarten, daß er sich südlich des Molivebaches durch Retzlaff-Felde (Fig. 2) wälzen würde. Da in den folgenden Tagen das Getöse der Krater immer mehr zunahm, war man auf neue Ausbrüche gefaßt. Am Morgen des 11. März brach der mit großer Spannung erwartete neue Lavastrom in Retzlaff-Felde ein (Abb. 1 auf Tafel 9 und Tafel 10), ging in 300 bis 400 m Frontlinie durch die Kakao- und Kautschukbestände und fegte ein paar Kilometer Feldbahngleise, sowie zwei große Arbeiterhäuser und eine kleine Brücke weg. Er bewegte sich so schnell, daß er schon am gleichen Tage abends das 1,5 km entfernte Meer erreichte. Inzwischen tobten die Krater weiter, ununterbrochen wurden neue Lavamassen herangeführt (Abb. 2 auf Taf. 9). Der Lavastrom nahm ständig an Breite zu und schob sich mehr und mehr ins Meer hinaus. Rechts und links sandte er längere und kürzere

---

[1]) Reading hat in The Geographical Journal a. a. O. S. 138ff einen kurzen, von Skizzen begleiteten Bericht über seine Beobachtungen gegeben.

Zweigströme ins Gelände. Am Strande führten die beiden unversöhnlichen Elemente Feuer und Wasser einen wilden Kampf! Das Meer kochte und sandte ungeheuere Dampfwolken gen Himmel, die sich mit den schwarzen Rauch- und Aschewolken mischten und zur Bildung kräftiger Regengüsse führten. Eine Explosion folgte der andern, wobei Lava und Wasserdampf hoch empor geschleudert wurden. Ringsum stieg die Wassertemperatur um viele Grade, Fische wurden in Mengen getötet. Eingeborene übergaben Waldau halb und völlig gekochte Fische, die sie in der Nähe des Lavastromes gefunden hatten.

Am 13. März ließ die Tätigkeit der Krater nach, der Lavaerguß versiegte, und der Lavastrom kam zur Ruhe. Jedoch bereits am nächsten Tage begann das Spiel von neuem, wenn auch weniger ungestüm als vorher. Die Feuerfontänen schleuderten wieder wechselweise Steine und Asche heraus, und bald fing erneut Lava an zu fließen. Ihr wurde aber durch den großen Lavastrom der Weg nach Westen versperrt, sodaß die neuen Lavamassen eine nördliche Richtung nehmen mußten.

Am 17. März näherte Waldau sich von See aus dem ins Meer geflossenen Lavastrom. Bei Debundscha betrug die Temperatur des Meerwassers wie gewöhnlich in der Trockenzeit 30° C. Es behielt diese Temperatur bei bis etwa 2 km Entfernung vom Lavastrom, wo sie auf 32° anstieg. Bei weiterer Annäherung nahm sie zu bis 35° und erreichte in 1 km Abstand vom Lavastrom annähernd 40° C. Dabei wurde die Atmosphäre immer drückender, und ein schwacher Geruch von verwesten Fischen machte sich bemerkbar. Das Lavafeld bot einen stattlichen, aber düsteren Anblick! Aus der schwarzen Steinwüste stieg überall blauer Rauch von den eingebetteten, langsam verkohlenden Baumstämmen auf. Zahlreiche Stämme ragten schräg aus der Lava empor.

Die Lava hat sich als Landzunge von etwa 1000 m Breite ins Meer hinaus geschoben. Auf ihrer Südseite überschreitet sie den alten Strand um 200 m, ragt etwa 6 m hoch über die Wasseroberfläche hinaus und fällt überall steil ab. An vielen Stellen, namentlich in der Nähe des alten Ufers, stiegen noch große Dampf- und Rauchwolken auf. Die Nordspitze der Landzunge schiebt sich dagegen etwa 300 m weit ins Meer, erhebt sich aber nur ein paar Meter über seine Oberfläche (Tafel 8). Der Lavastrom setzt sich hier untermeerisch eine Strecke fort, Hier dampfte das Meerwasser, seine Temperatur betrug 50° C, und die Luft war warm und feucht wie in einem Dampfbade. Mit nur wenigen Minuten Pause fiel hier ein kurzer, etwa eine-

Minute währender, kräftiger Regen mit besonders großen schweren Tropfen. Auch ein längerer Landregen senkte sich gelegentlich am Tage auf die Lavafelder und ihre nächste Umgebung. Von den Kratern selbst war nichts mehr zu sehen, noch zu hören, mit Ausnahme einiger, in langen Zwischenräumen auftretender kanonenschlagähnlicher Geräusche.

Seit Anfang März waren die Krater ständig in schwarze Wolken gehüllt. Am 21. März aber fegte eine starke NW-Brise die Wolken für kurze Zeit weg. Zum erstenmal war nun von Debundscha aus der neue Vulkan deutlich zu sehen. Hinter einem waldbedeckten Bergrücken erhob sich eine kahlgebrannte Höhe, auf deren Nordseite zwei aus Schlackenkegeln aufragende Feuersäulen sichtbar waren. Weiter unterhalb ließen sich noch zwei weitere Krater erkennen, von denen der eine eine Feuergarbe emporsandte, während dem andern mehrere Lavaströme entflossen. Dieser Teil des Vulkans, der vorher kaum über dem Bergrücken zu sehen war, ragte jetzt hoch über ihn hinaus. Auch an den folgenden Tagen waren die Krater gelegentlich zu sehen, und zwar waren zeitweise eine, zu andern Zeiten zwei oder vier Feuersäulen wahrzunehmen.

Die Krater waren nun wieder sehr tätig, und von Bibundi aus konnten zwei lange Lavaströme beobachtet werden, die östlich von dem ersten großen Strom abwärts flossen. Am 25. März drangen diese Lavaströme in Wernerfelde ein und zerstörten viele Tausende von Kakaobäumen. Die Ströme flossen sehr langsam. Der eine kam zur Ruhe, bevor er den durch Wernerfelde führenden Regierungsweg erreichte, der andere wurde vom Tale des Ngonge-Baches aufgefangen und wälzte sich langsam gegen die über den Bach führenden beiden Brücken.

Am Morgen des 28. März wurde die erste dieser beiden Brücken, die hohe Feldbahnbrücke (Abb. 1 auf Taf. 11), erreicht. Dank ihrer beiden besonders starken Zementpfeiler vermochte sie den andrängenden Lavamassen standzuhalten. Die Blocklava wälzte sich zwischen den Pfeilern hindurch und zertrümmerte die etwa 50 m weiter unterhalb gelegene kleine Brücke des Regierungsweges (Abb. 1 auf Taf. 12). Die große Feldbahnbrücke blieb bis zum Abend dieses Tages unversehrt. Inzwischen aber hatten die Lavablöcke sich oberhalb der Brücke derart aufgestaut, daß sie die Eisenträger der Brücke erreichten und sie nun um 1 m zur Seite verschoben (Abb. 2 auf Taf. 11). Dann kam der Lavastrom zum Stehen.

Nach dieser Kraftäußerung floß lange Zeit keine Lava mehr in den bebauten Teil der Bibundipflanzung. Ende März fiel sehr wenig Asche, und Anfang April hörte dieses so gut wie ganz auf. Die die Krater umgebenden Rauchwolken waren nicht mehr so schwer wie vorher, fast jeden Tag wurde für kürzere oder längere Zeit ein Teil der Krater sichtbar. Aber das Getöse hielt an, und die Lavaergüsse hörten selten auf. Von Bibundi aus konnten gewöhnlich mehrere Ströme von verschiedener Länge beobachtet werden. Sie waren aber nicht kräftig genug, um in die Pflanzung einzudringen. Bei jedem Ausbruch ergossen sich neue Ströme neben und über die alten, sodaß der obere Teil des Lavafeldes immer höher und breiter wurde. Nachts erglühten die Wolken über dem Lavafelde feuerrot, von ihrem Widerschein wurde der Pflanzungshof in Debundscha hell erleuchtet. Waren die Feuerkegel von Debundscha aus deutlich zu sehen, so gewährten sie stets einen veränderten Anblick. Sie nahmen beständig an Höhe zu, wie es die Skizzen der Figur 3 (S. 194) erkennen lassen. Die beiden in den Skizzen mit 5 und 6 bezeichneten Feuersäulen schleuderten bei jedem Ausbruch gewaltige Mengen glühender Lapilli und Schlacken heraus. Mit dem Fernglase konnte Waldau beobachten, wie dabei der ganze Hügel H feurig erglühte, und die größeren Steine den Hügel hinabrollten. Die Feuergarben 7 und 8 waren sehr unregelmäßig, meistens sehr breit und zeigten sich an verschiedenen Stellen. Häufig setzte die Feuersäule bei 7 ein und sprang nach 8 hinüber. Es war deutlich zu erkennen, daß sich dort eine Erdspalte gebildet hatte. Wenn die beiden Krater 5 und 6 noch einen Monat weiter in gleicher Tätigkeit geblieben wären, so würden ihre Schlackenkegel, schätzt Waldau, den Hügel H an Höhe übertroffen haben.

Am 16. April zeigte sich zum ersten Male die Feuergarbe 9. Und als am 19. April die Umgebung der Krater wolkenlos war, konnte Waldau von Dabundscha aus 9 tätige Krater beobachten.[1]) Unter ihnen war der Krater 9 besonders kräftig, 7 und 8 dagegen waren schwächer. Alle drei lagen wahrscheinlich in derselben Eruptionsspalte. Daß eine solche in der Tat vorhanden war, vermochte Waldau am 20. Mai festzustellen, als zwischen 7 und 8 Uhr morgens das Gelände frei von Wolken war. Der einzige Krater, welcher eine wahre Feuerspringquelle aufwies, war der Krater 9. Von ihm erstreckte sich bis in die Nähe des Gipfels des Hügels H eine ausgesprochene Feuerwand (Fig. 3,

[1]) Ich habe zu Ehren des Herrn G. Waldau, der mit so viel Sorgfalt und voller Hingebung die Eruption vom Jahre 1922 beobachtet hat, die bei der am 21. Februar einsetzenden Phase des Ausbruches oberhalb der Bibundi-Pflanzung neugebildeten Krater Waldau-Krater benannt.

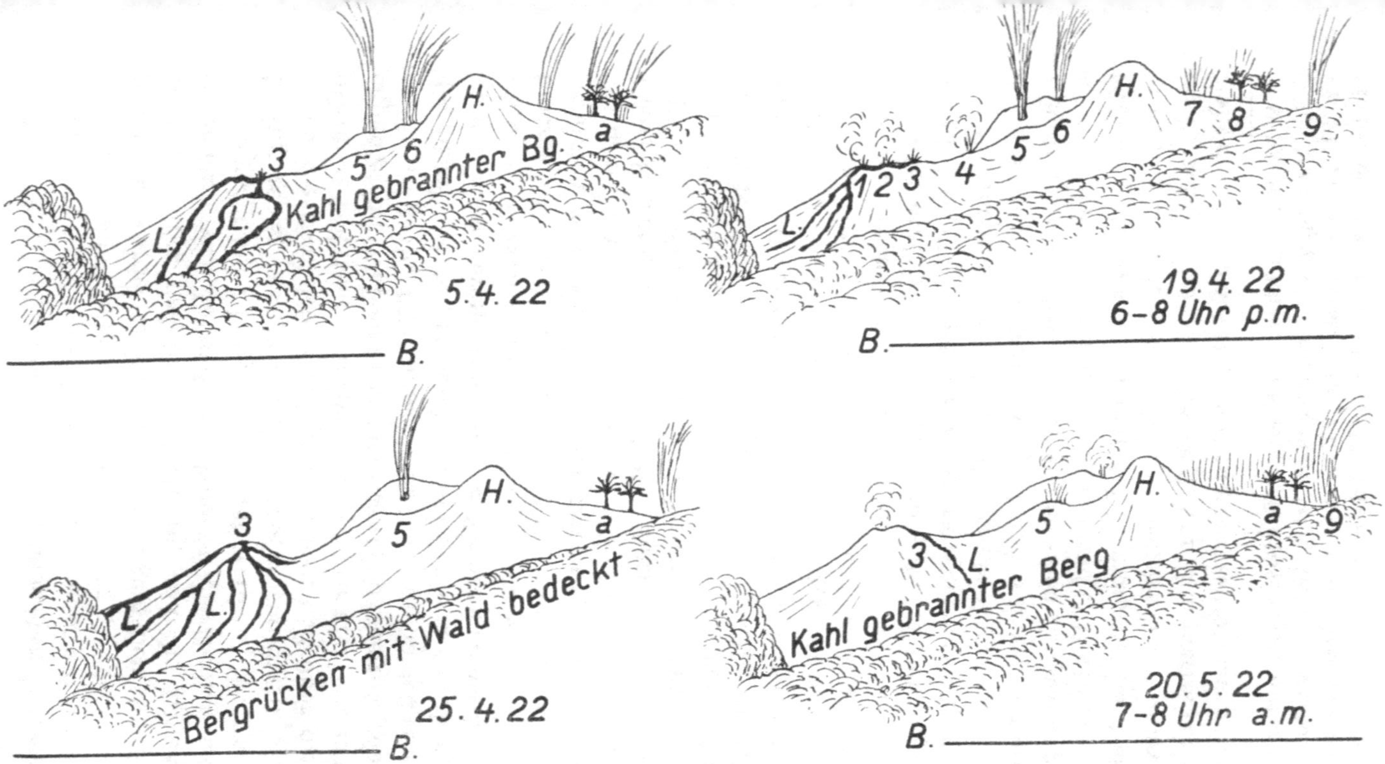

Die Krater 3, 5 und 6 stehen auf dem Hügel H
Die Krater 1, 2, 4, 7, 8 und 9 stehen hinter dem Hügel H
Der Krater 3 entsandte gewaltige Mengen Lava
Dem Krater 5 entstieg die höchste Feuersäule (wenigstens 300 m hoch)
Der Krater 9 wurde am 16. 4. 22 zum erstenmal beobachtet
Die Krater 7, 8 und 9 haben sich auf einer langen Eruptionsspalte entwickelt
L = Lavaströme
a = blattlose Baumwollbäume (wenigstens 50 m hoch)
B = Basis für die Skizzen

Figur 3. Ansicht der Waldau-Krater (Kamerun) von Debundscha aus.

Skizze vom 20. 5. 22). Die übrigen Feuersäulen waren erloschen. Die Krater zeigten nur Rauch, Krater 5 außerdem einen starken Feuerschein und Krater 3 ein kleines, außerordentlich starkes, von der weißglühenden Lava entsandtes Licht. Die von Debundscha aus seltener sichtbaren Krater 1, 2 und 4 stießen gleichfalls nur Rauch aus. Aus ihnen floß aber gewöhnlich viel Lava.

Im Mai ließen die Ausbrüche allmählich nach, die Feuersäulen zeigten sich in immer größeren Pausen, und von Ende Mai ab wurden keine Feuergarben mehr beobachtet. Die einsetzende Regenzeit hüllte die Hänge des Kamerungebirges wieder in dichte Wolken, so daß sie selten zum Vorschein kamen. Die Landverbindung mit Bibundi über die Lavafelder war seit Mitte April wieder hergestellt. Die Eingeborenen glaubten aber, daß das große Feuer (wie sie die neuen Lavafelder nannten) wieder erwachen würde, sobald der Regen kräftiger einsetzen würde. Das mochte eigenartig klingen, aber sie sollten recht behalten. —

Die Lavaströme wiesen am Strande eine durchschnittliche Mächtigkeit von 4 bis 5m auf. Sie waren, da die poröse Lavakruste ein schlechter Wärmeleiter ist, unter der Oberfläche noch monatelang rotglühend. Bei trockenem Wetter konnten bereits die nur einige Tage alten Lavaströme ohne allzu große Schwierigkeiten überschritten werden. Bei Regen dagegen verdampfte das einsickernde Wasser, die Lavafelder wurden in Dampfwolken gehüllt, sodaß ein Begehen der über- und ineinander geschobenen, zackigen Blocklava unmöglich war.

Bereits oben (S. 187 und 192) war erwähnt worden, daß unter der Ausbruchswolke und über den Lavafeldern lokale Regen niedergingen. Eine gleiche, mit der vulkanischen Tätigkeit im Zusammenhang stehende Erscheinung war das Auftreten plötzlicher donnerähnlicher Schläge und ungewöhnlich starker Gewitter. Besonders auffällig waren „isolierte" Donnerschläge. Nie vorher und auch später wurden derartige Erscheinungen beobachtet. Bei klarem Himmel, ohne besondere Anzeichen eines fernen Gewitters, zuckte plötzlich ein greller Blitz auf, den ein gewaltiger Donnerschlag mit dem scharfen, schneidenden Geräusch eines in unmittelbarer Nähe niederprasselnden starken Regens begleitete. Die Wirkung solcher vulkanischer Gewitter ließ sich gut beobachten: Die vom Pflanzungshofe in Debundscha in die Pflanzung führende Allee von Brotkernbäumen wurde besonders heimgesucht, vier dieser hohen Bäume wurden vernichtet. Die elektrische Spannung der Gewitter war so hoch, daß der Fernsprecher oft gestört wurde. Auch fiel einmal ein farbiger Arbeiter, der 30 m von einem vom Blitz getroffenen Baum entfernt stand und zufällig ein Wasserleitungsrohr berührte, betäubt zu Boden.

Anfang Juni war der nächtliche Feuerschein über den Kratern und Lavafeldern ziemlich schwach. Er nahm aber in der Mitte des Monats an Stärke wieder zu und dehnte sich immer mehr nach dem Meere zu aus: ein Anzeichen dafür, daß neue ergiebige Lavaströme im Anzuge waren. Am 17. Juni wurde von Bibundi gemeldet, daß mehrere dünnflüssige Lavaströme in Dollmannshöhe (Fig. 2) eingedrungen wären. Der größte von ihnen war entlang des alten Stromes vom 28. März (vgl. S. 192) geflossen, bis er die zerstörte Feldbahnbrücke erreicht hatte. Dort stürzte er in glühenden Kaskaden den Ngonge-Bach hinunter und erreichte am nächsten Tage das Meer (Tafel 13). Im Gegensatz zu den hohen Blocklavaströmen, die mit ungeheurer Kraft alles niederbrachen, waren diese leichtflüssigen Fladenlavaströme kaum 0,5 m hoch und umflossen wie Wasser jedes Hindernis. An den folgenden Tagen wurde ganz Dollmannshöhe von dünnflüssiger Fladen- oder Stricklava überflutet (Abb. 2 auf Taf. 12). Tausende von Kakaobäumen verbrannten.

Das Vorwerk Dollmannshöhe fällt auf seiner Nordseite steil zum Tal der Natter ab. Dieser sonst so kleine Bach hatte nun auch das Wasser des von der Lava gesperrten Ngonge-Baches aufzunehmen. Er wurde dadurch bei starkem Regen zu einem reißenden Strom, der die ihn überquerende Feldbahnbrücke und zwei weitere kleinere Brücken mitriß. Am 21. Juni flossen einige kleine Lavaströme das Nattertal hinab (Abb. 1 auf Taf. 14), das für den Hafen Bibundi den letzten Schutz gegen die vordringende Lava bildete. Die Natter war nicht so tief wie die übrigen Bäche. Und da ihr verhältnismäßig flaches Nordufer sanft zum Hafen Bibundi abfiel, bestand erhebliche Gefahr für den dortigen Pflanzungshof und Hafen mit all den wertvollen Anlagen von Lager- und Maschinenhäusern, Werkstätten, Wasserturm, Pumpen- und Kakaotrockenhaus usw. Das ganze Hafengelände und alle Lagerhäuser waren bereits angefüllt mit Feldbahngleisen, Maschinen und Geräten von den Vorwerken, Wellblechplatten und Balken von „geretteten" Häusern. Nun galt es, mit größter Beschleunigung die Maschinenhäuser und Werkstätten auszuräumen und das kostbare Material auf Prähmen nach Mokundange und Bota (Fig. 1) zu bringen.

Am 25. Juni mittags nahm Waldau mit 3 Begleitern von Bibundi aus die neuen Lavaströme vom 21. Juni im Nattertal in Augenschein. Die Zementpfeiler der fortgerissenen Feldbahnbrücke über den Natterbach ragten über den vier Tage alten, von dünnflüssiger Lava gebildeten Strom hinaus. Dieser war inzwischen von einer festen Kruste überzogen worden und bildete im Gegensatz zu der Block- oder Schollenlava einen verhältnismäßig ebenen Weg durch das Dickicht (Abb. 2 auf Taf. 14). Beim Erstarren hatte die Lavaoberfläche große Risse erhalten, denen heiße Dämpfe und Gase entströmten. Die Lava war noch so heiß, daß die Hunde, welche Waldau mitgenommen hatte, getragen werden mußten.

Etwa 50 m oberhalb der Feldbahnbrücke hatte ein auf dem vier Tage alten Lavastrom fließender neuer dünnflüssiger eine große Wasseransammlung erreicht. Das Wasser kochte, spritzte meterhoch empor und war nach ein paar Stunden völlig verdampft (Tafel 15). Der neue Strom war von einer dünnen, schwarzen Haut bedeckt, aus der überall die flüssige rote Lava hervorleuchtete. Er bewegte sich außerordentlich langsam vorwärts und war an seiner Stirn etwa 0,5 m dick. Häufig brachen große Stücke der schwarzen Frontkruste ab, fielen herunter und legten dadurch die glühende Masse frei. Ungefähr 200 m oberhalb der zerstörten Brücke kam vom hohen südlichen Natterufer ein 5 m breiter Lavastrom, dessen Geschwindigkeit etwa 1,5 m in der Sekunde betrug. Auf seiner Oberfläche, besonders in der Strommitte, flossen in ununterbrochener Folge, Eisschollen im Flusse gleich, große und kleine schwarze Lavaschollen (Abb 1 auf Taf. 16). Diese hatten im Bachbett selbst bereits eine lange, hohe Bank gebildet, unter der die flüssige Lava verschwand. Etwa 150 m weiter natteraufwärts wurde dieses Schauspiel noch imposanter! Waldau und seine Begleiter standen hier unter Palmen in unversehrtem grünem Grase am Rande des vier Tage alten Lavastromes, der sich 1 m unter ihren Füßen ausbreitete. In 5 m Entfernung floß an ihnen schnell und lautlos ein 2 m breiter Glutstrom zwischen niedrigen, festen Lavabänken vorbei, der einem 2 m breiten, etwas gewölbten Loch in der festen Lava entquoll (Tafel 17). Seine Geschwindigkeit betrug in 5 m Abstand vom Loche etwa 1 m/sec., ein Zeichen für den gewaltigen Druck, mit welchem die Masse herausgepreßt wurde. Schon 20 m weiter abwärts floß der Strom sehr langsam, breitete sich nach beiden Seiten aus und überzog sich mit einer schwarzen Kruste. Ähnliche Erscheinungen, wie die geschilderten, konnte Waldau auch an anderen Stellen des Natterufers beobachten. Die Luft über den Glutströmen flimmerte so stark, daß ferne Gegenstände nur undeutlich zu erkennen waren. Bisweilen kamen vom Lavafelde dumpfe Knalle, wie von Gewehrschüssen aus der Ferne.

Abends gegen 9 Uhr, als Waldau dieselbe Stelle am Natterbache wieder aufsuchte, bewegte die Lava sich in der Talsohle schneller als vorher. Sie hatte bereits die Zementpfeiler der Feldbahnbrücke überschritten und sie beinahe bedeckt. Das Gelände, über welches Waldau 7 Stunden vorher geschritten war, lag jetzt unter glühender Lava begraben. Viele Bäume brannten. Die jungen, halbentwickelten Ölpalmen mit ihren dicken, saftigen Stämmen wehrten sich verzweifelt! Es zischte und glomm rings um die Stämme, aber sie brannten nicht. Denn der ihrem Stamme entweichende, mit dumpfem Knall explodierende Wasserdampf wirkte als Wärmeschutz und bewahrte sie vor der Vernichtung durch die alles versengende Glut. So berührte die Lava die Palmstämme nicht unmittelbar, sondern ließ einen Ring von etwa 10 cm Breite um die Stämme frei. Aber durch die gewaltige Hitze verdorrten die Blätter der Palmen vollkommen (Abb. 2 auf Taf. 16), und plötzlich loderten ihre Kronen wie Fackeln auf. Innerhalb einer Minute waren die großen Blätter verzehrt, und die Fackeln erloschen ebenso schnell, wie sie entstanden waren. Das vorwärts drängende glühende Lavafeld, die brennenden Bäume, der alles einhüllende Rauch und die bisweilen aufflammenden Fackeln boten ein Schauspiel von ernster Schönheit dar!

Als Waldau und seine Begleiter sich am folgenden Tage nochmals dem Nattertal näherten, drangen von dort unaufhörlich dumpfe Knalle wie Maschinengewehrschüsse an ihr Ohr. In ungefähr hundert Meter Entfernung von der zerstörten Brücke trafen sie auf ein mehrere hundert Meter breites, etwa 0,5 m mächtiges, sich langsam vorschiebendes Lavafeld, das die Gräben zu beiden Seiten des Regierungsweges erfüllte. Tausende von jungen Ölpalmen kämpften hier zäh, aber vergebens um ihr Leben.

Während der folgenden Tage drängte das Feld immer weiter vorwärts und bedeckte viele Hektar fruchtbaren Bodens mit einer dünnen Lavaschicht. Als das nach dem Hafen Bibundi abfallende Gelände erreicht war, nahm die Fließgeschwindigkeit der Lava zu. Glücklicherweise versiegte nun der Nachschub, die Lava erkaltete und wurde fest, so daß der Hafen Bibundi verschont blieb. Nach einigen Tagen, wie auch in den Monaten Juli und August ergossen sich noch weitere dünnflüssige Lavaströme über dieses Feld (Abb. 1 auf Taf. 18). Aber lediglich ihre kräftigsten erreichten die Pflanzung, die meisten waren nur 3 bis 4 km lang. Mitte August schlugen die Ströme einen westlicheren Weg ein. Einige von ihnen flossen auf dem großen Lavafelde vom 11. März (durch Retzlaff-Felde) entlang und erreichten am 24. August das Meer (Abb. 2 auf Taf. 18). Dann hörten die Lavaergüsse auf. Nach sechsmonatiger heftiger Tätigkeit traten die

Krater in das Stadium des Solfatarenzustandes und förderten nur noch Rauch und Dampf.[1]) —

Die über der Pflanzung niedergehenden Regenmengen konnten, da die Abflußgräben zum größten Teil durch die Lava verstopft waren, von den noch vorhandenen nicht bewältigt werden. Überall zeigten sich deutliche Spuren von Überschwemmungen. In den Kakaoschlägen hatte das abfließende Wasser tiefe Erosionsrinnen gegraben. Ein in die Bibundi-Pflanzung führender Weg mit Feldbahngleis lag 0,5 m tief unter Schlamm begraben. Bei den Ruinen der Werkstätten sah es trostlos aus. Auf dem Zementfußboden des früheren Maschinenhauses lag tiefer Schlamm, gegen die Wände waren Baumstämme und Baumaterial geschwemmt worden. Das Pumpenhaus war von den reißenden Wasserfluten unterhöhlt worden und eingestürzt. Alles deutete darauf hin, daß riesige Wassermengen das hochgelegene Gelände, auf dem diese Gebäude sich erhoben, überflutet hatten.

Ungefähr 0,5 km hinter diesen Anlagen wurde das jüngste Lavafeld angetroffen, das aber erst nach langem Waten durch Wasser erreicht werden konnte. Es war etwa 2 m hoch, wie alle dünnflüssige Lava ziemlich eben, zeigte jedoch große Spalten und auffälligerweise viele runde Löcher, die bis auf den alten Erdboden hinabreichten. In diesen, nach unten sich verengenden Löchern hatten ehemals Ölpalmen gestanden, die der glühenden Lava zum Opfer gefallen waren. Vom Nattertal und von Dollmannshöhe war nichts mehr zu sehen, alles lag unter der Lavadecke begraben.

In der Regenzeit (Juni bis November) des Jahres 1922 richtete das Wasser fast ebenso viel Schaden in der Bibundi-Pflanzung an wie die Lava.[2]) Mehrere Bachbetten waren von der Lava versperrt. Wildbächen gleich kamen die Wassermassen von den Berghängen herunter, Bäume und Erdreich mit sich reißend, und sie in den niedriger gelegenen Teilen der Pflanzung wieder absetzend. Bei starken Regenfällen stand die Pflanzung kilometerweit unter Wasser, und es hat später der Anlage breiter und tiefer Abzugsgräben (Abb. 1 auf Taf. 19) bedurft, um die gewaltigen Wassermengen abzuleiten.

Am 9. März 1923 wurden in Debundscha und Isongo noch ein paar schwächere Erdstöße wahrgenommen, in Oechelhausen ein stärkerer. Weitere Erschütterungen des Bodens sind dann nicht mehr beobachtet worden. —

[1]) In diesem Zustande befanden die Waldau-Krater sich auch noch im Mai 1925, als Waldau Kamerun verließ.

[2]) In Debundscha fielen vom Juni bis November 1922 746 cm Regen!

Als Anfang 1925 unsere deutschen Pflanzer nach Rückkauf der auf englischem Mandatsgebiet liegenden Pflanzungen in ihr Arbeitsgebiet zurückkehrten, bot die Bibundi-Pflanzung einen traurigen Anblick dar. 225 Hektar[1]) fruchtbarsten Kulturlandes mit reichen Beständen an Ölpalmen, Kakao- und Kautschukbäumen waren vernichtet worden. Zudem war ein großer Teil der übrigen Pflanzung infolge mangelnder Pflege von hohem Elefantengras, dichtem Unterholz und undurchdringlicher Schmarotzer-Vegetation überwuchert. Die durch die ungewöhnliche Gunst des Klimas — reichliche Niederschläge, hohe Lufttemperatur und -feuchtigkeit — bedingte energische chemische Verwitterung hatte bereits die Lavaströme vom Jahre 1922 oberflächlich für die Entwicklung neuen pflanzlichen Lebens vorbereitet, sodaß kriechende Schlinggewächse und die für den sekundären Buschwald charakteristischen Schirmbäume (Musanga Smithii) sich auf ihnen angesiedelt hatten (Abb. 2 auf Taf. 19). Von der Schnelligkeit des Wachstums der aus zähem leichtem Holz bestehenden Schirmbäume gibt Abbildung 1 auf Tafel 20) eine gute Vorstellung. Wann aber die von Basaltblöcken stark durchsetzten, harten neuen Lavadecken trotz der starken Verwitterung eine so mächtige Verwitterungskrume aufweisen werden, daß sie befähigt sind, Pflanzungskulturen zu tragen und wirtschaftlich nutzbar gemacht zu werden, vermag niemand zu sagen. —

Der Ausbruch des Kamerungebirges vom Jahre 1922 vollzog sich, soweit wir sehen, in zwei Hauptphasen: er setzte am 3. Februar mit einer sehr bald erlöschenden Eruption in der Gipfelregion, die aber offenbar nur eine nebensächliche Rolle spielte, ein und erreichte seinen Höhepunkt mit dem am 21. Februar beginnenden, tiefergelegenen Flankenausbruch in den Waldau-Kratern, bei dem eine gewaltige Eruptionsspalte aufgerissen wurde und ungeheuere Lavamassen ausflossen. Wenn auch die Lage der neugebildeten Krater noch nicht einwandfrei festgestellt ist, so ist doch zweifellos, daß sie in der Richtung der südwest-nordöstlich verlaufenden Hauptachse des Gebirges liegen. In dieser verhältnismäßig schmalen Zone drängt sich nicht nur die größte Zahl der Flankenkegel zusammen, sondern in ihrem Bereich erfolgten auch die Ausbrüche, welche den Etinde am Südwesthang, den Robert Meyer-Krater und den Okoli am Nordosthang geschaffen haben. In der Hauptachse des Gebirges liegt daher seine

[1]) Nach Mitteilung von Herrn Direktor Justo Weiler der Bibundi-A.-G., dem ich auch für die Überlassung einer Reihe von Abbildungen zu Dank verpflichtet bin.

Hauptschwächezone. Weiter erkennen wir aber aus der jüngsten Eruption des Kamerunbergmassivs, daß das Material der neuen Lavaströme, welche der von Mateer festgestellte Krater und auch die Waldau-Krater entsandt haben, gesonderten, räumlich beschränkten Magmaherden entstammt. Denn während der Tätigkeit dieser Krater blieben selbst nahe benachbarte (wie der Fako) in Ruhe. Und wenn es auch kaum ein Zufall ist, daß auf der Nordost-Südwest-Linie die Vulkane der Guinea-Inseln stehen, so hat doch durch den Ausbruch vom Jahre 1922 ein Zusammenhang zwischen ihnen und dem Kamerungebirge nicht nachgewiesen werden können; denn der Clarence-Pik auf Fernando Póo ist, soweit bekannt geworden, während der Eruption in Kamerun untätig geblieben.[1])

---

[1]) s. The Geographical Journal a. a. O. S. 137.

Über Vorzeitbildungen und einige andere Fragen in der nordchilenischen Wüste.

von

Hans Mortensen, Göttingen.

Abgesehen von dem in einigen älteren Arbeiten Niedergelegten, heute jedoch ziemlich in Vergessenheit Geratenen, beschränkte sich unsere Kenntnis von der chilenischen Wüste lange Zeit auf wenig mehr als die Tatsache, daß sie die Fundstätte des Chile-Salpeters sei; die Klärung der Entstehung des Salpeters lockte die Forscher so, daß andere Probleme daneben kaum zur Diskussion gestellt wurden.[1]) Bei den nicht den Salpeter betreffenden Arbeiten handelt es sich vorwiegend um eng begrenzte Fragestellungen und Ergebnisse, die zudem meist an versteckter Stelle erschienen und infolgedessen trotz ihres oft großen wissenschaftlichen Wertes in Deutschland nicht genügend bekannt geworden sind.[2]) Ein merkwürdiger und günstiger Zufall hat es gewollt, daß in jüngster Zeit von zwei Seiten planmäßige Beobachtungen angestellt und Ergebnisse beigebracht worden sind, die möglicherweise bei uns mehr Beachtung finden werden als die bisherigen einschlägigen Arbeiten. Im Jahre 1925 bereiste W. Wetzel, nachdem er vorher einige ihm übersandte Salpetergesteine petrographisch untersucht hatte,[3]) die chilenische Wüste, um die unentbehrliche eigene Anschauung zu gewinnen und insbesondere selbst Unter-

---

[1]) Man geht wohl nicht fehl, wenn man die Zahl der aufgestellten Salpeterhypothesen, die mehr oder weniger stark von einander abweichen, auf mindestens 25 schätzt.

[2]) Vgl. J. Brüggen, Bibliografia Minera Geolojica de Chile. Publicaciones del Servicio Jeolojico, Folleto num. 4. Santiago de Chile 1919. Continuacion. Publicaciones del Cuerpo de Ingenieros de Minas. Folleto No. 16. Santiago de Chile 1927.

[3]) W. Wetzel, Petrographische Untersuchungen an chilenischen Salpetergesteinen. Zeitschr. für praktische Geologie. 32. Jahrg. 1924, S. 113—120 und 132—142 (zit. als W. 1924).

suchungen über die Entstehung des Salpeters anstellen zu können. Er benutzte diese Gelegenheit, um auch in anderer, allgemein mineralogisch-geologischer Richtung ein großes Beobachtungsmaterial zu sammeln, über das nun eine Anzahl von Veröffentlichungen vorliegen.[1]) Ebenfalls im Jahre 1925, teils noch gleichzeitig, teils unmittelbar darauf, hat Verfasser die chilenische Wüste besucht, um dort morphologische Untersuchungen anzustellen.[2]) Es ist nun wissenschaftlich, sowohl hinsichtlich der Güte der angewendeten Methoden als auch der Sicherheit der Ergebnisse, soweit sie die gleichen Fragen berühren, nicht uninteressant, die Darlegungen Wetzels mit denen des Verfassers zu vergleichen[3].) Selbstverständlich muß man die Arbeiten jede von ihrem Gesichtspunkt aus betrachten und muß bei der geologisch-mineralogischen in Kauf nehmen, daß infolge der schmaleren morphologischen Beobachtungsbasis ihre Ergebnisse nur stellenweise und mittelbar von morphologischem Belang sind, ebenso wie man von der geographisch-morphologischen Arbeit nicht verlangen darf,

[1]) W. Wetzel, Vogelmumien und „Guano" in chilenischen Salpeterablagerungen. Centralblatt für Mineralogie usw. 1925. Abt. A, S. 284—288 (zit. als W. 1925). — Kalkfällende Organismen und ihre Produkte im Loa-Becken der mittleren Atacama-Wüste. Ebendort 1926, Abt. B, S. 354-361 (zit. als W. 1926 I). — Die Welt der konzentrierten Lösungen. (Ein Einblick in die Natur der Salpeterwüste). Natur, 1926, S. 350—356 (zit. als W. 1926 II). — Beiträge zur Erdgeschichte der mittleren Atacama. Neues Jahrbuch für Mineralogie usw., Beilageband LVIII. Abt. B. (Pompeckj-Festband) 1927, S. 505—578 (zit. als W. 1927). — Mineralogische Beobachtungen aus Chile. Ibid. Beilageband LVII. Abt. A. (Mügge-Festschrift, 2. Hälfte) 1928, S. 921—944 (zit. als W. 1928 I). — Die Salzbildungen der chilenischen Wüste. Chemie der Erde, 3. Band 1928, S. 375—436 (zit. als W. 1928 II). — Geologische und geographische Probleme des nördlichen Chile. Zeitschr. der Ges. für Erdk. zu Berlin 1928, S. 273—289 (zit. als W. 1928 III).

[2]) H. Mortensen, Der Formenschatz der nordchilenischen Wüste. Ein Beitrag zum Gesetz der Wüstenbildung. Abh. der Gesellschaft der Wissenschaften zu Göttingen. Math.-Phys. Klasse, N. F. Bd. XII, 1. Berlin 1927, VIII und 191 S. (zit. als M. 1927). — Vorläufige Mitteilung der wichtigsten Ergebnisse auf dem Düsseldorfer Naturforschertage im September 1926; vgl. Pet. Mitt. 1926, S. 274f., Zeitschr. für Geomorphologie, II. Band 1926—1927, S. 302f., Düsseldorfer Geographische Vorträge und Erörterungen. (Verh. der Geogr. Abteilung der 89. Tagung der Ges. Deutscher Naturforscher und Ärzte in Düsseldorf 20.—24. September 1926). Breslau 1927, III. Teil, S. 66f. — Inselberglandschaften in Nordchile. Zeitschrift für Geomorphologie 1929, S. 129—144. — Über den Abfluß in abflußlosen Gebieten und das Klima der Eiszeit in der nordchilenischen Kordillere. Die Naturwissenschaften, 17 Jahrgang 1928, S. 245—251.

[3]) Gerade jetzt erscheint der richtige Augenblick dafür gekommen, wo Wetzel an geographisch bedeutsamer Stelle und unter starker Betonung seines Anteils an der Forschung eine zusammenfassende Darstellung seiner Ansichten gegeben hat (W. 1928 III).

daß sie geologische Tatsachen diskutiere und kläre, wenn sie für den Formenschatz nicht wichtig sind.

Das gilt z. B. von der geringen Erwähnung der Versalzung und überhaupt des Chemismus, die Wetzel an meiner Arbeit bemängelt hat (W. 1928 II S. 382). Einmal zeigten mir meine Beobachtungen, daß der Formenschatz von der geringeren oder stärkeren Versalzung des Untergrundes nicht merklich abhängig war, so daß schon aus diesem Grunde der Fragenkomplex in einer geographischen Arbeit wenig zu suchen hatte. Ich habe leider versäumt, das in meiner Arbeit ausdrücklich hervorzuheben. Zum anderen hatte ich in der Wüste erfahren, daß Herr Professor Wetzel gleichzeitig auch dort weile und Untersuchungen über den Salpeter und damit verwandte Fragen anstelle, so daß ich mich um so peinlicher eines Übergriffs in die Nachbardisziplin enthalten mußte. Nur einige Bodenproben (M. 1927 S. 28), deren Untersuchung im Bodenkundlichen Institut der Universität Göttingen z. Z. noch nicht abgeschlossen ist, habe ich teils unter geographischen Gesichtspunkten, teils auf Ersuchen des Göttinger Bodenkundlers, Herrn Prof. Blanck, entnommen. Für die Anschauungen über die formenbildenden und somit eigentlich geographischen Vorgänge war dieser zum Teil nur vorläufige Verzicht auf chemische Erörterungen belanglos, wie man ja z. B. auch sehr genaue Vorstellungen über Formenschatz und formenschaffende Kräfte in den regenfeuchten Tropen gewonnen hat (Sapper, Behrmann), ohne über den Chemismus des Bodens Näheres gewußt zu haben, obwohl die tiefgründige Verwitterung und die an geeigneten Stellen besonders mächtige Bodendecke für die Morphologie der regenfeuchten Tropen ebenso wichtig sein dürften wie der Charakter der Wüstenböden für die Morphologie der Wüsten. Die Tatsache des alles überziehenden Staubes ist es, die in der Kernwüste Gebieten mit ganz verschiedenem Untergrund einen einheitlichen landschaftlichen Stempel aufdrückt und die das Recht gibt, auf die Untersuchung der Salzbildungen des Untergrundes vorerst zu verzichten. Wo der abgelagerte Schutt das Landschaftsbild bestimmt, ist die Durchsalzung des Untergrundes für die heutigen Oberflächenformen ohnehin minder wichtig.

So weitgehende Forderungen, wie sie hier von mineralogisch-geologischer Seite ganz allgemein aufgestellt werden, mögen vielleicht Berechtigung gehabt haben gegenüber einer Morphologie, die ihr Hauptziel nicht selten nur in der Aufklärung der geologischen Geschichte sah und die Oberflächenformen nur als Mittel dazu betrachtete, nicht aber der modernen geographischen Morphologie gegenüber, die sich immer mehr darauf besinnt, daß ihr einziges Problem die heutige Oberflächengestalt ist, und die demnach die Tatsachen auch der jüngeren geologischen Vergangenheit nicht nach ihrer absoluten geologischen Bedeutung untersucht und wertet, sondern nur nach ihrer relativen Wichtigkeit für den heutigen Formenschatz. Es hieße den unerquicklichen und auch von geologischer Seite nicht ganz ohne Berechtigung geführten Streit zwischen Geologie und Geographie verewigen, wenn die Geologie nun diese geographische Betrachtungsweise bekämpfen sollte.

Trotz der verschiedenen Fragestellung des Mineralogen bzw. Geologen und des geographischen Morphologen werden sich jedoch in den beiderseitigen Arbeiten manche Ergebnisse finden müssen, die einander teils ergänzen, teils unmittelbar oder in ihren Folgerungen widersprechen mögen. Wir können uns dabei bezüglich der Übereinstimmungen und Ergänzungen kurz fassen, obwohl sie bei flüchtiger Lektüre der Arbeiten nicht sehr deutlich erkennbar und auch von Wetzel nicht hervorgehoben worden sind.

Zu erwähnen ist die weitgehende Übereinstimmung der Anschauungen über den Aufbau der Schuttfächer und die zu diesem Aufbau führenden Vorgänge, die Wetzel aus dem Gesteinsmaterial und besonders aus der Versalzung erschlossen hat (W. 1927 S. 567 und 1928 II S. 416, 419, 428) und die ich unter Berücksichtigung des Gesteinsmaterials aus den Formen abgeleitet und ausführlich dargestellt habe (M. 1927 S. 43 ff.). Beide fassen wir katastrophale Wasserfluten als die wirksame Kraft auf, und der einzige Unterschied ist der, daß Wetzel diese Wasserfluten einer Pluvialzeit zuschreibt, während ich sie als heute noch prinzipiell in der gleichen Weise fortwirkend betrachte (vgl. u. S. 219, 233 ff.). Sogar die lokale Bedingtheit des Pampaschuttes, die Wetzel als ein Ergebnis von „allgemeinerer Bedeutung“ ansieht, ist von Wetzel (W. 1927 S. 566) und mir (M. 1927 S. 61) unabhängig erkannt worden.

Noch wichtiger ist die Feststellung der großen und aus anderen Wüstengebieten nicht beschriebenen Konservativität der Formen, die wir unabhängig von einander beobachtet haben und die von Wetzel erstmalig im Sommer 1926, von mir im Herbst 1926 veröffentlicht worden ist.[1])

[1]) Belanglos für die Tatsache dieser Übereinstimmung ist es, daß Wetzel zunächst (W. 1926 II) fast die gesamte chilenische Wüste (zwischen Pisagua und Taltal) als konservativ bezeichnet und erst 1927 (W. 1927 S. 574) und deutlich 1928 (W. 1928 II S. 413) zu der von mir 1926 (Naturforschertag; vgl. Petermanns Mitt. 1926 S. 275) und ausführlich 1927 (M. 1927) entwickelten regionalen Einschränkung der Konservativität auf die eigentliche Kernwüste kommt.

Damit sind Wetzel und ich auch bezüglich der Deflation oder umfassender der Windwirkung zu ganz ähnlichen Anschauungen gekommen; nur geht Wetzel noch etwas weiter als ich. Wenn er nämlich den wassergeschaffenen Formenschatz für unverändert aus einer feuchteren (Pluvial-) Zeit überliefert ansieht, muß er jede wirkende Kraft in der Wüste völlig leugnen, einschließlich der Windwirkung, die die fluviatilen Formen ja zu verwischen bestrebt sein würde. Ich selbst weiche nicht so stark von den Ansichten Kaisers ab, sondern halte die Windwirkung nur für verhältnismäßig unwirksam gegenüber dem fließenden Wasser (M. 1927 S. 29, 35, 57, bes. 102 und an vielen anderen Stellen).[1])

Erwähnt werden muß allerdings hinsichtlich der immerhin erheblichen Übereinstimmung über das Zurücktreten der Windwirkung, daß wir bezüglich der Gründe, die dafür verantwortlich zu machen sind, nicht ganz die gleiche Meinung haben. Wetzel erklärt nämlich die mangelnde Windwirkung einfach aus der Tatsache der Versalzung und spricht in diesem Zusammenhange z. B. von „kaum unterbrochenen Geländestreifen größerer oder geringerer Neigung, die im Salzzement erstarrt sind (vom Verf. gesperrt), und deren Panzerung etliche Meter dick werden kann“ (W. 1928 II S. 381), von der Chuca als „schützender Staubkruste“ (W. 1928 II S. 408) oder von der starken Salzverkrustung (W. 1927 S. 573), der gegenüber der Wind selbstverständlich machtlos sei.

Dieser Erklärungsweise widerspricht zunächst die Tatsache, daß die Konservativität der Formen vom Grade der Versalzung unabhängig ist (vgl. o. S. 204). Die Windwirkung ist in der Landschaft am Westabfall der Mittelkordillere, die nach Wetzels (W. 1928 II S. 396 und S. 413) und auch nach meinen Beobachtungen relativ salzarm ist, und auch an vielen anderen entsprechenden Stellen so gering wie überhaupt möglich. Auch die Umgebung des Loa, die nach Wetzel sehr salzarm

---

[1]) In dieser Beziehung bin ich von Kaiser mißverstanden worden, der mir anscheinend völlige Ablehnung der Deflation zuschreibt und u. a. zu der von mir beschriebenen Wirkung der Windhosen schreibt: „Also doch Deflation!“ (Neues Jahrb. für Mineralogie usw. Referate 1928, S. 314). Selbstverständlich erkenne ich die Deflation in diesem Sinne durchaus an und habe ja meine Mitteilungen auch in solchem Zusammenhange gemacht (vgl. einen Teil der oben gegebenen Verweise). Geleugnet habe ich nur die sehr große Rolle der Deflation in der Kernwüste und besonders die von Kaiser als Charakteristikum der normalen Deflation beschriebene Wirkung des Windes bereits bei geringen und mittleren Windgeschwindigkeiten (M. 1927 S. 58).

ist,[1]) zeigt bei normalen, immerhin ziemlich kräftigen Winden keinerlei Windabhebung. Daß die Windhosen gerade dort abhebend wirken können (M. 1927 S. 57), ist m. E. nicht auf die geringe Versalzung zurückzuführen (W. 1928 II S. 415), sondern einfach auf die Tatsache, daß aus Gründen des Reliefs anderswo in der Kernwüste kaum Windhosen entstehen können (M. 1927 S. 57).

Auch die Heranziehung der nicht kernwüstenhaften Gebiete ergänzt dieses Bild. Wetzel erklärt die von ihm (W. 1926 II S. 352) und auch von mir (M. 1927 S. 20) oberhalb Iquique beobachteten Dünen aus der Tatsache, daß sich dort wegen der durch Wolkenbildung bedingten starken Bodenbefeuchtung „keine Salzverkrustung entwickeln kann". Über die Versalzung des dortigen Untergrundes kann ich keine Angaben machen; die Versalzung der oberflächlichen Bodenlagen ist jedoch genau so stark wie an anderen Stellen. Sie ist mir besonders aufgefallen und von mir ausdrücklich in meinem Tagebuch hervorgehoben worden, weil sie mit dem sonstigen Bilde, das ich bis dahin von der Küstenwüste gewonnen hatte, eigentlich nicht übereinstimmte (vgl. auch M. 1927 S. 146 und die dort gezogenen Schlußfolgerungen). Wenn also die Durchsalzung des oberflächlichen Lockermaterials die Windwirkung lahm legen würde, dürften wir oberhalb Iquique ebenso wenig Dünen erwarten wie an anderen Stellen. Umgekehrt haben wir in der Tacna-Wüste die oberflächlichen Krusten im Verhältnis zu den anderen chilenischen Wüstengebieten besonders stark entwickelt (M. 1927 S. 128 f., auch S. 138 f.), und trotzdem ist dort die Konservativität, auch nach Ansicht Wetzels, sehr gering.

Viel wichtiger noch ist jedoch die Tatsache, daß die Verkrustung (also Verfestigung des Schichtverbandes) der oberflächlichen Schichten, und auf diese kommt es bei der Windwirkung doch an, in der Kernwüste überhaupt nur regional beschränkt ist. Soweit die Oberfläche verkrustet ist, sehe auch ich im Fehlen der Windwirkung natürlich kein Problem. In weitester Verbreitung ist jedoch (in den Berg- und Hügelgebieten, aber auch auf Schuttfächern) das Oberflächenmaterial überaus locker, obwohl es offenbar versalzt ist, wie ich es seinerzeit ausführlich beschrieben habe (z. B. M. 1927 S. 23 ff.

---

[1]) W. 1928 II S. 381: „Flächen, die gar nicht unter dem Einfluß der Salzverkittung stehen, fand ich nur. . . . und im Bereiche des ehemals weiteren diluvialen „Loabeckens", übrigens auch dort nicht durchgehends." Ebendort S. 415: Im Bereich des Ebenenstreifens beiderseits des Loa-Cañons „ist die Salzverkrustung schichtweis sehr wechselnd, im allgemeinen spärlich und oberflächlich fast gar nicht erfolgt."

und die dazugehörigen Abbildungen); es kann keinesfalls als „Kruste“ bezeichnet werden.[1]) Und lockeres, gewissermaßen extrem staubiges Material, das keine Verbackung zeigt, müßte m. E. unbedingt ins Fliegen geraten, ganz gleich wie groß der Anteil an ebenfalls völlig lockerem, unverbackenem, pulvrigem Salz ist. So ist ja auch das salzarme Oberflächenmaterial beiderseits des Loa (s. o.) keinesfalls etwa lockerer als der Staub der Berg- und Hügelgebiete der Kernwüste.[2]) Es würde ein in jeder Beziehung falsches Bild geben, wenn man die Chuca bzw. die hangende Staublage als Kruste bezeichnen wollte.

Den eigentlichen Grund für die Unangreifbarkeit des lockeren Staubes der Kernwüste gegenüber dem Winde sehe ich in der „Staubhaut“, einer ganz dünnen, (wenige Millimeter mächtigen) oberflächlichen leichten Verbackung des sonst lockeren und ungeschützten Staubes, die man jedoch ebenfalls keinesfalls etwa als „Kruste“ auffassen darf, was ich durch den von mir gewählten Ausdruck „Haut“ deutlich zum Ausdruck bringen wollte. Tatsächlich fliegt der Staub dort, wo die oberflächliche dünne Staubhaut künstlich verletzt wird, z. B. beim Gehen oder Reiten (vgl. z. B. M. 1927 Taf. V, Abb. 20). Wetzel scheint über die Staubhaut keine Beobachtungen angestellt zu haben, denn er erwähnt Gebilde, die möglicherweise ihr entsprechen sollen, nur andeutungsweise und zum ersten Mal 1928 (W. 1928 II S. 415). Bezüglich der „Feinstaub-Anflüge auf den Steinen des Wüstenbodens“ (W. 1928 III S. 286), die er neuerdings mit meiner Staubhaut identifiziert, hat er mich auf jeden Fall mißverstanden. Aus meinen Ausführungen, Zeichnungen und photographischen Abbildungen scheint mir immer wieder klar hervorzugehen, daß ich daran überhaupt nicht denke, sondern dasjenige Gebilde meine, das den lockeren Boden gerade dort schützt, wo die Steine zurücktreten oder ganz

[1]) Wetzel selbst, aus dessen späteren Arbeiten der Eindruck entsteht (z. B.W. 1928 II S. 382 und an vielen anderen Stellen), daß er das Problem des oberflächlichen Staubes (in den Salpetergebieten Chuca genannt) bereits 1924 (W. 1924), also vor dem Besuch der Wüste gelöst habe, sagt von der von ihm untersuchten Chuca-Probe (a. a. O. S. 140): „Nur durch etwas Salz wird eine Verkrustung andeutungsweise (vom Verf. gesperrt) bewirkt“, was zwar, ohne daß er es zurückgenommen hat, zu seinen späteren Behauptungen (z. B. o. S 206) in deutlichem Widerspruch steht, den Tatsachen jedoch eher entspricht.

[2]) Da somit Durchsalzung und Verkrustung für mich — im Gegensatz zu Wetzel — keinesfalls das Gleiche sind, wird auch der Vorwurf Wetzels, ich hätte mit dem Hinweis auf die verhältnismäßig geringe (oberflächliche) Verkrustung die Vorstellung einer starken Durchsalzung zurückgedrängt, hinfällig mitsamt den Ausführungen, die Wetzel daran anschließt.

fehlen (M. 1927 S. 24 ff. und Fig. 12, 13, Abb. 3, 6, 14). Eine über meine eigenen Erklärungsversuche hinausgehende, sichere Erklärung der Staubhaut haben wir somit immer noch nicht und können wir auch nicht von einem Beobachter erwarten, der die Chuca stets als ein jeweils homogenes Gebilde auffaßt und das interessante Profil (M. 1927 Fig. 12) nicht erkannt hat.[1])

Die besondere Beachtung, die Wetzel der Salzverkrustung unter Vernachlässigung des oberflächlichen Lockermaterials schenkt, ist wohl nur zu erklären aus der ihm naturgemäß näherliegenden Arbeitsrichtung, die ihn vorwiegend die salzverkrusteten Gebiete und Stellen aufsuchen ließ, und aus der Tatsache, daß Wetzel sich bezüglich seiner Ergebnisse hauptsächlich auf die Verhältnisse in der Toco-Wüste stützt,[2]) deren geamten Westteil ich jedoch, ohne die Anichten Wetzels kennen zu können, als eine Ausnahme im Rahmen der sonst wesentlich mehr als Staubwüste zu bezeichnenden Kernwüste gekennzeichnet habe (M. 1927 S. 31, S. 152 und Fig. 41). Die Angabe Wetzels, daß die jüngsten Staubbildungen mehr „inselartige Vorkommen lokal beschränkter Ausdehnung" seien (W. 1928 III S. 286), richtig für die westliche Toco-Wüste (M. 1927 S. 31), widersprechend jedoch den Gesamtverhältnissen der chilenischen Kernwüste, ist wohl nur zu verstehen aus dieser räumlichen und sachlichen Beschränkung der Beobachtungen Wetzels.

So groß, wie es nach der oben zitierten Äußerung Wetzels scheinen könnte, ist der Unterschied der Anschauungen über die Bedeutung des Staubes übrigens doch nicht, da Wetzel andererseits die Staubbildung, d. h. das „Zurücktreten sandiger hinter den staubigen Korngrößen" als „generell charakteristisch für die Salzschuttwüste" ansieht (W. 1928 III S. 284), von dem „so überwiegend entstehenden feinklastischen Detritus (Wüstenstaub)" spricht (W. 1928 II S. 414) und auch sonst an den verschiedensten Stellen mit ähnlichen Vorstellungen arbeitet, was mit meinen eigenen Ansichten über den Staub als Charakteristikum der Kernwüste und ihres Klimas gut übereinstimmt. Auf die außerdem vorhandene oder nicht vorhandene Abhängigkeit

---

[1]) Es ist nicht ausgeschlossen, daß die im Gange befindliche bodenkundliche Untersuchung meiner Bodenserien Aufschlüsse über chemischen Charakter und Bildungsweise der Staubhaut geben wird.

[2]) W. 1928 II S. 377: „Freilich beschränken sich meine erdgeschichtlichen Untersuchungen auf den mittelsten Abschnitt der nordchilenischen Wüste, auf den Toco-Bezirk. . ." und W. 1928 III S. 274: „ . . ., wie ich auch bei Behandlung weiterer Fragen hauptsächlich auf das Toco-Gebiet, das Hinterland von Tocopilla, Bezug nehmen will."

vom Ausgangsgestein möchte ich hier nicht eingehen, da ich bei anderer Gelegenheit, in einem in Bearbeitung befindlichen Beitrag über die Wüstenböden für Blancks Handbuch der Bodenlehre, dazu Stellung nehmen werde. Nur soviel sei gesagt, daß die Entstehung des Wüstenstaubes bislang keineswegs geklärt ist. Die Auswertung einer einzigen, nicht einmal persönlich entnommenen Bodenprobe (W. 1924) kann bei weitem nicht als vollwertige Lösung des Staubproblems erscheinen, wie es Wetzel in späteren Äußerungen (z. B. 1928 II S. 382) darstellt. Ist es doch sogar wahrscheinlich, daß es sich bei der betreffenden Chuca um allochthonen Boden handelt, so daß die Identität der 1924 beschriebenen Chuca mit dem Staub der Kernwüste zum mindesten vorläufig fraglich ist. Wetzel selbst erklärt überdies inzwischen ohne Kenntnis des Geländes gemachte Analysen für wertlos (W. 1928 II S. 425f., 430f., auch S. 415).

Außerdem erwähnt Wetzel in anderm Zusammenhang (W. 1928 II S. 384), daß sich unter dem Staub die verschiedensten Bildungen „verstecken" können, was den genetischen Wert einer einzigen Staubuntersuchung noch mehr herabsetzt, im übrigen aber eine besonders gute Bestätigung meiner Darlegungen über die klimatisch-regionale Bedingtheit des Staubes und die weitgehende Unabhängigkeit vom Ausgangsgestein ist.

Gerade diese Feststellung Wetzels bestätigt, daß, bodenkundlich gesprochen, der Staub in erster Linie kein „Ortsboden", sondern bezüglich seiner physikalischen Eigenschaften gewissermaßen ein „zonaler" Boden ist, und dies ist die allein wichtige geographische Erkenntnis (vgl. auch oben S. 204). Das Entscheidende für den Geographen ist bei dieser Sachlage, die morphologisch wichtigen Eigenschaften (Staubcharakter!) und die geographische Verbreitung und Bedingtheit dieser Eigenschaften des Bodens (Vorherrschen des Wüstenstaubes in der Kernwüste mit ihrer extremen Verdunstungshöhe!) zu erkennen. Alles weitere, insbesondere die Untersuchung der Bildung des Staubes im Einzelnen, kann und soll man ruhig dem Geologen bzw. Bodenkundler überlassen. An den geographisch-morphologischen Ergebnissen kann durch weitere Erkenntnisse in dieser Richtung kaum etwas geändert werden, wenn nicht etwa die genauere geologisch-bodenkundliche Untersuchung die regional-klimatische Deutung des Staubes als fehlerhaft erweisen sollte. Aber gerade in dieser Hinsicht stimmen ja die Ergebnisse Wetzels mit den meinen überein! Somit war es berechtigt, daß ich mich nach Kennzeichnung der regionalen Bedingtheit auf die Feststellung des höchstwahrscheinlich eluvialen

Charakters des ganzen obersten Bodenprofils in den Berg- und Hügelgebieten beschränkte.[1])

Der Unterschied der geologisch-mineralogischen und der geographisch-morphologischen Auffassung, der aus diesen Darlegungen über den Staub deutlich erkennbar ist, wird noch unterstrichen durch einen Ausdruck, den Wetzel, von seinem Standpunkt aus mit Recht, benutzt. Ihn als Geologen stört natürlich die Tatsache, daß man aus dem makroskopischen Bilde nicht auf die Zusammensetzung schließen kann; er spricht daher von „verstecken" (s. oben) und fühlt sich „genarrt" (W. 1928 II S. 384), so daß er als einzig in Betracht kommendes Mittel zur naturwissenschaftlichen Eroberung der Wüste das Mikroskop betrachtet, mit dem man allein die Entstehung klären könne. Der Geograph, gerade wenn er „Kenner der Wüste" ist, wird sich, nachdem er die Tatsache als solche erkannt hat, nicht „genarrt" fühlen, sondern die Feststellung, daß nicht jeder verschiedenen Zusammensetzung auch ein verschiedenes makroskopisches Bild entspricht (M. 1927 S. 23), als besonders wichtig und seiner klimatisch-regionalen Denkweise konform betrachten.

Die interessanteste und mir wertvollste Konvergenz zwischen den Ergebnissen Wetzels und den meinen besteht bezüglich der von mir durchgeführten regionalen Gliederung der chilenischen Wüste

---

[1]) M. 1927 S. 27: „Aus den gleichen Gründen erscheint es mir auch unwahrscheinlich, daß der auf den Bergen befindliche Staub ortsfremd sei. Die einzige Möglichkeit, den Staub als ortsfremd zu erklären, wäre die Annahme, daß er immer wieder durch Wind angeweht wird. Abgesehen davon, daß die Tätigkeit des Windes ohnehin sehr gering ist (s. auch u. S. 57ff.), würde eine solche Erklärung gegenüber der Tatsache, daß der Staub auf den Kuppen von Steinen eluvialer Herkunft bedeckt ist, unzureichend sein. Auch ist es bei Annahme von Windwirkung nicht recht erklärlich, wie die vielerorts vorhandenen eluvialen Gesteinssplitter in den Staub hineingekommen sein sollten." Durch die wörtliche Wiederholung meiner 1927 klar ausgedrückten Anschauungen erübrigt sich eine Antwort auf die überraschende Vermutung Wetzels, der (W. 1928 II S. 382) zu der von mir geschilderten Salzstaubschicht (der Salzstaubhorizont ist ein integrierender Bestandteil des zur Diskussion stehenden Staubbodens) schreibt: „Hoffentlich soll diese Bezeichnung nicht bedeuten, daß in unserer Wüste eine äolische Sedimentation verstäubter Salze eine wesentliche Rolle spiele." Eigenartig mutet es übrigens an, daß in einem Augenblick, wo Kaiser mir ein Leugnen der Windwirkung in der chilenischen Wüste zum Vorwurf macht (o. S. 206) und wo die verschiedene Auffassung über die Windwirkung der einzige wirkliche Differenzpunkt zwischen Kaiser und mir ist, Wetzel umgekehrt aus meinen Ausführungen die Möglichkeit einer überaus starken Windwirkung herauslesen zu können glaubt.

in Kernwüste, Mittelwüste und Randwüste und der Parallelisierung der Typen mit der Verdunstungshöhe bzw. dem Verdunstungsdefizit (Naturforschertag; vgl. Pet. Mitt. 1926 S. 275 usw.; M. 1927). Dies Ergebnis, von dem auch Kaiser sagt (a. a. O. S. 315), es sei eine „recht wichtige, glaubwürdige Erklärung, die auch für andere Wüsten nachgeprüft werden sollte", wie überhaupt die durchgeführte Gliederung, sehe ich nämlich als das Hauptergebnis meiner Arbeit an (a. a. O.). Obgleich Wetzels diesbezügliche Ansichten sich anscheinend erst allmählich entwickelt haben, scheint doch soviel sicher zu sein, daß die von mir nur aus morphologischen Beobachtungen erschlossene und zunächst rein mophologisch gedachte regionale Gliederung und ihre Erklärung aus der Verdunstungshöhe den chemisch-mineralogischen Tatsachen und Ergebnissen im Prinzip entsprechen dürfte, was sich u. a. auch darin ausdrückt, daß Wetzel 1928 II (S. 385, 397) den von mir geprägten Ausdruck Kernwüste übernimmt.

Allerdings wird Wetzel der Bedeutung dieses Ergebnisses nicht ganz gerecht, wenn er es (W. 1928 II S. 413) gewissermaßen als ganz selbstverständlich erscheinen läßt, daß der Tocoabschnitt als „Mittelstück" der nordchilenischen Wüste zugleich ihr extremster Teil sei und daß mit Annäherung an die Grenze der Wüste der Übergang zu weniger extremen Erscheinungen erfolge. Denn erstens handelt es sich, wie klar ersichtlich, nicht um einen Übergang an den Grenzen der Wüste, sondern um eine bisher unbekannte und noch weniger auf den entscheidenden klimatischen Faktor befriedigend zurückgeführte Gliederung innerhalb eines sogar besonders extrem ariden Wüstengebietes, weit entfernt von der Außengrenze der Wüste. Und zweitens befindet sich das Mittelstück der südamerikanischen Küstenwüste — und diese muß man doch als eine Einheit betrachten, von der der politisch-chilenische Abschnitt nur der südliche Teil ist — ungefähr bei Tacna, wo auch nach Wetzels Ansicht bei weitem keine kernwüstenhaften Verhältnisse mehr herrschen! So daß die Kernwüste einschließlich des dazugehörigen Tocogebietes absolut exzentrisch zur Gesamtausdehnung der Wüste liegt. Gerade die exzentrische Lage und ihre Übereinstimmung mit der ebenso exzentrischen Lage des Höchstwertes der Verdunstung macht ja die Deutung der regionalen Gliederung so überzeugend und interessant und läßt auch die Übereinstimmung zwischen Wetzels und meinen diesbezüglichen Ansichten so bemerkenswert erscheinen.

Auf die zahlreichen weiteren Übereinstimmungen, z. T. bis in die kleinsten Einzelheiten hinein, kann hier nicht eingegangen werden, da sie, obwohl für den Aufbau der beiderseitigen Endresultate wichtig, für sich genommen nur lokales und daher beschränktes Interesse verdienen. Als Beispiel erwähnt seien immerhin die sehr ähnlichen Vorstellungen über die Auswirkung der Hebung der Mittelkordillere für das orographische Bild der ursprünglichen Bergfußebenen (M. 1927 S. 88ff. und W. 1928 I S. 933). Sogar die geologische Datierung, die ich allerdings nur für die Kordillere Domeyko geben konnte (M. 1927 S. 100), stimmt mit der, die Wetzel für die Mittelkordillere gibt (W. 1927 S. 549 und W. 1928 III S. 275) weitgehend überein. Selbstverständlich habe ich in den Arbeiten Wetzels auch über die bereits vorhandenen Übereinstimmungen hinaus manches gefunden, was meine bisherigen Feststellungen in glücklicher Weise ergänzt und abrundet. Zum Teil werden wir im folgenden darauf zurückkommen, zum andern Teil würde ein Eingehen darauf im Augenblick zu weit führen.

Interessanter und für die Weiterführung der Ergebnisse wichtiger als die Übereinstimmungen usw. sind die tatsächlichen oder scheinbaren Abweichungen der beiderseitigen, auf verschiedenem Wege gefundenen Ansichten. Es handelt sich meinem Eindrucke nach hier um eine zwar nicht geringe Zahl von Einzelfragen, die sich jedoch alle um das eine Problem gruppieren, ob nämlich und wie weit die chilenische Wüste, insbesondere die Kernwüste, ein Pluvialklima erlebt hat, dessen Formenschatz uns heute als Vorzeitformen entgegentritt. Zwar erscheint mir die Frage der Vorzeitformen im Verhältnis zu den sonstigen Ausführungen meiner Wüstenarbeit nicht allzu wichtig, und ein großer Teil der Ergebnisse wird durch sie garnicht berührt, da über die die Landschaftsformen bedingenden Vorgänge ja kein Zweifel besteht und es sich eigentlich nur um die Frage handelt, ob man diese nunmehr bekannten Kräfte dem heutigen Klima zutrauen darf oder nicht.[1]) Doch sind die Vorzeitbildungen in den verschiedenen Klimagebieten auf jeden Fall ein so interessantes und für die Morphologie wichtiges Sonderproblem, daß es lohnt, darüber zu diskutieren und möglichste Klarheit zu schaffen.

Allerdings muß man auch hier die unterschiedliche Fragestellung des Geologen und des geographischen Morphologen im Auge behalten. Für den Geographen sind zunächst wichtig nur die Oberflächenformen und dabei natürlich auch die Frage, ob sie rezent oder unter

---

[1]) In Deutschland ist das bekanntlich anders; dort werden je nach der Einstellung zum Problem der Vorzeitformen auch die die heutige Form bedingenden Vorgänge meist anders beurteilt, womit das Problem in geographischer Hinsicht natürlich viel wichtiger wird.

einem andern Klima entstanden sind. Die Tatsache des Vorzeitklimas interessiert daher nur soweit, als es sich im heutigen Landschaftsbild überliefert, nicht jedoch als Selbstzweck. Für den Geologen indes hat das Vorzeitklima rein als Tatsache Interesse und auch zur Deutung fossiler Salzablagerungen (die für das Oberflächenbild der heutigen chilenischen Wüste jedoch, wie oben ausgeführt, nicht unmittelbar wichtig sind). Falls demnach das Material Wetzels tatsächlich für ein Pluvialklima in der chilenischen Kernwüste spricht, was ich allerdings vorerst bezweifle, so wäre damit gegen die Ergebnisse der geographischen Morphologie solange nichts gesagt, als nicht gleichzeitig der Beweis geliefert ist, daß die als Jetztzeitformen bezeichneten Formen aus dieser Pluvialzeit stammen und jetzt fossil sind.

Bezüglich der Vorzeitbildungen habe ich die Behauptung aufgestellt, daß im Zentrum der Kernwüste Vorzeitformen im eigentlichen Sinne nicht auftreten (M. 1927 S. 38), sondern nur auf die Randgebiete, insbesondere gegen die Hochwüste, beschränkt sind (M. 1927 S. 116ff.). Durch Einbeziehung auch der Schuttablagerungen der Pampas und sonstigen mir zugänglichen Materials kam ich dann zu der Ansicht (M. 1927 S. 116 ff.), daß die heutige Wüste zwar eine Einengung während der Pluvialzeit erlitten hat (M. 1927 S. 117f.), daß jedoch das Klima des Zentrums der Kernwüste nie anders als wüstenhaft gewesen sei. Gewisse Schwankungen im Grade dieser Wüstenhaftigkeit habe ich nicht bestritten (a. a. O. S. 119 und auch z. B. S. 41, 73, 100).

In einem zunächst unüberbrückbar erscheinenden Gegensatz dazu stehen die Ansichten Wetzels. Er schließt aus den verschiedensten Gründen auf eine diluviale Pluvialzeit in der Tocowüste, d. h. einem Teil der heutigen Kernwüste; im Altalluvium sei das Klima allmählich zum heutigen extrem ariden Klima abgeklungen. Allerdings spricht er eigentlich recht unbestimmt meist nur von „größeren Wassermengen", gelegentlich von größerer Luftfeuchtigkeit, so daß ich kein ganz klares Bild davon erhalten habe, wie sich Wetzel das Pluvialklima im Einzelnen vorstellt.

Aus dem 1926 in der „Natur" erschienenen Aufsatz[1]) hatte ich den

---

[1]) W. 1926 II. Ich bin allerdings im Zweifel, ob ich diese Arbeit noch als Beleg anführen darf, da Wetzel das (W. 1928 II S. 383) bemängelt hat, indem er auf den populären Charakter seiner Skizze hinweist und dafür lieber seine früher erschienenen Facharbeiten herangezogen wissen möchte. Andrerseits verweist er 1927 (W. 1927 S. 569) selbst auf diese Arbeit und sagt (W. 1928 III S. 284) sogar: „... meinen Vorstellungen von der Auswirkung der Klimaschwankungen in der Salpeterwüste, wie ich sie 1926 erstmalig kurz an-

Eindruck gewonnen (M. 1927 S. 60), daß Wetzel an eine halbaride Pluvialzeit denkt, wogegen er bisher nicht Einspruch erhoben hat. In W. 1927 (S. 577) spricht Wetzel von einem ariden Vorzeitklima, das er in Gegensatz zum heutigen extrem ariden (d. h. wüstenhaften) Klima stellt, also als nicht wüstenhaft erscheinen läßt. Allerdings spricht er in der gleichen Arbeit (S. 549) von den diluvialen Transportkräften, die „als Wüstenflüsse“ auf kurzen Strecken erlahmten. 1928 (W. 1928 I) hält er das Klima der Mittelkordillere für arid (S. 939) oder halbarid (S. 939, 942), spricht allerdings zu gleicher Zeit von „jenem tropischen Wüsten- und Hochgebiet“, in dem die Jahresamplitude des Klimas, besonders auch hinsichtlich der Niederschläge, ganz zurücktrete (was nach Kaiser ein unterscheidendes Merkmal der Wüsten gegen die weniger extrem ariden Gebiete ist), während er (1928 II S. 416) zwar „episodische Schuttransporte“ erwähnt, aber (W. 1928 II S. 427) von den Nebenflüssen des Loa sagt, sie seien „in ihrem ganzen letzten Lebensabschnitt nur noch intermittierend gewesen“, woraus man eigentlich schließen müßte, daß er für eine gewisse Zeit sogar eine kontinuierliche Wasserführung der Nebentäler annimmt, was nach den bisherigen Anschauungen einem ziemlich humiden Klima entsprechen würde. Andererseits nennt er die von ihm so bezeichnete „Säureverwitterung“, deren Wirkungsoptimum er offenbar in die feuchtere Zeit verlegt, „hocharid“ (W. 1928 II, S. 431). In seiner letzten Arbeit (W. 1928 III) spricht Wetzel (S. 279 und S. 284) von einer diluvialen Wüste, hält (S. 280) für bestimmte vorzeitliche Bildungen „dauernd und oberflächlich fließendes Wasser“ nicht für nötig, sondern nur einen geringeren Grad von Aridität, betont (S. 281) den „durchaus wüstenhaften Charakter“ der diluvialen Schuttsedimente auf der Westflanke der Längssenke, zu deren Bildung allerdings „erhebliche Wassermengen“ (S. 281) vorauszusetzen seien und sagt andererseits (S. 282) von der früheren Wasserführung der Täler in diesem westlichen Gebiet, sie sei „periodisch (Anm. des Verf.: also keinesfalls wüstenhaft) und weniger regelmäßig als in der Mittelkordillere“, womit er sich auch bezüglich der Mittelkordillere wieder in dem oben mitgeteilten Gedankengange (halbarides Klima) zu bewegen scheint. Zu allerletzt (W. 1928 III S. 288) spricht er zu meiner großen Überraschung von der von ihm (wohl W. 1928 II ?) und mir (M. 1927 S. 118, 181) gemachten Feststellung, daß der „regionalen Einengung der Wüstenstrecken eine regionale Erweiterung der Bereiche

deutete (Wetzel, 14)...“. Da „Wetzel, 14“ das abgekürzte Zitat für die Arbeit W. 1926 II ist und nach nunmehriger eigener Aussage Wetzels in früheren Facharbeiten noch keine Ausführungen über das betreffende Problem sich befinden, erledigt sich der Vorwurf Wetzels von selbst.

der extremen und konservativ wirkenden Wüsten folgte", womit er sich offensichtlich weitgehend meinem Standpunkt angeschlossen hat.

Ich weiß somit nicht einmal genau, ob überhaupt ein Unterschied der Anschauungen besteht und wie weit er geht, da ich ja Schwankungen im Grade der Wüstenhaftigkeit durchaus nicht von vornherein bestreite (vgl. oben S. 214) und bei meinen Ableitungen immer damit gerechnet habe.[1]) Ich würde demnach die Differenz der Anschauungen überhaupt nicht so schwer nehmen, wenn nicht Wetzel selbst seine Darlegungen immer mehr auf diesen einen Punkt zuspitzen und so ein m. E. unrichtiges Bild von der chilenischen Wüste geben würde. Zumal Wetzel den heutigen Formenschatz nur aus der feuchteren Zeit überliefert wissen will und für die Jetztzeit absolute Ruhe in der Formung annimmt, während ich, aus vergleichenden morphologischen Überlegungen heraus, gerade umgekehrt eine früher geringere Wüstenhaftigkeit nur dann für möglich halte, wenn seit dieser feuchteren Zeit eine gewisse Formung stattgefunden hat (vgl. dazu u. S. 237f.), so daß in dieser Hinsicht auf jeden Fall ein geographisch wichtiger Meinungsunterschied besteht.

Sehen wir uns nun zunächst den diluvialen[2]) Loa-Stausee an, den Wetzel vermutet und in Beziehung zum diluvialen Pluvialklima bringt. Ich selbst halte dieses „Becken" für eine noch heute benutzte Überrieselungsfläche (M. 1927 S. 18) und würde den Süßwassercharakter früherer Ablagerungen einfach aus der diluvial naturgemäß verstärkten Wasserführung (Zunahme der Feuchtigkeit in den Hochgebieten; vgl. o. S. 214 und M. 1927 S. 116ff.) erklären können. Da auch ich indes die Loa-Schichten für Ablagerungen im Wasser, „vielleicht schwach fließendem oder gar gelegentlich ganz ruhendem und nur vorübergehend in stärkerer Bewegung befindlichem" (M. 1927 S. 44) halte,[3]) ist die Frage, ob man es ein „Becken" oder eine „Überrieselungsfläche" nennt, ja nicht allzu wichtig. Ein richtiges wassergefülltes Becken kann

[1]) Aus dieser Einstellung heraus habe ich auch die Meinungsverschiedenheit gegenüber Brüggen, der bereits vor Wetzel ein früheres (halbwüstenhaftes) Pluvialklima der nordchilenischen Wüste behauptet hatte, immer nur für graduell, nicht für prinzipiell gehalten (M. 1927 S. 49).

[2]) Da Wetzel die Pluvialzeit auch noch in das Frühalluvium datiert, ist dieser Ausdruck nicht ganz richtig. Der Einfachheit halber soll jedoch im folgenden, wo nicht etwas anderes deutlich erkennbar ist, stets unter Diluvium auch das unmittelbare Postdiluvium einbegriffen werden.

[3]) Zu diesem Bilde würde die Schilderung Wetzels: „...die Ablagerungen keilen z. T. auf kürzere Entfernung aus oder ändern ihren Charakter, sowohl in der Längsrichtung als besonders in der Querrichtung des Beckens..." (W. 1927 S. 555) gut passen.

man besonders dann annehmen, wenn man die von Wetzel zuerst 1927 (W. 1927 S. 559 und Kapitel 13) beschriebene Aufwölbung in der Gegend des Loa-Unterlaufes annimmt. In diesem Falle ist allerdings aus der Tatsache des Loa-Beckens kein Schluß auf ein früher feuchteres Klima erlaubt, da bei einer entsprechenden Verbiegung auch heute noch (also in sicher extrem wüstenhaftem Klima) der Loa zu einem See aufgestaut werden würde und der Süßwassercharakter ja wie gesagt aus dem Pluvialklima der Hochgebiete erklärt werden kann. Allerdings (W. 1927 S. 560 und besonders W. 1928 III S. 276 und 278f.) hält Wetzel die von ihm selbst zunächst gegebenen Ableitungen nicht für ausreichend, sondern glaubt noch eine Änderung der Schuttführung der Nebenflüsse zu Hilfe nehmen zu müssen, der (W. 1928 III a. a. O.) insbesondere der Wechsel von Aufschüttung im Diluvium zu Erosion des Loa in der Jetztzeit zuzuschreiben sei. Dieser Wechsel der Erosionstendenz scheint mir jedoch überhaupt kein Problem zu sein, denn es ist m. E. ganz selbstverständlich, daß bei einer einigermaßen energischen Aufbiegung der Fluß oberhalb in die Breite wirken und aufschütten muß (besonders wenn er so mit Schutt beladen ist wie der diluviale Loa) und daß dann, zumal mit Abnahme der Schuttführung, eine Einschneidung in die stauende Schwelle und in die oberhalb davon vorher abgelagerten Schichten folgen muß. Es ist das das schönste Beispiel einer Antezedenz, wie man sie in jedem geographischen Lehrbuch nachlesen kann, und Wetzel hat ja wie gesagt selbst den Vorgang ursprünglich (W. 1927 S. 565) so gedeutet.

Soweit nun die größere Transportkraft der Nebenflüsse, obwohl sie für die heutige Form nicht nötig scheint und daher aus ihr nicht erschlossen werden kann, unabhängig davon aus der petrographischen Beschaffenheit der Ablagerungen zu ersehen ist (W. 1928 III S. 278), handelt es sich, wie man aus Wetzels Darstellung deutlich erkennt, um Nebenflüsse, die aus der Mittelkordillere kommen. Diese, noch heute in ihren höchsten Gebieten hochwüstenhaft (vgl. M. 1927 S. 5, Fig. 3 und Fig. 8; W. 1928 III S. 285 erwähnt gelegentliche Schneefälle dort), hat jedoch sicher eine feuchtere Diluvialzeit erlebt[1]), so daß allein aus diesem Grunde die diluviale Wasserführung ihrer Täler stärker gewesen sein muß als heute, ohne daß man deshalb auf ein feuchteres Klima der niederen Lagen schließen darf.

Daß außer der Mittelkordillere nach Wetzel „wohl auch die Küstenmasse“ (d. i. Küstenkordillere) an dieser früher stärkeren Schuttbelieferung beteiligt sei (W. 1928 III S. 278), was auf ein feuchteres

[1]) Vgl. auch H. Mortensen, Über den Abfluß usw. a. a. O. S. 249f.

Klima dort allerdings schließen lassen würde, hat Wetzel bisher noch nicht bewiesen und kann er wohl auch kaum beweisen, da das Ursprungsgestein des abgelagerten Schuttes sowohl in der Küstenkordillere als auch in der Mittelkordillere ansteht. Im übrigen will ich nicht verhehlen, daß man m. E. vorläufig mit derartigen petrographischen Schlüssen in einem so wenig bekannten Gebiet, wie es die chilenische Wüste in allen ihren Teilen immer noch ist, sehr vorsichtig sein muß.

Wie die größere Wasserführung der von der Mittelkordillere kommenden Nebenflüsse aus der größeren Feuchtigkeit der Hochgebiete zwanglos erklärt werden kann, so gilt das Entsprechende für die diluvialen Quellaustritte in der Mittelkordillere, die Wetzel untersucht (W. 1928 I) hat und als Zeugen für ein früher feuchteres Klima der Mittelkordillere ansieht (W. 1927 S. 560, W. 1928 I S. 932[1]) und 1928 II S. 280). Diluviale Quellaustritte habe ich 1927 bereits vom Westabhang der Kordillere Domeyko (Brea-Wüste) beschrieben (große Hohlformen und Schotterablagerungen an heute sehr kümmerlichen Quellaustritten) und habe sie selbstverständlich nur als Beweis für ein feuchteres Klima der Hochwüste, insbesondere also des Einzugsgebietes der Quellen, angesehen. Auch die diluvialen Quellaustritte in der Mittelkordillere darf man nicht anders deuten. Die Tatsachen, die Wetzel über den mineralogisch interessantesten der Quellabsätze in der Mittelkordillere, den Onyx-Marmor, mitzuteilen weiß (W. 1928 I), bestätigen meine Auffassung durchaus: 1. Die fluviatile Tätigkeit, die die Marmorkrusten nachträglich zerstörte, hat die Trümmer nicht weit verfrachten können (W. 1928 I S. 942); sie muß also sehr gering gewesen sein, was zwar mit der von Wetzel rein deduktiv abgeleiteten Datierung der Zerstörung in den Höhepunkt der Pluvialzeit kaum übereinstimmt, auf jeden Fall aber ebenfalls auf ein wüstenhaftes Klima schließen läßt. 2. Wetzel sagt von der am weitesten verbreiteten (W. 1928 I S. 933f.) Marmorart: „Bemerkenswert ist die Reinheit dieser Onyxart insofern, als man sich halbaride Gebirgslandschaften im allgemeinen staubreich vorstellt, während diese Absätze von einem solchen Staubmangel zeugen, wie sonst nur gewisse Höhlenabsätze.“ (W. 1928 I S. 942). Eine Erklärung dieser auffallenden Staubfreiheit gibt Wetzel nicht. Wir kennen nun nur einen trockenen Landschaftstypus, in dem die Windwirkung und damit die Staubverfrachtung außerordentlich zurücktritt, und das ist die extrem wüstenhafte Kernwüste. Sollte es da nicht sehr nahe liegen, auf ein entsprechendes, also extrem wüsten-

---

[1]) Hier allerdings in sehr vorsichtiger Form, indem zunächst nur von Quellen auf den Gebirgskämmen gesprochen wird, was mit meinen eigenen Ansichten über das feuchtere Klima der Hochgebiete noch gut übereinstimmen würde.

haftes Klima zur Zeit der Bildung (Diluvium) in der Nähe der Bildungsstätten zu schließen? Ein Ergebnis, das über meine einfache Ablehnung nichtwüstenhaften Klimas sogar noch wesentlich hinausgehen würde.

Eine weitere und wohl die wichtigste Beweisgruppe für ein früher feuchteres Klima sieht Wetzel in den Salzbildungen, die er sehr genau untersucht hat (vgl. besonders W. 1928 II). Soweit er unter größerer Feuchtigkeit eine größere Stärke der Niederschläge versteht, scheint mir eine solche Annahme unnötig, da auch die heute gelegentlich auftretenden Niederschläge und damit verbundenen Überschwemmungen katastrophalen Charakter haben können, wie die vorliegenden Beschreibungen einwandfrei bestätigen (M. 1927 S. 37f., 40, 112, 124). Überdies gibt Wetzel ja selbst die Tatsache „vereinzelter, plötzlicher Regengüsse" (W. 1928 I S. 939) und ihren katastrophalen Charakter (vgl. das Zitat unten S. 220f.) zu.

Eine größere Häufigkeit der Niederschläge, wenn sie innerhalb bestimmter Grenzen bleibt, kann allerdings nach dem vorliegenden Material weder bestritten noch bewiesen werden. Eine größere Häufigkeit ändert nämlich, solange nicht der Grundwasserstand usw. (s. unten) geändert wird, an allen in Frage kommenden Vorgängen im Prinzip nichts, weder an der Salzbildung und Salzwanderung, noch hinsichtlich des Mechanismus des Schuttransports, noch hinsichtlich der Formung ganz allgemein, wie hier gleich vorausgeschickt sei. Es ist ja gerade das Charakteristikum der Kernwüste, daß zwischen zwei Wasserfluten die Landschaft „erstarrt" liegt, um bei der nächsten Wasserflut im bisherigen Stil fortgebildet zu werden. Da kann man natürlich garnicht wissen und auch aus der inzwischen vor sich gegangenen Neubildung und Wanderung von Salzen garnicht abschätzen, ob diese regungslosen Pausen kürzer oder etwas länger sind. Meine eigenen Vermutungen über die Dauer der Pausen gründen sich ja dementsprechend keineswegs auf die unmittelbare Tatsachenbeobachtung, sondern auf die ungefähre Kenntnis der Häufigkeit von Regenfluten. Sollten die Regenfluten z. B. häufiger sein, als ich angenommen habe, so ändert das an den Vorstellungen über das Landschaftsbild gar nichts, wie ja auch die Brea-Wüste mit ihren sicher größeren Niederschlägen morphologisch genau das gleiche Bild bietet wie die weniger niederschlagsreiche östliche Toco-Wüste oder die regenärmste Antofagasta-Wüste. Dementsprechend können wir auch für frühere Zeiten nicht feststellen, ob die Pausen zwischen den Regengüssen kürzer gewesen sind als heute, so lange die Verdunstungshöhe sich nicht ändert und natürlich, wie gesagt, die Niederschläge nicht so häufig werden, daß der Grundwasserspiegel sich wesentlich ändert. In dem so gezeichneten Rahmen kann ich also eine „feuchtere" Vorzeit nicht bestreiten, halte sie aber auch für keineswegs bewiesen, da sie ja nicht den Vorgang im Prinzip, sondern nur das Tempo der Vorgänge ändert. Sie wäre geographisch (und bisher auch geologisch) unwichtig.

Mittelbar wichtig könnte die größere Häufigkeit und Stärke von Niederschlägen dadurch werden, daß als Folgewirkung der Grundwasserspiegel gehoben werden kann und in Schichten Wasser dauernd zirkuliert, in denen es heute nur vorübergehend auftritt. Dadurch können die Vorgänge der Salzbildung stark beeinflußt werden. Bis zu einem gewissen Grade wird die Erhöhung der Luftfeuchtigkeit in ähnlicher Richtung wirken, insbesondere auch auf die Vorgänge an oder nahe der Oberfläche. Auf diesem Gebiete vermag die genaue geologisch-chemische Untersuchung sicher wichtige Resultate zu zeitigen, die über das auf rein morphologischem Wege Erreichbare hinausgehen können. Wobei es allerdings auch dann nicht immer sicher ist, daß diese an sich wichtigen Resultate von morphologischem Belang sind.

Wenn nun Wetzel aus dem Salzbefunde so oft eine größere „Feuchtigkeit", sei es Luft- oder Bodenfeuchtigkeit oder größere Niederschlagsmengen, für das Diluvium erschließen zu müssen glaubt, so scheinen mir seine Beweise doch nicht so schlüssig, wie Wetzel es jeweils später darstellt. In Wirklichkeit sind die meisten seiner diesbezüglichen Schlüsse nur Vermutungen; insbesondere kann er bei den Salzen, die sich nach seinen eigenen Angaben noch heute bilden, immer nur vermuten, daß die Bildung früher energischer vor sich gegangen ist. Gerade über die Salzbildung und -umbildung in der Wüste wissen wir im übrigen vorläufig so wenig, daß es mir sehr gewagt erscheint, aus dem Charakter dieser komplizierten Bildungen weitgehende Schlüsse zu ziehen auf früher andere Verhältnisse. Die Gefahr von Zirkelschlüssen liegt sonst allzu nahe.

Insbesondere sind Fehlschlüsse aus dem Charakter der Versalzung dann möglich, wenn die Unterschiede der rezenten und früheren Versalzung nur graduell und im Ganzen recht geringfügig sind, wie es Wetzel für den ihm besonders gut bekannten Westen des Toco-Gebietes selbst erklären muß (W. 1928 III S. 281): „Zwar stoßen wir auch hier überall auf konservierte Vorzeitformen, die unter der Mitwirkung oberflächlich geflossener Wassermassen gebildet wurden. Aber es fehlt hier der ausgesprochene Gegensatz zwischen älteren Bildungen, die der Diluvialzeit angehören, und den Produkten nachdiluvialer Wasserergüsse, die als seltene Katastrophen auch noch der Gegenwart angehören."[1]) Ich will es ruhig aussprechen, daß ich bei der Lektüre der einschlägigen Arbeiten Wetzels nicht selten den Eindruck erhalten habe, daß er nicht eigentlich aus den Salzverhältnissen auf ein feuchteres Klima schließt, sondern umgekehrt, weil er das feuchte Klima nun einmal vermutet, dieses früher feuchtere Klima überall heranzieht, wo es nur möglich ist.

Als ein Beispiel dafür seien die Ansichten Wetzels über die Salpeterbildung angeführt, mit der er sich ja naturgemäß besonders gründlich beschäftigt hat. Wetzel stellt neben die zahlreichen Salpeterhypothesen seine an Sundt anklingende bzw. von ihm übernommene (vgl. das Zitat in W. 1924 S. 141), daß der Salpeter sich unter Einwirkung von Luftfeuchtigkeit und Luftelektrizität an der Oberfläche gebildet habe und dann durch zirkulierendes Wasser in die heutigen Konzentrationsgebiete gelangt sei. Er sagt darüber in Übereinstimmung mit früheren Äußerungen Folgendes (W. 1928 II S. 409f.): „Auf allen Berggipfeln, zumal auf Härtlingen aus Massengesteinen, findet sich Nitrat in einer Situation, die durch Herunterwaschen beim geringsten Regen verschwinden muß..... Diese oberflächlichen Nitratbildungen, zumal die hochgelegenen, müssen ganz jung sein, da in der feuchteren Vorzeit der Wüste der Verbleib des Nitrates an jenen Bildungsorten ausgeschlossen war. Wohl aber entstand dort unter nicht so extrem ariden Verhältnissen schon Nitrat, vermutlich sogar rascher als gegenwärtig, da auch die Nebelbildung ehedem reichlicher war, und die höheren Hänge und Bergnasen als bevorzugte Konzentrationszentren gelten dürfen. Eben dorther stammen die in den Konzentrationszonen weiter unten abbauwürdig gewordenen Nitratmengen. Diese erhalten in der Gegenwart kaum mehr nennenswerten Zuwachs, da sowohl die oberflächliche Nitratbildung als auch die Konzentrationswanderung vermindert erscheint, wenn auch nicht ganz erstorben." Wir haben demnach, wenn wir Wetzel folgen, die einwandfreie Tatsache, daß der Salpeter heute

---

[1]) Auf den beachtenswerten Unterschied zwischen Osten und Westen werden wir gleich zu sprechen kommen. Im Übrigen weiß ich nicht, ob es zulässig ist, eine vorwiegend auf dem Studium der Oberflächenformen beruhende „morphologische Betrachtungsweise" unter Hinweis auf den komplizierten und angeblich nicht genügend berücksichtigten Chemismus usw. herabzusetzen (W. 1928 II, S. 382f.), wenn man sich selbst bezüglich des in Frage kommenden Problems in dem entscheidenden Gebiet auf nicht viel mehr als auf die Oberflächenformen berufen kann. Auch die Angabe Wetzels, daß seine Anschauungen auf „nicht morphologischem Wege" gewonnen seien (W. 1928 II S. 383), womit offenbar ebenfalls den eigenen Ausführungen von vornherein ein besonderer Grad von Sicherheit zugeschrieben werden soll, entspricht somit nicht ganz den Tatsachen.

noch in der von ihm beschriebenen Weise entsteht und daß auch die Konzentrationswanderung, wenn auch nach Wetzel vermindert, immer noch im Gange ist (vgl. auch W. 1928 II S. 418f., S. 434: die Nitratbildung „dauert noch mit verhältnismäßig großer Intensität fort“). Gerade für die heutige Verminderung bezw. die früher größere Energie hat Wetzel, wie man bei genauem Durchsehen der zu diesem Zweck ausführlich zitierten Darlegungen erkennt, keinerlei unmittelbare Beweise; er hält sie nur deshalb für wahrscheinlich, weil er, offenbar aus anderen Gründen, eine früher feuchtere und der Salpeterbildung noch günstigere Zeit vermutet. Tatsächlich würde an der Richtigkeit der Wetzelschen Salpeterhypothese im Prinzip nichts geändert werden, wenn sich das Fehlen einer feuchteren Zeit eines Tages als nicht bezweifelbar herausstellen sollte. Man müßte nur für den gesamten Bildungsvorgang einen entsprechend größeren absoluten Zeitraum annehmen, als es Wetzel im Augenblick tut.

Beweisend für ein früher feuchteres Klima wären die Ausführungen Wetzels nur, wenn er mit Sicherheit sagen könnte, daß der Salpeter in der von ihm vorausgesetzten Weise heute nicht mehr in der extremen Wüste entsteht. Aber gerade das Gegenteil ist der Fall: die Stellen, wo er rezente Salpeterbildung beobachtet hat, befinden sich sämtlich innerhalb der ziemlich extremen Wüste. Er gibt als Bildungsstätten an (W. 1928 II S. 409ff.): 1. die westliche Toco-Wüste (M 1927: Kernwüste mit einigen mittelwüstenhaften Zügen), 2. einige Hügel in der Taltal-Wüste (M. 1927: Mittelwüste mit einigen kernwüstenhaften Zügen), 3. die Mittelkordillere, (d. h. wohl die kernwüstenhaften Westabhänge), 4. die Gegend von Chuquicamata (M. 1927: Kernwüste) und zwar als die äußerste Grenze.[1]) In allen von Wetzel angeführten Fällen handelt es sich um extrem aride und sogar mindestens ziemlich extrem wüstenhafte Gebiete. Vorläufig müßte man aus dem Material Wetzels, wenn man es überhaupt für ausreichend zu Schlußfolgerungen über das Klima hält, den umgekehrten Schluß ziehen wie Wetzel, nämlich daß, da die heutige Salpeterbildung auf ziemlich extrem wüstenhafte Gebiete beschränkt erscheint, auch die frühere Salpeterbildung sich in einem sehr extrem ariden Klima abgespielt haben muß. Was mit meinem eigenen Ansichten über den Grad der Wüstenhaftigkeit in vergangener Zeit durchaus übereinstimmen würde.[2])

[1]) W. 1928 II S. 411: „Sogar bis Chuquicamata, östlich der Mittelkordillere, läßt sich die Nitratbildung der jüngsten Zeit verfolgen (allerdings erscheint hier das Nitrat in der Form des Darapskit).“

[2]) Der an sich mögliche Einwand gegen diese letztere Überlegung, daß in den heute weniger extrem wüstenhaften Gebieten die Salpeterbildung nur deshalb

Eine solche, vorläufig naturgemäß ebenfalls hypothetische Schlußfolgerung, daß der Salpeter sich nur in einigermaßen extrem wüstenhaftem Klima bilden und ansammeln könne, würde man sogar bis zu einem gewissen Grade als Bestätigung der Bildungshypothese Wetzels (bzw. Sundts) ausdeuten können. Es läßt sich nämlich nicht verheimlichen, daß fast alle Salpeterhypothesen, die Wetzelsche nicht ausgeschlossen, den Mangel haben, nicht ausreichend zu erklären, warum der Salpeter in diesem riesenhaften Ausmaße nur in der chilenischen Wüste vorkommt und nicht auch an anderen Stellen, die zu jetziger oder früherer Zeit dieselben Klimabedingungen und sonstigen Umstände erlebt haben, wie man sie jeweils für die Bildung des Salpeters annimmt. Hält man sich jedoch an das, was Wetzel wirklich beobachtet und unmittelbar, ohne Belastung durch anderweitige Vermutungen, erschlossen hat, so fällt dieser Einwand gegenüber seinen Annahmen. Dann haben wir nämlich die Tatsache, daß der Salpeter entsteht in einem Gebiet von hochgradig wüstenhaftem Charakter, das trotzdem gelegentlich von Nebelbildung betroffen wird (Bildung des Salpeters) und ebenso ganz gelegentlich Niederschläge erhält, die die Salpeterwanderung in Gang bringen, aber so gering sind, daß die nötige Anreicherung in benachbarten Konzentrationsgebieten erfolgen kann. Ein solches Klima besitzt nach unsern bisherigen Kenntnissen nur die chilenische Kernwüste und ihre Übergangsgebiete, und nur dort haben wir infolgedessen Salpeter in größerer Anreicherung zu erwarten. Richtig ist dieser Gedankengang allerdings nur, wenn man ein früher merklich feuchteres Klima gerade nicht für gegeben betrachtet.

Die aus den Wetzelschen Darstellungen immer wieder erkennbare Unsicherheit bezüglich des Klimas zur Zeit der Bildung und Konzentration des Salzes (o. S. 214ff.) drückt sich auch in einigen Wetzel unterlaufenen inneren Widersprüchen aus. Wie gesagt führt Wetzel den Hauptteil der Salzbildung und insbesondere die zur Verkrustung führende Konzentration stets auf eine früher feuchtere Zeit zurück. Andererseits hält er (W. 1928 II S. 382) die Feststellung Kaisers, daß „die eigentliche Wüste nicht das Gebiet der großen ausgedehnten Verkrustungen sei“ für die Namib zwar für richtig, will diese Tatsache jedoch

---

nicht beobachtbar sei, weil der Salpeter immer wieder sofort entfernt werde, würde zwar nicht zu widerlegen, umgekehrt aber auch nicht beweisbar sein, so lange man nicht die den entblößten Produktionsgebieten zugehörigen Konzentrationsgebiete findet. Im übrigen würde man denselben Einwand gegenüber den Ausführungen machen müssen, die Wetzel (W. 1928 II S. 409) zwecks Ablehnung der vulkanischen Salpeterhypothese macht.

auf den weniger extremen Charakter der Namib-Wüste zurückführen, die er der offensichtlich extremeren Kernwüste mit der ihr s. E. eigenen besonders starken Verkrustung gegenüberstellt. Einmal erklärt Wetzel also aus dem weniger wüstenhaften Klima das Vorhandensein, das andere Mal das Fehlen der Versalzung! In der gleichen Richtung liegt es, wenn Wetzel (1928 III S. 285) ganz allgemein sagt, daß in weniger extremen Wüsten die geologischen Faktoren (Wind und Wasser) zu augenfälligen und verhältnismäßig schnell fortschreitenden Umformungen führen (womit sich Wetzel auch hier auf den Boden meiner regionalen Gliederung stellt), daß jedoch in der extremeren chilenischen Wüste beide Agenzien schon zu diluvialen Zeiten nur unter starker Hemmung wirken können. Nach Wetzels Ansicht war nun die chilenische Wüste weder im Tertiär noch gar im Diluvium extrem wüstenhaft, und man kann nicht das extreme Klima für gewisse Zustände verantwortlich machen, wenn man gleichzeitig diese Zustände auf ein früher weniger extremes Klima zurückführt.

Sehen wir uns nunmehr den von Wetzel selbst erwähnten Unterschied zwischen dem Osten seines Arbeitsgebiets, wo er eine deutliche Trennung zwischen älteren und jüngeren Bildungen findet, und dem Westen an, wo der ausgesprochene Gegensatz fehlt (vgl. das Zitat o. S. 220 f.), so scheint mir gerade diese interessante Beobachtungstatsache ein ausgezeichneter Beleg für die Auffassung zu sein, daß die Kernwüste als Ganzes (von der der Westteil der Toco-Wüste ein Teil ist) keine grundsätzliche Klimaänderung durchgemacht hat und daß die Merkmale, die im Osten, also in dem von den Hochgebieten abhängigen Teil der Toco-Wüste, auf ein feuchteres Vorzeitklima schließen lassen, nur aus der größeren Feuchtigkeit und der damit Hand in Hand gehenden Erweiterung der Hochregion erklärt zu werden brauchen, keinesfalls jedoch herangezogen werden dürfen für eine Pluvialzeit der gesamten Wüste. Gerade dieser Unterschied der Ablagerungen zwischen Ost und West ist bei der Annahme eines auf die Hochgebiete beschränkten merklich feuchteren Klimas so verständlich, daß man ihn aus meinen Anschauungen heraus geradezu deduktiv ableiten könnte, auch wenn er nicht in diesem Ausmaß beobachtet worden wäre.

Zwar hat Wetzel eine andere Erklärung für diesen Unterschied zwischen Westen und Osten zu geben versucht, indem er für den Westen eine schon vor der Pluvialzeit sehr viel größere Versalzung vermutet, die dann trotz der größeren Feuchtigkeit während des Diluviums nicht aufgearbeitet werden konnte, sondern sich immer noch kräftig in dem heutigen Salzreichtum spiegele (W. 1928 III S. 282;

vgl. dazu auch u. S. 233ff.). Bei der ziemlich langen Zeitdauer, die man einer diluvialen Pluvialzeit doch wohl zuschreiben müßte, wenn sie überhaupt als etwas geologisch und morphologisch Wichtiges aufgefaßt werden soll, einer Zeitdauer, in der z. B. mindestens die mächtigen Beckenablagerungen des Loa abgelagert sein sollen, kommt mir ein solcher Erklärungsversuch, besonders wenn man ihn meiner andersartigen Deutung gegenüberstellt, etwas unwahrscheinlich vor. Daß im übrigen im Gegensatz zu Wetzels Vermutung (W. 1928 III S. 282) das Wasser leicht lösliche Salze fortzuführen vermag, geht aus der bekannten Tatsache hervor (M. 1927 S. 41 und auch W. 1928 II S. 427), daß unter den heutigen rios secos der Salpeter häufig fehlt. Wenn zur Zeit der Salpeterbildung bzw. -Konzentration Wasserfluten sich häufig über die Schuttfächer ergossen haben würden, so würden wir m. E. in den heutigen Konzentrationsräumen so gut wie überhaupt keinen Salpeter finden dürfen.

Im Zusammenhang mit dem erwähnten Unterschied zwischen Osten und Westen des Toco-Gebietes und den daraus zu folgernden Anschauungen seien hier einige grundsätzliche Bemerkungen eingefügt, die das Bisherige betreffen und für das Weitere eine noch größere Bedeutung erlangen werden. Es scheint mir nämlich ganz allgemein, als ob Wetzel bei seinen Überlegungen über das Vorzeitklima aus seiner weniger geographischen Einstellung heraus die jedem Morphologen bekannten Fremdlingseinflüsse zu wenig zur Diskussion gestellt hat. Mit solchen Fremdlingseinflüssen ist bei der engen Nachbarschaft der Hochgebiete zur extremen Wüste in jeder Beziehung zu rechnen, und zwar im Diluvium, wo die Hochregion zweifellos ein feuchteres Klima erlebt hat und etwas ausgedehnter war, noch viel mehr als heute. Findet man nun in der heutigen extremen Wüste Bildungen, die dem Klima der Umgebung nicht entsprechen, so muß man nicht nur an heutige Fremdlingsbildungen denken und bei Verneinung dieser Möglichkeit sofort auf ein früher feuchteres Klima der Umgebung schließen, sondern muß sich sehr sorgfältig auch die Frage vorlegen, ob es sich hier nicht um vorzeitliche Fremdlingsbildungen handelt, die also für das Klima des betreffenden Ablagerungsortes nicht beweisend sind. Ich glaube, daß Wetzel, wenn er diese Möglichkeit etwas mehr in Rechnung gezogen hätte, den Widerspruch, in dem seine Beobachtungstatsachen seiner Meinung nach zu meinen Resultaten stehen, nicht als so unüberbrückbar und so maßgebend für die Beurteilung seiner und meiner Arbeitsmethode (W. 1928 II S. 382f.) angesehen hätte.

Auch in den Überlegungen Wetzels betreffend die Vegetationsablagerungen am Westfuß der Mittelkordillere scheint mir diese Lücke vorhanden zu sein. Wetzel sagt (W. 1927 S. 560) von diesen Ablagerungen, Holz und Blätter seien „teils von Hochwässern verschleppt, teils in einem der Autochthonie nahekommenden Zustande“. Mein Freund Berninger hält die gleichen Ablagerungen für zweifellos allochthon (vgl. M. 1927 S. 120), wie er mir inzwischen nochmals bestätigt hat; über die geringere oder größere Entfernung des Herkunftsortes von der Ablagerungsstelle ist damit natürlich noch nichts gesagt. In den Wetzelschen Ausführungen scheint mir der Ausdruck „der Autochthonie nahekommend“ auf jeden Fall etwas unsicher. Da das einzig Sichere somit die übereinstimmende Beobachtung ist, daß es sich um zusammengeschwemmtes Material handelt, ist die Erklärung aus einer größeren Feuchtigkeit der Hochgebiete der Mittelkordillere, die eine frühe Vegetation dort gestattete, unmittelbar gegeben.

Aber selbst wenn die Vegetation tatsächlich in der Nähe der Ablagerungsstellen gewachsen sein sollte, was ja immerhin vorläufig nicht bestritten werden kann, so ist damit für das Klima des Standortes noch nichts bewiesen. Wir haben nämlich eine sehr schöne Parallele dazu im Gebiet westlich Pica. Dort befand sich am Ostrand der Großen Längssenke bezw. am Westfuß der über 4000 m hohen Altos de Pica bis vor ganz kurzer Zeit eine Baumvegetation (die allerdings heute der Raubwirtschaft des Menschen zum Opfer gefallen ist) und befindet sich noch jetzt eine Schilfvegetation, die nicht etwa klimatisch bedingt ist — das immerhin sehr extrem aride Klima gestattet dort keinerlei Pflanzenwuchs — sondern ihre Existenz dem vom Hochgebirge als Grundwasser oder als Überschwemmung kommenden Wasser verdankt (M. 1927 S. 123f.). Es handelt sich also um eine fremdlingshafte Vegetationsgemeinschaft. Denselben Zustand, den wir bei Pica in der Jetztzeit finden, absolutes Wüstenklima und Wasserzufuhr vom benachbarten Hochgebirge her, dürfen wir für den Fuß der Mittelkordillere im Diluvium annehmen, so daß selbst eine autochthone Vegetation dort nichts Befremdliches hätte. Auch hier muß es übrigens zum mindesten zu denken geben, daß wir solche Vegetationsablagerungen nicht auch an den viel genauer durchforschten entsprechenden Abhängen der Küstenkordillere finden, wenn der Westteil der Toco-Wüste wirklich eine merklich feuchtere Zeit durchgemacht haben sollte. Die von Wetzel für das Diluvium angenommene starke Versalzung der „Salzschuttwüste“ (o. S. 224) kann kaum als Gegengrund herangezogen werden, da die starke Versalzung höchstens für das Konzentrationsgebiet bestanden haben kann, nicht aber für die Berg- und Hügelgebiete, von denen die Vegetation herabgeschwemmt sein müßte.

Gerade für den Westen spricht nun Wetzel faunistischen Beobachtungen einige Bedeutung im Zusammenhange des diluvialen Klimaproblems zu (W. 1928 III S. 282). Von dem Vicuña-Fund sagt Wetzel selbst, daß er nicht allzuviel besage (W. 1928 III S. 283), und auch der Fund zweier Nager in der Nähe des heutigen bzw. des ehemaligen Loa-Tales läßt m. E. keine Schlüsse zu, zumal Wetzel diese Funde nicht selbst gemacht hat (W. 1927 S. 567), also über die näheren Umstände der Ablagerung nur Vermutungen anstellen kann. Wichtiger erscheinen die Funde von Vogelmumien, auf die Wetzel Gewicht legt. Er sagt darüber (W. 1928 III S. 282) Folgendes: „Bei einer Beschreibung der ‚Vogelmumien usw. in chilenischen Salpeterablagerungen' (Wetzel, 13) führte ich folgenden Gedankengang aus: Wenn gegenwärtig in küstenfernen Tälern der extrem ariden pazifischen Gebirgsmasse Brutplätze von echten Seevögeln gefunden werden, die auch die geringsten Mengen flüssiger oder fester Nahrung nur unter weiten Flügen zum Meer beschaffen können, so kann diese sonderbare Gewohnheit wohl kaum anders verstanden werden, denn als Nachwirkung einer uralten Tradition. Es finden sich nämlich mitten in den Salzschuttgesteinen, also fossil oder wenigstens subfossil, und in weiterer Ausdehnung als die heutigen Brutplätze,[1]) mumifizierte Reste von Sturmschwalben, von ihrer Brut und ihren Ausscheidungen, und die Annahme liegt nahe, daß diese vorzeitlichen Wüstengäste eine wenigstens nicht ganz so unwirtliche Umwelt vorfanden, daß zumal das damalige Loa-Becken Ernährungsmöglichkeiten bot, so daß die Wahl der Brutplätze damals besser begründet war." In der von ihm zitierten Arbeit (W. 1925 S. 287 f.) spricht er vom „Zwange uralter Tradition" unter dem die Brutplätze in der heute „gänzlich, trockenen nahrungslosen Wüste" möglicherweise behauptet werden und von dem großen Interesse, das das „zähe Festhalten der Tiere an alten Gewohnheiten trotz damit verbundener Gefährdung" verdiene. Zunächst sei erwähnt, daß Wetzel in seiner ersten Veröffentlichung (W. 1925) die uralte Tradition nur aus dem anderweitig vermuteten früher feuchteren Klima ableitet, während er neuerdings (W. 1928 III a. a. O.) die Richtung des Beweises umkehrt und aus der uralten Tradition auf das

[1]) Anm. des Verf.: In Anbetracht der geringen Zahl der Fundstätten (drei bzw. neuerdings vier) von einer weiteren Ausdehnung der früheren Brutplätze gegenüber den heutigen zu sprechen, scheint mir etwas gewagt.

feuchtere Klima schließt, was natürlich ein Zirkelschluß ist (vgl. dazu o. S. 221). Ebenso ist bemerkenswert die Steigerung der Sicherheit der ursprünglich sehr vorsichtig vorgetragenen Behauptung (W. 1925 S. 287: „Man möchte daran denken...“; W. 1928 III S. 283: „...kann wohl kaum anders verstanden werden...“). Ich selbst verstehe ja nun von den hier zur Diskussion stehenden zoologisch-psychologischen Fragen nichts und könnte insbesondere die Möglichkeit einer über mindestens Jahrtausende wirkenden uralten Tradition entgegen den Umweltsverhältnissen nur vom Standpunkt des gesunden Menschenverstandes beurteilen. Da mir indes die von Wetzel vorgetragenen Ansichten etwas merkwürdig vorkamen — ich selbst würde nämlich bezüglich des Klimas gerade die umgekehrten Schlußfolgerungen gezogen haben — habe ich mich an die besten Fachkenner auf dem Gebiete der Vogelkunde, Herrn Dr. Stresemann vom Zoologischen Museum in Berlin, und Herrn Dr. Hartert, den Direktor des Zoological Museum in Tring bei London, um Auskunft gewendet. Die Antworten waren, verglichen mit den Ausführungen Wetzels, überraschend. Herr Dr. Stresemann, der sich übrigens schon vor Wetzel zufällig gerade mit den Brutstätten in der chilenischen Wüste beschäftigt hatte[1]) und die beiden in Frage kommenden Arbeiten Wetzels bereits kannte, schreibt mir als Schlußzusammenfassung seiner interessanten Ausführungen: „Aus dem Gesagten ergibt sich wohl von selbst der Schluß: aus dem gegenwärtigen Brutvorkommen von Sturmvögeln in der Wüste Atacama darf man auf keinen Fall folgern, daß das Gebiet einst niederschlagsreicher war. Die Nachbarschaft von Süßwasserseen oder von Flußläufen gewährt diesen Vögeln nicht den geringsten biologischen Vorteil. Kein Sturmvogel würde im einstigen „Loa-Becken“ Ernährungsmöglichkeiten gefunden haben.[2]) Daran, daß den in Rede stehenden Sturmvögeln die Bedingungen, welche sich ihnen gegenwärtig am Brutplatz bieten, zusagen, kann kein Zweifel herrschen. ...Ich würde aus dem Umstand. daß die Funde sich in eine weit zurückliegende Zeit verfolgen lassen, den Schluß ziehen, daß das Klima seit ebenso langer Zeit keine wesentliche Veränderung erfahren hat“. Interessant ist für

---

[1]) E. Stresemann, *Oceanodroma hornbyi* (Gray) aus einem chilenischen Salpeterfelde. Ornithologische Monatsberichte XXXII, 3 (1924), S. 61 ff. — E. Stresemann, *Puffinus griseus* (Gmelin) Brutvogel in der nordchilenischen Pampa. Ebendort S. 63 f.

[2]) Zur Ergänzung diene folgende andere Stelle aus dem Brief: „Die Vögel nehmen ihre Nahrung ausschließlich aus dem Meere auf (sie besteht vorwiegend aus Planktonorganismen, aber auch aus kleinen Fischen).“

unser Problem, daß wir, wenn wir überhaupt einen Schluß aus dem heutigen und früheren Brüten der Seevögel ziehen wollen, viel eher folgern müssen, daß die Toco-Wüste in dem in Rede stehenden Zeitraum keine erhebliche Klimaänderung erlebt hat,[1]) was mit meinen sonstigen Schlüssen gut übereinstimmen würde. Herr Direktor Hartert kommt, zum Teil mit ganz ähnlicher Begründung wie Herr Dr. Stresemann (besonders hinsichtlich der Nahrungsaufnahme), ebenfalls zu einer Ablehnung der Wetzelschen Gedankengänge. Im übrigen erkennt man aus den angeführten Briefstellen ohne weiteres, daß die Überlegungen Wetzels nicht nur in ihren Ergebnissen, sondern bereits in ihren biologischen Voraussetzungen (Ernährungsbasis der Vögel) irrig sind.

Als wichtiger Anhaltspunkt für die Beurteilung des Vorzeitklimas könnte vielleicht die Coba dienen, eine unter den Salpeterschichten liegende geringmächtige, rötliche Staubschicht. Wetzel betrachtet sie (W. 1927 S. 466, W. 1928 II S. 417 und W. 1928 III S. 279) als eine z. T. vom Winde verfrachtete, durch einen diluvial höheren Grundwasserstand festgelegte Bildung und (W. 1928 III S. 284) als eine Randfazies der diluvialen Beckenschichten des Loa. Aus der Tatsache des gehobenen Grundwasserspiegels schließt er wiederum auf ein feuchteres Vorzeitklima. Den höherem Grundwasserspiegel und die Beteiligung des Windes an der Ablagerung der Coba möchte ich nicht bestreiten, obwohl es gerade bei flächenhaften staubigen Wüstenablagerungen sehr schwer ist, Wind- und Wasserablagerungen mit Sicherheit zu unterscheiden.[2]) Nur möchte ich den höheren Grundwasserstand auch hier wieder aus den größeren Wassermengen, die von den Hochgebieten gekommen sind, möglicherweise auch aus dem erwähnten Aufstau des Loa (s. o. S. 216 f.), erklären.

Für einen fremdlingshaften Grundwasseraufstau in der Wüste haben wir eine schöne Jetztzeitparallele in der Iquique-Wüste, und zwar in Gestalt des am Westrande der Großen Längssenke gelegenen, sehr ausgedehnten und mit lichtem Baumwuchs bestandenen Salar de Pintados.

---

[1]) Häufigere Regengüsse (wie sie Wetzel für die Zeit des früheren Brütens der Vögel ja annimmt), würden im übrigen, wie mir Herr Dr. Stresemann ebenfalls schreibt, die Brut in Gefahr gebracht haben, so daß sie schon deshalb unwahrscheinlich sind.

[2]) Auch Wetzel scheint diese Unsicherheit zu empfinden, wenn er die Coba ausdrücklich nicht als „Windform" bezeichnet und sie nur als eine Ablagerung „unter Mitwirkung von Wind" (W. 1928 III S. 284) aufgefaßt wissen will. Eigentlich müßte man ja bei einem Grundwasserspiegel, der hoch genug ist zum Festhalten äolischen Staubes, nach der Parallele des Salar de Pintados (s. u.) eine merkliche Vegetation erwarten. Dafür liegen m. W. keine Zeugnisse vor.

Der dort stellenweise nur 50 cm von der Oberfläche entfernte Grundwasserspiegel in diesem extrem ariden Gebiete wird nach Brüggen (vgl. die Zitate in M. 1927 S. 121 f.) von den niederschlagsreicheren Hochgebieten her unterirdisch gespeist. Es ist wohl ganz selbstverständlich, daß dieser Grundwasserstand bei Zunahme der Niederschläge in den Höhengebieten noch etwas steigen, bei Abnahme sinken würde, und eben dasselbe dürfte für den Grundwasserstand in der Gegend des ehemaligen Loa-Beckens gelten.

Selbst wenn jedoch die Coba eine nicht fremdlingshafte Vorzeitbildung sein sollte, so ist für die heutigen Oberflächenformen damit noch nichts bewiesen. Die heutigen Erosionsformen auf den Pampas sind in der Hauptsache in den Caliche-Schutt eingesenkt, also jünger als derselbe oder gleichaltrig, auf jeden Fall also jünger als die liegende Coba. Auch Wetzel datiert die Coba ja ungefähr altdiluvial (W. 1927 S. 551), während der Caliche-Schutt in seiner heutigen Form von Wetzel in das Spätdiluvium bzw. Frühalluvium gesetzt wird (W. 1927 S. 566). Was für die Pampas gilt, gilt auch für die Berg- und Hügelgebiete. Wenn nämlich die Täler der Pampas jünger sind als die Coba, kann man dasselbe auch für die heutigen Talformen der Berg- und Hügelgebiete annehmen, da diese den Talformne der Pampas durchaus korrespondieren. Zumal wenn man bedenkt, daß seit Ablagerung der Coba eine sehr kräftige flächenhafte Aufschüttung stattgefunden hat, der doch eine merkliche Erosion in den Berggebieten parallel gegangen sein muß. Man kann also die wesentlich ältere Coba nicht als Beweis für den Vorzeitcharakter der unbedingt jüngeren Oberflächenformen sowohl der Pampas als auch der Berggebiete heranziehen.

In dieser Beziehung hat Wetzel mich übrigens mißverstanden. Ich hatte für den Fall, daß der heutige Formenschatz der Kernwüste unverändert aus einer feuchteren Zeit stammte, das Vorhandensein von Windformen für nötig erklärt, die sich beim Übergang von der feuchteren zur heute trockeneren Zeit unbedingt gebildet haben müßten (vgl. M. 1927 S. 60), d. h. also Windformen, die sich gegen Ende der feuchteren Zeit gebildet haben und uns infolge des heutigen konservativen Charakters überliefert sein müßten (vgl. dazu die ausführlicheren Darlegungen u. S. 237 f.). Diese Windformen dürften also höchstens ebenso alt sein wie der Formenschatz des Caliche-Schuttes. Wetzel beantwortet nun meine an ihn gestellte diesbezügliche Anfrage (M. 1927 S. 60) mit dem Hinweis auf die s. E. äolische Bildung der Coba (W. 1928 III S. 384), die jedoch nach dem Gesagten in diesem Zusammenhange nicht herangezogen werden durfte.

Vielleicht faßt Wetzel seine klimatische Deutung der Wiederbelebung der Erosion am Westabfall der Mittelkordillere als einen Beweis für seine Auffassung vom Vorzeitklima auf. Er sagt nämlich, daß eine tektonische Bedingtheit allein[1]) nicht zur Erklärung der Tatsachen ausreiche. Man müßte, wenn man die Neubelebung der Erosion auf Hebung des Blocks der Mittelkordillere zurückführen wolle, heute, wo nach Wetzel „deutliche geologische Anzeichen für ein Aufhören der Erosionsperiode" zu finden seien, folgerichtig einen neuen tektonischen Vorgang, etwa ein Rücksinken der Mittelkordillere, annehmen, und das würde den sonstigen Tatsachen widersprechen (W. 1928 III S. 279f.). Ganz abgesehen davon, daß ich ein Aufhören der Erosionsperiode bezweifle, würde der Morphologe ohnehin aus einem Aufhören der Erosionsperiode keinesfalls auf ein Rücksinken schließen dürfen. Jede neubelebte Erosion muß doch zur Ruhe kommen, entweder wenn (im Sinne W. Pencks) die Hebung bezw. aufsteigende Tendenz beendet ist, oder aber allgemeiner, wenn sich die Formen dem neuen, durch die Hebung bewirkten Zustande angepaßt haben, was doch schließlich überall innerhalb eines gewissen Zeitraums nach der Hebung eintreten muß, auch wenn kein Rücksinken eintritt. Zu welch unberechenbaren tektonischen oder klimatischen Ergebnissen würden wir kommen, wenn wir eine solche Beweisführung z. B. auf die Formen der deutschen Mittelgebirge anwenden würden!

Welche Schlüsse darf man nun aus den heutigen Oberflächenformen, ohne Rücksicht auf den bereits diskutierten sonstigen Befund, für die Existenz eines Pluvialklimas ziehen, und wie weit sind die heutigen Formen, falls das Pluvialklima beweisbar ist, als fossile Vorzeitformen zu betrachten? Der zweite Teil dieser Frage ist der geographisch letzten Endes allein wichtige.

Wir haben in der Wüste große und kleine Talformen, Spülrinnen usw., bis ins kleinste durchgearbeitet, die unbedingt fließendes Wasser als die schaffende Kraft erkennen lassen. Soweit stimmen Wetzels Feststellungen in der Toco-Wüste mit meinen in der gesamten Kernwüste durchaus überein. Er hält diesen Formenschatz in „fast unbegreiflicher Erstarrung" (W. 1927 S. 573) für unverändert überliefert aus der diluvialen oder unmittelbar postdiluvialen feuchteren Zeit (z. B. W. 1926 II S. 354) und spricht den heutigen Wasserfluten keine formende Bedeutung zu (z. B. W. 1928 II S. 381). Offenbar hält er alle

[1]) Wie ich sie insbesondere für die Kordillere Domeyko nach Diskussion der verschiedenen Möglichkeiten gegeben habe (M. 1927 S. 96ff.), und wie sie Wetzel (W. 1927 S. 549) für die Mittelkordillere ebenfalls vermutet hatte.

durch oberflächlich geflossenes Wasser geschaffenen Formen für vorzeitlich (vgl. auch das Zitat oben S. 220). In ausführlicher Diskussion habe ich die Ansicht entwickelt, daß es sich um Jetztzeitformen handelt, d. h. um Formen, die zwar uralt und sogar — bei der großen Ähnlichkeit der fluviatilen Formung in sehr verschieden feuchten ariden Klimaten — unter einem feuchteren Klima gebildet sein mögen (M. 1927 S. 38, 41), die aber auf jeden Fall auch den heutigen Kräften noch entsprechen und keinesfalls unverändert daliegen oder umgeändert werden, sondern im bisherigen Stil fortentwickelt werden (a.a.O.).

Es ist ja nun sehr schwer, einigermaßen sichere Entscheidungen zu treffen in einem Gebiet, wo sich die Vorgänge in ihrer Gesamtheit so langsam abspielen (z. B. M. 1927 S. 35, 40f. und an vielen anderen Stellen), daß man nur höchst selten das Glück hat, irgend welche rezenten Veränderungen mit eigenen Augen zu verfolgen oder aus den Beschreibungen von Augenzeugen entnehmen zu können. Die Beurteilung, ob eine Form jahrzehnte- bzw. jahrhundertelang oder gar für Jahrtausende starr liegt, bleibt da immer etwas Gefühlssache bzw. Sache des wissenschaftlichen Taktes. In Anbetracht dieser großen Schwierigkeit ist mir auch nicht ganz klar, wie Wetzel von den rezenten Schuttfächern der Mittelkordillere, bei denen selbst er ein Vorwachsen in die Längssenke „noch in der geologischen Gegenwart" nicht bestreitet, sagen kann: „Ihr Wachstum erscheint in den letzten Jahrhunderten stark vermindert." (W. 1927 S. 549). Selbst in Mitteleuropa, über dessen Oberflächenformung man sicher viel besser unterrichtet ist, wird man eine entsprechende Aussage nur nach allergründlichster Untersuchung, am sichersten unter Heranziehung urkundlichen Materials, wagen können. Das langsame Tempo in den letzten Jahrhunderten will ich keineswegs bestreiten, da es ja mit meinen eigenen Anschauungen über die „Erstarrung" zwischen zwei Wasserfluten übereinstimmt. Die Frage ist nur die, ob die Vorschüttung früher schneller vor sich gegangen ist, und dafür hat Wetzel keinerlei Beweis. Auch an anderer Stelle erwähnt Wetzel als eine Art Stütze für die Vorzeitentstehung wassergeschaffener Formen, daß die auf seiner Karte (W. 1927, Tafel XL; die Karte ist zugleich ein Teil von M. 1927 Fig. 16) dargestellten Formen „mindestens Jahrhunderte alt" seien. Abgesehen davon, daß auch hier die Zeitangabe in dieser Form wahrscheinlich willkürlich ist und für eine bestimmte Lokalität wohl besser nur auf das Menschengedenken, also für dieses Gebiet ungefähr 75 Jahre, gestützt werden sollte, rechne auch ich mit Jahrzehnten bis Jahrhunderten der Erstarrung (M. 1927 S. 40f.) und überhaupt mit sehr langen Zeiträumen, wie aus meiner Darstellung überall klar hervorgeht und wie es auch von Kaiser (a. a. O. 1928 S. 312) richtig verstanden worden ist. Bei der Frage der Vorzeitformen handelt es sich in unserem Falle jedoch darum, ob über viele Jahrtausende oder Jahrzehntausende völlige Ruhe herrschte, oder ob sich die Formung in einem allerdings unregelmäßigen Turnus von mehreren Jahrzehnten oder Jahrhunderten immer wieder fortsetzt. Dieser Frage kann man mit solchen, im Prinzip durchaus mit den meinen übereinstimmenden Angaben nicht beikommen.

Auf anderem Wege und unter Heranziehung anderer Tatsachen kann man jedoch zu einer wesentlich sichereren Entscheidung gelangen. Und diese anderen Tatsachen sind es, die mich von der an sich naheliegenden (M. 1927 S. 37, 41 und an vielen anderen Stellen) Deutung der Formen als Vorzeitformen abgebracht und zu Ergebnissen geführt haben, welche mit meinen sonstigen Anschauungen über den wichtigen Einfluß von Vorzeitformen in ziemlich allen Klimaten nicht in Einklang stehen.

Zunächst ist die Tatsache, daß Wasserfluten durchaus katastrophalen Charakters noch heute in der chilenischen Wüste gelegentlich auftreten, nicht zu bestreiten. Es ist m. E. kein Grund vorhanden, warum diese Wasserfluten nicht in jedem Einzelfalle die entsprechenden formenden Wirkungen haben sollen, wie sie Wetzel für die Überschwemmungen des Diluviums annimmt (vgl. auch o. S. 219). Wetzel nimmt zwar neuerdings an (W .1928 II S. 381, W. 1928 III S. 285), daß die starke Versalzung, die wir heute in der Salzschuttwüste finden, jede formende bzw. transportierende Wirkung des Wassers von vornherein lahmlegen müßte. Und zwar sei das in zunehmendem Maße der Fall, eben mit dem Fortschreiten der Salzkonzentration. Dieses Argument kann günstigstenfalls Geltung haben für die Gebiete höchster Salzkonzentration, nicht aber für die vielen Gebiete mit mehr oder minder geringer Versalzung.[1]) So ist gerade der Bereich der rios secos nicht selten entsalzen (s. o. S. 225), so daß das Wasser längs seiner jeweiligen Wege zweifellos wirken und von dort aus dann wohl den benachbarten Schutt auch dort aufarbeiten kann, wo er salzzementiert ist. Der Hinweis auf die Schwierigkeiten, die salzzementierter Schutt den technischen Lösungsversuchen entgegensetzt (W. 1928 III S. 282), trifft insofern nicht den Kern, als dabei die mechanische und somit wichtigste Wirkung des Wassers ja

---

[1]) Auch Wetzel spricht ja (W. 1928 III S. 282) nur von einer „strichweisen Konzentration".

ausgeschaltet ist. Da sich im übrigen die Industrie besonders den stärkstdurchsalzenen Schutt vornimmt und für die Gebiete mit geringerer Versalzung kaum Interesse hat, so genügt der Hinweis auf die technischen Erfahrungen ohnehin nicht für umfassende Aussagen. Auch hier zeigt sich der oben (S. 209) erwähnte Einfluß des infolge seiner speziellen Fragestellung beschränkten Wetzelschen Beobachtungsmaterials auf seine Schlußfolgerungen.

Auch die Berg- und Hügelgebiete zeigen eine relativ geringe Durchsalzung, insbesondere nur eine sehr beschränkte Zementierung (o. S. 207), und hier müßten demnach heutige Wasserfluten auf jeden Fall große Wirkungen entfalten können, so daß dort der Wetzelsche Einwand überhaupt keine Geltung haben kann. Das unbestreitbare Lockermaterial (Staub und Steine) in den Berg- und Hügelgebieten müßte nun m. E. von den gelegentlichen Regengüssen mindestens hinausgeschafft werden können auf die Pampa. Es wird sich dort zu einem Teil, mag der bereits vorhandene Pampaschutt so fest zementiert sein, wie er will, auf den Salzschutt auflagern, so daß die heutige Oberflächenform der Pampas, auch wenn man den Einwand Wetzels in weitestem Umfange gelten läßt, zu einem nicht zu vernachlässigenden Teile durch die heutigen Wasserfluten bestimmt sein würde.

Keineswegs will ich etwa leugnen, daß die Versalzung und Verkrustung dort, wo sie besonders stark ist, zu einer schnelleren Erschöpfung der Regenwirkung führt, als es schon ohnehin in sehr ariden Gebieten der Fall ist. Aber gerade diese schnelle Erschöpfung ist von Wetzel (zuletzt 1928 III S. 282) sehr anschaulich für die Zeit der Entstehung der Salzschuttablagerungen beschrieben worden,[1]) so daß ich auch hierin keinen Unterschied der heutigen Verhältnisse zu denen der Bildungszeit des „Salzschuttes“ zu sehen vermag. Es ist natürlich eine richtige und wichtige Überlegung, daß bei Tendenz zu fortschreitender Versalzung und Verkrustung eine fortschreitende Erlahmung der Wasserwirkung eintreten würde (W. 1928 III S. 285). Diese Wirkung würde jedoch auch ohne jede Klimaänderung eintreten. Auf derartige Weise etwa schließlich festgelegte Formen

---

[1]) Z. B.: „Die bewegten Salzschuttmassen, oft mehr murenartig als einer Hochwasserflußtrübe ähnelnd, erstarrten meist nach kurzen Transportwegen unter Kristallisation der Salzgehalte . . .“. Vgl. dazu die die Gegenwart betreffende Angabe M. 1927 S. 40 : Nahe der Oficina Rica Aventura (Toco-Wüste) ist „vor einigen Jahren durch ein in den Loa mündendes, aus der Küstenkordillere kommendes Trockental für eine Stunde ein trüber, wässeriger Schlamm, der den Boden des Tales 1 m hoch bedeckte, geflossen“.

dürfen wir nicht als Beweis für ein früher anderes Klima auffassen; sie sind keine „Vorzeitformen" in der üblichen Definition. Im übrigen ist dieser Zustand der Ruhe (im Sinne Passarges) in der chilenischen Wüste auf jeden Fall noch lange nicht erreicht, wie oben ausgeführt worden ist.

Nach allem Dargelegten halte ich es nach wie vor für völlig ausgeschlossen, daß die Landschaft der chilenischen Kernwüste nach Abschluß einer feuchteren Zeit völlig tot dargelegen haben könnte. So regungslos, daß auch die kleinsten Erosionsformen (von oft nur wenigen Zentimetern Breite und Tiefe) noch aus dieser Zeit völlig intakt daliegen könnten, als ob das Wasser gerade abgeflossen sei.[1])

Wir vermögen sogar, auf Wetzels Anschauungen aufbauend, den exakten Beweis dafür zu führen, daß das Wasser immer erneut an der Formung tätig ist. Wetzel erwähnt nämlich von der Chuca (vgl. o. S. 209ff.), daß sie sich „seit Erlöschen all dieser Flußtätigkeit" über den jungen Salzschutt auszubreiten beginne (W. 1927 S. 568). In diese demnach auch nach Wetzels Meinung rezente (M. 1927 S. 47) Staubdecke sind jedoch eine große Anzahl der schönsten Erosionsformen eingesenkt (vgl. die zahlreichen photographischen Abbildungen in M. 1927), so daß diese Erosionsformen, die einen sehr merklichen Teil der heutigen Erosionsformen, besonders in den Berg- und Hügelgebieten, ausmachen, sicher rezent sind und keinesfalls der früheren, heute nicht mehr vorhandenen Wasserwirkung zugeschrieben werden dürfen. Auch auf der Abb. 47 in W. 1928 III (S. 285) scheint es sich bei dem von Wetzel erwähnten „salzverbackenen Staub" der Oberfläche wahrscheinlich doch wohl um ein der Chuca ähnliches Gebilde zu handeln; in diesem Falle würde auch hier die Wassertätigkeit die rezente Staubdecke kräftig zerstört und durchsunken haben, muß also ebenfalls rezent sein.[2]) Wenn die Vorzeitentstehung der Oberflächenformen zutrifft und die Chuca nachträglich entstanden ist, müßte die Verwischung der diluvialen Wassererosionsformen da am stärksten sein, wo die Chuca am kräftigsten verbreitet ist; gerade in den Staubgebieten ist die Zerrunsung jedoch am schönsten ausgeprägt. Wir

[1]) W. 1927 S. 573: „Morphologische Einzelheiten, besonders Kleinformen, die in ihrer ursprünglichen Schärfe andernorts nicht beständig sind, dauern hier in fast unbegreiflicher Erstarrung, z. B. die labilsten Erosionsformen der letzten Wüstenflüsse."

[2]) Da Wetzel von einem „nachträglich abgekommenen" rio seco in der Unterschrift der Abbildung spricht, scheint er das ganze Tal für rezent zu halten. Wir würden dann zugleich ein Beispiel für kräftige Zerstörung des Salzschuttes durch rezente Wassertätigkeit vor uns haben.

können aus diesen Überlegungen heraus den größten Teil der kleineren und mittleren Formen, besonders in den Berg- und Hügelgebieten, als sicher jetztzeitlich bezeichnen, immer in dem Sinne, daß die Formen zwar in einer früheren Zeit entstanden sein mögen, daß sie aber heute noch weiter entwickelt werden und sogar immer noch neu entstehen.

Was nun die Formen großen Ausmaßes anbetrifft, also die sehr breiten unter den rios secos, die Schuttfächer als Ganzes usw., so will ich ohne weiteres zugeben und habe das ja auch bereits früher hervorgehoben (M. 1927 z. B. S. 118f.), daß sie an sich in einem nicht kernwüstenhaften Klima entstanden sein mögen. Nur ein nicht wüstenhaftes Klima mußte ich nach dem Aufbau der Schuttfächer verneinen, und da Wetzel inzwischen den Schutt ebenfalls für wüstenhaft erklärt (o. S. 215), so gehe ich bis hierher mit Wetzel völlig einig. Geographisch wichtig ist demnach auch für diese großen Formen nur die Frage, ob sich diese Formen noch weiterentwickeln oder nur konserviert werden. Selbstverständlich wird die Entscheidung dieser Frage um so schwieriger, je größer die Form ist und je komplizierter damit der Komplex von Formenteilen ist, der sie zusammensetzt. Aber auch hier kann man durch sorgfältige Formenanalyse zu Ergebnissen kommen, die immerhin mehr Geltung beanspruchen dürfen als jedes andere bisher bekannte Resultat.

Wenn wir nämlich, wie oben abgeleitet, die kleineren und mittleren Formen als Jetztzeitformen ansehen dürfen, müßten wir, falls die großen Formen fossil sind, m. E. eine Zerstörung der großen Formen durch die kleineren bemerken, zum mindesten eine Verwischung. So müßten sich z. B. die Hänge der großen rios secos auf den Pampas mit Runsen und Spülfurchen überziehen, die den frischen Eindruck der großen rios secos zerstören müßten. Gerade das ist, wie ich, ohne damals diese Beobachtung in der hier zur Diskussion stehenden Richtung auszuwerten, beschrieben habe (M. 1927 S. 74), nicht der Fall. Überdies müßten wir häufig finden, daß der Schutt, der die kleinen rezenten Talwege entlang bewegt wird, sich beim Übergang in die großen Täler sammelt, daß also auch in dieser Beziehung eine Diskrepanz zwischen den rezenten und den fossilen Talformen besteht. All das ist nicht der Fall und wird auch von Wetzel bisher nicht behauptet. Insbesondere müßten wir die rezent sich ausbreitende Chuca (o. S. 235) in größerem Maße auch auf dem Boden der breiten rios secos finden, wo sie die Frische der Formen merklich verwischen würde. Der Talboden der meisten rios secos ist jedoch, im Gegensatz zur sonstigen Pampaoberfläche, frei von der Staubdecke, muß also auch aus diesem Grunde rezent vom Wasser durchströmt worden sein. Wenn aber die rios secos vom Wasser benutzt werden, werden sie auch geformt, und zwar ganz sicher in prinzipiell der gleichen Weise wie sie entstanden sind. Aus allen diesen Gründen halte ich auch die größeren Formen für Arbeitsformen im Sinne Passarges, d.h., um es nochmals deutlich auszusprechen, für Formen, die uralt sein mögen, ja sogar unter einem weniger extrem wüstenhaften Klima entstanden sein können, die jedoch heute nicht „tot" sind, sondern immer in dem gleichen Sinne fortentwickelt werden.

Auch die vergleichende morphologische Methode führt auf dem entsprechenden Wege zu dem gleichen Endresultat. Es scheint mir nämlich, nicht nur in der chilenischen Wüste, sondern auch sonst ganz allgemein, ein oft geübter grundsätzlicer Fehler zu sein, wenn man die Frage des Vorzeitklimas und der Vorzeitformen nur oder vorwiegend aus der Kenntnis des in Rede stehenden Gebietes lösen will. Um eine wirklich sichere Antwort zu geben, muß man sich erst einmal über das vermutete Vorzeitklima sehr klar werden und dann Gebiete, in denen dieses Klima heute herrscht, möglichst genau studieren, insbesondere im Hinblick auf die heute dort formenden Kräfte, und muß dann die gewonnene Kentnis in seine Überlegungen einstellen.

Wir haben nun, selbst wenn wir von den Formen zunächst absehen, die wohl unbestreitbare Tatsache, daß in den heutigen Mittel- (und auch Rand-) Wüsten, also den Gebieten mit weniger extrem wüstenhaftem Klima, z. B. auch in der Mittelwüste von Taltal, trotz ähnlicher Gesteinsverhältnisse und z. T. auch Versalzung wie in der Kernwüste,[1]) der Wind und die Schwerkraft eine gegenüber dem Wasser immerhin merkliche Wirkung ausüben, die sich in einer Verwischung der wassergeschaffenen Formen äußert. Die heutige Kernwüste muß, wenn sie eine feuchtere Zeit erlebt hat, unbedingt dieses für die minder extremen Wüsten charakteristische (vgl. auch Wetzel o. S. 224) Stadium größerer Beweglichkeit des oberflächlichen Materials durchlaufen haben, und die dieser Beweglichkeit entsprechenden Oberflächenformen müßten wir, falls wir wie Wetzel dem Kernwüstenklima nur Konservierungs- und keine Formungskraft zuschreiben, als die zuletzt gebildeten Formen in der heutigen Kernwüste finden.[2]) Da das Charakteristikum der Kernwüste jedoch gerade das überaus scharfe Hervortreten der

---

[1]) Wetzel rechnet die Taltal-Wüste durchaus zur „Salzschuttwüste".

[2]) Aus diesem Gedankengang heraus hatte ich seinerzeit die oben (S. 230) erwähnte Anfrage wegen der Windformen gestellt, die von Wetzel irrtümlicherweise mit dem Hinweis auf die Coba beantwortet worden ist und somit noch der Antwort harrt.

wassergeschaffenen und das Fehlen der windgeschaffenen Formen ist,[1]) haben wir damit, selbst wenn die Kernwüste früher ein weniger extrem wüstenhaftes Stadium durchlaufen hat, den Beweis, daß die wassergeschaffenen Formen, insbesondere die kleinen und mittleren, dem heutigen kernwüstenhaften Klima entsprechen.

Die gleichen Überlegungen sind auch anzuwenden auf den Vergleich mit der Hochwüste. Dort sieht Wetzel ganz neuerdings die diluvialen Vorzeitformen „besonders rein überliefert" (W. 1928 III S. 288). Das Vorhandensein von Vorzeitformen in der chilenischen Hochwüste halte ich durchaus für diskutabel, möchte jedoch darauf nicht eingehen, da ich mich über die Hochwüsten in einer an sich abgeschlossenen, vorläufig noch nicht druckreifen Arbeit äußern will. Auf jeden Fall gibt Wetzel damit zu, daß die Vorzeitformen in der Kernwüste eben nicht so rein überliefert sind, d. h. daß die Formung in der Kernwüste nach Aufhören des angeblichen Vorzeitklimas fortgeschritten ist. Und tatsächlich ist das Formenbild der Hochwüste trotz vieler, in der allgemeinen Aridität begründeten Ähnlichkeiten doch ein von der Kernwüste sehr verschiedenes, indem nämlich in der Hochwüste die wassergeschaffenen Kleinformen mindestens ebenso zurücktreten wie in der Mittelwüste. Wenn Wetzel mit seinem Ausspruch über die Vorzeitformen in der Hochwüste sagen will, daß er den heutigen Formenunterschied zwischen Kern- und Hochwüste der Wirkung des kernwüstenhaften Klimas zuschreibt — und anders kann ich seinen Satz kaum verstehen — so würde ich mit Freude feststellen, daß die Meinungsunterschiede über die formenden Kräfte in der Kernwüste nicht mehr so groß sind, wie es nach seinen sonstigen Äußerungen erscheinen mußte.

Nach alledem halte ich für den Formenschatz die „fast selbstverständliche Feststellung, daß eine überwiegende Menge von Formen unserer Wüste als Vorzeitformen angesehen werden müssen", zu der Wetzel sich unter Nichterwähnung meines abweichenden Standpunktes berechtigt fühlt (W. 1928 III S. 287), für durchaus den Tatsachen widersprechend und zum mindesten für keineswegs so eindeutig erwiesen, wie es Wetzel darstellt.

[1]) Auch Wetzel erwähnt, wie ich nachträglich feststelle, an einer Stelle (W. 1926 S. 354), daß „besonders das Mittelstück des langen Wüstenstreifens" (über den irrtümlich angewendeten Ausdruck „Mittelstück" vgl. o. S. 212) so reich an fluviatilen Formen ist. Er selbst zieht zwar damals keine Folgerungen aus diesem Befund, sondern erwähnt die Tatsache nur beiläufig; heute können wir die ganz unabhängig von meinen Ergebnissen gemachte Beobachtung als eine ausgezeichnete Bestätigung dafür auffassen, daß die Beobachtungsgrundlage meiner regionalen Gliederung richtig ist und daß es gerade die Kernwüste ist, die den ausgesprochen fluviatilen Formenschatz aufweist.

Zusammenfassend möchte ich über das **Problem der diluvialen Pluvialzeit** sagen, daß m. E. die Kernwüste zwar im Diluvium eine regionale Einengung erlitten hat, daß aber im größten Teile das Klima stets mindestens wüstenhaft gewesen ist und daß der heutige Formenschatz der Kernwüste mit ganz wenigen, insbesondere die Randgebiete betreffenden Ausnahmen als nicht fossil zu betrachten ist. Und zwar ist es nicht so, daß ich meine eigene, unabhängig von Wetzel gefundene und zum großen Teil vor ihm ausgesprochene Meinung nach den Tatsachen Wetzels sozusagen biegen oder aber nur die Wetzelschen Beobachtungen mühsam in mein Schema hineinpressen muß. Im Gegenteil, selbst wenn ich **nur** die Beobachtungsbasis Wetzels gehabt und meine eigenen Feststellungen vollkommen vernachlässigt hätte, wäre ich sicher grundsätzlich zu keinem anderen Resultat bezüglich des Vorzeitklimas gekommen, als ich es 1927, ohne Kenntnis des Wetzelschen Beobachtungsmateriales, dargelegt habe. Damals mußten die Ansichten über das Vorzeitklima noch recht vorsichtig vorgetragen werden; heute, wo wir das Beobachtungsmaterial Wetzels mit in unsere Betrachtungen einbeziehen können, sind wir zu wesentlich größerer Bestimmtheit unserer Aussagen befähigt. Denn auch diejenigen neuen Tatsachen Wetzels, die er anders deuten zu müssen glaubt, sind in meinen Augen eine vorzügliche Bestätigung der auf morphologischem Wege gefundenen Ansichten, wie sie im Interesse erhöhter Sicherheit der morphologischen Schlüsse gar nicht besser hätte sein können.

Stand und Aufgaben wissenschaftlicher Landeskunde in Nordwestdeutschland.

Von

Hans Dörries, Göttingen.

Die üblichen Literaturberichte im „Geographischen Jahrbuch" verfolgen den Hauptzweck einer Gesamtübersicht über einen bestimmten Teil der allgemeinen oder speziellen Geographie. Neben dem großen Vorteil einer fachmännisch redigierten Gesamtübersicht über die neuere Literatur haben diese Berichte den schweren Nachteil erheblicher Verspätung. Der letzte, die Landeskunde Gesamt-Deutschlands betreffende Literaturbericht umfaßt die Jahre 1912 bis 1926 und gelangte erst Anfang 1927 mit dem 41. Bande zur Ausgabe. Die Auswahl der angezeigten Veröffentlichungen mußte begreiflicherweise besonders streng sein, der Bericht demnach weniger vollständig werden. Dem Verfasser des Berichtes, O. Schlüter, haben diese erschwerenden Umstände die Freude an der verantwortungsvollen Arbeit nicht wenig getrübt[1]).

Außer der unumgänglichen Lückenhaftigkeit des letzten Berichtes zur Landeskunde Deutschlands haftet jedem Literaturbericht des „Geographischen Jahrbuches" der bei der bislang angewandten Methode der bibliographischen Berichterstattung leider gleichfalls unumgängliche Mangel einer ausführlichen, zugleich besser begründeten Kritik an, wie sie z. B. im „Vorgeschichtlichen Jahrbuch" in vorbildlicher Weise der Fachwelt jährlich geboten wird.

Aber es liegt mir keineswegs daran, den Literaturbericht O. Schlüters über das Teilgebiet Nordwestdeutschland etwa ergänzen zu wollen. Es

---

[1]) Geograph. Jahrbuch 41. Bd. 1926, Gotha 1927, S. 212.

ist dieses um so weniger nötig, als in O. Schlüters Gesamtbericht, der bis Mitte Juli 1926 reicht, kaum eine wichtigere Arbeit übersehen worden ist. Dagegen halte ich es für notwendig, an Hand des neueren, in der Hauptsache nachkriegszeitlichen Schrifttumes den gegenwärtigen Stand der wissenschaftlichen Landeskunde Nordwestdeutschlands kritisch zu beleuchten und dadurch ferner ihre Aufgaben klarer zu erkennen und deutlicher herauszustellen[1]).

Beides scheint mir notwendig. Denn erstens ist die Landeskunde Nordwestdeutschlands bei weitem nicht so gefördert wie die Mittel- und Süddeutschlands und eine kritische Übersicht älterer oder gar neuerer Literatur noch niemals gegeben worden. Und zweitens bestehen für denjenigen, der die wissenschaftliche Landeskunde des deutschen Nordwestens positiv fördern möchte, erhebliche Schwierigkeiten in der Gewinnung einer zuverlässigen Gesamtübersicht, insofern die territoriale Zersplitterung auch eine unangenehm hemmende Zersplitterung des Schrifttumes zur Folge hat. Die berüchtigte Kleinstaaterei Mitteldeutschlands hat durch die Bildung des Freistaates Thüringen einen bedeutsamen Schritt vorwärts getan auf dem Wege zur Einheit des Reiches. In Nordwestdeutschland ist man über Vorverhandlungen leider noch nicht hinausgekommen, obwohl gerade hier die Kleinstaaterei wahre Orgien feiert. Preußen ist durch die Provinzen Schleswig-Holstein, Hannover, Westfalen und Sachsen vertreten, aber hinzu treten ja nicht nur die drei Hansestädte Lübeck, Hamburg und Bremen, sondern auch die Zwergstaaten Oldenburg, Braunschweig, Schaumburg-Lippe und Lippe-Detmold mit zahlreichen Enklaven und Exklaven. Geschlossene natürliche Landschaften, wie z. B. der Harz oder das Weserbergland, sind in einer für das 20. Jahrhundert geradezu sinnlosen Weise in eine Vielzahl verschiedener Verwaltungsgebiete aufgeteilt und zerrissen. Aus diesen kaum glaublichen Zuständen resultiert aber nicht nur eine je länger desto mehr unerträgliche Erschwerung fruchtbarer Wirtschaft und lebendiger Verwaltung, sondern leider auch eine Zersplitterung und Isolierung aller landeskundlich interessierten Kräfte. Jedes Ländchen hat sein eigenes Ministerium, seine eigenen Spezialbehörden, seine lokalen Organisationen und lokalen Publika-

---

[1]) Ähnliche kritische Berichte über andere deutsche Teillandschaften haben dankenswerterweise in jüngster Zeit, unabhängig vom „Geograph. Jahrbuch", uns geschenkt: A. Philippson, Neuere Arbeiten zur Landeskunde der Rheinlande (Zeitschr. d. Gesellsch. f. Erdkunde Berlin 1923). — H. Hassinger, Neuere Arbeiten zur Anthropogeographie der Schweiz (ebenda 1924). — P. Vosseler, Stand und Aufgaben der Schweizergeographie (Geograph. Zeitschr. 1928).

tionen, quantitativ wie qualitativ höchst unterschiedlich. Wer z. B. mit morphologischen oder hydrographischen Studien an der deutschen Nordseeküste beschäftigt ist, hat Gelegenheit, die Wasserbauämter, Strombaukommissionen usw. von Schleswig-Holstein, Hannover, Hamburg, Bremen und Oldenburg kennen zu lernen, die, um nur eine einzige Frage anzurühren, nicht einmal über das wichtige Kapitel des Deichschutzes oder der Düneninselbefestigungen sich einigen können und dementsprechend nicht einheitlich vorgehen. Andererseits ist Nordwestdeutschland immerhin derart großräumig, daß der relativ großen Entfernung etwa zwischen Ostfriesland und dem Harz oder zwischen Schleswig und dem Münsterlande (ca. 250 bzw. 300 km, d. h. etwa München—Mainz) durchaus ein gewisses Fremdgefühl der an sich ja einheitlich niederdeutschen Bevölkerung entspricht: an der Unterweser weiß man wenig von der Oberweser, in Eiderstedt ist Jütland bekannter als der Teutoburgerwald und der Ostfriese kennt das Harzvorland ebenso nur vom Hörensagen wie der Harzer die friesischen Watten. So viel man auch neuerdings mit dem nicht sehr volkstümlichen Namen und Begriff „Niedersachsen" operieren mag, man darf nicht die Augen verschließen gegenüber der Tatsache, daß sowohl Schleswig-Holstein als auch Westfalen ein kräftiges Eigenleben führen und auch das zwischen beiden liegende Hauptgebiet des deutschen Nordwestens, staatlich sich zusammensetzend aus Hannover, Oldenburg, Braunschweig, Lippe und Bremen, oft als Niedersachsen bezeichnet, trotz einheitlich niederdeutscher Bevölkerung volkskundlich, kultur-, wirtschafts- und geistesgeschichtlich keineswegs eine Einheit darstellt[1]).

Diese volkskundlichen und landesgeschichtlichen Gegensätzlichkeiten auf nordwestdeutschem Boden, die manche Parallelen in Süddeutschland haben[2]), sind tief begründet in den ebenso deutlich wahr-

[1]) Auf einem ganz anderen Blatte stehen natürlich die Versuche moderner Wirtschaftsverbände, die wirtschaftliche Einheit oder, wie der terminus technicus lautet, die „wirtschaftliche Interessengemeinschaft" Niedersachsens zu betonen und aus einem solchen Zusammenschluß wesentliche Fortschritte in Wirtschaft und Verkehr zu erzielen. Diesem sehr dringenden Ziel eines wirtschaftlichen Zusammenschlusses der niedersächsischen Handelskammerbezirke dient die 1925 mit dem Sitz in Hannover ins Leben gerufene „Wirtschaftswissenschaftliche Gesellschaft zum Studium Niedersachsens e. V.". Dabei hat sich auch der angewandten oder praktischen Geographie, weniger der reinen oder wissenschaftlichen, ein großes fruchtbares Arbeitsfeld eröffnet.

[2]) Vergl. vor allem N. Krebs, Landeskunde von Deutschland I: Süddeutschland, Leipzig-Berlin 1923. — N. Krebs, Die geographischen Grundlagen des deutschen Volkstumes, Karlsruhe 1923.

nehmbaren Gegensätzlichkeiten der natürlichen Landschaften. Nordwestdeutschland als natürliche Großlandschaft läßt sich insofern unschwer vom übrigen Deutschland abgrenzen, als es ungefähr identisch ist mit dem ausgesprochen atlantischen Klima-Gebiete des Reiches: der Einfluß des echt ozeanischen Klimas, charakterisiert durch den Ausgleich der jahreszeitlichen Temperaturunterschiede, durch hohe Luftfeuchtigkeit und ständige, im Winterhalbjahr oft stürmische Luftströmungen aus westlicher Richtung, läßt sich nicht nur im Formenschatz der Naturlandschaft auf Schritt und Tritt nachweisen, sondern ist auch auf sämtliche Erscheinungen der Kulturlandschaft wirksam und bestimmt fast jedes anthropogeographische Phänomen. Innerhalb dieser natürlichen Großlandschaft Nordwestdeutschland sind jedoch 3 natürliche Teillandschaften zu unterscheiden, die schon auf jeder guten orographischen Übersichtskarte deutlich heraustreten: eine schmale Küstenzone von der holländischen bis zur dänischen Grenze, tischeben; ein breites, nach Norden als Halbinsel sich verjüngendes Tiefland mit relativ ansehnlichem und wechselndem Bodenrelief; ein auf den Süden des behandelten Gebietes beschränktes Stück Bergland von mannigfaltiger Oberflächengestalt als nordwestlicher Ausläufer der Mitteldeutschen Gebirgsschwelle.

Nicht nur Tiefland und Bergland, sondern auch Tiefland und Küstenebene stehen sich als selbständige Landschaftstypen wesensverschieden gegenüber. Wenn J. Partsch seinerzeit vom Dreiklang Tiefland, Mittelgebirge und Hochgebirge sprach, der den Raum Mitteleuropa bilde[1]), so läßt sich mit dem gleichen Recht von Nordwestdeutschland sagen, daß sein Dreiklang Küstenebene, Tiefland und Bergland heißt. Jeder dieser drei Hauptlandschaftstypen des deutschen Nordwestens ist bei einer genaueren landeskundlichen Behandlung oder bei einer Analyse in natürliche Landschaften noch weiter zu gliedern, z. B. die schmale Zone der Küstenebene in die beiden wichtigen Einzellandschaften der Seemarsch und der Flußmarsch[2]), für unser augenblickliches Vorhaben genügen sie jedoch, um eine äußere, leicht übersehbare Gliederung unserer Übersicht abzugeben. Beginnen wir zweckmäßig mit der Küste und gelangen sodann durch das Tiefland zum Berglande.

---

[1]) J. Partsch. Mitteleuropa, Gotha 1904, S. 4.

[2]) Eine Arbeit über „Die natürlichen Landschaften Nordwestdeutschlands“ habe ich fast abgeschlossen, so daß sie voraussichtlich im nächsten Jahre erscheinen kann.

Ich darf noch vorausschicken, daß nicht Vollständigkeit dieses kritischen Literaturberichtes mein Ziel sein kann, vielmehr vor allem eine Überschau des Gegenwärtigen und Zielsetzung des Zukünftigen.

1. Küstenebene.

Entstehung, Gestaltung und Wandlung der nordwestdeutschen Küstenebene und des ihr vorgelagerten Wattengebietes und Inselkranzes erklären sich aus den wechselvollen Gezeitenverhältnissen der Nordsee, speziell der Flachsee innerhalb der Deutschen Bucht, deren einförmiges und doch sehr wechselvolles Bodenrelief beim Vergleich mit dem Bodenrelief der nördlichen und westlichen Nordsee und der Ostsee auf der neuen Tiefenkarte von Nord- und Ostsee[1]) vortrefflich zur Geltung kommt. Für Einzelheiten kommen selbstverständlich stets die Neuausgaben der amtlichen deutschen Seekarten, über die ein ausführliches Verzeichnis vorliegt, in Frage; das gilt vor allem auch für die Inseln und Inselgruppen. Neben dem großen Atlas-Werk der Deutschen Seewarte, das die kartographische Seite mustergültig vertritt[2]), ist die neuere Darstellung der Gezeitenverhältnisse in der Nordsee von A. Merz wichtig und für den Geographen ausreichend.[3]) Nur für spezielle Studien mag die Kontroverse zwischen A. Defant und R. Sterneck über dieses Thema herangezogen werden.[4]) Eine vorzügliche, für ein breiteres Publikum bestimmte, aber durchaus wissenschaftliche Zusammenfassung hat kürzlich B. Schulz gegeben.[5]) Die guten Abbildungen, die B. Schulz bietet, finden eine Ergänzung in einem von R. Kinau eingeleiteten Bilderbuche.[6]) Das wertvollste Abbildungsmaterial besitzt die Strombauverwaltung der Reichswerft Wilhelmshaven, deren Leiter, Oberbaurat Dr. h. c. W. Krüger, in jahrzehntelanger

---

[1]) Blatt 1 im „Atlas der Temperatur, des Salzgehaltes und der Dichte der Nord- und Ostsee", herausgegeben von der Deutschen Seewarte, Hamburg 1927. Maßstab der farbigen Tiefenkarte 1:2 000 000.

[2]) Atlas der Gezeitenverhältnisse der Nordsee, 20 Blätter, herausgegeben von der Deutschen Seewarte, Hamburg 1921.

[3]) Nordsee-Handbuch, herausgegeben von der Reichsmarineleitung, 5. Ausgabe, Berlin 1923.

[4]) A. Defant-R. Sterneck in den Annalen d. Hydrographie 1920/24.

[5]) B. Schulz, Die deutsche Nordsee — ihre Küsten und Inseln, Bielefeld-Leipzig 1928 (Monographien zur Erdkunde 39).

[6]) R. Kinau, Die Nordsee und ihre Küsten, Oldenburg i. O. 1924 (Unsere deutsche Heimat I), 48 Abb.

Arbeit steht. An Veröffentlichung auch eines Teiles dürfte leider kaum zu denken sein. Strombaudirektor L. Plate-Bremen hat wenigstens einige seiner Erfahrungen über die mühsamen Korrektionsarbeiten in der Außen-Weser und die neuen Pläne zur weiteren Vertiefung der Unter-Weser der Allgemeinheit mitgeteilt.[1]) Aber wie in Wilhelmshaven, Emden und Bremen, liegt auch bei den gleichen Behörden in Cuxhaven, Hamburg und Husum wertvolles Material, das, von den rein wasserbautechnischen Dingen befreit, Stoff für manche lohnende Spezialuntersuchung zu liefern in der Lage ist. Es wäre z. B. höchst erwünscht, wenn die Studie O. Jessens über Anwachs und Abbruch längs der schleswig-holsteinischen Nordseeküste[2]) eine Fortsetzung für die hannoversch-oldenburgische Küste von der Elbmündung bis zur Emsmündung finden würde. Schon eine so anspruchslose Schrift wie die des Deichkollegiums Döse[3]) zeigt überzeugend die außerordentliche Weite dieses ganzen Fragenkomplexes; die beigegebene farbige Karte zeigt den Landverlust seit dem frühen 17. Jahrh. mit den alten und neuen Deichlinien. Solche genauen Spezialuntersuchungen würden uns dann auch in den Stand setzen, vorschnell zusammenfassende Darstellungen, die beim kritiklosen Publikum immer Beifall finden, abzulehnen und in wesentlichen Punkten zu berichtigen und zu ergänzen. Mit wenig Kritik ist z. B. des oldenburgischen Landpfarrers C. Woebckens vielgelesenes Buch über die Sturmfluten an der deutschen Nordseeküste zusammengeschrieben worden[4]). Die gleiche Zurückhaltung haben wir zu wahren gegenüber den nicht ganz befriedigend begründeten Versuchen, die erstmals 1921 im Watt der nordfriesischen Hallig Südfall beobachteten Siedlungsreste zu identifizieren mit dem angeblich 1362 untergegangenen Orte Rungholt[5]). Daß die Fundstätte bei Südfall wattenarchäologisch von größter Bedeutung ist und die dort gemachten

---

[1]) Verschiedene Aufsätze in Bau-Fachzeitschriften, z. B. in: Die Weser. Monatsschrift d. Weserbundes e. V. Bremen, Mai 1926.

[2]) O. Jessen, Die Verteilung von Anwuchs und Abbruch an der schleswig-holsteinischen Nordseeküste, in: Petermanns Mitteil. 1921; mit farbiger Übersichtskarte 1:300 000.

[3]) Der Deichschutz im Amte Ritzebüttel, herausgegeben vom Döser Deichkollegium, Cuxhaven 1927; mit farbiger Karte 1: 30 000.

[4]) C. Woebcken, Deiche und Sturmfluten an der deutschen Nordseeküste, Bremen-Wilhelmshaven 1924.

[5]) A. Busch, Die Entdeckung der letzten Spuren Rungholts, in: Jahrbuch d. Nordfries. Vereins f. Heimatkunde X, Husum 1923. — H. Philippsen, Rungholt — das Vineta Frieslands, Bremen o. J. (1926). — R. Muuß, Rungholt, 2. Aufl. Itzehoe-Berlin 1928.

und hoffentlich noch zu machenden Erfahrungen eine neue und sehr wertvolle Arbeitshypothese aufstellen können, wird niemand bezweifeln. Die auch methodisch beachtenswerte Untersuchung F. Magers über den Küstenabbruch der Insel Sylt in geschichtlicher Zeit lehrt Mittel und Wege zuverlässiger wissenschaftlicher Forschung[1]). Das Gleiche gilt für die Feststellungen, die O. Jessen über das West-Ost-Wandern der holländisch-deutschen Flußmündungen gemacht hat[2]).

Die an einer Flachküste wie der längs der Deutschen Bucht wirkenden Kräfte finden eine allgemeine Darstellung in jedem Handbuch der allgemeinen Morphologie oder Ozeanographie. Aber ganz falsch kann der Eindruck sein, den der Badegast einer Nordseeinsel vom Meer mit nach Hause nimmt. Wirkungen der Wintersturmfluten offenbaren W. Behrmanns Denkschrift über den dringend erforderlichen Schutz der großen Düneninsel Borkum[3]) und A. Geißes Vorschläge zum Schutz der Felseninsel Helgoland[4]); über die mühsamen Erhaltungsarbeiten auf der Düneninsel Wangerooge bringt einiges W. Krüger.[5]) In dieses Kapitel gehört auch W. Jessens Schilderung der Verlegung des Fischerdorfes Rantum auf Sylt[6]).

Die jahrelang brennende Frage der Küstensenkung im Bereiche der Deutschen Bucht ist vorübergehend zur Ruhe gekommen infolge der 1925 endlich begonnenen und zur Zeit noch im Gange befindlichen Höhenvermessung der oldenburgisch-ostfriesischen Küste, am Jadebusen ergänzt durch geologische Bohrungen. Wesentlichen Anteil hat daran H. Schütte. Eine Zusammenfassung seiner bisher gewonnenen Erkenntnisse hat er 1927 gegeben,[7]) lehrreich auch in der Auseinander-

---

[1]) F. Mager, Der Abbruch der Insel Sylt durch die Nordsee. Eine historisch-geographische Untersuchung, Breslau 1927 (Veröffentlichungen der Schleswig-Holsteinischen Universitätsgesellschaft Bd. 13).

[2]) O. Jessen, Die Verlegung der Flußmündungen und Gezeitentiefs an der festländischen Nordseeküste in jungalluvialer Zeit, Stuttgart 1922.

[3]) W. Behrmann, Denkschrift über die Flut- und Sturmflutschäden auf Borkum, Borkum 1922.

[4]) A. Geiße, Die Erhaltung Helgolands, in: Jahrbuch d. Geograph. Gesellschaft Hannover 1928.

[5]) W. Krüger, Die Entstehung der Jade, in: Jahrb. d. Hafenbautechn. Gesellsch. Hamburg 1922.

[6]) W. Jessen, Rantum auf Sylt. Die Geschichte eines sterbenden Dorfes, Westerland 2. Aufl. 1925.

[7]) H. Schütte, Krustenbewegungen an der deutschen Nordseeküste, in: Aus der Heimat. Monatsschrift d. deutsch. Lehrervereins f. Naturkunde 40. Jahrg. 11. Heft 1927.

setzung mit der Kippschollentheorie R. Quirings. Durch die neuen exakten Nivellements werden hoffentlich Möglichkeiten gegeben werden, welche die älteren Schriften korrigieren können. Noch 1923 hatte W. Wolff behauptet, daß die Senkung in geschichtlicher Zeit ca. 1 m betrüge.[1]) An den Vermessungsarbeiten sind nun auch die Behörden interessiert, da dieEntwässerung der oldenburgischen und ostfriesischen Seemarschen von Jahr zu Jahr schwieriger geworden ist, so daß man genötigt war, z. B. im Jeverland kostspielige Pumpwerke anzulegen, um das Marschland im Winterhalbjahr nicht unter Wasser stehen lassen zu müssen.[2])

Der Inselkranz innerhalb der Deutschen Bucht ist vor allem von der geologischen Forschung neuerdings stärker bedacht worden. Für die in jeder Hinsicht isolierte Felsinsel Helgoland hat O. Pratje einen geologischen Führer geschrieben,[3]) während W. Wolff den geologischen Aufbau und die Entstehung der großen Düneninsel Sylt darstellte.[4]) Die ostfriesischen Inseln liegen jetzt sämtlich geologisch kartiert vor im Maßstab 1:25000.[5]) Ihre Entstehung deutete in eigener Auffassung W. Behrmann,[6]) der außerdem spezielle morphologische Beobachtungen auf Borkum veröffentlichte[7]). Pflanzengeographische Arbeiten liegen nun endlich vor über Borkum von K. Rudolf[8]), über Föhr von W. Christiansen.[9]) Die beiden ersten Bände des großangelegten amtlichen Werkes über die Westküste Schleswig-Holsteins, die Halligen

---

[1]) W. Wolff, Über die Beziehungen zwischen Moor und Marsch im Lande Hadeln. Ein Beitrag zur Senkungsgeschichte der deutschen Nordseeküste, in: Jahrb. d. Pr. Geol. Landesanstalt 43. Bd. 1922, Berlin 1923. — W. Wolff in: Zeitschr. f. prakt. Geologie 1923.

[2]) Veröffentlicht ist darüber noch nichts; aber schon heute sind die Akten und Verhandlungen der in Frage kommenden Spezialbehörden (Wasserbauämter usw.) inhaltsreich.

[3]) O. Pratje, Geologischer Führer für Helgoland und die umliegenden Meeresgründe, Berlin 1923 (Sammlung geolog. Führer 23).

[4]) W. Wolff, Die Entstehung der Insel Sylt, 3. Aufl. Hamburg 1928.

[5]) Geolog. Karte Preußens 1:25 000 Lieferungen 259/60: Blätter Borkum, Juist-West, Juist-Ost, Norderney, Hage, Westermarsch, Norden, Pewsum, Loppersum, Loquard, Emden, bearbeitet von D. Wildvang, herausgegeben v. d. Preuß. Geolog. Landesanstalt Berlin 1926, mit Erläuterungen.

[6]) W. Behrmann, Die Entstehung der ostfriesischen Inseln, in: Annalen d. Hydrographie 1921.

[7]) W. Behrmann, Dünenstudien auf Borkum, in: Meereskunde XIII 9, Berlin 1919.

[8]) K. Rudolf in: Lotos 1914, Prag 1914.

[9]) W. Christiansen, Die Vegetationsverhältnisse der Dünen auf Föhr, in: Botan. Jahrb. 61. Bd. 1927.

behandelnd,[1]) werden von einer in Kiel eingesetzten Sonderkommission glücklicherweise fortgesetzt. Nach Fertigstellung sind wir im Besitze einer ausführlichen wasserbaugeschichtlichen Monographie, die auch auf die zweite, südliche Hälfte der deutschen Nordseeküste ausgedehnt werden sollte. Für den Geographen bietet wenig die neue Volkskunde Helgolands aus der Feder des Juristen B. E. Siebs[2]); nichts anzufangen weiß ich mit der Vivisektion, die E. Bobzin mit dem Körper der Insel Sylt vorgenommen hat.[3]) Über die Gezeitenverhältnisse innerhalb der Dithmarscher Bucht, in deren Mitte eine kleine Marscheninsel rasch verschwindet, während weiter draußen im W die neue Düneninsel Trischen von Jahr zu Jahr stärker anwächst, ist leider noch nichts zuverlässiges veröffentlicht worden. Der Inselkranz der Deutschen Bucht und das amphibische Wattengebiet steckt voll von wissenschaftlichen Problemen, die den Geographen auf das stärkste angehen, in dem viel gelesenen Büchlein H. Philippsens freilich nicht einmal angedeutet werden.[4])

Die schmale, langgestreckte Küstenebene, bekannt unter dem Namen Marsch (Seemarsch und Flußmarsch), hat eine gut orientierende Monographie durch B. Tacke und B. Lehmann gefunden.[5]) Die Geologie der ostfriesischen Marschen fand in D. Wildvang einen ungewöhnlich erfolgreichen Forscher. Seine Ergebnisse sind in Büchern, Schriften und Karten mit Erläuterungen niedergelegt.[6]) Diese eingehenden geologischen Untersuchungen sind geographisch noch gar nicht verwertet worden; sie haben für die physische Geographie nicht weniger Bedeutung als für die gesamte Anthropogeographie unserer Marschen. Die Holländer sind uns hierin erheblich voraus. Die oldenburgische Wesermarsch ist von H. Radeck wirtschafts- und bevölkerungsgeographisch

---

[1]) Das Wasserwesen an der Schleswig-Holsteinischen Nordseeküste I—II: Die Halligen, bearbeitet von Baurat Friedr. Müller, Berlin 1927 (fortgesetzt von Baurat Jacobij-Kiel).

[2]) B. E. Siebs, Die Helgoländer — eine Volkskunde der roten Klippe, Breslau 1928 (Veröffentl. d. schlesw. holst. Univ. Ges. 13).

[3]) E. Bobzin, Die Landschaften der Nordseeinsel Sylt, mit besonderer Berücksichtigung ihrer Natur- und Kulturarbeitsformen, Stuttgart 1926 (Forschungen z. deutsch. Landeskunde 24. Bd. 3. Heft).

[4]) H. Philippsen, Das Wattenbuch, Bremen o. J. (1925).

[5]) B. Tacke-B. Lehmann, Die Nordseemarschen, Bielefeld-Leipzig 1924 (Monographien zur Erdkunde 32).

[6]) D. Wildvang. Das Reiderland, Aurich o. J. (1920), mit 1 geolog. Karte 1:25 000. — Erläuterungen zu den Blättern Hage, Westermarsch, Norden, Pewsum, Loppersum, Loquard, Emden der geolog. Karte 1 : 25 000, herausgegeben von der Preuß. Geolog. Landesanstalt 1926.

gründlich behandelt worden[1]); ihren südlichen Teil haben H. Goens und B. Ramsauer siedlungsgeschichtlich genauer untersucht.[2]) Th. H. Engelbrecht stellte die Heimat der niederländischen Grundbevölkerung in den Elbmarschen fest.[3]) In diesen Zusammenhang gehört auch am besten die dankenswerte Gesamtübersicht der meist niederländischen Kolonisten des Mittelalters auf nordwestdeutschem Boden von Joh. Folkers.[4]) Die beste Siedlungsgeschichte einer deutschen Marsch überhaupt hat uns der 1926 verstorbene Oldenburger Archivar G. Sello geschenkt; sein Werk hat weit mehr als nur örtlichen Wert, zumal es die historische Hydrographie des Jadebusens gibt.[5]) Parallelen bringt die ähnliche Darstellung der Wesermarsch des Landes Wursten durch E. v. Lehe.[6]) Die Wichtigkeit der historischen Hydrographie in der Marsch geht auch aus einer kleinen Arbeit von E. Hinrichs hervor.[7]) Die Halophyten eines Teiles der oldenburger Marsch schildert H. Nitzschke in Wort und Bild[8]). Wie man Ortsnamenstudien nicht betreiben soll, belegt eine Schrift G. Janßens[9]); um so wertvoller ist die gründliche Studie J. Schmidt-Petersens über die Namen Nordfrieslands[10]).

Ansätze zu landes- und landschaftskundlichen Darstellungen einzelner Marschen finden sich in E. Schraders neuer Heimatkunde Ostfrieslands[11]), in D. Steilens wenig guter Monographie der Niederweser[12]), im

[1]) H. Radeck, Die wirtschafts- und bevölkerungsgeographischen Verhältnisse der oldenburgischen Wesermarschen, ungedruckte Göttinger Dissertation 1922.

[2]) H. Goens-B. Ramsauer, Stedingen beiderseits der Hunte in alter und neuer Zeit, in: Oldenburger Jahrbuch 28. Bd. 1924.

[3]) Th. H. Engelbrecht, Das Heimatland der holländischen Kolonisten der Elbmarsch, in: Nordelbingen VI Flensburg 1927.

[4]) J. Folkers, Die mittelalterlichen Ansiedlungen fremder Kolonisten in Nordwestdeutschland 800—1600, in: Volk und Rasse II 1927.

[5]) G. Sello, Östringen und Rüstringen. Studien zur Geschichte von Land und Volk, Oldenburg i. O. 1928, mit 3 Karten des Jadebusens.

[6]) E. v. Lehe, Grenzen und Ämter im Herzogtum Bremen. Altes Amt und Zentralverwaltung Bremervörde, Land Wursten und Gogericht Achim, Göttingen 1926 (Studien u. Vorarbeiten z. Hist. Atlas Niedersachsens 8. Heft.), mit 3 Karten.

[7]) E. Hinrichs, Über ehemalige Flußläufe im Gebiete der Untereider, in: Nordelbingen II 1923.

[8]) H. Nitzschke, Die Halophyten im Marschgebiet der Jade, Jena 1922 (Karsten-Schenck, Vegetationsbilder XIV 4).

[9]) G. Janssen, Was uns Orts- und Flurnamen erzählen. Ein Beispiel aus einem gemischtbodigen Gebiet, Oldenburg i. O. 1925, mit 3 Karten.

[10]) J. Schmidt-Petersen, Die Orts- und Flurnamen Nordfrieslands, Husum 1925, mit 11 Karten in 1:25 000.

[11]) E. Schrader, Ostfriesland — eine Heimatkunde für Schule und Haus, Emden 1928 (hervorgegangen aus Lehrer-Arbeitsgemeinschaften).

[12]) D. Steilen, Die Niederweser, Bielefeld-Leipzig 1928 (Monographien zur Erdkunde 37).

neuen Harburger Heimatbuch[1]) und in Th. Stocks Schilderung der unteren Pinnau[2]). Die Landesgeschichte der ostfriesischen Marschen enthält das Büchlein von H. Reimers[3]), die der schleswig-holsteinischen Marschen dasjenige O. Brandts[4]). Erläuterungen zu Lichtbildern für den Unterricht stellten zusammen H. Dörries und E. Hinrichs[5]). —

2. Tiefland.

Das schmale alluviale Band der nordwestdeutschen Küstenebene geht überall nach rückwärts in das breite Hinterland, in das diluviale Tiefland über, das in den Dammer Bergen 146 m, in den Schwarzen Bergen 152 m, in den Hüttener Bergen 106 m und im Bungsberg 164 m Meereshöhe erreicht. Es ist demnach sinnlos, von einer Tiefebene zu sprechen. Denn auch zwischen den genannten Endmoränenhöhen dehnt sich ein unruhiges Gehügel, das man freilich nicht mit Augen betrachten darf, die nur im Berglande zu beobachten gewohnt sind. Der landschaftliche Übergang aus der alluvialen Küstenebene in das diluviale Tiefland kann, wie z. B. stellenweise in Ostfriesland, im Lande Hadeln oder in Nordschleswig, wenig ausgeprägt sein. An anderen Stellen jedoch setzen Ebene und Tiefland scharf gegeneinander ab in Gestalt einer regelrechten Landstufe. Sie ist wichtig als Landschaftsgrenze, die zwei Hauptlandschaftstypen Nordwestdeutschlands linienartig von einander scheidet, nicht nur in Schleswig und Holstein, wo sie E. Hinrichs untersucht hat[6]), sondern auch zwischen Elbe und Ems.

Die Geologie des nordwestdeutschen Tieflandes hat F. Schucht in der neuen Ausgabe des bekannten Werkes von F. Wahnschaffe zusammenfassend dargestellt[7]). Ergänzt werden Schuchts Ausführungen

---

[1]) H. Laue-H. Meyer, Zwischen Elbe, Seeve und Este — ein Heimatbuch des Landkreises Harburg, 2 Bde., Harburg 1925.

[2]) Th. Stocks, Das Flußgebiet der Pinnau — eine landschaftkundliche Untersuchung aus Südholstein, Stuttgart 1926 (Forschungen zur deutschen Landeskunde XXIV 1).

[3]) H. Reimers, Ostfriesland bis zum Aussterben seines Fürstenhauses. Bremen 1925.

[4]) O. Brandt, Geschichte Schleswig-Holsteins — ein Grundriß, 2. Aufl. Kiel 1926.

[5]) Bibliotheca cosmographica, herausgegeben von E. Scheu, Verlag E. A. Seemann, Leipzig 1926.

[6]) E. Hinrichs, Der Geestrand Schleswig-Holsteins, in: Mitt. Geogr. Gesellsch. Lübeck 30. Bd. 1925.

[7]) F. Wahnschaffe-F. Schucht, Geologie und Oberflächengestalt des nord, deutschen Flachlandes, Stuttgart 1921. — Eine gute Ergänzung bietet F. Wahn schaffe, Geologische Landschaftsformen in Norddeutschland, Stuttgart 1924 mit 40 ausgezeichneten Charakterbildern.

für Schleswig-Holstein durch W. Wolff[1]), für das Harburger Gebiet durch E. Koch[2]), für Bremen und Umgegend durch O. Wilckens[3]), für das Münsterland durch Th. Wegner[4]) und für Ostfriesland durch die bereits zitierten Kartierungen D. Wildvangs[5]). Der diluviale Untergrund Hamburgs ist auf Grund der zahllosen Bohrungen des staatl. Bohrarchivs von E. Koch behandelt und kartographisch dargestellt worden.[6]) Tektonische Untersuchungen am Allertalgraben veröffentlichte G. Brinckmeier.[7]) J. Stoller schrieb über das Diluvium der Nienburger Geest,[8]) O. Grupe über dasjenige zwischen Hannover und Wunstorf.[9]) Neue geologische Meßtischblätter oder Übersichtskarten sind leider nicht ausgegeben worden.

Die sich anschließende glazialmorphologische Literatur ist nicht sehr bedeutend. Eine Ausnahme macht nur die sehr anregende Schrift K. Gripps über die äußerste Grenze der letzten Vereisung[10]). Gripp deutet die älteren, außerhalb der genannten Grenze liegenden Oberflächenformen anders als bisher, nämlich als durch Bodenfluß während der letzten Vereisung zerflossen. Auf Spitzbergen hat er sich eigene Anschauung rezenter Vereisung und polarer Böden verschafft und nennt eine zweite Arbeit direkt eine „Studie zum Verständnis nord-

---

[1]) W. Wolff, Erdgeschichte und Bodenaufbau Schleswig-Holsteins unter besonderer Berücksichtigung des nordhannoverschen Nachbargebietes, 2. Aufl. Hamburg 1922, mit 1 geolog. Übersichtskarte.

[2]) E. Koch, Geologie der Umgebung von Harburg, in: Zwischen Elbe, Seeve und Este. Heimatbuch des Landkreises Harburg 1. Bd. 1925.

[3]) O. Wilckens, Geolog. Heimatkunde von Bremen, Berlin 1922.

[4]) Th. Wegner, Geologie Westfalens, 2. Aufl. Paderborn 1926.

[5]) Geolog. Karte v. Preußen 1:25 000 Lieferungen 259—60, Berlin 1926.

[6]) E. Koch, Die prädiluviale Auflagerungsfläche unter Hamburg und Umgebung, Hamburg 1924, mit Karten u. Profilen (Mitteil. aus d. Min.-Geolog. Staatsinstitut Hamburg VI). — E. Koch, Beiträge zur Geologie des Untergrundes von Hamburg und Umgebung, Hamburg 1927, mit 4 farbigen Karten (Mitteil. a. d. Min.-Geolog. Staatsinstitut Hamburg IX).

[7]) G. Brinckmeier, Geologische Untersuchungen am Allertalgraben, in: Göttinger Beiträge zur saxonischen Tektonik, Berlin 1923—25, herausgegeben von der Preuß. Geolog. Landesanstalt.

[8]) J. Stoller, Beiträge zur Geologie der ehemaligen Grafschaften Hoya und Diepholz I, in: 16. Jahresbericht d. Niedersächs. Geolog. Vereins Hannover 1923.

[9]) O. Grupe, Zur Kenntnis des einheimischen und nordischen Diluviums in der weiteren Umgebung von Hannover, in: Jahrbuch d. Pr. Geolog. Landesanstalt 46. Bd. Berlin 1925.

[10]) K. Gripp, Über die äußerste Grenze der letzten Vereisung in Nordwestdeutschland in: Mitteil d. Geograph. Gesellsch. Hamburg 36. Bd. 1924.

deutscher Diluvialgebilde"[1]). Neue morphologische Untersuchungen hat Gripp den Schwarzen Bergen bei Harburg gewidmet.[2]) Diese gründliche Spezialuntersuchung der Kleinformen ist außerordentlich lehrreich, schon hinsichtlich der Kartenskizzen. Hätten wir mehr davon, so wäre es um unsere glazialmorphologischen Kenntnisse im deutschen Nordwesten besser bestellt. Gripp bedeutet einen wesentlichen Fortschritt gegenüber J. Stoller[3]).

Die Dammer Berge im südl. Oldenburg hat C. Gagel erstmals als große Endmoräne angesprochen[4]). Neuerdings stellt sie P. Woldstedt in den Rahmen eines großen Endmoränenzuges, den er von Lingen an der Ems über Damme, Uchte, Rehburg-Schneeren bis zur Oker unterhalb Braunschweigs zeichnet[5]). Einen kleinen Endmoränenzug beiderseits der unteren Ems behandelt D. Wildvang monographisch[6]), das Gebiet des Dümmer F. Dewers[7]). Dagegen fehlen Arbeiten über den Hümmling, aus dem Reg.-Bezirk Stade und aus dem Lüneburgisch-Celleschen. In Schleswig-Holstein hat die Fördenküste eine morphologische Bearbeitung erfahren[8]); ebenso wenig kann man an P. Woldstedts wichtigen Binnenseenstudien vorbeigehen[9]).

Die Seenkunde Nordwestdeutschlands ist durch einige gute Arbeiten gefördert worden. G. Wegemanns ostholsteinische Seenstudien leiden unter der durch die schlechten Druck- und Papierverhältnisse der Nachkriegszeit bedingten Ausgabetechnik.[10]) Ausgezeichnet ist die Be-

---

[1]) K. Gripp, Die Endmoräne des Green-Bay-Gletschers auf Spitzbergen — eine Studie zum Verständnis norddeutscher Diluvialgebilde, in: Mitteil. d. Geographischen Gesellsch. Hamburg 37. Bd. 1926.

[2]) K. Gripp, Die Oberflächenformen der Umgebung Harburgs, in: Zwischen Elbe, Seeve und Este — ein Heimatbuch d. Landkr. Harburg I 1925.

[3]) J. Stoller, Geolog. Führer durch die Lüneburger Heide, Braunschweig 1918.

[4]) C. Gagel, Die Dammer Berge. Ein Schulbeispiel einer Endmoränenbildung, in: Geograph. Anzeiger 1920.

[5]) P. Woldstedt, Über einen wichtigen Endmoränenzug in Nordwestdeutschland, in: 21. Jahresbericht d. Niedersächs. Geolog. Vereins Hannover 1928.

[6]) D. Wildvang, Ein Endmoränenzug beiderseits der unteren Ems u. sein Einfluß auf die Besiedelung u. Wirtschaft, Aurich 1924.

[7]) F. Dewers, Beiträge zur Kenntnis des Diluviums in der Umgebung des Dümmer, in: Abhandlungen d. Naturw. Vereins Bremen 27. Bd. 1. Heft, Bremen 1927.

[8]) P. Martens, Morphologie der schleswig-holsteinischen Ostseeküste, Breslau 1927 (Veröffentlichungen d. schleswig-holsteinischen Universitätsgesellschaft 7).

[9]) P. Woldstedt, Studien an Rinnen u. Sanderflächen in Norddeutschland, in: Jahrb. d. Geol. Landesanstalt 42. Bd. 1921, Berlin 1923.

[10]) G. Wegemann, Die Seen Ostholsteins. Ihre Entstehung, Raumverhältnisse und Spiegelschwankungen, Kiel 1922.

arbeitung der lauenburgischen Glazialseen durch die Geologische Landesanstalt.[1]) Über den Dümmer, der in Kürze durch den Kanalbau beeinträchtigt werden wird, liegen leider nur zwei kurze Äußerungen vor.[2]) Auf Arbeiten über nordwestdeutsche Moorseen und auf eine gründliche Untersuchung des Steinhuder Meeres warten wir noch immer vergeblich.

Aus der Klimakunde heben wir hervor die Arbeiten von H. Schrepfer über die Kontinentalität des deutschen Klimas, wobei die Ozeanität des Nordwestens trefflich herauskommt,[3]) von G. Schwalbe über die wahre Temperaturverteilung im Winter, wobei gleichfalls der milde Winter Nordwestdeutschlands deutlich wird,[4]) von W. Friedrich über Sonnenscheindauer am Beispiel der Station Bremen,[5]) von K. H. Soltau über den Nebel in Schleswig-Holstein[6]) und von H. Voigts über das Klima Lübecks.[7]) Wäre das Netz der Regenmeßstationen dichter, so würden auch in Nordwestdeutschland Feinheiten der Niederschlagsverteilung zu erkennen sein, die sich vorläufig unserem Auge noch entziehen, die landschaftlich jedoch wirksam sind und daher unser Interesse beanspruchen. Von Wichtigkeit sind ferner Verdunstungsmessungen, die von der Preuß. Landesanstalt für Gewässerkunde angestellt werden.

Die Pflanzengeographie dürfte in naher Zukunft schöne Erfolge zeitigen. In Schleswig-Holstein wie in Niedersachsen haben sich neuerdings floristisch-soziologische Arbeitsgemeinschaften gebildet, mit festem Arbeitsprogramm, erfreulich großer Mitarbeiterzahl und perio-

---

[1]) R. Bärtling, Die Seen d. Kreises Hzgt. Lauenburg mit bes. Berücksichtigung ihrer organogenen Schlammabsätze, Berlin 1922, mit 3 farbigen Kartentafeln, Abhdlg. d. Pr. Geol. Landesanstalt Neue Folge 88.

[2]) H. Reichling, Die Erhaltung des Dümmer — eine Ehrenpflicht, in: Osnabrücker Heimatbuch II 1925. — L. Kinghorst, Der Dümmer, Beiträge zur Heimatkunde, Diepholz 1925.

[3]) H. Schrepfer, Die Kontinentalität des deutschen Klimas, in: Peterm. Mitteil. 1925, mit 1 farbiger Karte.

[4]) G. Schwalbe, Die wirkliche Temperaturverteilung in Deutschland im Winter, in: Petermanns Mitteil. 1925, mit 1 farbiger Karte.

[5]) W. Friedrich, Sonnenscheindauer und Bewölkung in verschiedenen Klimaten auf Grund langjähriger Beobachtungen zu Bremen, ungedruckte Göttinger Dissertation 1924.

[6]) K. H. Soltau, Die geograph. Verbreitung u. Bedeutung des Nebels in Schleswig-Holstein u. Dänemark, Breslau 1927 (Veröff. d. schlesw. holstein. Univ. Gesellschaft. 7).

[7]) H. Voigts, Untersuchungen zur Klimakunde Lübecks, in: Mitteil. d. Geographischen Gesellschaft Lübeck 1928.

dischen Veröffentlichungen.[1]) Von bisherigen Arbeiten zur Pflanzengeographie nennen wir, außer der neuen Auflage von P. Graebners Norddeutscher Heide,[2]) aus Schleswig-Holstein die von W. Christiansen[3]) und E. Kolumbe,[4]) aus Niedersachsen die von R. Tüxen.[5]) Die Geschichte des Waldes ist wenigstens in einigen Bezirken angefaßt worden: an der Hase von H. Rothert,[6]) im Lüneburgischen von G. Siewert,[7]) auf dem Baltischen Höhenrücken von H. Stoltenberg.[8]) Pollenanalytische Untersuchungen sind im Tieflande nur erst als Stichproben vorgenommen, in erster Linie von G. Erdtman — Stockholm in oldenburgisch-nordhannoverschen Mooren im Zusammenhang mit seinen Arbeiten zur nacheiszeitlichen Waldgeschichte Nordwesteuropas. Mooruntersuchungen im eigentlichen Sinne des Wortes verdanken wir R. Tüxen[9]) und G. Schellenberg.[10]) Hoffnungsvoll scheint die Tätigkeit der neu gegründeten Provinzialstelle für Naturdenkmalpflege in Hannover.[11]) Sie ist dringend notwendig angesichts der fortschreitenden

---

[1]) Näheres enthält Heft 1 der Mitteil. d. floristisch-soziologischen Arbeitsgemeinschaft in Niedersachsen 1928, herausgegeben von R. Tüxen, Naturdenkmalpflegestelle am Provinzialmuseum Hannover.

[2]) P. Graebner, Die Heide Norddeutschlands u. die sich anschließenden Formationen in biologischer Betrachtung, 2. Aufl. Leipzig 1925.

[3]) W. Christiansen, Pflanzengeographische Probleme in Schleswig-Holstein, in: Allgem. botan. Zeitg. 1925. — W. Christiansen, Beiträge zur Pflanzengeographie Schleswig-Holsteins, mit 85 Kärtchen, Flensburg 1926, in: Nordelbingen V 2. — W. Christiansen, Die Westgrenze der Rotbuche in Schleswig-Holstein und ihre pflanzengeographische Bedeutung, in: Schrift. d. Naturw. Vereins f. Schleswig-Holstein XVII 2, Kiel 1926.

[4]) E. Kolumbe, Vegetationsverhältnisse der Inlanddünen Schleswig-Holsteins, in: Berichte d. Deutsch. Botan. Gesellsch. 1925.

[5]) R. Tüxen, Über die Vegetation der nordwestdeutschen Binnendünen, in: Jahrbuch d. Geograph. Gesellsch. Hannover 1928. — R. Tüxen, Pflanzenwelt und Mensch in Niedersachsen, in: Die Tide 8. Heft, Bremen 1928.

[6]) H. Rothert, Geschichte des Waldes im Kreise Bersenbrück, in: Möserblätter 23/24, Osnabrück 1926—27.

[7]) G. Siewert, Waldbedeckung und Siedlungsdichte der Lüneburger Heide im Mittelalter, Hannover 1920 (Forsch. z. Gesch. Niedersachsens V 5.)

[8]) H. Stoltenberg, Die Verbreitung des Waldes in Ostholstein seit historischen Zeiten, mit 1 Karte, in: Mitteil. d. Geograph. Gesellsch. Lübeck 32. Heft 1928.

[9]) R. Tüxen, Das Altwarmbüchener Moor, in: Mitteil. d. Provinzialstelle für Naturdenkmalpflege Hannover I 1928.

[10]) G. Schellenberg, Die Moore Schleswig-Holsteins, in: Nordelbingen IV, Flensburg 1925.

[11]) Bislang Heft 1 der „Mitteilungen der Provinzialstelle für Naturdenkmalpflege zu Hannover", Hannover 1928.

Kultivierung der Moore, über die B. Tacke-B. Lehmann zusammenfassend berichten[1]).

Von den Ergebnissen der pflanzengeographischen Durchforschung Nordwestdeutschlands, einschließlich der Pollenanalyse aus Moorgebieten, werden abhängen Zielsetzung und Fortschritte der Siedlungsgeographie. Das Problem der Urlandschaft in Nordwestdeutschland ist schwieriger und komplizierter als irgendwo anders. Darauf hat R. Gradmann nachdrücklich hingewiesen[2]). Von mitteldeutschen oder süddeutschen Verhältnissen kann hier keine Rede sein. Je vorsichtiger wir ans Werk gehen, desto kürzer werden unsere Um- und Irrwege sein. Weit zurück ist aber auch noch die archäologische Landesaufnahme, die in Schleswig-Holstein unter E. Thode, in Hannover unter E. Sprockhoff begonnen hat[3]), während sie in Westfalen, Oldenburg, Braunschweig und Lippe noch auf sich warten läßt. Erst dann werden wir über Fundkarten verfügen. Die vorgeschichtliche Literatur Niedersachsens der Jahre 1893—1923 hat dankenswerterweise H. Gummel übersichtlich zusammengestellt[4]). Wenn auch die Vorgeschichte Nordwestdeutschlands noch in mühsamer Kleinarbeit beschäftigt ist, um Rohmaterial zu sammeln und Tatsachen zu gewinnen, so bieten doch eine Reihe spezieller Arbeiten bereits viel für die Landeskunde. Den Lübecker Os und seine vorgeschichtliche Besiedelung untersuchte W. Ohnesorge[5]), W. Lampe die steinzeitlichen Siedelungen der Dünenzüge des Allerurstromtales um Celle[6]), F. Krüger gab lehrreiche Fundberichte aus dem Lüneburgischen[7]) und F. Plettke aus langjähriger Erfahrung eine volkstümlich gefaßte Vor- und Frühgeschichte der

---

[1]) B. Tacke-B. Lehmann, Die norddeutschen Moore, 2. Aufl. 1926 (Monographien zur Erdkunde 27).

[2]) R. Gradmann, Zur prähistorischen Siedlungsgeographie des norddeutschen Tieflandes, in: Festgabe d. Philos. Fak. Erlangen z. 55. Versammlg. deutsch. Philol. u. Schulmänner, Erlangen 1925.

[3]) Es ist leider noch keine Zeile veröffentlicht worden.

[4]) H. Gummel, Hannoversche Urgeschichte im Schrifttum der Jahre 1893 bis 1923, Hannover 1927.

[5]) W. Ohnesorge, Der Lübecker Os und seine prähistorischen Altertümer. Ein Beitrag zur lübischen Landeskunde und eine Vorarbeit für den Bebauungsplan des Lübecker Wirtschaftsgebietes, mit 1 farbigen Karte 1:12500, in: Mitteil. d. Geograph. Ges. Lübeck 32 (1928).

[6]) W. Lampe, Die steinzeitliche Besiedlung des Allergebietes, in: Nachrichtenblatt f. Niedersachsens Vorgeschichte 1922.

[7]) F. Krüger, Fundberichte aus Lüneburgs Umgebung, in: Nachrichtenblatt für Niedersachsens Vorgeschichte 1920ff.

Geestlandschaften zwischen den Mündungen von Weser und Elbe.[1]) Das posthum veröffentlichte Werk A. Plettkes über die Angeln und Sachsen[2]) erfuhr eine wichtige Ergänzung durch eine Spezialarbeit F. Roeders[3]). Das „Nachrichtenblatt für Niedersachsens Vorgeschichte" sammelt seit 1920 das Material der Vor- und Frühgeschichte.[4]) Als Fundberichte wie als Exkursionsbegleiter werden die neuen „Führer" zu alten Siedlungsstätten willkommen sein[5]). Ein wichtiges Kapitel der frühgeschichtlichen Siedlungsarchäologie, das der Befestigungsanlagen, hat der erste Fachmann, C. Schuchhardt, zusammenfassend dargestellt[6]); es ist fast eine gekürzte Neuausgabe des längst vergriffenen großen, 1886—1916 herausgegebenen „Atlas" geworden. Methodisch lehrreich ist die Grabung F. Krügers auf der Ertheneburg an der Elbe[7]); der Grundriß konnte einwandfrei festgestellt werden. Noch nicht abgeschlossen sind C. Schuchhardts Untersuchungen über den alten Langobardenort Scheezla, den er hinter dem gleichfalls alten Elbübergang bei Lenzen—Gartow (Höhbeck-Kastell Karls d. Gr.) vermutet. Zu erwähnen ist in diesem Zusammenhange der Beitrag H. Wagners über die alten Elbübergänge von Artlenburg, Lauenburg, Dömitz und Lenzen.[8]) Neben den Einzeldingen und -fragen wird man niemals die großen Zusammenhänge vergessen, die uns für das immer mehr an-

---

[1]) F. Plettke, Über den Einfluß der natürlichen Verhältnisse auf die Besiedlung des Reg.-Bezirkes Stade in der Urzeit, in: Jahrbuch d. Heimatbundes der Männer vom Morgenstern XIX 1921/22. — F. Plettke, Vor- und Frühgeschichte des Reg.-Bezirkes Stade 1—5, Bremerhaven 1923—24.

[2]) A. Plettke, Urprung und Ausbreitung der Angeln und Sachsen. Beiträge zur Siedlungsarchäologie der Ingväonen, Hildesheim — Leipzig 1921, mit wichtigen Karten.

[3]) F. Roeder, Die sächs. Schalen-Fibel d. Völkerwanderungszeit als Kunstgegenstand und siedlungsarchäolog. Leitfossil, in: Göttinger Beiträge zur deutschen Kulturgeschichte, Göttingen 1927, Festschrift d. 56. Philologentages.

[4]) Nachrichtenblatt für Niedersachsens Vorgeschichte Nr. 1ff., Hannover 1920 ff., Beilage zum Niedersächsischen Jahrbuch.

[5]) K. H. Jacob-Friesen, Die Sieben Steinhäuser im Kreis Fallingbostel, Hannover 1925 (Führer zu urgeschichtl. Fundstätten Niedersachsens 1).

[6]) C. Schuchhardt, Die frühgeschichtlichen Befestigungen in Niedersachsen, Salzuflen o. J. (1924).

[7]) F. Krüger, Die Ertheneburg, Ratzeburg 1926 (in: Lauenburgische Heimat II 3), mit Plan.

[8]) H. Wagner, Die geographischen Grundlagen der alten Elbübergänge bei Artlenburg, Dömitz und Lenzen, in: 22. Jahresbericht d. Naturwiss. Vereins Lüneburg 1926.

schwellende Gebiet der Vorgeschichte K. H. Jacob-Friesen lehrreich zusammengestellt hat[1]).

Die siedlungsgeographische Literatur im engeren Sinne des Wortes hat erst in allerjüngster Zeit nennenswerte Fortschritte gemacht. Die übergroße Autorität des Schlesiers A. Meitzen, dem die eigentümlichen Siedlungs- und Wirtschaftsverhältnisse des deutschen Nordwestens sehr unklar geblieben sind, hat erschreckend lange die Forschung in Niedersachen gehemmt. Seinen Theorien haben Männer der Praxis wohl immer skeptisch gegenüber gestanden, z. B. der jetzige Leiter der oldenburgischen Vermessungsdirektion Schmeyers[2]). Aber Dissertationen, wie z. B. die von G. Bremer über Oldenburg[3]) und die von N. Harders über Ostfriesland[4]), sind an den eigentlichen Problemen gleichsam vorübergelaufen. Fortschritte sind bislang nicht von geographischer, sondern von historischer Seite aus erzielt worden. Gegen A. Meitzen gerichtet ist die Arbeit von W. Röpke über einen Teil der alten Grafschaft Hoya an der mittleren Weser[5]), die von H. Rothert über die Landschaft beiderseits der unteren Hase[6]) und die von C. Baasen über das kleine Oldenburger Ammerland[7]). Ein einzelnes, aber typisches niedersächsisches Haufendorf untersuchte H. Pröve[8]). Aus Schleswig-

[1]) K. H. Jacob-Friesen, Grundfragen der Urgeschichtsforschung, Hannover 1928 (Veröffentlich. d. Urgeschichtl. Abtlg. d. Prov.-Museums I).

[2]) Obervermessungsdirektor Schmeyers, ein Menschenalter im Katasterdienst des durch alte Wirtschaftsverhältnisse interessanten Staates Oldenburg beschäftigt, hat sich leider noch nicht entschließen können, etwas zu veröffentlichen.

[3]) G. Bremer, Die ländlichen Siedlungstypen des Herzogtumes Oldenburg. Diss. phil. Erlangen 1923 (Maschinenschriftexemplar, deren Kartenbeilagen der Verf. verloren hat!).

[4]) N. Harders, Die Siedlungsverhältnisse in Ostfriesland, Aurich 1927 (Arbeiten zur Landeskunde u. Wirtschaftsgeschichte Ostfrieslands III, herausgegeben vom Staatsarchiv Aurich).

[5]) W. Röpke, Beiträge zur Siedlungs-, Rechts- u. Wirtschaftsgeschichte der bäuerlichen Bevölkerung in der ehemaligen Grafschaft Hoya, mit 1 Karte 1:25 000, in: Niedersächs. Jahrbuch I 1924.

[6]) H. Rothert, Die Besiedelung des Kreises Bersenbrück — ein Beitrag zur Siedlungsgeschichte Nordwestdeutschlands, Quakenbrück 1924. — Wichtig ist auch der Aufsatz von H. Rothert, Das Eschdorf — ein Beitrag zur Siedlungsgeschichte, in: Festschrift Fr. Philippi, Münster 1923.

[7]) C. Baasen, Das Oldenburger Ammerland — eine Einführung in die siedlungsgeschichtlichen Probleme der nordwestdeutschen Landschaft, Oldenburg 1927, mit Karten.

[8]) H. Pröve, Wathlingen — Geschichte eines niedersächsischen Dorfes, Celle 1925, mit farbigen Karten. — Eine neue Arbeit über das Lüneburgische Gebiet ist z. Zt. im Druck (Studien u. Vorarbeiten zum Histor. Atlas Niedersachsens 11. Heft, Göttingen 1929).

Holstein haben wir nur eine gute Arbeit, die von G. Pfeifer über Angeln[1]), während die von W. Schäfer über das Münsterland noch nach altem Schema gearbeitet ist[2]). Ungedruckt sind leider noch Untersuchungen von K. Maßberg-Wolfenbüttel über bäuerliche Siedlung und Wirtschaft im Lößgebiete um Braunschweig. Zum Vergleich sei auf eine gute Arbeit aus dem Lauenburgischen verwiesen[3]). Am wichtigsten sind jedoch die verschiedenen Aufsätze R. Martinys geworden, der als Archivar auch eine geographische Ausbildung (Theobald Fischer) erhalten hat. Von seiner Seite aus ist der bislang schwerste und erfolgreichste Angriff auf A. Meitzens Dogmengebäude unternommen worden[4]). Die Arbeiten von Martiny, Baasen, Pröve, Röpke, Rothert, Maßberg und Pfeifer zeigen neue Ziele, Wege und Methoden. Wer sich diesem Niveau nicht anpassen kann, darf künftig nicht mehr auf Beachtung rechnen.

Unentbehrliche Ergänzungen bieten dem Geographen namenkundliche Studien wie die von H. Jellinghaus über westfälische Ortsnamen[5]), von E. Schröder über Ortsnamen auf -rode[6]), von Schrader über Ortsnamen auf -büttel[7]) und von H. Schwanold über lippische Namen[8]). Für Flurnamen sei verwiesen auf C. Baasens zitiertes Werk über das Ammerland und H. Strunks Flurnamen des Vielandes an der Weser- und Geestemündung[9]). Noch ungedruckt ist eine Göttinger Dissertation von Denker über Ortsnamen auf -horst.

---

[1]) G. Pfeifer, Das Siedlungsbild der Landschaft Angeln, Breslau 1928 (Veröffentlichungen d. Schlesw. Holstein. Univers. Gesellschaft 18).

[2]) W. Schäfer. Die dörflichen Siedlungen Westfalens, in: Verhdlg. d. Naturhistorischen Vereins f. Rheinland u. Westfalen 81. Bd. 1925.

[3]) J. Folkers, Das Bauerndorf im Kreis Herzogtum Lauenburg, Ratzeburg 1928.

[4]) R. Martiny, Grundzüge der Siedlungsentwicklung in Altwestfalen, insbesondere im Fürstentume Osnabrück, in: Mitt. d. Histor. Vereins Osnabrück 45. Bd. 1922. — R. Martiny, Hof und Dorf in Altwestfalen — das westfälische Streusiedlungsproblem, Stuttgart 1926 (Forschungen z. deutsch. Landeskde. 24. Bd.) — R. Martiny, Die ländliche Siedlungs- und Flurgestaltung der Lüneburger Heide, in: Lüneburger Museumsblätter XII 1928.

[5]) H. Jellinghaus, Die westfälischen Ortsnamen nach ihren Grundwörtern, 3. Aufl. Osnabrück 1923.

[6]) E. Schröder, Zur Geschichte der Ortsnamen auf -rode, in: Ztschr. für Ortsnamenforschung IV 1928.

[7]) Schrader, Zur Frage der Ortsnamen auf -büttel unter besonderer Berücksichtigung derjenigen des Papenteiches, in: Ztschr. für Ortsnamenforschung IV 1928.

[8]) H. Schwanold, Unsere Ortsnamen, Detmold 1923.

[9]) H. Strunk, Die Flurnamen des Vielandes, mit Karte 1:32 000, in: Jahrbuch d. Heimatbundes d. Männer vom Morgenstern 20.—21. Bd. 1922—24.

Städtegeographien liegen recht unterschiedlich vor.. Aus der Betrachtung der schleswig-holsteinischen Fördenstädte, die wir E. Hinrichs verdanken[1]), lernen wir mehr als aus den Monographien, die Th. Biehl Bremen[2]), F. Schwieker Hamburg[3]) gewidmet haben. Beide junge Autoren sind ihrem schwierigen, vielseitigen Thema nicht gewachsen. Für Bremen sei verwiesen auf A. Lonkes geschichtliche Studien[4]), auf das von J. Focke gebotene Abbildungsmaterial[5]), auf G. Fuhses wirtschaftsgeschichtliche Darstellung[6]) und die Ergänzungsbände für Bremerhaven[7]) und Vegesack[8]), für Hamburg auf H. Reinckes Buch[9]) und H. Wölfles Atlas.[10]) Die Hafenanlagen Bremens sind ausführlich dargestellt von der Baubehörde[11]). Mit unzulänglichen Mitteln arbeiten F. Becker über die Städte der Münsterschen Bucht[12]) und H. Piper über die Städte des Hellweges[13]); umso lehrreicher ist die gründliche Monographie des Architekten H. Delius über Lippstadt.[14]) Über Lüneburg sind einige Beiträge erschienen, unter denen der geographische leider nicht der beste genannt werden kann[15]). Unter den

[1]) E. Hinrichs, Lage u. Gestalt d. Fördenstädte Schleswig-Holsteins in vergleichender historisch-geographischer Betrachtung, in: Ztschr. d. Gesellsch. für schlesw. holstein. Geschichte 49. Bd. 1919.

[2]) Th. Biehl, Bremen — eine landschaftskundliche Stadtuntersuchung, Bremen o. J. (1922). — Vergl. dazu A. Lonke im Bremischen Jahrb. 1925!

[3]) F. Schwieker, Hamburg — eine landschaftskundliche Stadtuntersuchung, Hamburg 1925.

[4]) A. Lonke, Alt-Bremen — die Stätte und Stadt bis 1305, Bremen 1919. — A. Lonke im Bremischen Jahrbuch 1926.

[5]) J. Focke, Das alteBremen, herausgegeben vomFocke-Museum für bremische Altertümer, Leipzig 1922 (100 Abb.).

[6]) G. Fuhse, Die freie Hansestadt Bremen in wirtschaftsgeschichtlicher Entwicklung, Bremen 1927.

[7]) G. Bessell, Geschichte Bremerhavens, Bremerhaven 1927.

[8]) D. Steilen Geschichte der bremischen Hafenstadt Vegesack, Vegesack o. J. (1926).

[9]) H. Reincke, Hamburg — ein kurzer Abriß der Stadtgeschichte von den Anfängen bis zur Gegenwart, Bremen 1925.

[10]) H. Wölfle, Hamburger Geschichtsatlas, Hamburg 1927.

[11]) Die Entwicklung der bremischen Hafenanlagen bis 1928, Bremen 1928, erweiterter Abdruck aus d. Jahrbuch d. Hafenbautechn. Gesellsch. 1926.

[12]) F. Becker, Die Städte der Münsterschen Bucht, Diss. philos. Münster 1922, gedruckt Berlin 1924.

[13]) H. Piper, Der westfälische Hellweg, seine Landesnatur, Verkehrsstellung und Kleinstädte, Diss. philos. Münster 1928.

[14]) H. Delius, Die Entstehung und Entwicklung des Stadtgrundrisses von Lippstadt i. W., Dortmund 1926.

[15]) F. Langenheim, Lüneburg — eine Stadtuntersuchung auf geographischer Grundlage, in: Jahrbuch d. Geograph. Gesellsch. Hannover 1926.

zahlreichen Veröffentlichungen über Braunschweig fehlt noch immer eine Stadtgeographie dieser hochinteressanten Stadt[1]), ebenso fehlt dieselbe noch für Hannover[2]). Material bieten die verschiedenen Bände der Sammlung „Deutschlands Städtebau".

Unerfreulich wenig liegt zur Wirtschaftsgeographie des nordwestdeutschen Tieflandes vor. Diese bedauerliche Tatsache ist um so verwunderlicher, als es sich doch um das nächstgelegene Hinterland unserer großen Welthäfen handelt. Wichtiges Rohmaterial enthalten die gedruckten oder meistens ungedruckten Berichte der Handelskammern und der übrigen Wirtschaftsorganisationen, aber an Darstellungen oder Forschungen wissenschaftlicher Art liegt kaum etwas vor. Monographien wären zu nennen von J. Stoller über das Erdölgebiet von Celle[3]), von F. Behme über das Erdöl in Niedersachsen[4]) und die nutzbaren Lagerstätten der Grafschaft Bentheim[5]), von W. Heidorn über den Steinkohlenbergbau[6]) und Karau über den Kalibergbau.[7]) Sehr willkommen ist die von der Geolog. Landesanstalt herausgegebene Übersichtskarte des Kali- und Erdölvorkommens[8]). Wir dürfen hier viel von der in Hannover 1925 gegründeten „Wirtschaftswissenschaftlichen Gesellschaft zum Studium Niedersachsens" erwarten.

Zur Wirtschaftsgeographie gehört Wirtschaftsgeschichte. Wirt-

[1]) P. J. Meier — K. Steinacker, Die Bau- und Kunstdenkmäler der Stadt Braunschweig, 2. Aufl. Braunschweig 1926. — K. Steinacker, Die Stadt Braunschweig, Stuttgart 1924. — P. J. Meier, Braunschweig, aufgenommen von der staatl. Bildstelle, Berlin 1929.

[2]) K. F. Leonhardt, Straßen und Häuser im alten Hannover, mit farbigem Altstadtplan, Hannover 1925 (Hannov. Geschichtsblätter 27. Bd.). — W. Peßler, Alt-Hannover als schöne deutsche Stadt, Hannover 1926 (mit 80 Tafeln). — P. Siedentopf, Beiträge zur geschichtl. Entwicklg. der Stadt Hannover I—II, Hannover 1926 + 28 (mit Karten u. Plänen).

[3]) J. Stoller, Das Erdölgebiet Hänigsen-Obershagen-Nienhagen in der südlichen Lüneburger Heide, Berlin 1927 (Archiv f. Lagerstättenforschung 36).

[4]) F. Behme, Das Erdöl in Niedersachsen. Lagerung, Verbreitung, Entstehung, Hannover 1927.

[5]) F. Behme, Geologischer Führer durch die Grafschaft Bentheim. Lagerstätten von Salz, Erdöl, Asphalt, 2. Aufl. Hannover 1926.

[6]) W. Heidorn, Der niedersächsiche Steinkohlenbergbau, in: Jahrbuch der Geograph. Gesellschaft Hannover 1927.

[7]) Karau, Der Kalibergbau unter der Herrschaft des hannoverschen Sonderrechtes. Eine kritische rechts- und wirtschaftsgeschichtliche Betrachtung, Braunschweig-Hamburg 1926 (Veröff. d. Wirtschaftswiss. Gesellsch. z. Studium Niedersachsens Reihe A 1).

[8]) E. Fulda, Übersichtskarte der deutschen Kalisalz- und Erdölvorkommen 1:450 000, Berlin 1924, Preuß. Geolog. Landesanstalt.

schaftsgeschichtlich eingestellt ist die volkswirtschaftliche Studie W. Schinkels über die Umgebung Herfords[1]). Neue und wichtige Ergebnisse für die ältere Wirtschaftsgeschichte Westfalens bringt H. J. Seeger[2]). Man wird auch an der wichtigen Arbeit P. Kletlers über den frühmittelalterlichen Handel Nordwesteuropas nicht vorübergehen dürfen[3]). Nicht nur für Lübeck wichtig sind die ausgezeichneten Aufsätze F. Rörigs[4]).Für ein großesPublikum berechnet sind die anspruchslosen Schilderungen P. Eckardts über die wichtigeren Gewerbe und Industrien Niedersachsens[5]).

Kulturgeographische Arbeiten sind erst begonnen worden. Mit einer umfassenden Kulturgeographie Schleswigs ist seit längerem F. Mager beschäftigt; eine vorläufige Mitteilung gab er 1926[6]).

Verkehrsgeographisch sind von großer Bedeutung die das niedersächsische Tiefland betreffenden Kanalbaupläne, die den industriellen Westen mit den Welthäfen Bremen und Hamburg verbinden sollen. Aus der Fülle der meist lokalwirtschaftlich und daher oft opportunistisch eingestellten Aufsätze hebe ich den sachlichen Beitrag des Baurats Tincauzer hervor, auch wenn seine Pläne späterhin modifiziert worden sind[7]). Wünschenswert wäre eine genaue Betrachtung der Binnenwasserstraßen Nordwestdeutschlands im Rahmen der Wasserverkehrswege Gesamtdeutschlands. Das seit 1825 allmählich entstandene Kunststraßennetz des Staates Oldenburg untersuchte A. Kleene[8]).

Fragen der historischen Topographie und Grenzbildung behandeln die neuen Hefte der Studien und Vorarbeiten zum historischen Atlas

---

[1]) W. Schinkel, Die wirtschaftliche Entwicklung von Stadt und Land Herford, Bünde i. W. 1926.

[2]) H. J. Seeger, Westfalens Handel und Gewerbe vom 9.—14. Jahrhundert, Berlin 1926 (Studien z. Gesch. d. Wirtschaft u. Geisteskultur I).

[3]) P. Kletler, Nordwesteuropas Verkehr, Handel u. Gewerbe im frühen Mittelalter, Wien 1924, mit Karte.

[4]) F. Rörig, Hansische Beiträge zur deutschen Wirtschaftsgeschichte, Breslau 1928 (Veröffentlich. d. schlesw. holstein. Univ. Gesellsch. 12).

[5]) P. Eckardt, Bilder aus dem Wirtschaftsleben Niedersachsens, Hannover 1923.

[6]) F. Mager, Zur Kulturgeographie des Herzogtums Schleswig, in: Zeitschr. d. Gesellsch. f. schlesw. holstein. Geschichte 55. Bd. 1926.

[7]) Tincauzer, Die Bauwürdigkeit der zwischen dem Ruhrgebiet und den deutschen Seehäfen geplanten Kanalverbindungen. Technische Untersuchungen, Werft-Reederei-Hafen VI 4, Berlin 1925.

[8]) A. Kleene, Die Straßen Oldenburgs — geographisch betrachtet, mit großen Kartenbeilagen. Diss. philos. Münster 1928.

Niedersachsens, so M. Krieg über das Lüneburgische[1]) und L. Hüttebräuker über das Lüneburgische und Braunschweigische[2]). Der politisch-geographische Fragenkomplex der 1919 zwangsläufig geschaffenen Grenzmark Nordschleswig ist in einem handlichen Bande übersichtlich zusammengestellt worden.[3]) Die sonstige Nordschleswig-Literatur ist sehr umfangreich, doch meist rein politisch oder von nur zeitgeschichtlichem Wert. Genannt werden soll der neue Geschichtsatlas der Doppelprovinz[4]).

Auf den Quellenwert der älteren Kartographie ist man erst in den letzten Jahren aufmerksam geworden. Die Historische Kommission für Niedersachsen hat bislang in 4 Lieferungen einen Neudruck der Landesaufnahme des Kurfürstentumes Hannover von 1764—86 herausgegeben[5]). Ihrem Beispiel ist die Historische Gesellschaft Bremen gefolgt mit der Neuausgabe der bremischen Landesvermessung von 1790—98[6]). Es wäre zu wünschen, daß weiteres Kartenmaterial der Forschung zugänglich gemacht wird.

An kunstgeographischen Arbeiten liegen nur erste Ansätze oder Materialsammlungen zu solchen vor. Neben H. Muchs Volksbuch über Backsteingotik[7]) steht das große Werk K. Eickes über die ältere bürgerliche Baukunst[8]), wenn auch in den Schlußfolgerungen von der kunstgeschichtlichen Fachkritik ziemlich beanstandet. Eine riesenhafte Materialsammlung stellen die beiden Handbücher von G. Dehio

---

[1]) M. Krieg, Entstehung und Entwicklung der Amtsbezirke im ehemal. Fürstentume Lüneburg, Göttingen 1922 (Studien u. Vorarbeiten 5).

[2]) L. Hüttebräuker, Das Erbe Heinrichs d. Löwen. Die territorialen Grundlagen des Herzogtumes Braunschweig-Lüneburg von 1235, Göttingen 1927 (Studien u. Vorarbeiten 9).

[3]) H. M. Johannsen, Grenzland Schleswig. Aufsätze zur deutsch-dänischen Frage, Crimmitschau 1926 (Quellen u. Studien z. Kunde d. Grenz- u. Auslanddeutschtumes Reihe B 2).

[4]) O. Brandt-K. Wölfle, Schleswig-Holsteins Geschichte und Leben in Karten und Bildern. Ein Nordmark-Atlas (449 Abb.), Altona-Kiel 1928.

[5]) Topographische Landesaufnahme des Kurfürstentumes Hannover 1:21333$^1/_3$ von 1764—86 in 165 Bl., Neudruck in 1:40 000, Göttingen 1924ff., bislang 4 Lieferungen zu je 20—30 Bl., mit Begleitwort.

[6]) Das Gebiet der Freien Hansestadt Bremen in 28 Kartenblättern nach der Vermessung von Heineken u. Gildemeister 1790—98, Bremen 1928, mit Begleitwort.

[7]) H. Much, Norddeutsche Backsteingotik, 7. Aufl. Braunschweig-Hamburg 1923 (87 Tafeln).

[8]) K. Eicke, Die bürgerliche Baukunst Niedersachsens I (Mittelalter-Renaissance), Straßburg i. E. 1919 (Studien z. deutsch. Kunstgesch. 209).

dai[1]), für Schleswig-Holstein neu bearbeitet von J. Kohte. C. Woebcken schrieb über die alten friesischen Kirchen,[2]) L. Mecking über die auffallende Westost-Richtung der Bauernhäuser im westlichen Schleswig-Holstein,[3]) während O. Lehmann das Bauernhaus der Provinz insgesamt darstellte[4]). Einen hoffnungsvollen Anfang bedeutet V. Habichts neuer Aufsatz über Niedersachsen als Kunstprovinz[5]). Die Behandlung der norddeutschen Landschaft in der bildenden Kunst unterzog H. Trüper einer allerersten Untersuchung[6]). W. Stapel gab aus den leider vergessenen Schriften des alten Schulmeisters H. Masius Schilderungen der norddeutschen Landschaften heraus[7]). Die den Geographen besonders interessierende Frage des Baumaterials und deren Einflüsse auf Formen und Stile wie auf Siedlungs- und Landschaftsbilder wird in den genannten Schriften nur gestreift. Dem Geographen liegt hier also ein weites Arbeitsfeld offen[8]).

Typische Landschaften des nordwestdeutschen Tieflandes sind kaum einer eingehenderen Betrachtung unterzogen worden. Die neue Ausgabe des zweibändigen Lüneburger Heimatbuches beweist, wie notwendig und erfolgreich solche Sammelwerke sein können[9]). Wissenschaft und Volkstümlichkeit schließen sich ja nicht aus. Dagegen bedeuten geistlose Kompilationen[10]) bestimmt keine Förderung wissenschaftlicher Landeskunde. —

---

[1]) G. Dehio, Handbuch der deutschen Kunstdenkmäler: II Nordostdeutschland, 2. Aufl. 1922. — V Nordwestdeutschland 2. Aufl. 1928.

[2]) C. Woebcken, Friesische Kirchen, Bremen-Wilhelmshaven 1923.

[3]) L. Mecking, Die Westostrichtung der Bauernhäuser im westlichen Schleswig-Holstein, in: Petermanns Mitteil. 1923.

[4]) O. Lehmann, Das Bauernhaus in Schleswig-Holstein, Altona 1927.

[5]) V. Habicht, Niedersächsische Landschaft und bildende Kunst, in: Jahrbuch d. Geograph. Gesellsch. Hannover 1928.

[6]) H. Trüper, Die norddeutsche Landschaft in der Kunst. Ihr Bild und ihre Seele, Hannover 1928.

[7]) H. Masius, Norddeutsche Landschaft. Eine Auswahl aus den „Naturstudien", Hamburg o. J. (1924).

[8]) Baurat Ehrhardt-Bremen ist mit einer Arbeit über die Baustoffe Bremens beschäftigt. Interesse für kunstgeographische Fragen zeigen auch die Arbeiten R. Haupts zur Kunstgeschichte Schleswig-Holsteins.

[9]) Benecke, Lüneburger Heimatbuch I—II, 2. Aufl. Bremen 1925—27.

[10]) F. Schwieker, Das Hamme-Urstromtal. Worpswede und das Teufelsmoor. Eine landschaftskundliche Darstellung, Stuttgart 1928 (Forschungen zur deutschen Landeskunde 25. Bd.).

3. Bergland.

Der landschaftlichen Einförmigkeit des Tieflandes steht die landschaftliche Vielgestaltigkeit des Berglandes wesensverschieden gegenüber. Der komplizierte geologische Bau und sein beständiger Schichtwechsel bedingen mannigfaltige Oberflächenformen und weiterhin verschiedene Landschaftstypen. Es ist das von H. Stille so bezeichnete saxonische Faltungsfeld, das von den Grundgebirgshorsten des Rheinischen Schiefergebirges im W und des Harzes im O eingerahmt wird, nach S in die Bruchzone der Hessischen Senke übergeht und im N vom Diluvium überlagert wird. Das tektonisch vielseitige Bild dieser Landschaften, die der Geograph am besten unter dem Namen Weserbergland (im weiteren Sinne des Wortes) zusammenfaßt, hat H. Stille auf einer Übersichtskarte trefflich dargestellt[1]). Den geologischen Bau schildern uns nicht nur H. Stille und seine Schüler[2]), sondern auch die Erläuterungen der neueren Lieferungen der geologischen Meßtischblätter, an deren Aufnahme in den letzten Jahren u. a. O. Grupe, W. Haack, A. Mestwerdt und P. Woldstedt beteiligt waren[3]). Für die morphologische Übersicht sind hervorragend geeignet die neue geologische Übersichtskarte des Reiches 1:200000, die wenigstens für den äußersten Süden unseres Gebietes bereits erschienen ist[4]), und die geologische Übersichtskarte des Eggegebirges und südöstlichen Teutoburgerwaldes, die wir H. Stille verdanken[5]), ferner die von O. Grupe

[1]) H. Stille, Übersichtskarte der saxonischen Gebirgsbildung zwischen Rhön-Vogelsberg u. der Norddeutschen Tiefebene 1:250 000, Berlin 1922, herausgegeben von der Preuß. Geolog. Landesanstalt.

[2]) Göttinger Beiträge zur saxonischen Tektonik, herausgegeben von H. Stille im Auftrage der Preuß. Geolog. Landesanstalt, Berlin 1923—25 (enthält 4 für Nordwestdeutschland wichtige Beiträge).

[3]) Geolog. Karte von Preußen 1:25 000, Lieferungen 233. Bl. Herford-Ost, Vlotho, Rinteln (1925); — 256. Bl. Neuenkirchen, Herford-West, Halle i. W., Bielefeld, Brackwede (1926); — 251. Bl. Hess. Oldendorf, Hameln, Aerzen, Pyrmont, Schwalenberg (1928); — 265. Bl. Eldagsen, Elze (1928); — 271. Bl. Gehrden, Lauenau, Rodenberg, Springe (1928); — 240. Bl. Wernigerode, Derenburg, Halberstadt, Braunlage, Elbingerode, Blankenburg, Quedlinburg (1928). — Die Umgebung Braunschweigs ist von P. Woldstedt fertig kartiert, aber noch nicht veröffentlicht worden. Eine Skizze der Tektonik des subherzynen Beckens veröffentlichte P. Woldstedt in der Zeitschr. d. D. Geol. Ges. 76. Bd. 1924 (Abhandlungen 3—4).

[4]) Geolog. Übersichtskarte des Deutschen Reiches 1:200 000, herausgegeben von der Pr. Geol. Landesanstalt, Bl. Göttingen, Berlin 1921.

[5]) H. Stille-A. Mestwerdt, Geolog. Übersichtskarte des südl. Teutoburgerwaldes 1:100 000, Berlin 1919, herausgeg. v. d. Pr. Geol. Landesanstalt.

zusammengestellte geologische Übersichtskarte des Deisters[1]). Die geologische Kartierung des Harzes ist noch mitten im Gange. Um so dankenswerter ist der neue geologische Führer[2]), der leider auf jede morphologische Bemerkung verzichtet. Der von G. Frebold anscheinend rasch geschriebene geologische Führer durch den südlichen Teil des Weserberglandes[3]) enhält morphologische Kapitel, die freilich oft zur Kritik herausfordern. Rein geologisch ist auch die Darstellung des Weserberglandes in der neuen Auflage von Th. Wegners Westfalen[4]), während H. Stilles kurze Darstellung unseren Bedürfnissen weit mehr entspricht[5]). Einen guten Führer erhielten die Teilnehmer der Tagung der Deutschen Geologischen Gesellschaft, als 1925 diese Tagung in Münster und Osnabrück abgehalten wurde[6]). Aus dem Nachlaß des früh verstorbenen Landesgeologen Leo Siegert ist 1921 ein nicht ganz fertiges Manuskript über die Terrassen der Werra—Weser, mit genauen Kartierungen, herausgegeben worden[7]), das die älteren Untersuchungen O. Grupes erheblich modifiziert. Nachdem W. Soergel auf Grund eigener Kartierungen im Saale-Ilm-Gebiete sich die Ergebnisse L. Siegerts zu eigen gemacht hat, ist von O. Grupe neuerdings eine nochmalige Auseinandersetzung mit L. Siegert und W. Soergel gegeben worden[8]): nach wie vor lehnt er die beiden anderen Autoren schroff ab. Die für den Morphologen sehr interessante Diskussion hat unsere Vorstellungen über die Talgeschichte des Werra-Weser Flußgebietes wesentlich gefördert. Durch neue Untersuchungen wird sich auch die 1914

[1]) O. Grupe, Geolog. Übersichtskarte des Deisters 1:100 000, Berlin 1928, herausg. v. d. Pr. Geolog. Landesanstalt.

[2]) F. Dahlgrün-O. H. Erdmannsdörffer-W. Schriel, Geolog. Führer durch den Harz I—II, Berlin 1925 (Sammlung geolog. Führer 29—30).

[3]) G. Frebold, Geologischer Führer durch das Hannoversche Bergland I Das Gebiet rheinischer Störungen (südl. Teil), Berlin 1925 (Sammlung geolog. Führer 28).

[4]) Th. Wegner, Geologie Westfalens und der angrenzenden Gebiete, 2. Aufl. Paderborn 1926.

[5]) O. Reißert-H. Stille, Das Weserbergland und der Teutoburger Wald, Bielefeld-Leipzig 2. Aufl. 1925 (Monographien zur Erdkunde 24).

[6]) Führer zu den Exkursionen d. D. Geolog. Ges. vor und nach der Hauptversammlung in Münster, Münster i. W. 1925 (Schriften d. Ges. z. Förderung d. Westfäl. Wilhelms-Universität 7).

[7]) L. Siegert, Beiträge zur Kenntnis des Pliocäns und der diluvialen Terrassen im Flußgebiet der Weser, Berlin 1921, mit 8 Karten 1:100 000 und 1 Längsprofil (Abhdlg. d. Pr. Geol. Landesanstalt N. F. 90).

[8]) O. Grupe, Tal- und Terrassenbildung im Gebiet der Werra-Fulda-Weser und Soergels Gliederung und absolute Zeitrechnung des Eiszeitalters, in: Geolog. Rundschau XVII 3, Berlin 1926.

beendete Arbeit E. Gerwiens über das Oberweserbuntsandsteingewölbe berichtigen lassen. Beachtung verdient noch O. Grupes neueste Veröffentlichung über die von ihm seit längerem besonders beachtete Südgrenze der beiden letzten Vereisungen, von denen die erste bis Holzminden, die zweite nur bis Hameln gereicht haben soll[1]).

Ist somit die geologische Kartierung und Arbeit im nordwestdeutschen Berglande, d. h. im Weserberglande und Harz, ununterbrochen im Gange, so überrascht uns der Tiefstand der morphologischen Forschung, die doch sonst im deutschen Mittelgebirge in Blüte steht. Man möchte fast sagen, daß offenbar das Weserbergland und seine überaus interessante morphologische Problematik von den zünftigen Morphologen noch nicht entdeckt worden ist. Über die Juramulde des Hils, die eine interessante Ausräumungsmulde darstellt, liegt eine Anfängerarbeit vor[2]), über die Buntsandsteinschichtfläche des Unteren Eichsfeldes gleichfalls[3]). Über die Karsterscheinungen der Gipsstufe des Südharzes, über die erstmals H. Spethmann 1910 berichtete, haben F. Haefke[4]) und A. Penck[5]) sehr genau gearbeitet. An den Harz hat sich außer W. Penck, der auch hier die sogenannten Piedmonttreppen gesehen hat[6]), leider niemand gewagt, so daß W. Behrmanns Arbeit von 1912 noch immer die einzige ist. Eine kleine Karte der Reliefenergie des Harzes nach der sog. Feldermethode gab K. Brüning[7]). Damit sind wir schon am Ende des morphologischen Abschnittes.

Die pflanzengeographische Forschung wird in absehbarer Zeit durch die neu gegründete floristisch-soziologische Arbeitsgemeinschaft Förderung und Antrieb erhalten. Bislang freuen wir uns über einige gute Arbeiten wie die von K. Hueck über die Moore des Oberharzes[8]), von

---

[1]) O. Grupe, Über die Ausdehnung der ältesten (drittletzten) Vereisung in Mitteldeutschland, mit Kärtchen, Berlin 1922, in: Jahrbuch d. Geolog. Landesanstalt 42. Bd. 1921.

[2]) Ch. Schwermer, Studien zur Morphologie des Hilsgebietes, Diss. Göttingen 1924.

[3]) E. Sobotha, Versuch einer Entwicklungsgeschichte und Charakterisierung der Landschaften des Unter-Eichsfelder Beckens nebst seinen westl. und südl. Randgebieten, Diss. Göttingen 1923 (Maschinenschriftexemplar).

[4]) F. Haefke, Karsterscheinungen am Südharz, in: Mitteil. d. Geogr. Gesellschaft Hamburg 37. Bd. 1926.

[5]) A. Penck, Das unterirdische Karstphänomen, in: Festschrift J. Cvijic, Belgrad 1924.

[6]) W. Penck, Morphologische Analyse, Stuttgart 1924.

[7]) K. Brüning, Die Reliefenergie des Harzes, in: Jahrb. Geogr. Ges. Hannover 1927.

[8]) K. Hueck, Vegetation u. Oberflächengestaltung der Oberharzer Hochmoore, Berlin-Lichterfelde 1928 (Beiträge z. Naturdenkmalpflege XII 2).

H. Deppe über die Verbreitung der Steppenheide im Berglande zwischen Weser und Oker,[1]) von W. Lagershausen über die braunschweigischen Genossenschaftsforsten[2]) und von K. Koch über die Pflanzenvereine der Osnabrücker Landschaft[3]). Auch eine so anspruchslose Skizze wie die von W. Bock über die Vegetation des Ith-Schichtkammes ist uns willkommen,[4]) ebenso die forstgeschichtlichen Mitteilungen Godbersens aus dem Oberwesergebiete[5]). Hildesheimer Naturdenkmäler im Bilde veröffentlichte das Hildesheimer Roemer-Museum[6]). Erfreulicherweise liegt auch bereits wenigstens eine pollenanalytische Arbeit vor, die aus Mooren des Harzes und des Weserberglandes Proben entnommen hat und ein Schema der nacheiszeitlichen Waldentwicklung aufstellen kann[7]).

Die Ergebnisse H. Hesmers, die in Einzelheiten gewiß noch berichtigt und ergänzt werden dürften[8]), konnten noch nicht von W. Gusmann verwertet werden bei seinem Versuch der Rekonstruktion der südhannoverschen Landschaft vor Beginn der großen Rodungen[9]). Gusmann hat als Ergebnis eine Karte der frühgeschichtlichen Waldverteilung 1:200000 entworfen, die für etwa 500 n. Chr. rund ein Drittel der Fläche als altes offenes Siedlungsland und rund zwei Drittel als waldbedeckt angibt. Die methodisch beachtenswerte Arbeit findet hoffentlich Nachfolger. Mehr Beachtung als die ländlichen Siedlungen, über die eine unbefriedigende Anfängerarbeit von H. Roggenkamp vor-

---

[1]) H. Deppe im Nachrichtenbl. f. Niedersachsens Vorgeschichte 1926, mit Karte.

[2]) W. Lagershausen, Die Entstehung der Genossenschaftsforsten im vormaligen Herzogtum Braunschweig, Braunschweig 1927 (Arbeiten d. Landwirtschaftskammer 3).

[3]) K. Koch, Die Pflanzenvereine der Osnabrücker Landschaft, in: Osnabrücker Heimatbuch II 1925.

[4]) W. Bock, Die Vegetation des Ith, in: Mitt. d. florist.-soziol. Arbeitsgemeinschaft Niedersachsen I 1928.

[5]) Godbersen, Forstgeschichtliches aus dem Oberweserlande, in: Veröff. d. wirtschaftswiss. Ges. z. Studium Niedersachsens A 1 (1926).

[6]) F. Schöndorf, Naturdenkmäler d. Umgebung v. Hildesheim, Hildesheim 1926, in: Mitteil. a. d. Roemer-Museum 26.

[7]) H. Hesmer, Studien zur nacheiszeitl. Waldentwicklung im nordwestdeutschen Berglande, in: Zeitschr. f. Forst- u. Jagdwesen 1928.

[8]) H. Hesmers Arbeit wird demnächst eine voraussichtlich wichtige Ergänzung erfahren können durch die eingehenden Untersuchungen, die H. Witt-Uslar über die Moore des Sollings anstellt.

[9]) W. Gusmann, Wald- und Siedlungsfläche Südhannovers u. angrenzender Gebiete etwa im 5. Jahrh., Hildesheim-Leipzig 1928 (Quellen u. Darstellungen z. Gesch. Niedersachsens 36).

liegt,[1]) während die Untersuchungen K. Maßbergs noch nicht veröffentlicht worden sind, haben die städtischen Siedlungen des Berglandes gefunden. An der Spitze steht das Lebenswerk P. J. Meiers über die braunschweigischen Städte[2]), dem allerdings jegliche geographische Einstellung abgeht, dafür aber ein glänzendes Planmaterial enthält. Eine geographische Bearbeitung fehlt auffallenderweise auch noch für Hildesheim. Dafür sind wenigstens gute Vorarbeiten herausgekommen, so K. Steinackers Büchlein[3]), J. Gebauers zweibändige Stadtgeschichte[4]), O. Beyses ausgezeichnetes Bilderbuch[5]) und J. Köhlers Stadtplan der alten Fachwerkbauten[6]). Auch für Goslar hat sich noch kein Geograph interessiert. Über die tausendjährige Kaiserstadt schrieb P. J. Meier ein zusammenfassendes Büchlein[7]); das erst wenig beackerte Kapitel mittelalterlicher Wasserwirtschaft untersuchte O. Flachsbart[8]). Für Halberstadt stellte Baurat Sinning einiges zusammen zu einem stattlichen, gut illustrierten Bande der Sammlung „Deutschlands Städtebau"[9]). Quedlinburgs baugeschichtliche Kostbarkeiten erfuhren eine ausführliche Darstellung durch A. Brinkmann[10]). Eine stadtgeographische Dissertation über Höxter-Corvey ist in Göttingen im Gange. H. Schwanold gab ein Büchlein über Detmold und Salzuflen heraus[11]). Die einzige Übersichtsuntersuchung lieferte R. Martiny, der die Siedlungsformen der niedersächsischen Städte und Flecken for-

[1]) H. Roggenkamp, Die Siedlungen des südhannoverschen Berglandes, Diss. phil. Göttingen 1922 (Maschinenschriftexemplar).

[2]) P. J. Meier, Niedersächsischer Städteatlas, I Die braunschweigischen Städte, 2. Aufl. Braunschweig-Hamburg 1926 (Veröffentlichung der Histor. Kommission für Niedersachsen).

[3]) K. Steinacker, Die Stadt Hildesheim, Stuttgart-Berlin 1927.

[4]) J. Gebauer, Geschichte der Stadt Hildesheim I—II, Hildesheim-Leipzig 1922 + 24.

[5]) O. Beyse, Hildesheim — aufgenommen von der Staatl. Bildstelle, Berlin 1926.

[6]) J. Köhler, Zwei Jahrhunderte Holzbaukunst in Hildesheim 1418—1623, Hildesheim 1924, mit Altstadtplan der vorhandenen Fachwerkbauten.

[7]) P. J. Meier, Die Stadt Goslar, Stuttgart-Berlin 1926.

[8]) O. Flachsbart, Geschichte der Goslarer Wasserwirtschaft. Eine Untersuchung über Wesen u. Bedeutung d. Wasserwirtschaft in der deutschen Stadtgeschichte, Goslar 1928.

[9]) Halberstadt, Berlin-Halensee 2. Aufl. 1926, aus: Deutschlands Städtebau.

[10]) A. Brinkmann, Beschreibende Darstellung der Bau- u. Kunstdenkmäler d. Kreises Stadt Quedlinburg I—II, Berlin 1922 u. Magdeburg 1923 (Bau- und Kunstdenkmäler d. Prov. Sachsen 33), mit Häuserplan.

[11]) H. Schwanold, Detmold und der Teutoburger Wald, Salzuflen 1925. — H. Schwanold, Bad Salzuflen, Salzuflen 1925.

mal behandelte,[1]) außerdem die Lage Osnabrücks als Erster würdigte[2]).

Wirtschaftsgeographisch ist bedeutsam die von K. Brüning im Rahmen der Ziele der Wirtschaftswissenschaftlichen Gesellschaft zum Studium Niedersachsens gelieferte Untersuchung über den Harzer Bergbau[3]). Eine Ergänzung bietet der Aufsatz über die Harzer Wasserwirtschaft[4]). Die Pläne zur Ausnutzung der Harzer Wasserkräfte durch Talsperrenbauten findet man gut zusammengestellt in der von Handelskammersyndikus K. Finkenwirth verfaßten Denkschrift[5]). Wirtschaftsgeschichtliche Beiträge liegen vor über den alten Harzer Hüttenbetrieb[6]), über die Sollinger Glasindustrie[7]), die Wanderarbeiter Lippes[8]) und das lippische Zieglergewerbe[9]). Ungern vermißt man landwirtschaftliche Arbeiten.

Zur Verkehrsgeographie hat A. Herbst einen methodisch wichtigen Beitrag geliefert, indem er, wie vor ihm K. Niemann in Thüringen, das alte, d. h. vor dem Eisenbahnbau benutzte Verkehrsnetz des südhannoverschen Berglandes einer historisch-geographischen Betrachtung unterzogen hat[10]). Solche Arbeiten fehlen in den anderen deutschen Landschaften noch fast ganz. Notwendig wären übrigens auch Studien

---

[1]) R. Martiny, Grundrißgestaltung der Städte und Flecken im Gebiet des alten Sachsenstammes, in Mitt. d. Hist. Vereins Osnabrück 1925.

[2]) R. Martiny, Lage und Gestaltung der Stadt Osnabrück, in: Mitt. d. Histor. Vereins Osnabrück 1927.

[3]) K. Brüning, Der Bergbau im Harze und im Mansfeldschen. Untersuchungen zu einer Wirtschaftsgeographie der Harzer Rohstoffe, Braunschweig-Hamburg 1926.

[4]) K. Brüning, Alte und neue Wasserwirtschaft im Harz und ihre natürlichen Grundlagen, in: Jahrbuch d. Geograph. Gesellsch. Hannover 1928.

[5]) K. Finkenwirth, Die Harzwasserwerke der Provinz Hannover in ihrer Bedeutung für das Leine-Innerste-Oker-Aller-Flußgebiet, Braunschweig-Hamburg 1928 (Veröff. d. Wirtschaftswiss. Ges. z. Studium Niedersachsens). — Wenig älter ist die Denkschrift über die Talsperrenbaupläne im Westharz (Westsperren-Vorentwurf), verfaßt im Auftrag d. Landesdirektoriums Hannover, Hannover März 1926.

[6]) A. Bode, Reste alter Hüttenbetriebe im West- und Mittelharz. Ein Beitrag zur Siedlungs- und Wirtschaftsgeschichte des Harzes, mit Karte 1:100000, in: Jahrb. d. Geogr. Gesellsch. Hannover 1928.

[7]) W. Becker, Die braunschweigischen Glashütten, in: Niedersächs. Jahrb. IV 1927.

[8]) F. Fleege-Althoff, Die lippischen Wanderarbeiter, Detmold 1928.

[9]) M. Müller, Das lippische Zieglergewerbe einst und jetzt, Detmold 1923.

[10]) A. Herbst, Die alten Heer- u. Handelsstraßen Südhannovers u. angrenzender Gebiete nach archivalischem Material auf geograph. Grundlage, Göttingen 1926 (Landeskundl. Arbeiten d. Geogr. Seminars d. Univ. Göttingen II), mit Karte 1:200 000.

über den mächtig anschwellenden Kraftwagenverkehr der Gegenwart, da wir uns in einer Übergangszeit des Landverkehrs zu befinden scheinen.

Während die Kulturgeographie des niedersächsischen Berglandes noch in den allerersten Anfängen steckt, ist die politische Geographie und geschichtliche Topographie (die Historiker sprechen irreführenderweise von „historischer Geographie"!) durch einige gute Arbeiten gefördert worden. Über Südhannover handeln zwei Hefte, über den Kreis Holzminden und den Staat Schaumburg-Lippe einschließlich Kreis Grafschaft Rinteln je ein Heft der von der Historischen Kommission für Niedersachsen herausgegebenen Serie[1]). Speziell historisch-geographische Arbeiten fehlen, doch enthalten eine Reihe anderer, z. T. hier zitierter Arbeiten Beiträge zur historischen Geographie des Berglandes, vor allem die genannten Untersuchungen P. J. Meiers, W. Gusmanns und A. Herbsts.

Landschaftskundliche Monographien aus dem Berglande haben nur zwei Bearbeiter gefunden. G. Bartsch schilderte den Solling[2]), G. Niemeier das Osnabrücker Hügelland[3]). Material zu einer Landeskunde Niedersachsens enthält der Führer durch die von der Geographischen Gesellschaft zu Hannover im September 1928 veranstaltete Ausstellung[4]). G. Kappe führte uns im Überblick durch typische niedersächsische Landschaften[5]). Als Anschauungsmaterial mag man die Bilder heranziehen, die E. Hinrichs zusammengestellt hat[6]). —

[1]) F. Mager - W. Spieß, Erläuterungen zum Probeblatt Göttingen der Karte der Verwaltungsgebiete Niedersachsens um 1780, Göttingen 1919 (Studien und Vorarbeiten 4), mit 2 Karten. — G. Wolters, Das Amt Friedland und das Gericht Leineberg. Beiträge zur Geschichte der Lokalverwaltung und des welfischen Territorialstaates in Südhannover, Göttingen 1927 (Studien und Vorarbeiten 10), mit 3 Karten. — G. Schnath, Die Herrschaften Everstein, Homburg und Spiegelberg. Grundlegung zur historischen Geographie der Kreise Hameln und Holzminden, Göttingen 1922 (Studien u. Vorarbeiten 7), mit 2 Karten, — G. Schmidt, Die alte Grafschaft Schaumburg. Grundlegung der historischen Geographie des Staates Schaumburg-Lippe und des Kreises Grafschaft Rinteln, Göttingen 1920 (Studien u. Vorarbeiten 5), mit Karten.

[2]) G. Bartsch, Der Solling, in: Jahrbuch d. Geograph. Gesellsch. Hannover 1925, mit Kartenskizzen.

[3]) G. Niemeier, Das Tecklenburg-Osnabrücker Hügelland, in: 20. Jahresbericht d. Naturwiss. Vereins Osnabrück 1928.

[4]) G. Bartsch, Niedersachsen-Land, Volk, Wirtschaft. Landeskundliche Ausstellung zum 50jährigen Bestehen d. Geograph. Gesellsch. Hannover 16.—27. IX. 1928. Führer durch die Ausstellung, Hannover 1928.

[5]) G. Kappe, Landschaftstypen und Landschaftseinheit Niedersachsens, in: Th. Wegner, Westfalenland IV: Beiträge z. westfäl. Heimatkunde, Paderborn 1927.

[6]) E. Hinrichs, Niedersachsen in Wort und Bild. Eine Bilderreihe des Gaues Niedersachsen im Verband deutscher Amateurphotographen-Vereine, Lübeck 1928 (100 Abb.).

Folgerungen.

Wollte dieser Bericht, der ein kritischer sein möchte, Anspruch auf einigermaßen Vollständigkeit erheben, so würde sein Umfang wohl etwa verfünffacht, seine Lesbarkeit zugleich vernichtet sein. Wie eingangs betont, sollte uns allein daran liegen, eine kritische Übersicht des gegenwärtigen Standes wissenschaftlicher Landeskunde in Nordwestdeutschland zu gewinnen und damit die Möglichkeit einer Zielsetzung vor uns liegender Aufgaben.

Der gegenwärtige Stand wissenschaftlicher Landeskunde in Nordwestdeutschland ist nicht sehr günstig zu nennen. Daß im letzten Jahrzehnt als dem wirtschaftlich verhängnisvollsten, das uns seit der Napoleonischen Zeit betroffen hat, quantitativ nur verhältnismäßig wenige wissenschaftliche Arbeiten durchgeführt werden konnten, daß eine beträchtliche Zahl dringender Themen aus der Landeskunde des deutschen Nordwestens notwendigerweise liegen bleiben mußte, daß ferner ein peinlicher Mangel an wissenschaftlich geschulten Bearbeitern sich bemerkbar machte, das alles hat uns nicht überraschen und noch weniger entmutigen können, da die gesamtdeutsche Landeskunde unter gleichen oder ähnlichen Mängeln zu leiden hat (Süddeutschland wohl am wenigsten). Was uns aber nachdenklich machen muß, ist erstens die Planlosigkeit wissenschaftlich geographischer Arbeit in Nordwestdeutschland und zweitens das drohende Überwuchern und Zurückdrängen exakter wissenschaftlicher Forschung durch eine üble Pseudowissenschaft, die sich je länger desto mehr unter dem sehr weiten Mantel der sonst so vortrefflichen Heimatkunde verbirgt.

Die Planlosigkeit wissenschaftlich geographischer Arbeit in Nordwestdeutschland resultiert zunächst aus der eingangs betonten Tatsache der unseligen territorialen Zersplitterung. Deren festeste Stützen sind die aus Juristen gebildeten Regierungen und Behörden, weit mehr aber noch die Unbeweglichkeit der echt niederdeutschen bäuerlichen und kleinbürgerlichen Bevölkerung, deren erster Grundsatz auch im 20 Jahrh. zu sein scheint, was ein hannoverscher Staatsminister im 18. Jahrh. verkündete: daß man sich hüten müsse, etwas Neues anzufangen. Nur ein sehr rosiger Optimismus vermag hier baldigen Wandel zu erhoffen.

Die zweite Ursache der Planlosigkeit wissenschaftlicher Arbeit in Nordwestdeutschland scheint mir in der beklagenswerten Isolierung der einzelnen Universitäten und Hochschulen zu liegen. Sie muß zu überwinden sein. Wie in anderen Disziplinen, z. B. in der Physik oder

Chemie, gleichsam Tuchfühlung der in Reih und Glied marschierenden Wissenschaftler besteht und benachbarte Hochschulen sogar kleine Tagungen abhalten zwecks gemeinsamer Diskussionen und persönlicher Fühlungnahme, so wäre m. E. eine Zusammenarbeit der an der Landeskunde Nordwestdeutschlands interessierten Universitäten und Hochschulen nicht weniger wünschenswert und möglich. Der zweijährig zusammentretende Deutsche Geographentag kann nach seiner ganzen Bestimmung nicht das Forum derart speziellen Gedankenaustausches sein.

Nachdenklich stimmt uns zweitens das Überwuchern und Zurückdrängen exakter wissenschaftlicher Forschung durch einen immer schlimmer werdenden Dilettantismus, der auch die Heimatkunde zu verflachen beginnt. Der Mangel an guten wissenschaftlichen Arbeiten und die nun auch amtlich gepflegte Heimatkunde mit ihrem Bedarf an Literatur einerseits, die aus der geistigen Verwilderung der Kriegs- und Nachkriegszeit hervorgehende Unfähigkeit zur Konzentration, Kritik und Konzeption andererseits haben in den letzten Jahren die wissenschaftliche Landeskunde durch einen Dilettantismus geradezu verseucht, so daß benachbarte Disziplinen an der Möglichkeit wissenschaftlich geographischer Forschung auf deutschem Boden irre werden mußten.

Dieser Dilettantismus, der ja eine Kinderkrankheit während der Entwicklungszeit der wissenschaftlichen Geographie in Deutschland gewesen ist, ist zu bannen, wenn er nur immer als solcher erkannt und rücksichtslos — auch in den Rezensionen unserer Fachzeitschriften! — als solcher gebrandmarkt wird. Es wäre eine merkwürdige und zudem lebensgefährliche Inkonsequenz, die Wissenschaftlichkeit und Einheit der Geographie in der Länderkunde zu betonen und zu fordern und nicht auch in der deutschen Landeskunde streng durchzuführen! Und wer als deutscher Geograph die deutsche Landeskunde leicht nehmen wollte, würde sich nicht nur am Vaterlande vergehen, sondern sich selbst auch den eigentlich wissenschaftlichen Nährboden entziehen.

Aus dem gegenwärtigen Stande wissenschaftlicher Landeskunde in Nordwestdeutschland leiten wir unsere nächstliegenden Aufgaben ab. Es dürfte uns zunächst klar geworden sein, wie weit wir noch von dem Ziel einer zusammenfassenden Landeskunde des deutschen Nordwestens entfernt sind, daß wir daher notgedrungen unsere ganze Kraft der eindringenden Spezialforschung in allen Landschaften Nordwestdeutschlands widmen müssen. Sowohl in der Küstenebene der Fluß- und Seemarschen wie im einförmigen und doch ständig wechselnden Tieflande als auch in dem landschaftlichen Mosaik des Berglandes warten eine

Reihe wichtiger Probleme aus der physikalischen, biologischen und anthropogeographischen Teildisziplin auf ihre Lösung. Wer sich jemals in die Landeskunde Nordwestdeutschlands vertieft hat, wird erstaunt sein über die vielseitige und fruchtbare Problematik dieses eigenartigen Teiles Gesamtdeutschlands.

Wissenschaftliche Landeskunde kann und darf nicht nur durch Dissertationen, d. h. durch Anfängerarbeiten, gefördert werden. Aus dieser Erkenntnis heraus forderte R. Gradmann 1925 auf dem Breslauer Geographentage, daß man darauf sehen müsse, hervorragende Begabungen der deutschen Landeskunde zuzuführen. Diese in der Unruhe einer Geschäftssitzung leider untergegangene Mahnung des Herausgebers der „Forschungen zur deutschen Landes- und Volkskunde" sei an dieser Stelle mit besonderem Nachdruck wiederholt. Sie ist um so dringender, als sie zugleich die Zukunftsfrage unserer Wissenschaft überhaupt berührt: unsere Hoffnung und unser Wunsch ist, daß aus der Fülle unserer Hörsäle und Seminare nicht nur Examenskandidaten hervorgehen möchten, sondern auch eine befriedigend große Zahl junger Wissenschaftler, die in der Länderkunde wie in der Landeskunde das wissenschaftliche Niveau der älteren Generation wieder erreichen und halten. „Jeder Meister hat nur einen Schüler — den, der ihn überwindet" (Nietzsche). —

Sitzungen und Veranstaltungen der Gesellschaft.

A. Allgemeine Sitzungen.

492. Sitzung. 5. April 1928.

Vorsitz: Bürgermeister Dr. Schramm.

Vortrag: Univ.-Professor Dr. Otto Jessen-Tübingen: „Die Mancha Neukastiliens" (mit Lichtbildern).

Die Mancha Neukastiliens gilt als der landschaftlich ödeste, trostloseste Teil ganz Spaniens. Und in der Tat ist eine Reise in diesem Lande, besonders im Sommer, mit mancherlei Entbehrungen und Anstrengungen verbunden. Nicht nur wegen der großen Hitze, der Einförmigkeit und Schattenlosigkeit der Landschaft, der Staubmassen, welche die Luft erfüllen, und der Wasserknappheit, sondern auch wegen der Weiträumigkeit der Landschaft, der dünnen Besiedlung und den oft schwierigen Verkehrs- und Unterkunftsverhältnissen. Was den Vortragenden bewog, dieses öde Gebiet zu bereisen, war der Wunsch, eine Landschaft kennen zu lernen, die an Eigenart kaum ihresgleichen in Spanien hat, und die als Schauplatz eines der wichtigsten Werke der Weltliteratur Interesse verdient. Die Entlegenheit und Unberührtheit großer Teile der Mancha ließen erwarten, daß auch die Bevölkerung in Siedlung, Wirtschaft und Lebensweise ein besonderes Gepräge trägt und hier noch ein Stück echten alten kastilischen Volkstums verhältnismäßig rein erhalten ist.

Die Mancha umfaßt etwa 15400 qkm, ist also etwas größer als der Freistaat Baden. Im Süden reicht sie bis zur Sierra Morena, im SO bis zur Sierra de Alcaráz, dem nördlichsten Ausläufer des betischen Faltengebirges, im Osten und Nordosten bis zum Rand des Kreideplateaus der Provinzen Albacete und Cuenca. Im N geht sie ohne scharfe Grenze in die Mesa de Ocaña, die schon zum Tajo-Gebiet gehört, über, und im W und SW bilden die Ausläufer der Montes de Toledo und das Rumpfgebirgsland der Westhälfte Neukastiliens die Grenze. Hydrographisch gehört sie größtenteils zum Einzugsgebiet des Guadiana, nur der Osten zu dem des Jucar. Geologisch-morphologisch kann man drei Teile unterscheiden. Den weitaus größten Raum nimmt die „Niedere Mancha" ein. Sie bildet eine riesenbreite, mit flachliegenden Miozänschichten ausgefüllte, flache Mulde. Die Oberfläche ist tischeben, man kann dort tagelang reisen, ohne seine Höhe um mehr als 50 m zu ändern. Selbst die meisten Flüsse sind kaum merklich eingetieft, und auch die zahlreichen flachen Seebecken (Lagunen), die in einigen Gegenden als Reste diluvialer Gewässer in großer Zahl erhalten sind, tragen weder zur Belebung noch zur Verschönerung der öden Landschaft bei. Über die Niedere Mancha, die im Mittel 680—700 m über dem Meer liegt, erhebt sich im Süden die 200—300 m höhere „Mancha alta". Das Campo de Calatrava im Südwesten bildet ein Rumpfgebirgsland aus vorwiegend silurischen Schiefern, Quarziten und Grauwacken. Hinzu kommen Basalte und Tuffe, Zeugen eines intensiven tertiären Vulkanismus. Auch mehrere vulkanische Sprengtrichter (Maare) konnten festgestellt werden. Das Campo de Montiel, im SO der Hohen Mancha, ist eine Schichttafel aus mesozoischen Mergeln und Sandsteinen, deren Oberfläche fast dieselbe Monotonie zeigt wie die Tertiärebene der Niederen Mancha. Die Schichten liegen im allgemeinen flach, zeigen aber auch Brüche und leichte Faltungen. Es sind diese Störungen auf die „Vorlandfaltung" zurückzuführen, von welcher die iberische Scholle zur Zeit der Auftürmung der betischen Cordillere betroffen wurde.

Die Gipsmergel der Niederen Mancha wurden im mittleren Tertiär während einer Trockenperiode in einem abflußlosen Becken abgelagert. Später wurde das Klima feuchter, es bildeten sich Seen, in denen Kalke zum Absatz kamen.

Auch während der Diluvialzeit war das Klima feucht und der Schuttransport stark. Dann wurde das Klima trockener, und so ist es bis jetzt geblieben.

Das heutige Klima der Mancha ist das eines Steppenhochlandes. Die wichtigsten Kennzeichen sind: geringer mittlerer Jahresniederschlag, ausgesprochene Periodizität der Niederschläge (die Regenzeiten sind Herbst und Frühjahr), starke Temperaturgegensätze zwischen Tag und Nacht, Sommer und Winter, große Lufttrockenheit, starke Luftbewegung und große Heiterkeit des Himmels. Dem entspricht der Steppencharakter der Vegetation. Die Niedere Mancha ist nahezu baumlos, eine sonnenverbrannte Einöde. Hier überwiegt die Grassteppe. In der Hohen Mancha dagegen tritt diese zurück hinter den Halb- und Zwergstrauchformationen.

Aber die natürlichen Steppenformationen bedecken in der Niederen Mancha heute höchstens noch $^1/_4$, in der Hohen $^1/_3$—$^1/_2$ der Gesamtfläche. Die Mancha ist im Laufe der letzten Jahrhunderte in eine Kulturlandschaft verwandelt worden. Aus einer Natursteppe ist eine Kultursteppe geworden. Während zu Cervantes' Zeiten und noch im 18. Jahrhundert die Viehzucht vorherrschte und die Ebenen der Mancha regelmäßig im Winter von riesigen Herden von Wanderschaften aufgesucht wurden, die im Sommer und Herbst im Hochland von Cuenca und in dem östlichen Randgebirge Altkastiliens weideten, ist die Niedere Mancha heute ein einziges großes Getreide- und Weinland. Sie ist die Kornkammer und der Weinkeller Spaniens geworden. Der Weinbau herrscht im Westen vor, der Getreidebau im Osten. In den letzten fünfzig Jahren hat sich der Weinbau auf Kosten des

Getreidebaus immer mehr ausgebreitet. Bei rationeller Bewirtschaftung und günstiger Besitzverteilung könnte der Ertrag sehr gesteigert werden. Die extensive Bewirtschaftung kommt auch in der geringen Bevölkerungsdichte (15 bis 16 auf 1 qkm) zum Ausdruck.

Die typische Siedlung der Mancha ist das große, geschlossene, stadtähnliche Dorf, mit breiten Straßen und meist einstöckigen Häusern. Ohne jeden Schmuck von Gärten liegen sie, 20—30 km voneinander entfernt, in der Ebene verstreut. Die Getreidesteppe beginnt unmittelbar vor den Toren. Zahlreiche Feldwege strahlen nach allen Richtungen aus. In der Mitte der Ortschaften liegt das Geschäfts viertel mit der Plaza und der Kirche, an ihrer Peripherie schließen sich die Dreschplätze an. Ein Ort sieht aus wie der andere, einer ist so öde und schmutzig wie der andere. Keine Gärten, kein Baum, höchstens ein paar verstaubte und verkrüppelte Ulmen oder Eschen auf der Alameda, die den Stolz des ganzen Ortes bilden. Die Häuser liegen eng aneinander, sind weiß gekalkt und ohne jeden Schmuck. Im Hausbau berührt sich hier die kastilische mit der andalusisch-maurischen Bauart. In merkwürdigem Gegensatz zu der nüchternen modernen Bauweise stehen die architektonischen Überbleibsel aus vergangenen Jahrhunderten, die Kirchen und stattlichen Sitze alter Rittergeschlechter mit ihren schönen Portalen. Unter den Siedlungen sind besonders die Höhlenwohnungen auffallend. Sie zeichnen sich durch Geräumigkeit und Sauberkeit aus und sind eine dem Klima und der Bodenart vortrefflich angepaßte billige Wohnweise.

Nachdem der Vortragende seine Ausführungen über den Landschaftscharakter, die Anbau- und Siedlungsverhältnisse der Mancha an einer Reihe von Lichtbildern erläutert hatte, schilderte er in einem Schlußwort die Mancha als Heimat Don Quijotes. Er verglich die Mancha zur Zeit des Cervantes mit der heutigen Landschaft und schloß, anknüpfend an die zwei berühmtesten Söhne der Mancha, Don Quijote und Sancho Panza, mit einem Hinweis auf den tiefen psychologischen Gehalt des Cervantesschen Romans, der zu den wunderlichsten und wunderbarsten Werken der Weltliteratur gehört.

493. Sitzung. 3. Mai 1928.

(gemeinsam mit dem Ostasiatischen Verein Hamburg-Bremen).
Vorsitz: Bürgermeister Dr. Schramm.
Vortrag: Dr. Hans Maier-Leipzig: „Land, Leute und Wirtschaft der Mandschurei“ (mit Lichtbildern).

Der Redner, der als Geograph an der Stötzner'schen Helungkiang-Expedition 1927 teilgenommen hat, erläuterte zunächst den noch wenig erforschten Zustand des bereisten Gebiets und schilderte die Schwierigkeiten, die zu überwinden waren. Weiterhin gab er einen Überblick über Lage und Naturverhältnisse der Mandschurei, die er als ein ausgesprochenes Übergangsgebiet zwischen drei verschiedenen Landschafts- und Klimazonen kennzeichnete. Das Hauptziel der Expedition waren völkerkundliche Untersuchungen der dortigen im Aussterben begriffenen Eingeborenen tungusischer Rasse, die durch die in Massen einwandernden Chinesen aufgesogen werden. In den letzten Jahrzehnten ist die durch die Politik der Mandschukaiser fast schon entvölkerte Mandschurei durch Chinesen wieder besiedelt worden. Es ist die größte Volkswanderung der Neuzeit, die dort vor sich geht — im Jahre 1927 allein über 1 Million Einwanderer! Die Erschließung des Landes durch Bahnbauten und die Schaffung einer eigenen nationalen Industrie ist in raschem Aufschwung begriffen. Die Mandschurei, die als junges Kolonialland traditionsloser ist, als das übrige China, ist deshalb der Schlüssel der chinesischen Zukunftsentwicklung. Die Mithilfe Deutschlands, von dem China keine imperialistischen Nebenabsichten zu befürchten hat, an der Erschließung des aufblühenden, zukunftsreichen Landes wäre sehr zu begrüßen.

494. Sitzung. 11. Mai 1928.

(gemeinsam mit dem Ostasiatischen Verein Hamburg-Bremen).

Vorsitz: Geheimrat Professor Dr. Stuhlmann.

Vortrag: Professor Dr. Peter Schmidt-Leningrad: „Fünf Wochen auf den Liu-Kiu-Inseln“ (mit Lichtbildern).

Der Vortragende bereiste diese Inselkette, die Südjapan mit Formosa verbindet, im Jahre 1927 als Naturforscher und lernte besonders die Inseln Amami-Oshima und Okinawa kennen, über deren Landesnatur und Bevölkerung er viel Interessantes mitzuteilen wußte. Ihre Pflanzen- und Tierwelt ist ganz eigentümlich, beinahe tropisch dem Charakter nach, aber sie enthalten auch mehrere nur diesen Inseln zugehörige Formen. So findet man auf Amami-Oshima einen eigenartigen „blauen Vogel“ (von den Japanern „ruri-kakessu“ genannt) und einen ganz besonderen „schwarzen Hasen“, der mehr einer Ratte ähnlich ist. Beide Tiere wurden vom Vortragenden erbeutet. Unter den tropischen und subtropischen Gewächsen findet man auch mehrere, die nur auf der einen oder anderen der Liu-Kiu Inseln vorkommen. Eigenartig ist auch die Bevölkerung der Inseln, die zwar mit den Japanern verwandt ist, aber auch von ihnen in der Sprache, in der äußeren Erscheinung und in den Sitten abweicht. Die Einwohner sind meistens Fischer und beschäftigen sich daneben mit Ackerbau, indem sie Zuckerrohr, Reis, Bataten, Yams und andere tropische Pflanzen anbauen. Ferner werden auf den Inseln Seeschildkröten und Seeschlangen gefangen. Die letzteren werden im geräucherten Zustande als Arznei verkauft und sollen als ein Verjüngungsmittel gebraucht werden. Auch eine sonderbare Fischereiart wird auf Okinawa getrieben: ein Netz wird zwischen zwei Booten ausgebreitet, und mehrere Taucher jagen die Fische in das Netz durch Lärm oder durch das unmittelbare Verfolgen unter der Wasseroberfläche. Interessant ist es auch, daß auf diesen Inseln die primitivsten religiösen Vorstellungen herrschen. Die Einwohner sind meistens Schamanisten, und die Zauberer und Zauberinnen (Schamanen) haben bei ihnen einen großen Einfluß. Auch sind einige Überreste des phallistischen Kultus vorhanden. Es wird nämlich in Nahe, der Hauptstadt von Okinawa, alljährlich ein Fest abgehalten, an dem die unzähligen Priesterinnen der freien Liebe in festlichen, altertümlichen Gewändern, mit Tanz und Gesang durch die ganze Stadt in Prozession hinziehen. Während seiner Reise konnte der Vortragende auch reiche zoologische und botanische Sammlungen anlegen, die die Museen der russischen Akademie der Wissenschaften bereichert haben. Eine Reihe charakteristischer Lichtbilder umrahmte den mit reichem Beifall aufgenommenen Vortrag.

495. Sitzung. 20. September 1928.

(Zu dieser Sitzung waren die Mitglieder der Abteilungen „Geographie" und „Geologie" der 90. Versammlung der Gesellschaft Deutscher Naturforscher und Ärzte eingeladen worden.)

Vorsitz: Geheimrat Professor Dr. Stuhlmann.

1. Nachruf auf den am 21. Mai 1928 verstorbenen ersten Vorsitzenden der Gesellschaft, Herrn Bürgermeister Dr. Schramm (vergl. S. 1 bis 3).

2. Vortrag: Univ.-Professor Dr. Arved Schultz-Königsberg: „Reise in Russisch-, Mittel- und Ostasien im Jahre 1927".

Der Vortragende führte etwa folgendes aus: Das Russische Reich ist in seinem natürlichen östlichen Ausdehnungsfeld mit zwei asiatischen Kulturen zusammengestoßen, der islamitischen im Nahen, der chinesischen im Fernen Osten. Auf dem viele tausend Kilometer langen Berührungssaum sind fast überall natürliche Grenzen erreicht worden. Nur im äußersten Osten ist dies nicht der Fall, und das Riesenreich schiebt sich hier gegen die weltpolitische jetzt so bedeutsame Mandschurei vor. Der — jüngere — Vorstoß zum Indischen Ozean fand sein Ende in dem Wüsten- und Oasenland Turkestan, der — ältere — Oststoß erreichte sein Ziel, den Stillen Ozean, begünstigt durch gleiche oder ähnliche natürliche Bedingungen wie im Mutterlande.

Wirtschaftlich und politisch sind beide Grenzmarken — Turkestan und Ostsibirien — von allergrößter Bedeutung. Die Natur zeigt aber gewaltige Unterschiede. Feuchte Waldlandschaften und Mittelgebirge im Fernen Westen, Oasen und Hochgebirge im Nahen Osten.

Der Bolschewismus hat durch die nationale Kulturautonomie in beiden Ländern viel Gutes schaffen können. Das fällt besonders bei der Ackerbau treibenden Bevölkerung Turkestans auf. Im Osten hat er bei den zahlreichen Chinesen und Koreanern vielfach begeisterte Anhänger gewonnen. Wirtschaftlich kämpfen beide Grenzmarken mit starken Krisen, die im Osten zu größerer Lockerung der starren theoretischen Methoden geführt hat.

Die 100 Lichtbilder zeigten u. a. das schwer durchdringbare Küstengebirge Ostsibiriens, die Küste der Japansee und Stadtansichten von Wladiwostok, dann die Oasen mit ihren alten islamitischen Kulturzentren und verschiedenartige Ansichten der Wüstenlandschaften Turkestans.

496. Sitzung. 25. Oktober 1928.

Vorsitz: Geheimrat Professor Dr. Stuhlmann.

1. Vorstandswahl. Herr Senator Dr. de Chapeaurouge wird neu in den Vorstand der Geographischen Gesellschaft gewählt als Nachfolger für Herrn Bürgermeister Dr. Schramm.

2. Bevor der Vorsitzende dem Redner des Abends das Wort zu seinem Vortrage erteilte, gab er einen Überblick über die geschichtliche Entwicklung und wirtschaftliche Bedeutung Süd-Arabiens.

Vortrag: Dr. C. Rathjens-Hamburg: „Durch das kriegerische Arabien" (mit Vorführung von Steh- und Laufbildern).

Der Vortragende war auf seiner Reise nach Arabien im letzten Winter von Dr. Hermann v. Wißmann vom Kolonial-Geographischen Seminar in Leipzig als Geographen und von Frl. Frieda Apitz als Orientalistin begleitet. Es war eigentlich geplant, nach dem südlichen Hedjaz zu reisen, aber unter den augenblicklichen politischen Verhältnissen läßt Ibn Saud keinen Europäer ins Innere des Landes hinein. So fuhren die Reisenden auf gut Glück nach einem kurzen Aufenthalt in Djiddah nach Süd-Arabien weiter, wo sie von dem König, dem Imâm, freundlich aufgenommen wurden und sofort eine Einladung, zur Hauptstadt des Landes, Sanaa, zu reisen, erhielten. Von dort aus machten sie mehrere Reisen, soweit als der Imâm ohne Gefährdung der Reisenden durch seine fanatischen Untertanen es verantworten zu können meinte, vor allem nach NW und NO. Dabei wurde etwa 35 km nördlich der Hauptstadt auf Wunsch des Königs ein sabäisches Ruinenfeld ausgegraben, wobei die Grundmauern eines Sonnentempels freigelegt wurden. Der Vortragende schildert das Land Yemen, das „glückselige Arabien" der Alten, mit seiner dichten vielgestaltigen Bevölkerung von 8 Millionen als außerordentlich fruchtbar, mit einem guten Klima, aber noch völlig unberührt von europäischer Kultur und Wirtschaftsmethoden und von großer landschaftlicher Schönheit. Die Lichtbilder und Filmaufnahmen, die den Vortrag begleiteten, zeigten in buntem Wechsel Landschaften von der trostlosesten Wüstenebene bis zur gewaltigen pitoresken Hochgebirgswelt mit den wunderbaren Terrassen-Kulturen an allen Hängen und den trotzigen Felsenburgen mit ihren eigenartigen Hochhäusern auf allen Berggipfeln. Ein buntes, rein orientalisches, von allen europäischen Einflüssen noch freies Volksleben rollt an uns vorüber, vor allem in der Märchenstadt Sanaa, der Residenz des Imâm, der sich ein wohlbewaffnetes und diszipliniertes Heer ausgebildet hat, dessen Paraden und Kriegstänze im Film festgehalten sind. Leider mußten die Reisenden wegen der mit den Engländern an der Grenze von Aden ausbrechenden kriegerischen Verwickelungen ihren Aufenthalt in Yemen vorzeitig abbrechen.

497. Sitzung. 6. Dezember 1928.

Vorsitz: Senator Dr. de Chapeaurouge.

Der Vorsitzende führte einleitend folgendes aus:

Zum ersten Male habe ich heute eine Sitzung der Geographischen Gesellschaft als ihr erster Vorsitzender zu eröffnen. Es ist mir ein Bedürfnis, zu beginnen mit einem Worte des Dankes für meine Wahl und das in dieser Wahl mir ausgedrückte Vertrauen, das ich erwidern möchte mit dem Versprechen, daß, so weit meine Zeit und Kraft mir erlauben, ich mich der Förderung der Gesellschaft in jeder Weise annehmen werde. Nicht ohne erhebliche Bedenken habe ich die Wahl angenommen, besonders weil ich Zweifel hatte, ob meine starken anderweitigen Arbeitsverpflichtungen mir erlauben, dem neuen Amte die Zeit zu widmen, die es erfordert. Wenn ich mich doch zur Annahme der Wahl entschlossen habe, so waren zwei Gründe dafür bestimmend, einmal der Umstand, daß mein verehrter lieber Vorgänger und Freund, Bürgermeister Dr. Schramm, mich mehrfach in den letzten Wochen vor seinem Ableben persönlich gebeten hatte, seine Nachfolge zu übernehmen, falls bei seinem Ausscheiden aus dem Vorsitz der Gesellschaft diese den Wunsch haben sollte, für den ersten Vorsitz wieder ein Mitglied des Senates in Aussicht zu nehmen. Weiter aber war für mich bestimmend die feste Zusage ihres zweiten Vorsitzenden, Geheimrat Dr. Stuhlmann, dessen Arbeitstreue mir seit Jahren persönlich bekannt war, mich in der Führung der Vorstandsgeschäfte in jeder Weise zu unterstützen. Es sollte anders kommen, als ich bei Annahme meines Amtes erwartete. Meine erste Pflicht als Vorsitzender ist, dem, der mich vor allem veranlaßte, das Amt anzunehmen und mit dem ich auf fruchtbare Zusammenarbeit hoffte, hier einen Nachruf zu widmen (Der Nachruf ist in dem vorliegenden Bande veröffentlicht, S. 4 bis 8).

Vortrag: Professor Dr. E. Koch-Hamburg: „Die Grundwasser-Versorgung Hamburgs in alter und neuer Zeit (unter besonderer Berücksichtigung der geologischen Verhältnisse)“.

498. Sitzung. 11. Dezember 1928.

(Gemeinsam veranstaltet mit dem Ostasiatischen Verein Hamburg-Bremen.)

Vorsitz: Professor Dr. Schlee.

Vortrag: Direktor E. Helfferich-Hamburg: „Wirtschaft und Ethik in Niederländisch-Indien“ (mit Lichtbildern).

Der Vortrag ist im vorliegenden Bande S. 148 bis 165 veröffentlicht.

499. Sitzung. 3. Januar 1929.

Vorsitz: Senator Dr. de Chapeaurouge.

Vortrag: Professor Dr. C. Meinhof-Hamburg: „Eine Studienfahrt nach Südafrika 1928“.

Diese Reise hatte zum Zweck, genauere Nachrichten über die Sprachen der Hottentotten und Buschmänner zu erhalten.

Die meisten Dialekte des Hottentottischen sind bereits ausgestorben, nur das Nama hat eine ausführliche schriftliche Bearbeitung erfahren. Es haben sich aber noch Reste des Korana und des Griqua erhalten, und diese galt es aufzufinden. Das ist für das Korana im vollsten Umfang gelungen. Ein umfangreiches Wörterverzeichnis ist angefertigt, viele für die Grammatik wichtige Sätze sind gesammelt, auch einige Tierfabeln, Erzählungen und Schilderungen. Dazu gelang es, ältere Nachrichten über die Korana zu ermitteln, die das Leben dieses alten Hirtenvolkes beleuchten. So ist wichtiges Material beschafft, um das Korana mit dem Nama zu vergleichen und so Einblick in die Entwicklung dieser seltsamen Sprachen zu gewinnen.

Außerdem ist es gelungen, Worte und Fabeln in einer bisher nicht bekannten Buschmannsprache aufzuzeichnen. Das wird für die Erforschung der Buschmannsprachen wichtig sein, die trotz aller Mühe immer noch nicht ausreichend bekannt sind.

So kann man hoffen, auch die Beziehungen dieser Sprachen zum Hottentottischen besser als bisher zu verstehen.

Auch über die Technik und die Lebensweise der Buschmänner wurde Neues berichtet. Besonders überraschend waren Mitteilungen über prähistorische Funde in Südafrika.

Der Vortragende rühmte die gastliche Aufnahme, die er bei den Universitäten in Südafrika gefunden hat, und erhofft weiteren Austausch mit Südafrika nicht nur für seine, sondern auch für andere Wissenschaften.

Der Vortrag wurde durch Lichtbilder erläutert, die nach Photographien von Frau Prof. Meinhof und von Herrn A. M. Duggan-Cronin in Kimberley angefertigt sind, und die Landschaften, Typen von Eingeborenen und Proben ihrer Kunstfertigkeit vorführten.

500. Sitzung. 9. Januar 1929.

Vorsitz: Professor Dr. Schlee.

Der Vorsitzende gedachte eingangs der 500. Jubiläumssitzung und gab einen kurzgefaßten Überblick über die bisherige Entwicklung der Gesellschaft.

Vortrag: Professor Dr. G. Gürich-Hamburg: „Der Ätna-Ausbruch vom November 1928“ (mit Lichtbildern).

Der Vortrag ist im vorliegenden Bande der „Mitteilungen“ S. 166 bis 180 veröffentlicht.

501. Sitzung. 7. Februar 1929.

Vorsitz: Senator Dr. de Chapeaurouge.

1. Der Kassenbericht für 1928 wird verlesen und genehmigt.

2. Vorstandswahl. Das bisherige Mitglied des Beirates Herr Direktor E. Helfferich wird neu in den Vorstand der Gesellschaft gewählt. Die satzungsgemäß ausscheidenden Mitglieder des Vorstandes, Herren Senator Dr. de Chapeaurouge, Professor Dr. G. Gürich, Direktor Riedel und Dr. Semmelhack werden wiedergewählt.

3. Beiratswahl. Die satzungsgemäß erforderliche Neuwahl des Beirates hatte folgendes Ergebnis: Senator Dr. Burchard, Hans Crasemann, Professor Dr. Doermer, Richard Friederichsen, Professor Dr. Fülleborn, Professor Dr. Gripp, Dr. M. Knoth, Erich F. Laeisz, Professor Dr. Lohmann, Professor Dr. Lütgens, Dr. Kurt Siemers, Kommerzienrat Herm. Stoltz, Senator Dr. J. Strandes, Professor Dr. K. Umlauf, Heinrich A. Westphal.

4. Vortrag: Professor Dr. Bruno Dietrich-Wien: „Kalifornien und Arizona als Wirtschaftsgebiete mit künstlicher Bewässerung (auf Grund von drei Reisen)“ mit Lichtbildern.

Der Vortrag wird voraussichtlich im nächsten Bande der „Mitteilungen“ veröffentlicht werden.

502. Sitzung. 14. Februar 1929.

(Gemeinsam mit der Hafenbautechnischen Gesellschaft Hamburg und dem Architekten- und Ingenieur-Verein in Hamburg.)

Vorsitz: Senator Dr. de Chapeaurouge.

Vortrag: Oberingenieur V. J. B. de Blocq van Kuffeler-Haag: „Die Trockenlegung der Zuider-See“ (mit Lichtbildern).

Eine französische Zeitung „La Justice“ hat einmal geschrieben: „Gott hat die Welt geschaffen mit Ausnahme der Niederlande. Diese wurden von den Holländern geschaffen“. Und tatsächlich kann derjenige, der sich klar wird über den Kampf gegen das Wasser, der Jahrhunderte hindurch in diesem Land geführt wurde, nicht umhin, anzuerkennen, daß etwas ganz Besonderes geleistet worden ist.

Fast ein Fünftel der Oberfläche des Landes liegt unterhalb des Meeresspiegels, einige trockengelegte Seen reichen sogar sechs bis sieben Meter unter das Niveau des Meeres hinab. Dessenungeachtet dringt immer noch ein großer Meerbusen — die Zuidersee — bis in die Mitte des Landes ein, und es läßt sich leicht verstehen, daß in einem Lande, wo den Leuten das Trockenlegen von altersher angeboren ist, Pläne aufgestellt werden zur Abschließung und Trockenlegung dieses Binnenmeeres, nicht nur wegen der Gefahr, welche bei Stürmen immer droht, sondern auch, um den Meeresboden in reichen Ackerboden zu verwandeln. Auch noch weitere Vorteile sind damit verbunden, wie beispielsweise bessere Süßwasserversorgung der umliegenden Gebiete.

Der Vortragende behandelte in sehr eingehender Weise den Fragenkomplex der Abschließung der Zuidersee vom nordholländischen Festlande über die Insel Wieringen nach der friesischen Küste in der Nähe von Zurig und der Trockenlegung von vier Teilen der abgeschlossenen Zuidersee. Die Pläne für diese Riesenarbeit sind in den Jahren 1887 bis 1891 aufgestellt vom Ingenieur C. Lely, der als Minister der öffentlichen Arbeiten das Gesetz vom 14. Juni 1918 zur Abschließung und Trockenlegung der Zuidersee mit unterzeichnete. Seit 1920 sind die Niederländer daran, eine neue Provinz zu schaffen und die Oberfläche ihres Landes um sieben Prozent zu vergrößern.

Dabei handelt es sich um die Lösung zahlreicher technischer Fragen und die Ausführung von Bauarbeiten, deren Kosten auf etwa eine halbe Milliarde Gulden veranschlagt werden können.

Die große wirtschaftliche Bedeutung des Planes liegt darin, daß die Oberfläche Hollands um zehn Prozent an Kulturland vergrößert wird, und daß die Kulturverhältnisse in den umliegenden Provinzen wesentlich verbessert werden. Der Redner gab zunächst einige Erläuterungen über Tiefen- und Bodenverhältnisse in der Zuidersee und ging dann in großen Zügen auf die Geschichte der Planung und auf die endgültige Beschlußfassung ein. Im Jahre 1886 wurde der Zuidersee-Verein gestiftet, dem es oblag, die Frage zu studieren und Lösungsvorschläge zu machen. Dann wurden die Grundzüge des Planes von Lely erläutert. Die technische Lösung war bereits 1894 fertiggestellt, aber erst ein Viertel Jahrhundert später kam sie, infolge der wirtschaftlichen Verhältnisse, zur Ausführung. 1920 wurde mit den Arbeiten begonnen, aber die finanziellen Verhältnisse der Nachkriegszeit beschränkten in den Jahren 1922 bis 1925 die Arbeit, die erst im Jahre 1927 wieder beschleunigt werden konnte. Die Abschließung gelang in acht Jahren, die Trockenlegung des Nordwestteiles in sieben Jahren. Der Vortragende schilderte dann die abgeschlossenen Arbeiten sehr eingehend. Die Länge des Abschlußdeiches Wieringen—Friesland beträgt 30 km. Es sind insgesamt 25 Entwässerungsschleusen, je 12 m breit und 4 m tief, angelegt; auf beiden Seiten befinden sich Schiffahrtsschleusen. Der abgeschlossene Teil machte einen festen Anschlag von 2490 Millionen Gulden nötig. Die Trockenlegung umfaßt 224000 ha. Es sind vorgesehen: Deiche, Ringkanäle, Schöpfwerke, Hauptvorflut-Kanäle, Straßen-, Brücken- und Schleusenbauten. Der Kostenanschlag für die Trockenlegung betrug 1924 365 Millionen Gulden. Der vorläufige Erlös aus den parzellierten Poldern aus Pachtgeldern wird mit 95 Millionen Gulden genannt, dazu kommen 184 Millionen Gulden Zinsen. Der Kapitalwert der neuen Polder beträgt 510 Millionen Gulden. Es ist also kein kaufmännisches Geschäft, sondern eine wirtschaftliche Frage. Aber für den großen Landhunger der Niederlande, für die gesunde Entwicklung der Landwirtschaft ist neues Land unbedingt nötig.

Über die Ausführung der Arbeiten konnte der Vortragende interessante Lichtbilder zeigen. Man sah den Bau des Abschlußdeiches, die Bekleidung unter Wasser und seine sonstige Ausrüstung mit Hauptstraße und Eisenbahn. Die Arbeiten werden von den vier größten Baggerunternehmungen gemeinsam ausgeführt. Die Lichtbilder gaben schöne Eindrücke von den Baustellen und den riesigen Baggern. Für seine fesselnden Ausführungen fand der Vortragende starken Beifall.

503. Sitzung. 7. März 1929.

Vorsitz: Professor Dr. Schulz.

Vortrag: Professor Dr. J. Tomaseth-Wien: „Das alte Peru" (mit Lichtbildern).

504. Sitzung. 14. März 1929.

Vorsitz: Professor Dr. Schulz.

Vortrag: Dr. h. c. Roderich Schlubach-Hamburg: „Guatemala, Land und Leute" mit anschließender Filmvorführung.

505. Sitzung. 21. März 1929.

Vorsitz: Senator Dr. de Chapeaurouge.

Vortrag: Reg. Rat Dr. Benkendorf-Berlin: „Eindrücke auf der Amerikafahrt des „Graf Zeppelin" (mit Lichtbildern).

B. Fachsitzungen.

72. Fachsitzung. 19. April 1928.

Professor Dr. S. Passarge-Hamburg: „Das Atlantis-Problem und die Funde von Paul Borchardt in Tunesien".

Dr. Paul Borchardt: „Bericht über neue Untersuchungen in Tunesien".

73. Fachsitzung. 26. April 1928.

(Zugleich 12. Veranstaltung der Landesgruppe Hamburg des Verbandes deutscher Schulgeographen.)

Adolf Diersen-Hamburg: „Die Heimatkunde in der Grundschule".

74. Fachsitzung. 14. Mai 1928.

Privatdozent Dr. H. Seilkopf-Hamburg: „Verlauf und meteorologische Ergebnisse des Ostasienfluges der Deutschen Luft-Hansa im Sommer 1926 (mit Lichtbildern).

75. Fachsitzung. 4. Oktober 1928.

Privatdozent Dr. Otto Pratje-Königsberg: „Die geologischen Ergebnisse der deutschen atlantischen Expedition (mit Lichtbildern).

76. Fachsitzung. 29. November 1928.

Professor Dr. Franz Kühn-Kiel: „Die Talausfüllungen der Calchaqui- und Jujuy-Schichten im nordwestlichen Argentinien" (mit Lichtbildern).

77. Fachzeitung. 21. Januar 1929.

Professor Dr. Absolon-Brünn: „Der Macocha-Abgrund in Mähren, das Problem eines unterirdischen Karstflusses" (mit Lichtbildern).

78. Fachsitzung. 21. Februar 1929.

Dr. Richard Wichmann-Buenos Aires: „Geologische Beobachtungen in Patagonien" (mit Lichtbildern).

C. Ausflüge.

Am 10. Juni 1928. Geographische Exkursion nach Stade und in das Land Kehdingen (zugleich 13. Veranstaltung der Landesgruppe Hamburg des Verbandes deutscher Schulgeographen). Führung: Dr. E. Koch.

Am 14. Oktober 1928. Geographische Exkursion durch die Vierlande (zugleich 14. Veranstaltung der Landesgruppe Hamburg des Verbandes deutscher Schulgeographen). Führung: Dr. E. Koch.

Bericht über die Bibliothek

für die Zeit vom 1. Januar 1928 bis 31. Dezember 1928.

Der Austauschverkehr.

Der Austauschverkehr mit in- und ausländischen Gesellschaften und Instituten erfuhr in diesem Jahre weitere Zunahme; eine wesentliche Steigerung ist für die nächsten Jahre nicht mehr zu erwarten, da fast alle wichtigen Gesellschaften und Institute, die Veröffentlichungen herausgeben und zum Austausch bereit sind, nunmehr erfaßt sind.

Die Geographische Gesellschaft steht im Austausch mit insgesamt 260 Gesellschaften usw. und zwar:

77 Gesellschaften usw. in Deutschland, Österreich, Danzig (1927: 68. — 1926: 49).

183 Gesellschaften usw. im Auslande (1927: 146. — 1926: 98).

Eingänge.

Auch hier ist eine erfreuliche Zunahme zu verzeichnen.

Es gingen im Laufe des Jahres insgesamt 621 selbständige Bände ein (1927: 426; 1926: 408 Bände) und zwar durch Tausch 494 Bde., durch Kauf 13 Bde., durch Geschenk 114 Bde..

Die verhältnismäßig hohe Zahl von Geschenken erklärt sich vor allem daraus, daß das Handelsstatistische Amt allein 53 Bände aus ihren Beständen an die Geographische Gesellschaft abgab.

An Karten gingen ein: 58 Exemplare.

Aus den größeren Austauschsendungen seien erwähnt:

	Bände	Karten
Russ. Akademie der Wissensch., Leningrad	34	
Governo della Cirenaica, Bengasi	10	6
Instituto Histor. e Geogr., Rio de Janeiro	17	
Manchuria Research Society, Charbin	32	
Geographische Gesellschaft, Bukarest	15	
Deposito de la Guerra, Madrid		42

Die Notgemeinschaft der Deutschen Wissenschaft sandte im Austausch gegen Dubletten der Bibliothek der Geographischen Gesellschaft 7 Bände.

Eine große finanzielle Belastung bedeutet das Einbinden der eingehenden Bände, es wurden insgesamt nur 257 Bände eingebunden. — Es ist zu hoffen, daß im Laufe des kommenden Jahres die beträchtlichen zum großen Teil noch aus der Kriegs- und Inflationszeit stammenden ungebundenen Bestände allmählich gebunden werden können.

Der neue systematische Katalog (Zettel-Katalog) ist bis zum Buchstaben „B“ des alphabetischen Katalogs vorgerückt; seine Fertigstellung dürfte unter den gegebenen Verhältnissen noch einige Jahre in Anspruch nehmen.

Es wurden ausgeliehen: 205 Bände (1927: 185; 1926: 124). Ungebundene Bände und Karten wurden in größerer Zahl im Lesesaal der Commerzbibliothek eingesehen.

31. Dezember 1928.

Prof. Dr. Mühlhausen.
Bibliothekar.

Verzeichnis

der Zeitschriften und Serienwerke, die der Bibliothek der Geographischen Gesellschaft im Austausch gegen die „Mitteilungen der Geographischen Gesellschaft in Hamburg" zugehen.[1]) Stand vom 1. Januar 1929.

Europa.

Deutschland, Österreich, Danzig.

Aachen: Geographisches Institut der Technischen Hochschule: Beiträge zur Aachener Heimatkunde. 1/25

Bayreuth: Der Siebenstern. Vereinszeitschrift des Fichtelgebirgsvereins. 3/47. 4⁰

Berlin: Zeitschrift der Gesellschaft für Erdkunde zu Berlin. 2/4

Geographische Abhandlungen hrsg. von Albrecht Penck. Neue Folge. Veröffentlichungen des Geographischen Instituts an der Universität Berlin. 2/14. 4⁰

Mitteilungen des Reichsamts für Landesaufnahme. 1/17. 4⁰

Tätigkeitsbericht der Preußischen Geologischen Landesanstalt.

Arbeitsplan der Preußischen Geologischen Landesanstalt.

Niederschrift über die Versammlung der Direktoren der Geologischen Landesanstalten des Deutschen Reiches u. Österreichs.

Der Kolonialfreund. Illustrierte Kolonial- und Auslands-Zeitung. Offizielles Organ des Bundes der Kolonialfreunde. 21/45. 4⁰

Kolonialkriegerdank: Koloniale Rundschau und Mitteilungen aus den deutschen Schutzgebieten. Monatsschrift für koloniale Wirtschaft, Völker- und Länderkunde. 2/13.

Bielefeld: Bericht des Naturwissenschaftlichen Vereins für Bielefeld und Umgegend. 2/5

Braunschweig: Jahresbericht des Vereins für Naturwissenschaft zu Braunschweig. 2/15

Bremen: Schriften der Bremer Wissenschaftlichen Gesellschaft:

Reihe B: Abhandlungen. hrsg. vom Naturwissenschaftlichen Verein. 2/35.

Reihe C: Deutsche Geographische Blätter, hrsg. von der Geographischen Gesellschaft. 2/19.

Reihe D: Abhandlungen u. Vorträge, hrsg. von d. Bremer Wissensch. Gesellschaft. 2/32.

Reihe E: Niederdeutsche Zeitschrift für Volkskunde. 2/30. 4⁰.

Bremische Landeswetterwarte: Bremen: Deutsches meteorologisches Jahrbuch. 24/33. 4⁰.

---

[1]) Die Bibliothek der Geographischen Gesellschaft ist in der Commerzbibliothek aufgestellt und dort zu den Öffnungszeiten der Commerzbibliothek allgemein kostenlos zugänglich. Die Zahlen hinter den Titeln bedeuten die Signatur im Bibliothekskatalog.

Breslau: Veröffentlichungen der Schlesischen Gesellschaft für Erdkunde. 3/50.

Der Wanderer im Riesengebirge. Organ des Riesen- u. Isergebirgs-Vereins (Hirschberg i. Schlesien). 3/51. 4⁰.

Danzig: Abhandlungen der Naturforschenden Gesellschaft in Danzig. 3/14 b.

Schriften der Naturforschenden Gesellschaft in Danzig 3/14.

Darmstadt: Notizblatt des Vereins für Erdkunde u. der Hessischen Geologischen Landesanstalt zu Darmstadt. [nebst:]

Mitteilungen der Hessischen Zentralstelle für die Landesstatistik 3/21.

Dresden: Mitteilungen des Vereins für Erdkunde zu Dresden. 3/7.

Elberfeld: Jahresbericht des Naturwissenschaftlichen Vereins in Elberfeld. 3/22.

Erlangen: Sitzungsberichte der Physikalisch-medizinischen Sozietät in Erlangen. 4/1.

Frankfurt: Frankfurter geographische Hefte. (... Jahresbericht des Frankfurter Vereins für Geographie u. Statistik.) 3/23 a.

Rhein-Mainische Forschungen, hrsg. vom Geograph. Institut der Universität Frankfurt a. M. 3/53.

Freiburg: Mitteilungen der Geographischen Fachschaft an der Universität Freiburg i. B. 3/62.

Gießen: Geographische Mitteilungen aus Hessen. Im Auftr. der Gesellschaft für Erd- u. Völkerkunde zu Gießen... 3/28.
[seit 1911 nichts ersch.]

Gotha: Geographischer Anzeiger. Blätter für den geographischen Unterricht.. [Kauf]. 3/37. 4⁰.

Greifswald: Jahrbuch der Geographischen Gesellschaft Greifswald [mit Beiheften]. 4/2.

Halle: Mitteilungen des Sächsisch-Thüringischen Vereins für Erdkunde zu Halle. 4/5.

Leopoldina. Neue Folge: Berichte der Kaiserlich Deutschen Akademie der Naturforscher zu Halle. 4/12. 4⁰.

Hamburg: Annalen der Hydrographie u. maritimen Meteorologie. Zeitschrift für Seefahrt- u. Meereskunde, hrsg. von d. Deutschen Seewarte, Hamburg. 18/40. 4⁰.

Aus dem Archiv der Deutschen Seewarte. 18/35. 4⁰.

Deutsche Seewarte: Deutsche überseeische meteorologische Beobachtungen. 18/39. 4⁰.

Deutsche Seewarte: Deutsches meteorologisches Jahrbuch für ... Ergebnisse der Beobachtungen... 24/32. 4⁰.

Monatliche Mitteilungen der Hauptstation für Erdbebenforschung am Physikalischen Staatsinstitut. 19/109 b. 2⁰.

Abhandlungen aus dem Gebiet der Naturwissenschaften, hrsg. v. Naturwiss. Verein in Hamburg. 4/14. 4⁰.

Verhandlungen des Naturwissenschaftlichen Vereins zu Hamburg. 4/9.

Jahrbuch der Hafenbautechnischen Gesellschaft. 4/19. 4⁰.

Statistisches Jahrbuch für die Freie und Hansestadt Hamburg, hrsg. vom Statistischen Landesamt. 23/10 d.

Statistische Mitteilungen über den Hamburgischen Staat, hrsg. vom Statistischen Landesamt. 23/63. 4⁰.

Statistik des Hamburgischen Staates, hrsg. v. Statistischen Landesamt. 23/65. 4⁰.

Aus Hamburgs Verwaltung und Wirtschaft; [nebst:] Hamburgs Handel und Schiffahrt, hrsg. v. Statistischen Landesamt. 23/64. 4⁰.

Hannover: Jahrbuch der Geographischen Gesellschaft zu Hannover. 4/10.

Jena: Mitteilungen der Geographischen Gesellschaft zu Jena. 5/8

Karlsruhe: Verhandlungen des Naturwissenschaftlichen Vereins in Karlsruhe. 5/14.

Kiel: Geographisches Seminar der Universität: Schriften der Baltischen Kommission... [die vom Seminar hrsg. Bände].

Schriften d. Naturwissenschaftlichen Vereins für Schleswig-Holstein. 5/10.

Köln: Universitäts- und Stadtbibliothek: Kölner geographische Dissertationen.

Königsberg: Veröffentlichungen des Geographischen Instituts der Albertus Universität zu Königsberg. 28/57. 4⁰.

Schriften der Physikalisch-ökonomischen Gesellschaft zu Königsberg i. Pr. 5/17. 4⁰.

Leipzig: Mitteilungen der Gesellschaft für Erdkunde zu Leipzig. 6/5.

Wissenschaftliche Veröffentlichungen des Vereins für Erdkunde zu Leipzig. 6/6.

Mitteilungen des Vereins der Geographen an der Universität Leipzig. 6/7.

Das Land der Bibel. Gemeinverständl. Hefte zur Palästinakunde. Im Auftr. d. Deutschen Vereins zur Erforschung Palästinas hrsg. ... 6/10.

Zeitschrift des Deutschen Palästinavereins. 6/3.

Geographische Zeitschrift, hrsg. von Alfred Hettner. [Kauf.] 6/9.

Zeitschrift für Gletscherkunde, für Eiszeitforschung u. Geschichte des Klimas. [Kauf.] 1/1.

Lübeck: Mitteilungen der Geographischen Gesellschaft und des Naturhistorischen Museums in Lübeck. 6/22. 4⁰.

Magdeburg: Abhandlungen u. Berichte aus dem Museum für Natur- u. Heimatkunde u. dem Naturwissenschaftlichen Verein in Magdeburg. 7/1. 4⁰.

Marburg: Sitzungsberichte der Gesellschaft zur Beförderung der gesamten Naturwissenschaften zu Marburg. 7/2.

München: Mitteilungen der Geographischen Gesellschaft in München. 7/19.

Zeitschrift des Deutschen u. Österreichischen Alpenvereins. 7/12.

Nürnberg: Mitteilungen und Jahresberichte der Geographischen Gesellschaft in Nürnberg. 8/20.

Potsdam: Veröffentlichung(en) des Preuss. Geodätischen Instituts. 24/19. 4⁰.

Rostock: Mitteilungen der Geographischen Gesellschaft zu Rostock. 9/10.

Speyer: Pfälzisches Museum. — Pfälzische Heimatkunde. 8/26. 4⁰.

Stuttgart: Württembergische Jahrbücher für Statistik u. Landeskunde, hrsg. vom Statistischen Landesamt. 23/67. 4⁰.

Jahresbericht des Württembergischen Vereins für Handelsgeographie u. Förderung deutscher Interessen im Auslande. 10/11.

Der Auslanddeutsche. Halbmonatschrift für Auslanddeutschtum u. Auslandkunde. Mitteilungen des Deutschen Ausland-Instituts Stuttgart (nebst Beilagen). 21/48. 4⁰.

Tübingen: Blätter des Schwäbischen Albvereins. 10/34. 4⁰.

Nachrichten der Deutschen Anthropologischen Gesellschaft. Verbandsorgan der Deutschen Gesellschaften für Anthropologie, Ethnologie u. Urgeschichte. [Erscheinen eingest. Dez. 1928.] 10/35. 4⁰.

Wien: Abhandlungen der Geographischen Gesellschaft in Wien. 11/24. 4⁰.

Mitteilungen der Geographischen Gesellschaft in Wien. 11/9.

Geographischer Jahresbericht aus Österreich. In Verbind. mit den Berichten über das ... Vereinsjahr ... erstattet vom Verein der Geographen an d. Universität Wien. 11/14.

Mitteilungen der Anthropologischen Gesellschaft in Wien; [nebst:] Sitzungsberichte... 11/27. 4⁰.

Völkerkunde. Beiträge zur Erkenntnis von Mensch u. Kultur. 11/39.

Annalen des Naturhistorischen Museums in Wien. 11/12. 4⁰

Wiesbaden: Jahrbücher des Nassauischen Vereins für Naturkunde. 11/32.

Würzburg: Mitteilungen der Geographischen Gesellschaft zu Würzburg. 11/28.

Anm.: Veröffentlichungen deutscher Vereine im Ausland siehe: Buenos-Aires; Concepcion; Tokyo; Valparaiso.
vgl. ferner die Abschnitte: Tschechoslowakei u. Rumänien.

Schweiz.

Basel: Mitteilungen der geographisch-ethnologischen Gesellschaft in Basel. 1/16.

Verhandlungen der Naturforschenden Gesellschaft in Basel. 1/15.

Bern: Jahresbericht der Geographischen Gesellschaft zu Bern. 2/10.

Der Schweizer Geograph. — Le géographe suisse. Zeitschrift des Vereins schweizer. Geographielehrer... 2/28.

Die Alpen. — Les Alpes. — Le Alpi. Monatsschrift des Schweizer Alpenclub [nebst]: Alpine Fragen. 1/21.

Freiburg: Mitteilungen der Naturforschenden Gesellschaft in Freiburg. — Mémoires de la Société Fribourgeoise des Sciences naturelles. 3/19.

Bulletin de la Société Fribourgeoise des Sciences naturelles. Compte-rendu. 3/20.

Genf: Le Globe. Organe de la Société de Géographie de Genève. Bulletin. — Mémoires. 3/27.

Matériaux pour l'étude des calamités; publ. par la Société de Géographie de Genève... 3/40.

St. Gallen: Mitteilungen der Ostschweizerischen Geographisch-commerziellen Gesellschaft in St. Gallen. 9/19.

Neuchatel: Bulletin de la Société Neuchateloise de Géographie. 7/23.

Zürich: Mitteilungen der Geographisch-ethnographischen Gesellschaft Zürich. 11/19.

Frankreich.

Bordeaux: Société de Géographie Commerciale de Bordeaux: Revue de Géographie Commerciale. 2/11.
Grenoble: Revue de Géographie Alpine, publ. par l'Institut de Géographie Alpine (Université de Grenoble). 4/4.
Annuaire de la Société des Touristes du Dauphiné. 4/18.
Le Havre: Société de Géographie Commerciale du Havre: Bulletin. 5/4.
Lille: Bulletin de la Société de Géographie de Lille. 6/32.
Lorient: Société Bretonne de Géographie: Bulletin. 6/31.
Lyon: Bulletin de la Société de Géographie de Lyon. 6/23.
Institut des Etudes Rhodaniennes: Etudes Rhodan. 6/39.
Marseille: Bulletin de la Société de Géographie et d'études coloniales de Marseille. 7/15.
Montpellier: Société Languedocienne de Géographie: Bulletin. 7/13.
Paris: Société de Géographie: La Géographie. Revue mensuelle. 8/7.
Revue économique française, publ. par la Société de Géographie Commerciale de Paris. 8/12a.
Association de Géographes français: Bulletin. 8/31.
Pau: Bulletin Pyrénéen. Organe de la Fédération des Sociétés Pyrénéistes. 8/25.
Straßburg: Annuaire de l'Institut de physique du globe. I. Météorologie. II. Sismologie. (Université nationale et universitaire de Strasbourg.) 24/28. 4°.
Toulouse: Bulletin de la Société de Géographie de Toulouse. Annuaire ... 10/17.

Holland / Belgien.

Amsterdam: Tijdschrift van het Kon. Nederlandsch Aardrijkskundig Genootschap. 1/3.
's Gravenhage: Tijdschrift voor economische Geographie. Orgaan der Nederl. Vereeniging voor Economische Geographie 4/15. 4°.
Groningen: Tijdschrift voor het Onderwijs in de Aardrijkskunde. 1/18.
Leiden: Internationales Archiv für Ethnographie. (Organ der Internat. Gesellschaft für Ethnographie u. des Reichs-Altertumsmuseums in Leiden). Nebst Suppl.: Oudheidkundige mededeelingen ... 41/35 4°.
Katalog des Ethnographischen Reichsmuseums. 12/46. 4°.

Antwerpen: Bulletin de la Société Royale de Géographie d'Anvers. 1/6.
Lüttich: Travaux du Séminaire de Géographie de l'Université de Liège. 6/37.

Großbritannien.

Edinburgh: The Scottish Geographical Magazine. — Royal Scottish Geographical Society. 3/18.
Liverpool: Transactions and ... annual Report of the Council of the Liverpool Geographical Society. 6/27.
London: Royal Geographical Society: The Geographical Journal. 6/15.
[nebst]: Supplementary Papers. 6/15 a.
Geography. The magazine of the Geographical Association. 1/12.
Manchester: The Journal of the Manchester Geographical Society. 7/17.

Spanien / Portugal.

Barcelona: Boletin de la Real Academia de Ciencias y Artes. 1/19a. 4°.
Memorias de la Real Academia de Ciencias y Artes. 1/19. 4°.
Madrid: Boletin de la Real Sociedad Geografica. 6/25.
Deposita de la Guerra: Mapa de la zona del Protectorado Español en Marruecos. Esc. de 1 : 50.000.
Tortosa: Boletin mensual del Observatorio del Ebro. 18/50. 4°.
Memorias del Observatorio del Ebro. 18/49. 4°.

Lissabon: Boletim da Sociedade de Geographia de Lisboa. 6/19.

Italien.

Florenz: Istituto Geografico Militare: L'Universo. Rivista mensile. 3/43.
Rivista Geografica Italiana e Bollettino della „Società di Studi geografici e coloniali". 3/24.
Mailand: Annali di Economia. — Università Bocconi. Milano. 7/40.
Novara: La Geografia. Communicazioni dell'Istituto Geografico de Agostini. / Rivista di propaganda geografica. 7/24.
Rom: Bolletino della Reale Società Geografica Italiana. 9/9.
Ministero delle Colonie. Ufficio Studi e propaganda: Rivista delle Colonie Italiane. 9/30.
Rovereto: Atti della Accademia Roveretana degli Agiati. 9/28.
Triest: Alpi Giulie. Rassegna della Sezione di Trieste del Club Alpino Italiano. 10/39.
Udine: In Alto. Cronaca semestrale della Società Alpina Friulana. 10/33.

Skandinavien.

Kopenhagen: Geografisk Tidsskrift. udg. af bestyrelsen for det Kong. Danske Geografiske Selskab. 5/18. 4°.
Isforholdene i de arktiske have, aus: Nautisk meteorologisk Aarbog, Publikationer fra det Danske Meteorologiske Institut. 51/35. 4°.

Bergen: Det Geofysiske Institutt: Scientific Results. The Norwegian North Polar expedition with the „Maud". 1918—1925. 51/37. 4°.
Oslo: Norsk Geografisk Tidsskrift, utg. av det Norske Geografiske Selskab. 5/16 a.
Geofysiske Publikasjoner, utg. av det Norske Videnskaps-Akademi. 5/19. 4°.
Jahrbuch des Norwegischen Meteorologischen Instituts. 5/20. 4°.
De Norske meteorologiske institusjoners Årsberetning, utg. av det Norske Meteorol. Institutt. 5/21.
Nedböriakttagelser i Norge, utg. av det Norske Meteorologiske Institutt. 5/26. 4°.
Det Norske Meteorologiske Institutt: Oversikt over luftens temperatur og nedbören i Norge i året... 5/28.
Videnskapsselskapett i Oslo: Report of the scientific results of the Norwegian expedition to Novaya Zemlya 1921, ed. by Olaf Holtedahl. 28/53. 4°.

Göteborg: Meddelanden från Geografiska Föreningen i Göteborg. 3/54.
Lund: Sydsvenska Geografiska Sällskapet: Årsbok. 6/36.
Stockholm: Geografiska Annaler, utg. av Svenska Sällskapet för Antropologi och Geografi. 10/22. 4°.
Ymer. Tidskrift utg. av Svenska Sällskapet för Antropologi och Geografi. 10/6.
Globen. Meddelanden utg. av Generalstabens litografiska anstalt. 10/37. 4°.
Svenska Turistföreningens Årsskrift. 10/4 a.
Svenska Turistföreningen: Svensk Turistkalender. 10/4 b.
Upsala: Bulletin of the Geological Institution of the University of Upsala. 10/16.

Baltische Länder.

Åbo: Acta Academiae Aboensis: Humaniora. 1/5a.
Acta Academiae Aboensis: Mathematica et physica. 1/5.
Helsinki-Helsingfors: Acta Geographica. (Societas Geographica Fenniae.) 5/29.
Societas Geographica Fenniae: Fennia. 5/3.
Vetenskapliga Meddelanden af Geografiska Föreningen i Finland. 5/2. [Erscheinen eingestellt].
Veröffentlichungen des Finnischen Geodätischen Institutes. — Suomen Geodeettisen Laitoksen Julkaisuja. 5/34.
Verhandlungen der ... Tagung der Baltischen geodätischen Kommission. Comptes-rendus de la ... séance de la Commission géodésique baltique. 5/33.

Dorpat-Tartu: Publicationes Instituti Universitatis Dorpatensis Geographici. 3/44.
Eesti. Maadeteaduslik, tulunduslik ja ajalooline kirjeldus. [Estland. Geographie, Wirtschaft u. Geschichte.] 3/63.

Polen.

Krakau: Instytut Geograficzny Uniwersytetu Jagiellońskiego: Wiadomości Geograficzne. — Revue mensuelle de Géographie. 5/23.
Prace Instytutu Geograficznego Uniwersytetu Jagiellońskiego. — Travaux de l'Institut Géographique de l'Université de Cracovie. 5/22.
Krakowskie Odczyty Geograficzne. — Conférences Géographiques Cracoviennes. 5/24.
Lemberg: Kosmos. Czasopismo Polskiego Towarzystwa przyrodników im. Kopernika. [Zeitschrift d. Poln. Naturforschenden Gesellschaft Kopernikus.] 11/37.
Lemberg/Warschau: Czasopismo Geograficzne. Kwartalnik zrzeszenia Pol. nauczycieli geografji, Towarzystwa Geograficznego we Lwowie oraz Towarzystwa Geograficznego w Poznaniu. — [Geographische Zeitschrift]. Organe trimestriel de l'Association des professeurs de géographie, de la Soc. de Géogr. à Lwow et de la Soc. de Géogr. à Poznan. 11/13.

Prace Geograficzne. — Travaux géographiques. wyd. prz Eug. Romera. 11/35. 4⁰.

Polski Przegląd Kartograficzny. — The Polish Cartographical Review. 11/34.

Posen: Wydawnictwo Instytutu Geograficznego Uniwersytetu Poznańskiego. — Travaux de l'Institut géographique d'Université à Poznań. 8/24.

Warschau: Polskie Towarzystwo Geograficzne. — Société Polonaise de Géographie: Przegląd Geograficzne. — Revue Polonaise de Géographie. 11/42. 4⁰.

Prace wykonane w Zakładzie Geograficznym Uniwersytetu Warszawskiego. — Travaux exécutés à l'Institut de Géographie de l'Université de Varsovie. 11/30.

Tschechoslowakei.

Hohenstadt (Mähren): Deutsches Bergland. Monatsschrift für Wandern, Wintersport, Fremdenverkehr. 7/17. 4⁰.

Kesmark: Turistik, Alpinismus und Wintersport. Hrsg.: Der Karpathenverein. [nebst:] Mitteilungen. 5/5.

Mähr. Ostrau: Sborník Přírodovědecké Společnosti v. Mor. Ostravě. [Zeitschrift der naturwissenschaftl. Gesellschaft zu Mähr. Ostrau..] 6/33.

Prag: Sborník Československé společnosti zeměpisné. [Zeitschrift der tschechoslowakischen geographischen Gesellschaft.] 8/23. 4⁰

Naturwissenschaftliche Zeitschrift „Lotos". Deutsch naturwiss.-medizinischer Verein für Böhmen: „Lotos". 8/27.

Reichenberg: Karpathenland. Vierteljahrsschrift für Geschichte, Volkskunde u. Kultur der Deutschen in den nördlichen Karpathenländern. 5/31. 4⁰.

Jahrbuch des Deutschen Gebirgsvereines für das Jeschken- u. Isergebirge. Zugleich: Jahrbuch d. Deutschen Gebirgsvereines für Gablonz... 9/26.

Ungarn.

Budapest: Földrajzi Közlemények. Bulletin de la Société Hongroise de Géographie. 2/22 a.

Ethnographia: (1.) Népelet [Volksleben], (2.) Értesitö [Anzeiger]. A Magyar Néprajzi Társaság közlemenyei. [Mitteilungen d. Ungar. ethnograph. Gesellschaft.] /25.

Fünfkirchen / Pécs: Specimen Dissertationum Facultatis Philosophicae Regiae Hungaricae Universitatis Elisabethinae Quinque ecclesiensis. — Geographia Pannonica. 8/28.

Südslavien.

Belgrad: Glasnik Geografskog Društva, — Bulletin de la Société de Géographie de Belgrade. 2/29. 4⁰.

Posebna Izdańa Geografskog Društva. — Editions spéciales de la Société de Géographie de Belgrade. 2/33.

Laibach: Geografski Vestnik. [Geographische Nachrichten.] Časopis za Geografijo in Sorodno vede. — Bulletin de la Société de Géographie de Ljubljana. 6/35.

Rumänien.

Bukarest: Buletin(ul) Societătii Regale Romane de Geografie. 3/10.

Hermannstadt: Jahrbuch des Siebenbürgischen Karpathenvereins. 5/6.

Klausenburg / Bukarest: Lucrările Institutului de Geografie al Universitătii din Cluj. 3/46. 4°.

Europäisches Rußland.

Archangelsk: Bjulleten' associacii po izučeniju proizvoditel'nych sil Severa pri Archang. Gubplane i Archang. obščestva kraevedenija. [Bulletin d. Gesellsch. zur Erforschung d. Produktionskräfte des Nordens für d. Bezirk Archangelsk u. der Archang. Gesellsch. für Landeskunde.] 1/22.

Charkov: Vseukrainskaja Naučnaja Associacija vostokovedenija: [Allukrain. wissenschaftl. Gesellschaft für Orientkunde]: Schidny Svit. — Monde Oriental. 7/38.

Zapiski Ukrain'skogo naučnogo-doslidčogo Institutu geografii ta kartografii.—Mitteilungen des ukrainischen Forschungsinstitutes für Geographie und Kartographie. 7/42.

Kazan: Vestnik naučnogo Obščestva Tatarovedenija. [Mitteilungen der wissenschaftl. Gesellschaft für Tatarenkunde.] 5/37. 4°

Kiev: Antropologija. Ričnik kabinetu. — Anthropologie. Annuaire du laboratoire. (Akad. d. Wiss., Kiev.) 28/67. 4°.

Bjuleten' Etnograf. Tovaristva. — Bulletin des Vereins für Ethnographie, Kyjew. 5/32 b.

Pobut. Periodičnij organ Vseukrainskogo Ėtnografičnogo Tovaristva. — Zeitschrift des Vereins für Ethnographie, Kyjiw. 5/32 c.

Zapiski Etnografičnogo Tovaristva. — Mitteilungen des Vereins für Ethnographie. 5/32 a.

Leningrad: Izvestija Gosudarstv. Russkogo Geografičeskogo Obščestva. [Mitteilungen der Staatl. Russischen Geographischen Gesellschaft.] 9/24 a.

Otčet o dejatel'nosti Gosud. Russkogo Geografičeskogo Obščestva. [Tätigkeitsbericht der staatl. Russischen Geographischen Gesellschaft.] 9/24 b.

Geografičeskij Vestnik, izd. Geografičeskim Institutom. [Geographische Nachrichten. hrsg. v. Geograph. Institut.] 9/23.

Izvestija Geografičeskogo Instituta. — Bulletin de l'Institut Géographique. 9/22.

Trudy Komissii po izučeniju Ozera Bajkala. — Travaux de la commission pour l'étude du Lac Bajkal. 5/25. 4°.

Trudy geologičeskogo i mineralogičeskogo muzeja im. Petra Velikogo. — Travaux du musée géologique et minéralogique Pierre le Grand. 9/36.

Akademija Nauk. — Académie des Sciences: Trudy geologičeskogo Muzeja. — Travaux du Musée géologique. 9/36 a.

Akademija Nauk. — Académie des Sciences: Trudy mineralogičeskogo Muzeja. — Travaux du Musée minéralogique. 9/35 b.

Akademija Nauk. — Académie des Sciences: Sbornik Muzeja Antropologii i Etnografii. — Publications du Musée d'Anthropologie et d' Ethnographie. 9/39. 4°.

Trudy Komissii po izučeniju plemennogo sostava naselenija SSSR i sopredel'nych stran. [Arbeiten der Kommission zur Erforschung des Rassenbestandes der Bevölkerung der USSR und der angrenzenden Gebiete.] 9/37.

Sbornik geografo-ekonomičeskogo issledovatel'skogo instituta. [Veröffentlichung des geographisch-ökonomischen Forschungsinstitutes.] 9/43. 4°.

Izdanie severnogo kružka pri severnom fakul'tete Leningradskogo vostočnogo Instituta. [Veröffentlichungen der nördl. Gesellsch. bei der nördl. Fakultät des Leningrader östlichen Instituts.] 9/42.

Izvestija Leningradskogo Gosudarstv. Universiteta, [Mitteilungen der Leningrader Staatl. Universität.] 9/44. 4°

Leningrad / Tiflis: Izvestija Kavkazskogo istoriko-archeologičeskogo Instituta v Tiflise. — Bulletin de l'Institut Caucasien d'histoire et d'archéologie à Tiflis. 10/40 4°.

Minsk: Praktičeskoe Razrešenie nacional'nogo voprosa v belorusskoj socialističeskoj sovetskoj respublike... [Praktische Lösung der Nationalitätenfrage in der weißruss. sozialist. Sowjetrepublik.] Izd. Nacional'noj Komissii. 7/41.

Moskau: Zemlevedenie. Geografičeskij žurnal. [Erdkunde. Geographische Zeitschrift.] 7/14.

Severnaja Azija. — North Asia. Journal of social science. (Gesellsch. f. kulturellen Austausch, Moskau). 7/39.

Novyj Vostok. Naučnoj Associacii vostokovedenija Sojuza S. S. R. — Nouvel Orient. Revue de l'Association russe pour les études orientales. 7/37. 4°.

Trudy Gosudarstv. Muzeja central'no-promyšlennoj oblasti. — Mémoires du Musée d'Etat de la région industrielle centrale. 7/30.

Trudy Obščestva izučenija Urala, Sibiri i Dal'nego Vostoka. [Arbeiten der Gesellschaft zur Erforschung des Urals, Sibiriens und des Fernen Ostens.] 7/27.

Obščestvo Ljubitelej Estestvoznanija, Antropologii i Etnografii. [Gesellschaft der Freunde der Naturwissenschaften, Anthropologie u. Ethnographie]:

1. Otčet o dejatel'nosti... [Tätigkeitsbericht.] 7/32a.
2. Zapiski *biologičeskoj* stancii... (Bulletin de la Station biologique.) 7/32 b.
3. Memuary *botaničeskogo* otdelenija ... (Mémoires de la Section botanique.) 7/32 c.
4. Memuary *etnografičeskogo* otdela... (Mémoires de la Section ethnographique.) 7/32d.
5. Memuary *geografičeskogo* otdelenija... (Mémoires de la Section géographique.) 7/ 2 e.
6. Memuary *geologičeskogo* otdelenija... (Mémoires de la Section géologique.) 7/32f.
7. Memuary otdelenija *fiziologii*... (Mémoires de la Section physiologique.) 7/32 g.
8. Memuary *zoologičeskogo* otdelenija... (Mémoires de la Section zoologique.) 7/32 h.

Velikij-Ustjug: Zapiski Severo-Dvinskogo Obščestva izučenija mestnogo kraja. [Mitteilungen der Norddwinischen Gesellschaft für Heimatkunde.] 11/36.

Vologda: Vologodskoe Obščestvo izučenija severnogo kraja: Sever. Organ naučnogo severnogo kraevedenija. [Vologodskische Gesellschaft zur Erforschung des nördlichen Bezirks: Norden. Organ d. wissenschaftl. Heimatkunde des Nordens.] 11/38. 4°.

Voronež: Acta Universitatis Voronegiensis. — Trudy Voronežskogo Gosudarstv. Universiteta. 11/40.

Asien.

Russisches Asien.

Chabarovsk: Zapiski Priamurskogo Otdela Obščestva Vostokovedenija. [Mitteilungen der Priamur. Gesellschaft für Orientkunde.] 3/61. 4°.

Krasnojarsk: Izvestija Sredne-Sibirskogo Otdela Gosud. Russkogo Geografičeskogo Obščestva. — Bulletin of the Middle Siberian section of the State Russian Geographical Society. 5/36.

Kzyl-Orda: Trudy Obščestva izučenija Kazakstana (Kirgizskogo kraja). — Les Travaux de la Société pour l'étude du pays Kirghiz. 5/30.

Omsk: Izvestija Zapadno-Sibirskogo otdela Russkogo Geografičeskogo Obščestva. [Mitteilungen d. Westsibirischen Abt. d. Russischen Geograph. Gesellschaft.] 8/22.

Trudy Sibirskoj Sel'sko-chozjajstvennoj akademii. — Transactions of the Siberian Academy of agriculture and forestry. 8/19.

Zapiski Zapadno-Sibirskogo otdela Russkogo Geografičeskogo Obščestvo. [Mitteilungen der Westsibirischen Abteilung der Russ. Geograph. Gesellschaft.] 8/5.

Taschkent: Bjulleten' Sredne-Aziatskogo Gosudarstv. Universiteta. — Bulletin de l'Université de l'Asie Centrale. 10/28.

[nebst]: Schedae ad Herbarium Florae Asiae Mediae...

Izdanija Obščestva dlja izučenija Tadžikistana i iranskich narodnostej za ego predelami. [Veröffentlichungen d. Gesellsch. für d. Studium Tadschikistans u. der iranischen Völker in seinen Grenzen.] 10/38. 4°.

Izvestija Sredne-Aziatskogo Otdela Gosud. Russkogo Geografičeskogo Obščestva. — Journal of the Middle Asia branch of the Russian State Geographical Society. 10/7. 4°.

Tomsk: Izvestija Tomskogo Gosudarstv. Universiteta. — Berichte der Tomsker Staats-Universität. 10/36.

Mandschurei.

Charbin: Izdatel'stvo Obščestva izučenija Man'čžurskogo kraja. — Publications of the Manchuria Research Society. 3/57. 4°.

Manchuria Research Society: Trudy Sungarijskoj rečnoj biologičeskoj stancii. — Arbeiten der biologischen Sungari-Station. 3/59.

China.

Peking: The Geological Society of China: Bulletin. 8/30. 4°.

Japan.

Tokyo: Mitteilungen der Deutschen Gesellschaft für Natur- u. Völkerkunde Ostasiens. 11/22.

Tokyo Geographical Society: Journal of Geography. 10/30. 4°.

National Research Council of Japan: Japanese Journal of Geology and Geography. Transactions and abstracts. 10/15. 4°.

Philippinen.

Manila: Dept. of the Interior: Ethnological Survey Publications. 7/35. 4°.

The Government of the Philippine Islands. Dept. of Agriculture and natural resources. Bureau of Science: The mineral Resources of the Philippine Islands. 7/34. 4°.

Britisch-Indien.

Madras: The Journal of the Madras Geographical Association. 6/38.

Syrien.

Jerusalem: Kirjath Sepher. [Bücherstadt.] A quarterly bibliographical review of the Jewish National and University Library. 5/35.

Afrika.

Nord- und Westafrika.

Alger: Bulletin de la Société de Géographie d'Alger et de l'Afrique du Nord. 1/14.

Casablanca: Société de Géographie du Maroc: Revue de Géographie Marocaine. 3/45.

Oran: Bulletin trimestriel de la Société de Géographie et d'Archéologie d'Oran. 8/14.

Dakar: Gouvernement général de l'Afrique Occidentale Française. Service géographique: Rapport annuel, technique et administratif. 3/56.

Bengasi: Governo della Cirenaica. Ufficio Studi: Bollettino Geografico. 1/20.

Kairo: Bulletin de la Société Royale de Géographie d'Egypte. 5/9.

Südafrika.

Johannesburg: The South African Geographical Journal, being a record of proceedings of the S. A. Geographical Society. 5/27.

Amerika.

Nordamerika.

Canada.

Halifax: Nova Scotian Institute of Science: Proceedings and Transactions. 4/3.

Ottawa: Canada. Dept. of Mines. Geological Survey: Memoir. 7/20 a.
Canada. Dept. of Mines. Geological Survey: Summary Report. 7/20b.
Report of the Department of Mines for the fiscal year.../Rapport du Ministère des Mines... 7/20 f.
Canada. Geological Survey: Economic Geology Series. 7/20 g.

Vereinigte Staaten.

Albany, N. Y.: Annals of the Association of American Geographers. 11/5.

Berkeley (California): University of California Publications in American *Archaeology* and *Ethnology*. 2/1. 4⁰.
University of California Publications in *Geography*. 2/2. 4⁰.
University of California Publications: Bulletin of the Dept. of *Geological Sciences*. 2/2 a. 4⁰.

Des Moines (Iowa): Proceedings of the Iowa Academy of Science. 5/20.

Frankfort (Ky.): Kentucky Geological Survey. Series 6 [nur die Bände: „Geography".] 3/55.

New York: Annals of the New York Academy of Sciences. 8/2.
The Geographical Review, publ. by the American Geographical Society of New York. 8/1. 4⁰.

Philadelphia: Proceedings of the American Philosophical Society held at Philadelphia for promoting useful knowledge. 9/1.

Urbana (Ill.): State of Illinois. State Geological Survey: Bulletin. 10/32.
State of Illinois. Dept. of Registration and Education. Division of the State Geological Survey: Report of Investigation 10/31.
Dept. of Registration and Education. Division of the State Geological Survey: Illinois Petroleum. 10/21.

Washington: The National Geographical Magazine, publ. by the National Geographic Society. [Kauf.] 11/8.
Dept. of the Interior. U. S. Geological Survey: Bulletin 11/2.
Dept. of the Interior. U. S. Geological Survey: Professional Paper. 11/21. 4⁰.
Dept. of the Interior. U. S. Geological Survey: Water-Supply Paper. 11/3.
Annual Report of the director of the United States geological survey to the secretary of the Interior. 10/25. 4⁰.
Annual Report of the Bureau of American Ethnology to the secretary of the Smithsonian Institution. 10/26. 4⁰.
Smithsonian Institution. Bureau of American Ethnology: Bulletin. 11/1.
Annual Report of the Naval Observatory. 11/7.
The American Ephemeris and nautical almanac... publ. by ... U. S. Naval Observatory... 17/40.

Observations of the United States Naval Observatory. 11/20. 4⁰.
Worcester (Mass.): Economic Geography, publ. quarterly by Clark University. 11/31.

Mexiko.

Mexico: Boletin de la Sociedad Mexicana de Geografia y Estadistica. 7/5.
Memorias (y Revista) de la Sociedad Cientifica „Antonio Alzate". 7/8.
Anales del Instituto Geologico de Mexico. 7/29. 4⁰.
Boletin. Instituto Geologico de Mexico. 7/28. 4⁰.
Tacubaya: Anuario del Observatorio Astronomico Nacional de Tacubaya. 7/9.

Mittelamerika.

Guatemala: Anales de la Sociedad de Geografia e Historia de Guatemala. 4/16.
Limites entre Guatemala y Honduras. Publicaciones de la Comision de Limites. 44/23. 4⁰.

San Salvador: Revista de Etnologia, Arqueologia y Linguistica. 9/25. 4⁰.

Südamerika.

Peru.

Lima: Boletin de la Sociedad Geografica de Lima. 6/8.
Anales de la Facultad de Ciencias. Universidad Mayor de San Marcos, Lima. 6/34.
Anales del Congreso nacional de là industria minera. — Ministerio de Fomento. Cuerpo de ingenieros de minas y aguas. 6/12.
Boletin del Cuerpo de Ingenieros de Minas del Perù. 6/1.

Chile.

Concepción: Deutsche Monatshefte für Chile. Mitteilungen des Deutsch-Chilenischen Bundes. 9/27.
Valparaiso: Andina. Zeitschrift für Naturfreunde und Wanderer. — Deutscher Ausflug-Verein, Valparaiso. 9/29. 4⁰.
Verhandlungen des Deutschen Wissenschaftlichen Vereins zu Santiago de Chile. 9/5.

Argentinien.

Buenos-Aires: Anuario del Instituto Geografico Militar de la Republica Argentina. 3/36. 4⁰.
Gaea. Anales de la Sociedad Argentina de estudios geograficos. 3/52. 4⁰.
Phoenix. Zeitschrift für deutsche Geistesarbeit in Südamerika. Hrsg. v. Deutschen Wissenschaftlichen Verein in Buenos-Aires. 3/48. 4⁰.
Anales de la Sociedad Cientifica Argentina. 3/1.
Anuario estadistico de la Provincia de Buenos -Aires. 3/38c. 4⁰.
Boletin de la Direccion General de Estadistica de la Provincia de Buenos-Aires. 3/38b. 4⁰.
Córdoba (Argent.) Boletin de la Academia Nacional de Ciencias en Córdoba. 3/4.
Academia Nacional de Ciencias: Miscelanea. 3/5.

Paraguay.

Asunción: Revista de la Sociedad Cientifica del Paraguay. 1/13. 4°.

Brasilien.

Bahia: Revista do Instituto Geographico e Historico da Bahia 2/27.
Pernambuco: Revista do Instituto Archeologico, Historico e Geographico Pernambucano. 8/21.

Rio de Janeiro: Revista da Sociedade de Geographia do Rio de Janeiro. 9/21.
Revista do Instituto Historico e Geographico Brasileiro. 9/6.
Directoria de Meteorologia: Boletin Meteorologico. 9/40. 4°.
Annuario publ. pelo Observatorio Nacional do Rio de Janeiro. 9/4.
Annuario do Ministerio da Agricultura, Industria e Commercio. publ. pelo Serviço de informaçoes. 9/41.

Australien u. Neuseeland. — Südsee.

Brisbane: Queensland Geographical Journal. New Series, incl. the Proceedings of the Royal Geographical Society of Australasia, Queensland. 2/9.
Sydney: Journal and Proceedings of the Royal Society of New South Wales. 10/12.
Adelaide: Proceedings of the Royal Geographical Society of Australasia. South Australian Branch. 1/23.

Wellington: New Zealand. Dominion Museum: Bulletin. 11/41. 4°.

Hawaii: University of Hawaii: Research Publications. Honolulu. 4/21.
University of Hawaii: Occasional Papers. Honolulu. 4/22.

Abrechnung der Kassenverwaltung für 1928.

Einnahmen:

Mitgliederbeiträge:				
816 ordentliche Mitglieder	RM.	8 130.—		
18 Förderer	„	1 800.—	RM.	9 930.—
Zuwendungen:				
von der Deutschen Notgemeinschaft	RM.	1 800.—		
von der Hochschulbehörde	„	6 000.—	„	7 800.—
Verkauf von „Mitteilungen“			„	327.53
Zinsen			„	34.10
Inkasso von Schulgeographen-Beiträgen			„	4.35
Gesamt-Einnahmen:			RM.	18 095.98
dazu für fremde Rechnung:				
am 31. 12. 28 noch nicht abgerechnete Schulgeographen-Beiträge	RM.	11.—		
Barbestand am 1. Januar 1928	„	624.48	„	635.48
			RM.	18 731.46

Ausgaben:

„Mitteilungen“ Band 39:				
Druckkosten, Honorare für Aufsätze, Porto etc.			RM.	6 305.21
Monatssitzungen, Vorträge und Exkursionen:				
Saalmieten, Vortrags-Honorare, Reisevergütungen, Lichtbilderapparate und sonstige Unkosten			„	3 390.44
Verwaltung:				
Büro-Unkosten der Geschäftsstelle, Telephon, Drucksachen, Porto und Sonstiges, Vertretung auf der Jahrhundertfeier der Gesellschaft für Erdkunde in Berlin, auf der 50-Jahrfeier der Geographischen Gesellschaft in Hannover			„	3 761.80
Bibliothek:				
Buchbinder, Bücher und Zeitschriften, Porto und Feuerversicherung			„	2 639.61
Zuschüsse und Beiträge:				
an Prof. Passarge für Forschungsreise nach Tunesien	RM.	1 000.—		
an Dr. Kanter für Reise nach Calabrien	„	500.—		
an Prof. Schulz für eine Reise nach Leningrad	„	200.—		
an Cand. F. Müller für Untersuchungen im Riesengebirge	„	100.—		
an die Penck-Stiftung	„	100.—		
an den Verein Jordsand	„	20.—	„	1 920.—
Gesamt-Ausgaben:			RM.	18 016.96

			Übertrag: RM.	18 016.96
dazu für fremde Rechnung:				
für die Karte von Prof. Waibel			„	400.—
Saldo: Barbestand am 31. 12. 28				
Bank	RM.	117.19		
Kasse	„	95.11		
Post	„	102.20	„	314.50
			RM.	18 731.46

Vermögensstand am 31. Dezember 1928.

Barbestand:				
Guthaben bei der Norddeutschen Bank	RM.	117.19		
Guthaben auf Postscheck-Konto	„	102.20		
Kassenbestand	„	95.11	RM.	314.50
Wertpapiere:				
nom. RM. 200.— Deutsche Ablösungsanleihe mit Auslosungsscheinen à 260 % =	RM.	520.—		
nom. RM. 275.— Hamburger Ablösungsanleihe mit Auslosungsscheinen à 260 % =	„	715.—	„	1 235.—
Ludwig Friederichsen Gedächtnis-Stiftung:				
Saldo am 1. Januar 1928	RM.	839.68		
dazu Zinsen im 1. Halbjahr .. RM. 20.99				
im 2. Halbjahr ... „ 21.52	„	42.51	„	882.19
			RM.	2 431.69
abzüglich für fremde Rechnung vereinnahmte Beträge:				
für die Karte von Prof. Waibel	RM.	800.—		
für Schulgeographen-Beiträge	„	11.—	„	811.—
			RM.	1 620.69

Hamburg, im Januar 1929.

Geprüft und richtig befunden:
O. Alfred Westphal, Hans Crasemann

Der Schatzmeister:
gez. R. Schlubach.

Mitgliederbestand am 31. Dezember 1928.

Ehrenmitglieder	15
Korrespondierende Mitglieder	13
Ordentliche Mitglieder, darunter 18 Förderer	824
zusammen:	852

Mitglieder-Verzeichnis.

Vorstand.

Senator Dr. **de Chapeaurouge,** 1. Vorsitzender.
Direktor **O. Riedel,** 2. Vorsitzender.
Professor Dr. **P. Schlee,** 3. Vorsitzender.
Professor Dr. **B. Schulz,** 1. Schriftführer.
Dr. **W. Semmelhack,** 2. Schriftführer.
Professor Dr. **E. Koch,** 3. Schriftführer.
Dr. h. c. **Roderich Schlubach,** Schatzmeister.
Professor Dr. **Mühlhausen,** Bibliothekar.
Direktor **E. Helfferich,** Beisitzer.
Professor Dr. **Gürich,** Beisitzer.
Direktor **Th. Ritter,** Beisitzer.
Professor Dr. **G. Thilenius,** Beisitzer.

Beirat.

Senator Dr. **Burchard.**
Hans Crasemann.
Professor Dr. **Doermer.**
Richard Friederichsen.
Geheimrat Professor Dr. **Fülleborn.**
Professor Dr. **Gripp.**
Dr. **M. Knoth.**
Erich F. Laeisz.
Professor Dr. **Lohmann.**
Professor Dr. **Lütgens.**
Dr. **Kurt Siemers.**
Kommerzienrat **Herm. Stoltz.**
Senator Dr. **J. Strandes.**
Professor Dr. **K. Umlauf.**
Heinrich A. Westphal.

Inhaber der Kirchenpauer-Medaille.

a) Goldene Medaille.

Bürgermeister Dr. **G. Kirchenpauer** (Hamburg), † 3. März 1887.
Dr. med. **G. Adolf Fischer** (Barmen), † 11. November 1886.
Wirkl. Geheimer Rat Prof. **G. von Neumayer,** Exzellenz (Neustadt a. d. Haardt), † 25. Mai 1909.
Dr. phil. **L. Friederichsen** (Hamburg), † 20. April 1915.
Dr. phil. **Sven Hedin** (Stockholm), seit 12. Februar 1903.
Prof. Dr. **Georg Schweinfurth** (Berlin), † 19. September 1925.
Reichsarchivrat Major a. D. Dr. h. c. **Hermann Detzner** (Berlin), seit 8. März 1923.
Prof. Dr. **Wladimir Köppen** (Graz), seit 25. September 1926.

b) Silberne Medaille.

Geh. Regierungsrat Prof. Dr. **Franz Stuhlmann** (Hamburg), † 19. Nov. 1928.
Prof. Dr. **Wilhelm Sievers** (Gießen), † 11. Juni 1921.
Geh. Medizinalrat Prof. Dr. **Fr. Fülleborn** (Hamburg), seit 5. März 1908.
Prof. Dr. **Alfred Wegener** (Graz), seit 8. März 1923.
Regierungsrat Dr. **Wilhelm Brennecke** (Hamburg), † 19. Februar 1924.

Ehrenmitglieder.

Boas, Franz, Prof. Dr., New York	seit	8. März 1923.
Drygalski, von, Erich, Geh. Regierungsrat, Prof. Dr., München	„	5. März 1908.
Hellmann, Gustav, Geh. Regierungsrat, Prof. Dr., Berlin	„	5. März 1908.
Hettner, Alfred, Geh. Hofrat, Prof. Dr., Heidelberg	„	6. März 1918.
Meinardus, Wilhelm, Prof. Dr., Göttingen	„	8. März 1923.
Meyer, Hans, Geh. Hofrat, Prof. Dr., Leipzig	„	11. April 1901.
Nansen, Fridtjof, Prof. Dr., Lysaker b. Oslo	„	3. Dez. 1896.
Obrutschew, Wladimir Afanasjewitsch, Prof. Dr., Moskau	„	8. März 1923.
Penck, Albrecht, Geh. Regierungsrat, Prof. Dr., Berlin	„	5. März 1908.
Pettersson, Otto, Prof. Dr., Holma (Lysekil), Schweden	„	8. März 1923.
Sapper, Karl, Geh. Regierungsrat, Prof. Dr., Würzburg	„	8. März 1923.
Schultze-Jena, Leonhard, Prof. Dr., Marburg	„	8. März 1923.
Sverdrup, H. U., Prof. Dr., Bergen (Norwegen)	„	27. Febr. 1928.
Wagner, Hermann, Geh. Regierungsrat, Prof. Dr., Göttingen	„	6. März 1898.
Witting, Rolf, Prof. Dr., Helsingfors	„	8. März 1923.

Korrespondierende Mitglieder.

Basedow, Herbert, Dr., Adelaide	seit	3. März 1910.
Consten, Hermann, Bad Blankenburg i. Thür.	„	15. Dez. 1920.
Friederichsen, Max, Prof. Dr., Breslau	„	5. März 1908.
Gamio, Manuel, Dr., Mexiko	„	1. Nov. 1923.
Jäger, Fritz, Prof. Dr., Berlin	„	8. März 1923.
Jahn, Alfrede, Zivilingenieur, Caracas (Venezuela)	„	8. März 1923.
Krebs, Norbert, Prof. Dr., Freiburg i. Br.	„	6. März 1918.
Kühn, Franz, Prof. Dr., Kiel	„	8. März 1923.
Malda, Gabriel, Dr., Mexiko	„	1. Nov. 1923.
Philippson, Alfred, Geh. Regierungsrat, Prof. Dr., Bonn	„	5. März 1908.
Solger, Friedrich, Prof. Dr., Berlin	„	8. März 1908.
Tippenhauer, L. G., Ingenieur, Port au Prince (Haiti)	„	2. Okt. 1913.
Wegener, Georg, Prof. Dr., Berlin	„	5. März 1908.

Ordentliche Mitglieder.

(Stand vom 1. April 1929).

Abelmann, Friedrich.
Abt, Leopold.
Adam, Dr. Julius.
Ahrens, Dr. C.
Ahrens, Dr. Rudolf.
Ahrndsen, Frl. Auguste.
Albers, Dr. Alfred.
Albers, Claudius.
Albingia, Versicherungsgesellschaft, Förderer der Geogr. Ges.
Albrecht, Dr. Ernst.
Albrecht, Johann.
Altstaedt, Oberin Klär.
Altvater, Fritz cand. phil.
Amsinck, Frl. Gertrud.
Andersen, Carl.
Anthony, Dr. S. Albert.
Appel, Alfred.
Arndt & Cohn, Förderer der Geogr. Ges.
Arning, Prof. Dr. med. E.
Arnold, Frl. Charlotte.
des Arts, Dr. R.
Assaël, Harald.
Assekuranz-Union v. 1865, Förderer der Geogr. Ges.
Assmann, Dr. Johannes.
Aufschläger, Geh. Rat Dr. G. M.
Aust, Albert.
Autzen, Frl. Gertrud.

Baasch, Studienrat Max.
Bachmann, Dir. J.
Backer, Dr. med. Sepp.
Banning, Prof. Dr. R.
Barckhan, Johann.
Baresch, Rudolf.
Barkow, Dr. med.
Barmm, Rektor Rudolf.
Bartel, Dr. med. Martin.
Bartels, A.
Bartels, Walter.
Bartling, Frau Dora.
Bartling, W.
Baschin, Prof. Dr. O.
Basedow, Dr. Hermann.
Bassermann, Dir. R. W.
Becken, Frl. Ursula stud. phil.
Becker, Adolf.
Beckmann, John.
Behn, Frau Dr.
Behner, Hermann Dir. d. Debeg.
Behrens, L. Söhne, Förderer der Geogr. Ges.
Bendixsohn, Dr. Kurt.
Bennholdt, Thomsen C. G.
Benzian, Dr. R.
Beplat, Hermann.
Beplat, Oswald.
Berendt, Dipl. Ing. Hermann.
Bergmann, W.
Bernstorff, Frl. Else.
Bethge, Fritz Lehrer.
Beuck, Dr. Hans.
Beug, Robert.
Beug, Dr. Kurt.
Beumer, Fritz.
Biehl, Frau A.
Biel, Karl .
Bielenberg, Dr. Paul
Bing, Ernst.
Birtner, F. W.
Blohm, Alfred.
Blohm, G. H. & L. F., Förderer der Geogr. Ges.
Blohm, Hermann.
Bluhm, Frau Emilie.
Boas, Richard.
Bobzin, Dr. rer. nat. Ernst.
Bock, Otto.
Bodenburg, Frl. E. Studienrätin.
Böger, Marius.
Böhme, Dr. Karl.
Bohne, Dr. med. Albert.
Boldemann, Franz.
Bölk, Frl. Anne.
Bolte, Prof. Dr. Friedrich.
Borchardt, Sigmund.

Börner, H. (Dina).
Börner, Rektor Karl Otto.
Bostelmann, Frl. Gertrud.
Böttiger, Konsul Theodor.
Brach, Dir. Dr. Rudolf.
Bramslöw, Dir. F. C.
Brandt, Prof. Dr., Prag.
Breckling, Studienrat Dr. Th.
Bredemann, Prof. Dr. Gustav.
Bremer, Dr. Edwin.
Brennecke, Frau Dr. W.
Brettschneider, Hans, Peter, Eduard.
Breuer, Möller & Co., Förderer der Geogr. Ges.
Breyer, Johannes Eduard.
Brockmeyer, Felix.
Brockmüller, Dr. Wilhelm.
Brüll, Oscar.
Brütt, Henry.
Brütt, Prof. Dr. med. H.
Buch, Kapitän Fritz.
Buchup, Frl. Anna.
Bünz, Dr. R.
Burath, Dr. Kurt, Reg. Rat.
Burchard, Dr. Heinrich.
Burchard, Senator Dr. W.
Burchardi, Frl. Anna.
Burgdorf, Frl. Marie, Studienrätin.
Burmester, Dr. Walter.
Busch, Frl. Ida.
Butenop, Max.
Buttenberg, Prof. Dr. P.

Calmon, Alfred.
Calvary, Stabsarzt d. R. Dr.
Capelle, Prof. Dr. W.
Carlowitz & Co., Förderer der Geogr. Ges.
Castens, Oberreg. Rat Prof. Dr. G.
Chapeaurouge de, Senator Dr. Paul.
Christiansen, Dr. Fritz.
Clasen, Wilhelm G.
Claussen, Studienrat Hans.
Clesle, Frl. Frieda.
Cohen, Alfred.
Cohen, Artur.
Cohn, Senator Carl.
Collmann, Frl. Marie.
Colpe, Frl. Erica.
Commerz- und Privat-Bank A.-G.
Conradi, Johann N. W.
Cords, Dir. Eduard.
Corleis, Hans.
Corleis, Rudolf.
Crasemann, Frau Emmi.
Crasemann, Hans.
Crasemann, Rudolf.
Cuno, Geheimrat Dr. Wilhelm, Generaldirektor der H. A. L.

Dabelstein, C. H.
Danmeyer, Dr. F.
Danzel, Prof. Dr. Theodor Wilhelm.
Delbanco, Prof. Dr. med. Ernst.
Dempwolff, Prof. Dr. Otto.
Deneke, Dir. Prof. Dr. Th.
Denso, Walter.
Deppe, Dr. Bruno.
Deters, Karl.
Detmers, Frau Joh.
Detzner, Reichsarchivrat Dr. h. c.
Deutsche Handels- und Plantagen-Gesellschaft, Förderer der Geogr. Ges.
Deutsche Levante-Linie, Förderer der Geogr. Ges.
Dickhaut, Oberlehrer C.
Diederichsen, Dr. H., Förderer der Geogr. Ges.
Diercke, Paul.
Diersche, Prof. Dr. Max.
Diersen, Adolf.
Dietrich, Julius S.
Dittmer, Frl. Berta.
Döbler, E. W.
Doermer, Prof. Dr. L.
Doll, Frl. Martha.
Dominik, Vizeadmiral a. D., Präsident der Deutschen Seewarte.
Doornkaat Koolman, Bern. ten.
Döpking, Frau Emmy.
Dorn, Heinrich.
Dorn, Paul.
Dörries, Privatdozent Dr. Hans.
Dykes, Leo.

Ebeling, K. J. F., Lehrer.
von Eberstein, Frau G.
Eckert, Wilhelm.
Edens, Dr. Richard.
Eger, Frau Dorothea.
Ehrenbaum, Prof. Dr.
Eichmann, Luis.
Eitzen, Frl. Herta.
Elkan, Herbert C.
Elvert, Dr. Artur.
Ennen, Georg.
Erbe, Max.
Erichson Dr. Rolf.
Ernst, Frl. Inge.
Ernst, Otto August.
Ernst, Dr. Wilhelm.
Evers, Charles.
Eversmann, Dr. med. J.
Ewert, Frl. Suse.

Felix, Dr. Lorenz.
Felix, Erich, Förderer der Geogr. Ges.
Finke, Henry.
Fischer, Dr. Erich.
Fischer, Reinhard.
Fleischer, Dr. med. Fritz.
Flemming, Carl & C. F. Wiskott A.-G.
Florenz, Prof. Dr. Karl
Förster, Prof. Dr. K.
Frank, Victor.
Frauen, Frau Anna.
Frenzel, Dr. Konrad.
Frese, Oberlehrer Wilh. jr.
Freundlich, Waldemar.
Friederichs, Adolph.
Friederichs, Frl. Anna.
Friederichs, Frl. Elisabeth
Friederichsen, Frl. Gertrud.
Friederichsen, Richard.
Friedrichsen, Christian.
Friz, C. Ch.
Früchtnicht, Franz.
Fülleborn, Geh. Medizinalrat Prof. Dr. Fr.
Füßlein, Prof. Dr. W.

Galles, Gerrit
Gätjens, Frau Bruno
Gehrckens, Heinz M.
Gehrckens, Hermann jr.
Geisler, Alfred.
Gentzen, Dr. Kurt, Reg.-Rat.
Geogr. Institut der Universität Erlangen.
Geogr. Institut der Universität Göttingen.
Geogr. Institut der Universität Hamburg.
Geogr. Institut der Universität Köln.
Geogr. Seminar der Universität Marburg.
Geogr. Seminar der Universität Utrecht.
Gerdes, Dr. R.
Gerson, Georg.
Gibsone, Oberreg.-Rat Thom.
Giemsa, Prof. Dr. G.
Giese, E. A.
Giese, Frau Berta.
Giese, Georg.
Gilbert, Dr. Adolph.
Gildemeister, Matthias.
Gleisner, Max, Förderer der Geogr. Ges.
Gloede, Dr. phil. Walter.
Goebel, Jos.
Goerlitz, Dr. med.
Gögge, Gustav.
Goldstein, Michael.
Goos, Emil.
Goßler, Rudolf G.
Gottsleben, Erwin.
Grabner, Dr. phil. A.
Gräfer, Kpt. Lt. a. D.
Graff, Christl.
Grau, Ottmer Joh.
Grelck, Heinrich.
Greve, Carl.
Griebel, Werner.
Grinda, Studienrat Dr. Fr.
Gripp, Prof. Dr. Karl.
Grisebach, Frl. O.
Grohs, Arnim.
Großmann, Privatdozent Dr. Rudolf.

Grote, C. G.
Groth, Frau Elisabeth.
Gruner, Carl E.
Gürich, Prof. Dr. G.
Gulda, F.
Gumprecht, Arnold, Konsul.
Günther, Emil.
Günther, Dr. Hans.
Güssefeld, Georg Wilhelm.

Haas, Walther.
Hafenbautechnische Gesellschaft.
Hagenbeck, Heinrich.
Hagenbeck, Lorenz.
Hahn, Prof. Dr. Karl
Hahn, Prof. Dr. med. R.
Haller, Ferdinand, Direktor.
Halske, Dr. Herbert.
Hamburg-Amerika-Linie, Förderer der Geogr. Ges.
Hamburger Fremdenblatt, Förderer der Geogr. Ges.
Hamburgische Elektrizitätswerke, Förderer der Geogr. Ges.
Hamburg-Südamerikanische Dampfschiffahrts-Gesellschaft, Förderer der Geogr. Ges.
Hambruch, Prof. Dr. Paul.
Hamlet, Frl. Dr. Beate.
Hansen, Frl. Antonie.
Hansen, C. A. Karl.
Hansen, Hans.
Hansen, Max.
Hansing, Heinrich.
Harke, Landger.-Dir. Dr. L. F. C.
Harling, Alwin.
Harms, Wirkl. Geh.-Rat Theodor.
Harten, Franz.
Harten, Dipl. Ing. Walter.
Hartmeyer, Dr. Hermann, Förderer der Geogr. Ges.
de Hase, Hedwig Frl.
Haß, Heinrich.
Hatje, Kapitän R.
Hauer, Richard.
Hauschild, Frl. Anna.
Hauthal, Prof. Dr. R.
Hecker, Prof. i. R. A.
Hedde, Frl. Emma.
Hedde, Frl. Helene.
Heidke, Reg.-Rat Dr. Paul.
Heile, Dr. P.
Hein, Frl. Christiane.
Helfferich, Dir. Emil, Förderer der Geogr. Ges.
Helm, Frl. stud. rer. nat. Emma.
Helmbrecht, Dr. Wilhelm.
Henckell, Dr. P. Oberlehrer.
Hendel, Dr. J.
Hentschel, Prof. Dr. Ernst.
Herbig, Dr. med. Fritz.
Hering, Cuno.
Hermsen, Theodor.
Herrmann, Paul, Julius.
Herz, Dr. med. Albert.
Heye, F. C. H., Förderer der Geogr. Ges.
Heyn, Heinrich.
Hientzsch, Ass. Dr. Ernst.
Hiep, Fritz.
Hirschhausen, Ernst.
Hjort, Jens.
Höffler, Paul.
Höflich, H.
Höhne, Rolf.
Holtzapfel, Ed. G.
Holtzapfel, Dr. Richard.
Holz, Max.
Holzmann, Prof. M.
Homann, Dr. Heinrich.
Höpcker, Frl. Maria.
Höpfner, A.
Höpfner, Dr. W.
Hoppe, Hugo.
Hottelet, Frau Marie.
Hübener, Wilhelm.
Hüttenheim, Paul Robert.

Icheln, Max.
Iselstöger, Reg.-Rat Georg.
Itzko, Frau Bertha Dir. a. D.

Jacobi, Frau M. Wwe.
Jacobs, Cornelius.
Jacobs, Dr. Rudolf, Studienrat.
Jacobsthal, Dr. E.

Jaeckle, Franz.
Jantzen, Johannes.
Jelinewski, Dr. A.
Jensen, Frl. Anna.
Jipp, Walther.
Johns, H. E.
Jowien, W. E. F.
Junge, Frau Käthe.
Jürgensen, Walter.

Kahl, Johannes.
Kallmes, Siegfried.
Kaminski, Jul.
Kanter, Privatdozent Dr. Helmuth.
Kanzow, Rudolf.
Kaphengst, Dr. Aug.
Karbiner, Oberreg.-Rat Kapitän R.
Käselau, Dr. Adolf, Studienrat.
Kastens, Adolph.
Kastens, Frl. Dr. Emma.
Kautz, Dr. med. F.
Kayser, Dr. med. Richard.
Kein, Frl. Ingeborg.
Kelling, Bankdir. Carl.
Kellner, Ernst.
Kellner, Frl. Martha.
Kiep, Dr. Leisler.
Kierkemann, Waldemar.
Kiesewetter, Studienrätin Else.
Kiesselbach, Frau Susi.
Kiessler, Rudolf.
Kirchner, Carl.
Kirsten, F. John, Förderer der Geogr. Ges.
Klein, W.
Klingmüller, Georg.
Klophaus, Frau Rud.
Klophaus Schoch zu Putlitz, Förderer der Geogr. Ges.
Klute, Prof. Dr. F.
Kneisner, Dr. Friedrich.
Knoth, Dr. med. M.
Knoth, Dipl. Ing. Rolf.
Koch, Prof. Dr. Emil.
Kochen, Max.
Köhlbrandt, Wilhelm.
Köhlmann, Frl. Anna.
Köllisch, Erich.
Konietzko, J.
Königsberger, Joseph.
Kopperschmidt, Dr. Hermann.
Korn, Bankdirektor C.
Körner, Walter.
Kott, Paul.
Krafft, Johannes.
Kraft, Prof. Dr. Philipp.
Krause, Dr. August.
Krossing, Franz.
Krug, Otto, Direktor.
Krüger, Albert H. W.
Kuball, Dr. ing. Hans.
Kück, Dr. Roberto.
Kühl, Schulleiter H.
Kühl, Dipl.-Ing. Hermann, Barranquilla.
Kuhlbrodt, Prof. Dr. E.
Kuhlmann, Postrat Richard.
Kuhn, Heinrich.
Kümmell, Geh. Rat Prof. Dr. Hermann.
Kunert, Frl. M.
Künne, Pastor Dr. G.

Läsch, Otto.
Laeisz, F., Förderer der Geogr. Ges.
Lampert, Chr.
Lampert, Frau Wanda.
Lampke, Frl. Hildegard.
Langloff, Dr. Felix.
Lassen, Johannes.
Lau, Hans.
Laubender, Dr. Friedrich.
Laudi, A.
Laudi, Walter.
Lauer, Carl Ludwig.
Lauer, Frau Louise.
Lazarus, Rudolf.
Leesemann, Friedrich.
Lehmkuhl, Frl. Irma.
Lehre, Heinrich.
Leichhardt, Paul, Förderer der Geogr. Ges.
Leinau, Walter.
Lentz, Henry.
Lerdau, Rudolph.

Letz, Frl. Gertrud.
Levy, Dir. A.
Lewels, Dr. Maximilian.
Liebermann, Franz.
Lieckern, Friedrich.
Lienhop, Frl. Eleonore.
Liez, C.
Linde, Frl. Elisabeth.
Lindwedel, Ernst F.
Littner, Dir. Leo.
Loebell, Moritz.
Löffelholz, Emil, Baurat.
Lohmann, Dir. Prof. Dr. H.
Lorenz, Dr. H.
Loy, Dr. G.
Lubitz, Erwin.
Lübbert, Fischereidirektor H.
Lüdemann, Dr. H.
Lüders, J.
Lüders, Dr. Leo.
Lütgens, Ernst.
Lütgens, Prof. Dr. Rudolph.
Lüth, Th. Wilh.
Luttropp, Ed.

Maaszen, Willy.
Madsen, Generalkonsul C. F.
Mancke, Erich.
Mangels, Carl.
March, M.
Markgraf, Dr. phil. Hans.
Matthey-Doret, L.
Mau, Dr, med. Heinrich.
Maul, Karl.
Mauritz, Adolf.
Mayer, Heinrich.
Meinhof, Prof. Dr. Carl.
Meissel, Dr. Fr., Studienrat.
Melchers, W.
v. Melle, Bürgermeister Dr. W.
Merck & Co., H. J., Förderer der Geogr. Ges.
Merten, Ernst.
du Mesnil de Rochemont Dr. Th.
Metzger, Paul.
Meuser, Otto.
Meyer, Studienrat Adolf.
Meyer, Baurat, Ernst Andreas.
Meyer, Frl. H. E.
Meyer, Frl. Martha.
Meyer-Ulex, Franz Bernhard.
Mielck, Dr. Wilhelm.
von Minden, Dr. M.
Minning, Dr. Heinz.
Mohr, Albert.
Mohr, Carl.
Mohr, Reg.-Rat a. D. Dr. F. W.
Moll, Eduard G.
Möllendorff, Franz.
Möller, J. F.
Mosengel, Frl. Helene.
Muchow, Hans.
Mühlhausen, Prof. Dr. L.
Mulert, Dir. Dipl.-Ing. Paul.
Müller, Frl. Anna.
Müller, Eduard.
Müller, Ernst L.
Müller, Prof. Dr. Joh.
Müller, Justus.
Müller, Otto.
Müller, Postinspektor W.
Münchmeyer, Hermann.
Munkel, Otto.
Münster-Schultz, H.
Murken, Dr. Erich.
Museum f. Völkerkunde.
Muttelsee, Dr. Max.
Mutzenbecher, H. F. M., Förderer der Geogr. Ges.

Nack, Postrat.
Naefeke, Carl.
Nagel, Dr. G. Studienrat.
Nagel, Dir. Paul.
Nasemann, Frl. Gertrud.
Nathusius, Anton.
Nehls, Oberinspektor Wilhelm.
Nehlsen, Direktor Ferdinand.
Neubauer, Alfred.
Neumann, Frl. Dr. Käthe.
Neumann, Victor.
Neumann Wilhelm.
Neumann, Dir. Prof. Dr.
Nielsen, H. L. J. N.
Niemann, F.
Niemeyer, Frl. Dr. Gertrud.

Niemöller, K. Oberstl. a. D.
Nissen, Dr. Adolf.
Nissen, Wilhelm.
Nocht, Prof. Dr. med. B. O.
Nölle, C., Studienrat.
Norddeutsche Bank in Hamburg, Förderer der Geogr. Ges.
Nottebohm, Carl Ludwig.

Oberländer, Carl.
Oboussier, Max.
Oehlmann, Karl.
Oettinger, Ernst.
Olff, Hans.
Olff, Heinrich.
Olufsen, Dr. L.
Opitz, F., Studienrat.
Opitz, Kapitän Paul E.
Opper, Dr. Paul.
Ossowski, Frau Studienrätin Anna.
Ostermann, Hermann.
Otten, Georg.
Otto, Erich.
Overweg, Oskar, Direktor.
Oving, Jacob.

Palm, A.
Pape, Dr. Carl.
Passarge, Prof. Dr. S.
Patow, Otto.
Paul, J. Ed.
Pauly, Dr. C. A.
Peitzner, Frl. Frieda.
Peters, Ch. Hugo.
Petersen, Ernst August.
Petersen, Dr. J.
Petersen, Thomas.
Pfefferle, Frl. Ada.
Pfeiffer, Benno O., Polizeioberinsp.
Philippsen, Studienrat Dr. Max.
Pickenpack, Henry.
Plambeck, Landger.-Dir. Dr. G.
Plate, Georg A.
Plett, Gustav.
Poelchau, Dr. jur. Harald.
Polack, Frau Anna, Wwe.
Poliza, Max.
Ponath, W.
Pontoppidam, Dr. Harald.
Pontoppidam, Hendrik.
Poppe, Dr. W.
Prencke, Frl. Adele.
Pulfrich, Frau Auguste.
Pulfrich, Ernst.
Puls, Dr. Ernst, Schulleiter.
Puls, Willi W. stud. geogr.
Pust, Walter.

Quasig, Frau Dr. G.
Quelle, Prof. Dr. Otto.

Rabe, Theodor.
Radeck, Frl. Dr. Helene.
Räder, Max.
Rapp, Dr. Gottfried, Landgerichtsdirektor.
Raspe, Dr. Margarete.
Rathgen, Frl. Anna, Studienrätin.
Rathje, Heinrich.
Rathjens, Dr. Carl.
Rautenkranz, Konsul Hermann.
Raydt, Th.
Reese, Hans.
Refardt, Carl.
Rehr, John.
Reichenbächer, Otto.
Reinecke, Aug.
Reinhardt, A.
Reinhard, Dr. W.
Renck, Walter.
Reuter, Dr, med. K.
Richter, Bruno.
Richter, Rudolf.
v. Richthofen, Freiherr Konsul Heinrich.
Rickertsen, Wilhelm.
Riecke, Dr. C.
Riecke, Frl. Irmgard.
Riedel, Baurat F.
Riedel, Frl. Olga.
Riepenhausen, Frl. Else.
Ringel, Eduard.
Ringel, Prof. Dr. Tom.
Ringel & Co., Förderer der Geogr. Ges.
Ritter, Dir. Theodor.

Ritz, Louis A.
Ritzer, Hauptmann C.
Roeper, Georg.
Rolfs, Studienrat Heinrich.
Roloff, P.
Rosenbaum, Bertram C.
Rosenbaum, Dir. Dr. Ed.
Rosenberg, Felix.
Rosenfeld, Hermann.
Rosenkranz, Frl. Dr. Johanna.
Rothfuchs, Dr. Rud.
Rothstein, Oscar.
Rück, Heinrich L.
Ruhkopf, E.
Rümcker, Paul.
Runge, Dir. Paul.
Rupprecht, Dr. Georg.
Ruß, Ernst, Förderer der Geogr. Ges.
Ruths, Prof. Dr.

Salzmann, Henry.
Sammlung f. Erdkunde a. d. Oberrealschule Bogenstr.
Sander, Martin.
Satz, Joh.
Saucke, Albert.
Schadow, Ewald.
Schander, Dr. Gustav.
Schaper, Dr. Paul.
Schaper, E. O.
Scharpff, Dr. med. Th.
Scheiding, Frl. Hedwig.
Schiefer. Frl. Rosa.
Schiele Dr. ing. Ernst, Förderer der Geogr. Ges.
Schildknecht, Wolf.
Schläger, Rat Dr. Max.
Schlee, Frl. Elisabeth.
Schlee, Prof. Dr. Paul.
Schliemann, Ernst.
Schlikker, Dr. phil. Bernhard.
Schlinck, Dr. Julius.
Schlubach, Eric.
Schlubach, Dr. Roderich, Förderer der Geogr. Ges.
Schmerler, Frau Lotti.
Schmidt, Albrecht, Gustav.
Schmidt, Frl. Gertrud.
Schmidt, Dr. Hans.
Schmidt, Paul.
Schmidt, stud. phil. Richard.
Schmidt, Rudolf.
Schmidt, Walter.
Schmidt, Prof. Dr. Walter.
Schmitz, Dr. Herm. Jos.
Schmitz, Dir. Dr. H.
Schnars, Alquist Prof. Dr.
Schön, Richard.
Schorr, Dir. Prof. Dr. Richard.
Schott, Oberreg.-Rat Prof. Dr. phil. Gerhard.
Schramm, Frau Olga.
Schrecker, Max.
Schreier, Wilhelm.
Schröder, Franz.
Schröder, Frau Valerie.
Schubart, Kapitän Reg.-Rat L.
Schubring, Prof. Dr. Walther.
Schultz, Dipl. Ing. Albert.
Schulz, Bürodir. Adolf.
Schulz, Bernhard.
Schulz, Prof. Dr. Bruno.
Schumacher, Studienrat Dr. A.
Schürmann, Oberbaurat Emil.
Schütt, Prof. Dr. Richard.
Schütte, Dr. Hans.
Schwabe, Kurt.
Schwantes, Dr. Gustav, Privatdozent.
Schwarz, Dr. phil. Mia, Studienrätin.
Schwassmann, Prof. Dr. A.
Schweer, Dr. Walter.
Schwiecker, Dr. Friedr.
Secker, Georg.
Secker, Dr. med. Gustav.
Seilkopf, Privatdozent Dr. H.
Semmelhack, Franz.
Semmelhack, Gertrud.
Semmelhack, Dr. Wilhelm.
Siemers, Dr. Alfred.
Siemers, Dr. Kurt, Förderer der Geogr. Ges.
Siemssen, G. Theo.
Sieveking, Dr. Hermann.
Silber, Studienrat Kurt.
Sington-Rosdal, Cäsar.

Sommer, A. Rechnungsinsp.
Sommer, Dr. med. A.
Sondermeyer, Henry.
Sostmann, Frl. Olga, Studienass.
Spliedt, K.
Spreine, Dr. Wilhelm.
Spuhl, Bruno.
Sroka, Dr. phil. Ludwig Studienassessor.
Stahl, Studienrat. Dr. S.
Stechmann, Rudolf.
Steer, Dr. med. Carl.
Steffen, W.
Steffens, Franz S.
Stegemann, Adolf.
Steinfordt, Otto.
Steinvorth, Rudolf.
Stender, Carl.
Stöbe, Frl. Gertrud.
Stockfleth, Walter.
Stocks, Dr. Theodor.
Stohp, Hugo.
Stolte, Paul.
Stoltenberg, Frl. Dr. Hedwig.
Stoltenberg, Frl. Dr. Ida.
Stoltenberg-Lerche, Dr. med. Axel.
Stoltz, R. Hans.
Stoltz, Kommerzienrat Hermann, Förderer der Geogr. Ges.
Storch, Dr. med. John.
Stoß, Frl. Irma.
Stoß, Paul.
Strandes, Senator Justus.
Stratmann, Frau W.
Streich, Dr. Richard.
Strohmeyer, Carl August.
Suppe, Walter.
Sutor, Hermann.
v. Sydow, Dr. Gustav.
v. Sydow, Dir. Kurt.

Tack, Franz.
Tack, Landrichter Friedrich.
Tams, Prof. Dr. Ernst.
Tams, Hermann.
Temme, Heinr.
Terfloth, Albert.
Thielsch, Dr. Max.
Thilenius, Dir. Prof. Dr. G.
Thomsen, Carlo.
Thorade, Studienrat Dr. H.
Tietgens, G. Alfred.
Tietgens, C. Hermann.
Tillmann, Dr. M.
Timm, Prof. Dr. R.
Timmermann, Albert.
Tittelbach, Frl. Gertrud, stud. phil.
Tode, Helmuth.
Tödten, Dr. med. Hermann.
Tödter, Gustav.
Todtmann, Frau E.
Todtmann, Frl. Dr. Emmy.
Toedtmann, Dr. W.
Töpfer, Dr. med. Hermann.
Traulsen, O.
Traxler, Bruno.
Traxler, Frau R.
Traxler, Rudolf.
Trebing, Frau Jenny.
Trumpf, Johs.
Trumpf, Studienrat Dr. Chr.

Uffen, Joh.
Uhde, Baurat Otto.
Umlauf, Landesschulrat Prof. Dr. Karl.
Universitätsbibliothek Berlin.
Universitätsbibliothek Göttingen.
Uplegger, Baurat Hans.
von Usslar, Maximilian.
Uterharck, Dr. med. Eduard.

Vathje, Hermann.
Vereinsbank in Hamburg, Förderer der Geogr. Ges.
Vicenz, Ernst.
Vietzen, Frl. Margarete.
Voeckler, Walter.
Vogel, Dr. Adolph.
Voigt, Ernst.
Voigt, Prof. Dr. A.
Voß, Carl.
Voß, Heinrich F. W.
de Voß, Herbert.
Vosseler, Professor Dr. Julius.

Wagener, Richard.
Waldow, Landrichter, Dr. Erich.
Wallenstein, Albrecht E.
Warburg, Max M.
Warburg & Co., M. M., Förderer der Geogr. Ges.
Warnholtz, Max, Direktor.
Weber, Ed.
Weber, J. Henry.
Wedeles, Franz.
Wegener, Caesar.
Wehrhahn, Alfred.
Weil, Isidor.
Weiß, Dr. Bernhard.
Wekwerth, Prof. Max.
Wellhausen, Frau Dr. Käthe.
Wendt, Gustav.
Wentzel, Fritz Wilh.
Werner, Max.
Westendarp, Kommerzienrat Max.
Westphalen, Th. L.
Wichmann, Friedrich.
Wiessner, Oberlehrer Dr. Karl.
Wiessner, Max.
Winckelmann, Ferd.
Windmüller, Dr. med. Parcival (Sidney).
Winkelhagen, Bruno.
Winkelmann, Frl. Hilda.
Winkler, Prof. Dr. H.
Winter, Heinrich.
Witt, Richard.
Wittern, Studienass. Walter.
Woegens, Frl. Cornelia.
Woermann-Linie, Förderer der Geogr. Ges.
Wohlert, Johannes.
Wölfert, Dr. Georg.
Wolff, Obering. Carl.
Wortmann, Dr. med.
Wulf, Frl. Käthe.
Wulff, Dr. Albert.
Wulff, Prof. Dr. Alfred.
Wulff, Helmuth.
Wysogorsky, Prof. Dr.

Zander, Albert.
Zaubitz, W.
Zeise, Theodor, Förderer der Geogr. Ges.
Zeiß, Prof. Dr. H.
Zeitz, Frl. Erica.
Zeller, Prof. Dr. (Victoria, Kamerun).
Zettel, Studienrat Hans.
Ziegler, Gustav, Direktor.
Zorell, Dr. Franz.
Zuschlag, Hans.

Abb. 1. Tal des Copan-Flusses westlich von Jocotan.

Abb. 2. Das Tal von Copan. Hoch- und Niederterrasse des südlichen Gehänges leiten über zur Talaue, die mit Wiesen, Tabakfeldern und einzelnen Fächerpalmen bestanden ist. Im Vordergrund die Hochterrasse des nördlichen Gehänges, auf der eine Hütte (Rancho) von Bananen umgeben steht.

Abb. 1. Tabakkultur bei Copan. Auf Stangengerüsten zum Trocknen aufgehängte Tabakblätter, mit Schutzdach gegen Regen.

Abb. 2. Landschaft im westlichen Honduras. Kiefern- und Eichenwälder bedecken das gewellte östliche Vorland der Sierra de la Grita, die der imposante Gipfel des Cerro Erapuca überragt.

Steinmonument im großen Hof der „Akropolis" in Copan. Auf der nach Osten gekehrten Vorderseite tritt die Bedeckung mit Moosen und Flechten deutlich hervor, während die nach Westen gekehrte Rückseite, da im Regenschatten gelegen, verhältnismäßig frei davon ist.

Umgebung von Santa Rosa de Copan. Leicht gewellte Fläche von Lockermassen vulkanischer Herkunft, überragt von jungeruptiven Höhenzügen.

Abb. 1. Talsenke des Rio Yiguite mit der bebauten Talsohle des „Planar". Im Hintergrund gegen Südwesten die Abhänge der Sierra de Selaque mit dem herausgewitterten Gipfel des Cerro Tenán.

Abb. 2. Die Senke des Valle de Gracias mit der Sierra de Puca. Links der Abfall der Hochterrasse zum Rio Mojocote. In der Ferne im Mittelgrund der Weiler Las Flores mit der Kirche.

Tal des Rio Mejocote in der Senke des Valle de Gracias, überragt im Westen von der hohen Sierra de Selaque (ca. 2800 m). Prallhänge und ein Umlaufberg im Tal.

Abb. 1. Castillo de San Cristobal bei Gracias. Im Hintergrund die Sierra de Selaque.

Abb. 2. Sensuntepeque, die Hauptstadt des Departements Cabañas im nördlichen Salvador.

Aufgenommen im April 1922.

Im Vordergrunde der dem Molivebach folgende, am 8. März 1922 ins Meer geflossene Lavastrom. Am Horizont die Nordseite der am 11. März 1922 gebildeten Landzunge.

Aufgenommen im April 1922.

Abb. 1. Der durch Retzlaff-Felde sich bewegende Lavastrom vom 11. März 1922.

Abb. 2. Blick auf das große Lavafeld vom 11. März 1922 in Retzlaff-Felde.

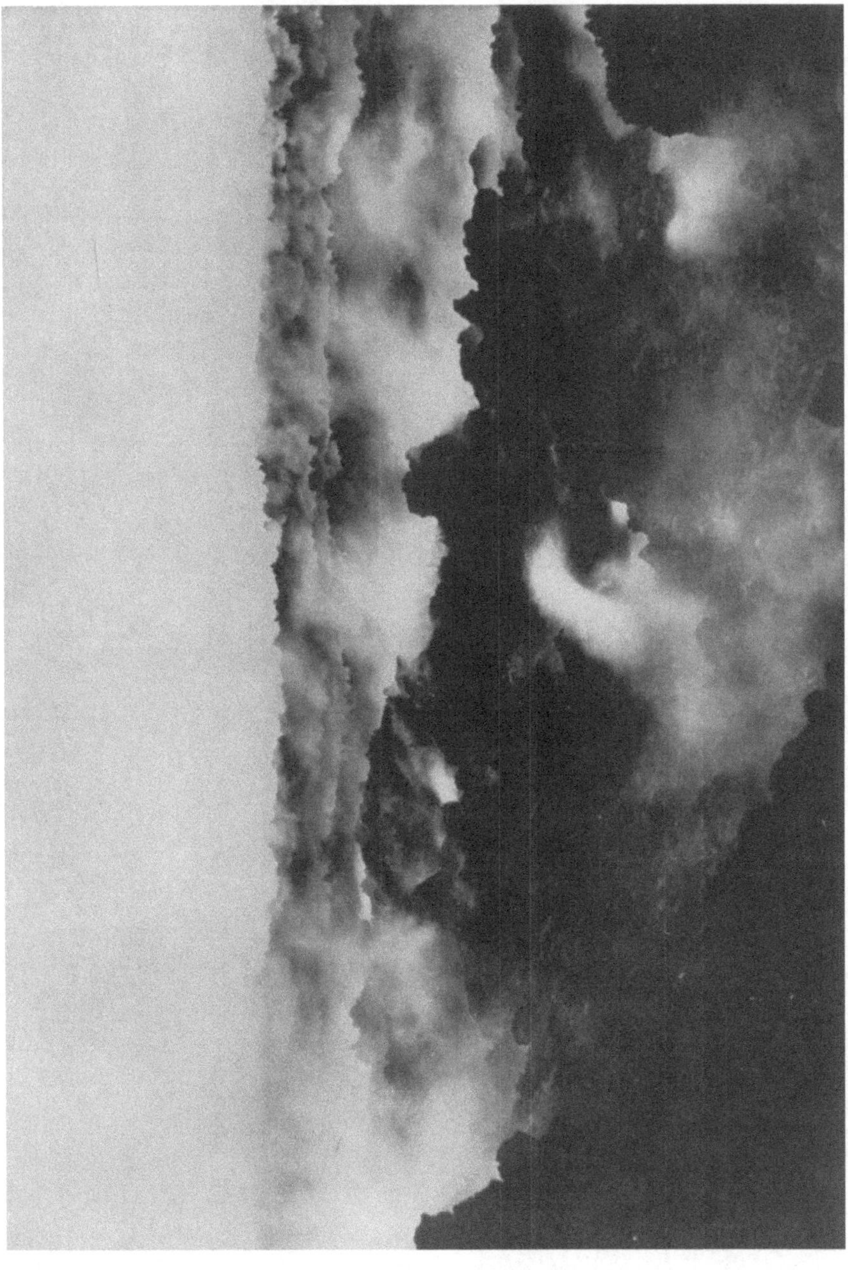

Durch Retzlaff-Felde fließender Lavastrom vom 11. März 1922.

Aufgenommen im April 1922.

Abb. 1. Die am 28. März 1922 zerstörte Feldbahnbrücke über den Ngonge-Bach (von Norden gesehen).

Aufnahme A. Take 27. 4. 1922.

Abb. 2. Die am 28. März 1922 abends zerstörte Feldbahnbrücke über den Ngonge-Bach.

Aufnahme A. Take 27. April 1922.

Abb. 1. Die am 28. März 1922 zerstörte Brücke des Regierungsweges über den Ngonge-Bach.

Aufnahme A. Take Juni 1922.

Abb. 2. Durch Dollmannshöhe fließende Fladenlava. Man beachte das Welken der Blätter der Bäume infolge der starken Hitze.

Am 18. Juni 1922 in Dollmannshöhe in der Nähe des Ngonge-Baches ins Meer geflossene Lava.

Abb. 1. Fladenlava im Nattertal.

Aufgenommen im Juni 1922

Abb. 2. Fladenlava auf dem Regierungswege in der Nähe des Natterbaches.

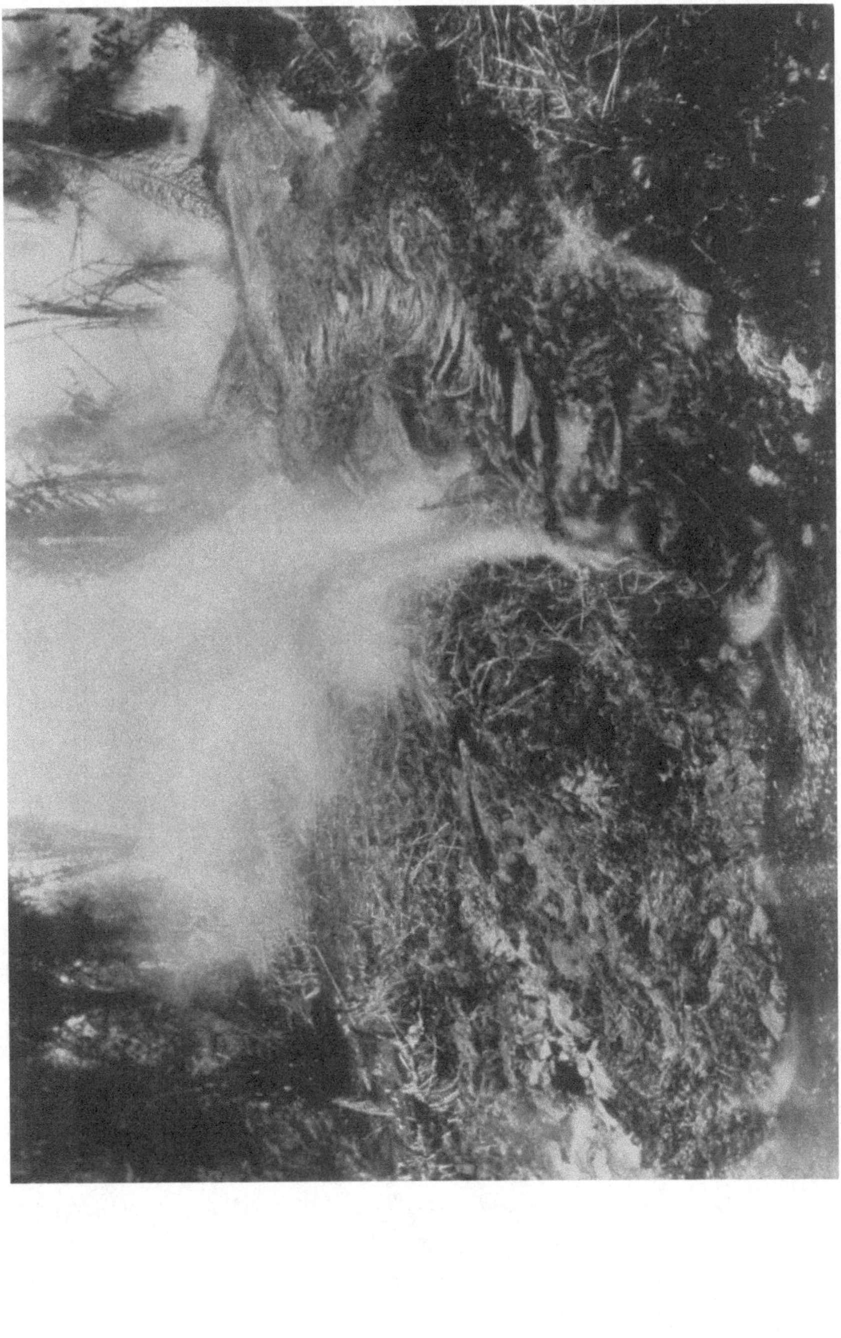

In eine Wasseransammlung im Nattertal fließender Lavastrom.

Aufgenommen 25. Juni 1922.

Aufnahme I. Weiler April 1925.

Abb. 1. Fladenlava im Nattertal. Die von Dollmannshöhe nach Jantzenhof über die Natter führende Feldbahnbrücke wurde zerstört.

Aufgenommen Juni 1922.

Abb. 2. Dünnflüssige Lavaströme am Regierungswege in Jantzenhof nördlich des Natterbaches.

Aufgenommen Juni 1922.

Dünnflüssiger Lavastrom im Nattertal.

Aufnahme A. Take 25. August 1922.

Abb. 1. Blick von Bibundi auf die den Nordwesthang des Kamerungebirges herabfließenden Lavaströme.

Aufnahme A. Take 25. August 1922.

Abb. 2. Auf der Nordseite des großen Lavafeldes vom 11. März 1922 durch Retzlaff-Felde sich bewegender dünnflüssiger Lavastrom, der am 24. August 1922 das Meer erreichte.

Aufnahme I. Weiler 1925.

Abb. 1. Wasserabzugsgraben in der Bibundi-Pflanzung. Um die durch den Regen gelieferten Wassermengen aufzunehmen und abzuleiten, mußten noch wesentlich tiefere und breitere Gräben angelegt werden.

Aufnahme I. Weiler April 1925.

Abb. 2. Das Lavafeld im Natterbach bei der Feldbahnbrücke von Dollmannshöhe nach Jantzenhof mit neuer Vegetation im Vordergrunde.

Aufnahme J. Weiler April 1925.

Abb. 1. Zerrissenes-Lavafeld in Jantzenhof. Auf junger Lava von 1922 gewachsene Schirmbäume und kriechende Schlinggewächse.

Abb. 2. Vulkanische Spalte an der Naca. Die Felsen links vorn und im Hintergrunde gehören derselben durchbrochenen alten Lavadecke an. Ganz vorn überströmende Lava vom November 1928 (Käufl. Phot. Crupi, Taormina).

Aufnahme P. Feser.

Abb. 1. Lavabruchstück von der Oberfläche des Stromes über Mascali. Man kann das Stück stereoskopisch ansehen, indem man es mit beiden Augen gleichzeitig durch eine große Leselinse ganz aus der Nähe betrachtet und dabei die Augen zum Schielen einstellt.

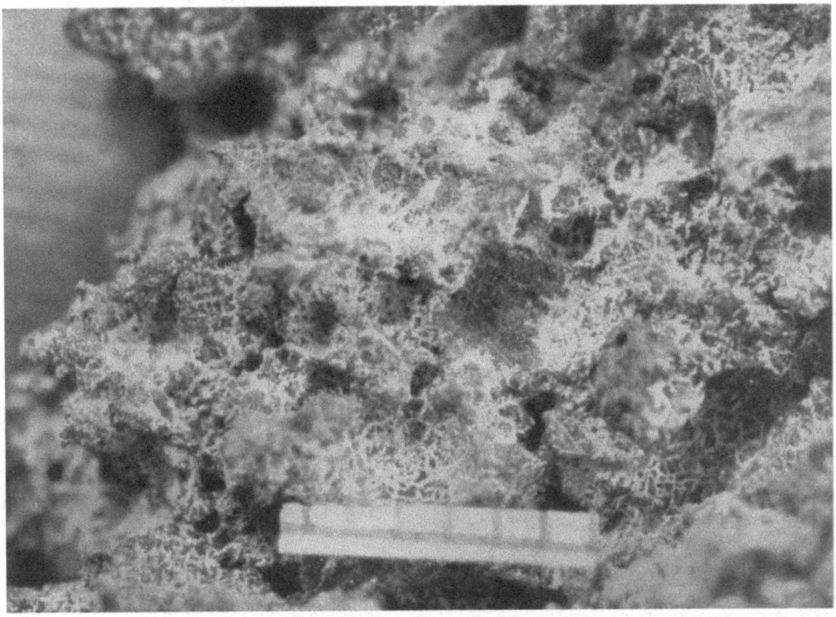

Aufnahme P. Feser.

Abb. 2. Oberfläche der Lava mit den gitterförmigen Ansatzfugen der Salze, zumeist Kristallskelette von Salmiak.
Die Vergrößerung ergibt sich aus dem Millimeter-Maßstab; stereoskopische Betrachtung wie bei Abb. 1.

Aufnahme P. Feser.

Abb. 1. Lava aus der Nähe der Bocca an der Naca mit einer Kruste von weißen Salzen.

Aufnahme P. Feser.

Abb. 2. Querbruch durch ein Stück alte Lava vom Passo die Cavallo mit porphyrischen großen Feldspatkristallen.

Aufnahme W. Meinardus.

Die Talfalte zwischen den Dreieckspunkten O und C am „Lager von Schellal“.
Im Vordergrund der Basisstein von Passarge.

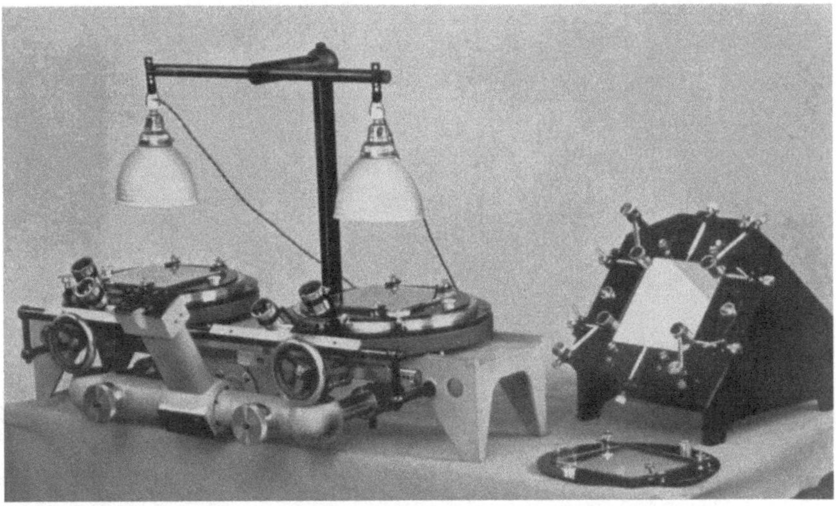

Abb. 2. Der Radialtriangulator von Zeiss-Jena.

Abb. 1.

Abb. 2.

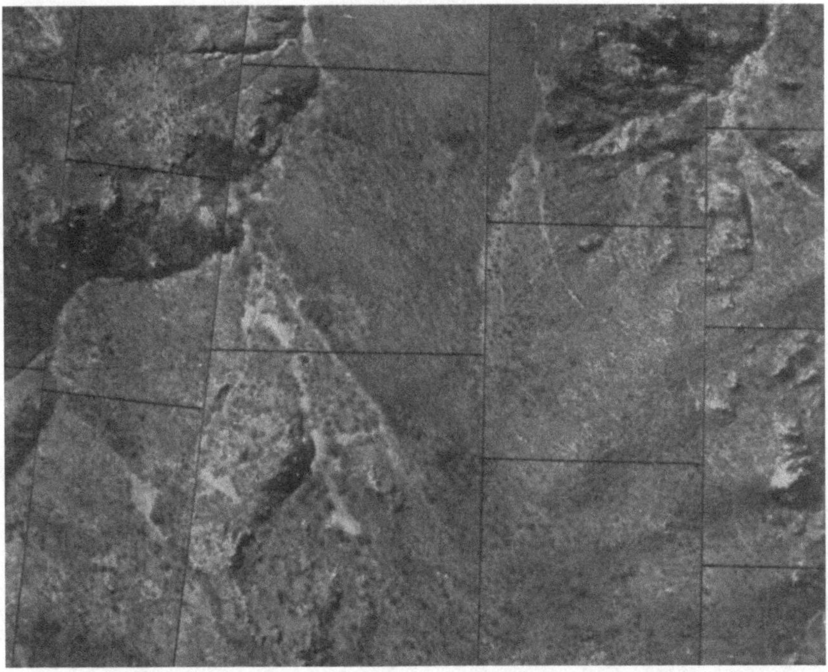

Entzerrte und zusammengesetzte Luftbildaufnahmen (Seite 132).

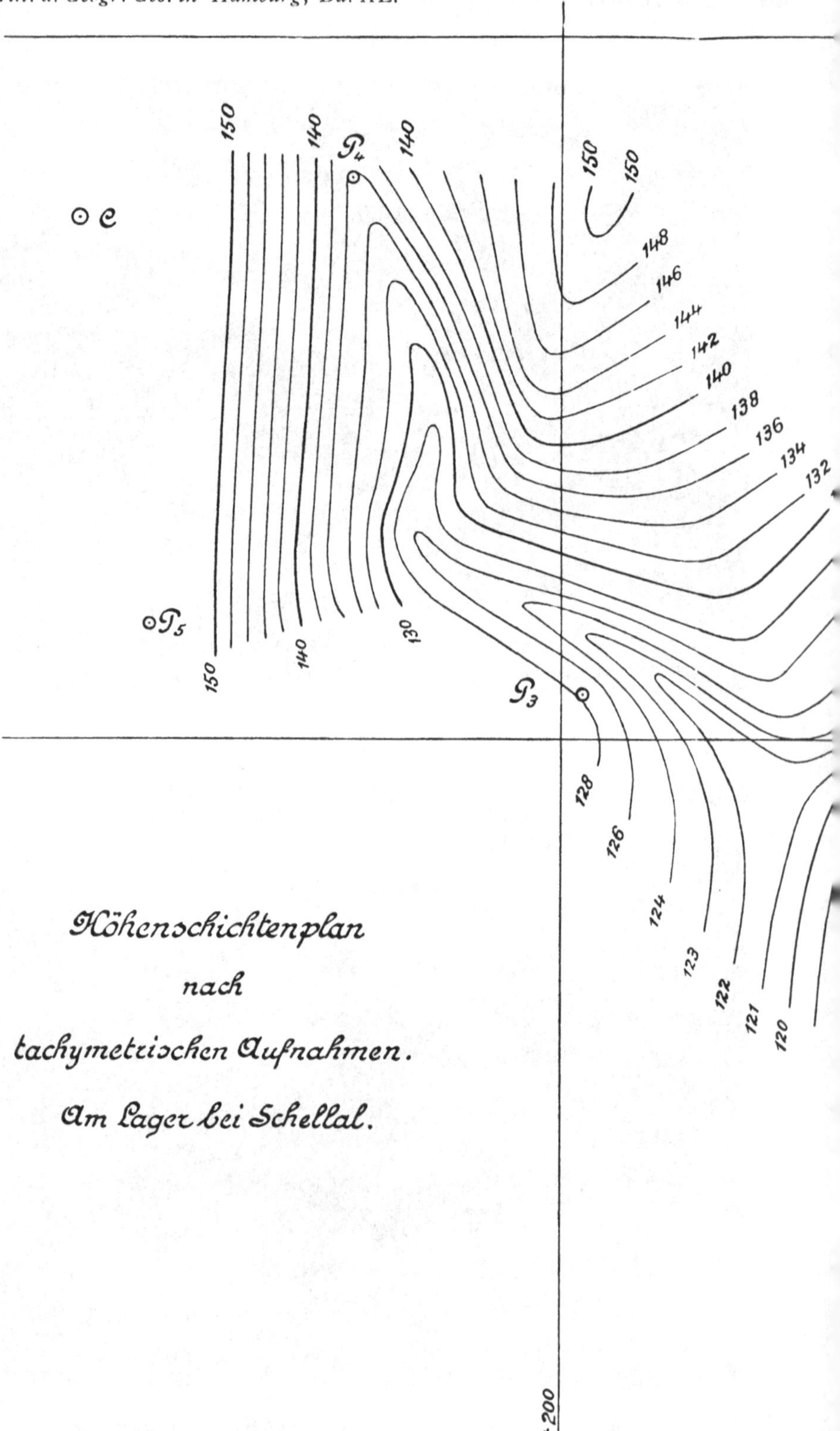

Höhenschichtenplan
nach
tachymetrischen Aufnahmen.
Am Lager bei Schellal.

Talfalte zwischen

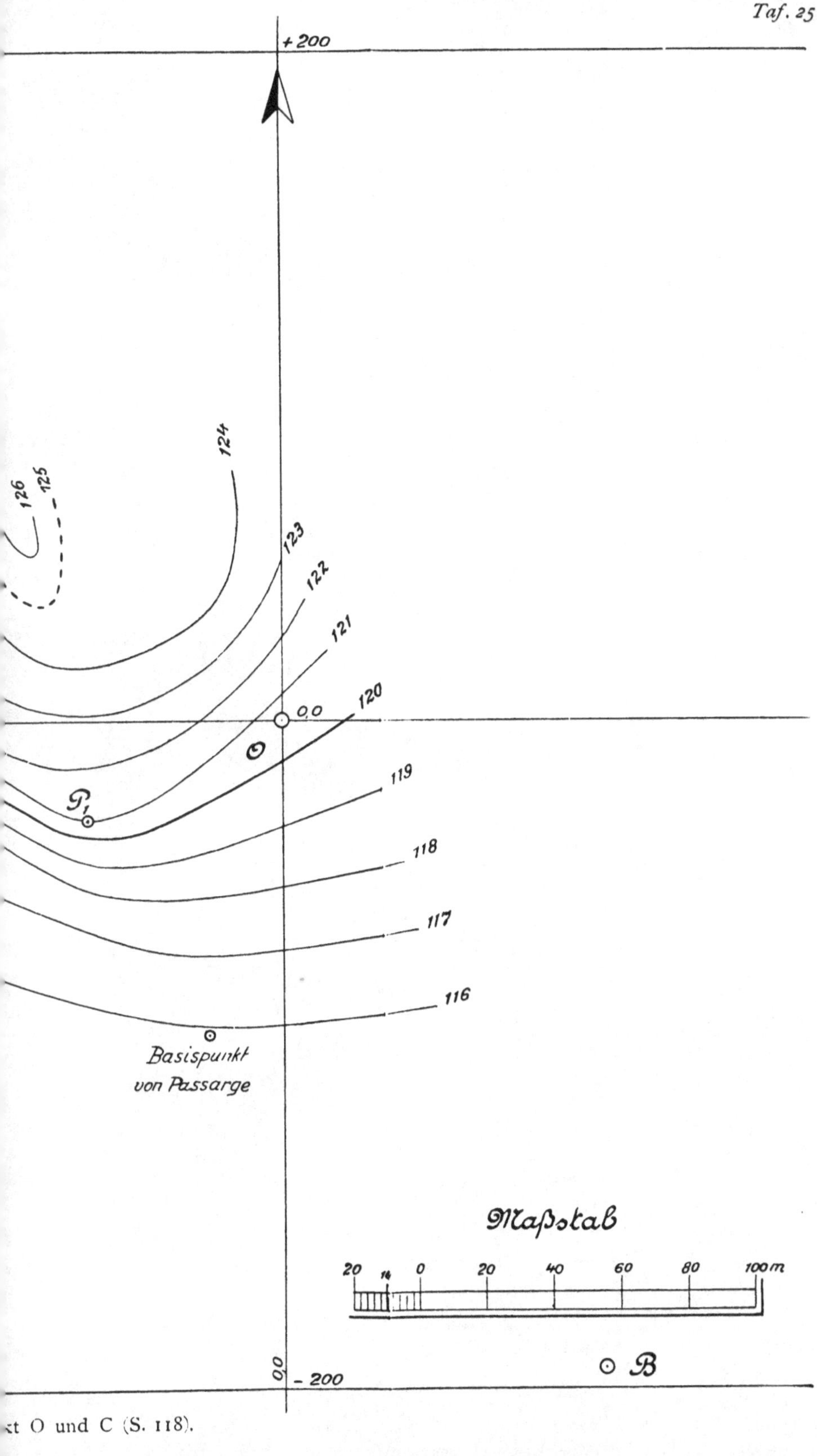

xt O und C (S. 118).

FSC
www.fsc.org
MIX
Papier | Fördert gute Waldnutzung
FSC® C083411

Kolibri 360 GmbH
Ferdinand-Jühlke-Straße 7
99095 Erfurt, Deutschland
produktsicherheit@kolibri360.de